BIM 思维与技术丛书

BIM 改变了什么——BIM + 建筑施工

主　编　程国强

副主编　宋传江

参　编　杨晓方　孙兴雷　徐树峰　马立棉
邓　海　梁　燕　张　英　孙　丹
刘彦林　贺太全　张计锋　毛新林
万雷亮

机械工业出版社
CHINA MACHINE PRESS

本书以BIM技术在施工中的应用为主旨，结合工程实践和应用案例，系统地阐释了BIM技术及数字建造基本特点、使用价值及发展趋势，BIM建模体系及应用准备，BIM模型导入、检查及优化，BIM深化设计及数字化加工，BIM施工技术应用及BIM施工应用案例等内容。

本书以实际应用为主，理论说明为辅。适用于建设工程施工技术人员及工程项目管理人员，同时也可供BIM相关施工技术培训学校及建筑工程专业高职院校的师生参考使用。

图书在版编目（CIP）数据

BIM改变了什么：BIM+建筑施工/程国强主编．—北京：机械工业出版社，2018.5

ISBN 978-7-111-59702-5

Ⅰ.①B… Ⅱ.①程… Ⅲ.①建筑施工-应用软件 Ⅳ.①TU7-39

中国版本图书馆CIP数据核字（2018）第077821号

机械工业出版社（北京市百万庄大街22号 邮政编码100037）

策划编辑：薛俊高 责任编辑：薛俊高

责任校对：刘时光 责任印制：孙 炜

北京玥实印刷有限公司印刷

2018年5月第1版第1次印刷

184mm×260mm·17.75印张·429千字

标准书号：ISBN 978-7-111-59702-5

定价：55.00元

凡购本书，如有缺页、倒页、脱页，由本社发行部调换

电话服务	网络服务
服务咨询热线：010-88361066	机工官网：www.cmpbook.com
读者购书热线：010-68326294	机工官博：weibo.com/cmp1952
010-88379203	金书网：www.golden-book.com
封面无防伪标均为盗版	教育服务网：www.cmpedu.com

前言

建筑信息模型（Building Information Modeling，简称 BIM）是在计算机辅助设计（CAD）等技术基础上发展起来的多维模型信息集成技术，是对建筑工程物理特征和功能特性信息的数字化承载和可视化表达。

BIM 能够应用于工程项目规划、勘察、设计、施工和运营维护等各阶段，实现建筑全生命期各参与方在同一多维建筑信息模型基础上的数据共享，为产业链贯通、工业化建造和繁荣建筑创作提供技术保障；支持对工程环境、能耗、经济、质量、安全等方面的分析、检查和模拟，为项目全过程的方案优化和科学决策提供依据；支持各专业协同工作、项目的虚拟建造和精细化管理，为建筑业的提质增效、节能环保创造条件。

BIM 技术经过十余年的发展，已成为助推建筑业实现创新式发展的重要技术手段，其应用与推广对建筑业的科技进步与转型升级将产生不可估量的影响。如今各级政府、各行业协会、设计单位、施工企业、科研院校等都在积极地开展 BIM 的相关推广与实践。2015 年 6 月，我国住房和城乡建设部在《关于推进建筑信息模型应用的指导意见》中明确要求：到 2020 年末，建筑行业甲级勘察、设计单位以及特级、一级房屋建筑工程施工企业应掌握并实现 BIM 与企业管理系统和其他信息技术的一体化集成应用。这更加提升了相关单位研究、应用和推广 BIM 的积极性。

目前，我国的建筑业面临着转型升级，BIM 技术将会在这场变革中起到关键作用，也必定成为建筑领域实现技术创新、转型升级的突破口。围绕住房和城乡建设部发布的《关于推进建筑信息模型应用的指导意见》，在建设工程项目规划设计、施工项目管理、绿色建筑等方面，更是把推动建筑信息化建设作为行业发展总目标之一。国内各省市行业主管部门已相继出台关于推进 BIM 技术推广应用的指导意见，标志着我国工程项目建设、绿色节能环保、集成住宅、3D 打印房屋、建筑工业化生产等将要全面进入信息化时代。

尽管 BIM 技术进入我国已经有很长时间，但所创造的经济效益和社会效益只是“星星之火”。虽然不少具有前瞻性与战略眼光的企业领导者，开始思考如何应用 BIM 技术来提升项目的施工水平与企业核心竞争力，却面临诸如专业技术人才、数据共享、协同管理、战略分析决策等难以解决的问题。

因此，在“政府有要求，市场有需求”的背景下，如何顺应 BIM 技术在我国运用的发展趋势，是建筑人应该积极参与和认真思考的问题。推进建筑信息模型（BIM）等信息技术在工程设计、施工和运行维护全过程的应用，提高综合效益，是当前建筑人的首要工作任务之一；BIM 等信息技术是促进绿色建筑发展、提高建筑产业信息化水平、推进智慧城市建设和实现建筑业转型升级的基础性技术。

普及和掌握 BIM 技术（建筑信息模型技术）在建筑工程技术领域应用的专业技术与技

能，实现建筑技术利用信息技术转型升级，同样是现代建筑人职业生涯可持续发展的重要节点。

本书以 BIM 技术在施工中的应用为主要阐述内容，通过对 BIM 施工体系、BIM 施工方案模拟及 BIM 施工中诸多分项工程的应用讲解及案例分享来为已经在使用 BIM 技术、将要运用 BIM 技术施工的单位相关人员提供参考。

BIM 是在发展中的技术平台，鉴于时间及水平所限，书中内容难免有不妥之处，敬请广大读者批评指正，感谢！

编　者

目　录

第一章 BIM技术及数字建造简介

第一节 BIM技术简介

一、BIM技术概念

BIM的概念起始于autodesk的3D、面向对象（object-oriented）、AEC-Specific CAD，其次是1975年，“BIM之父”——乔治亚理工大学的Chuck Eastman教授创建了建筑物产品模型（building prodcut model），而产品模型就是数据模型和信息模型，BIM技术的研究经历了三大阶段：萌芽阶段、产生阶段和发展阶段。BIM理念的启蒙，受到了1973年全球石油危机的影响，美国全行业需要考虑提高行业效益的问题，1975年“BIM之父”Eastman教授在其研究的课题“Building Description System”中提出“a computer-based description of a building”，以便于实现建筑工程的可视化和量化分析，提高工程建设效率。但在当时流传速度较慢，直到2002年，由Autodes公司正式发布《BIM白皮书》后，由“BIM教父”——Jerry Laiserin对BIM的内涵和外延进行界定并把BIM一次推广流传。然而国外推广流传之后，我国也加入BIM研究的国际阵容当中，但结合BIM技术进行项目管理的研究刚刚起步，而结合BIM项目运营管理的研究就更为稀少。

建筑信息模型（Building Inoformation Modeling，BIM）概念就是期望将建筑工程中图形与非图形信息整合于数据模型中，而这些信息不只是可以应用于设计施工阶段，也可以应用于建筑物的整个生命周期（Building Life Aycle）。应用BIM技术，在施工前能多方审视并确认需求，减少后续的错误。BIM作业主要利用计算机系统的强大运算能力，不仅是模拟绘图的一种服务，更是能进行模型构造组件定义与检讨，并呈现真实数量计算的设计模型。

BIM技术从而从根本上改变从业人员依靠符号文字形式图样进行项目建设和运营管理的工作方式，实现在建设项目全生命周期内提高工作效率和质量以及减少错误和风险的目标。

BIM的含义有：

1）BIM是以三维数字技术为基础，集成了建筑工程项目各种相关信息的工程数据模型，是对工程项目设施实体与功能特性的数字化表达。

2）BIM是一个完善的信息模型，能够连接建筑项目生命周期不同阶段的数据、过程和资源，是对工程对象的完整描述，提供可自动计算、查询、组合拆分的实时工程数据，可被建设项目各参与方普遍使用。

3）BIM具有单一工程数据源，可解决分布式、异构工程数据之间的一致性和全局共享问题，支持建设项目生命周期中动态的工程信息创建、管理和共享，是项目实时的共享数据平台。

二、BIM 技术的特点

1. 可视化

在 BIM（建筑信息模型）中，由于整个过程都是可视化的，所以，可视化的效果不仅可以用作效果图的展示及报表的生成，更重要的是，项目设计、建造、运营过程中的沟通、讨论、决策都在可视化的状态下进行。模拟三维的立体事物可使项目在设计、建造、运营等整个建设过程中可视化，方便进行更好的沟通、讨论与决策。

BIM 工具具有多种可视化的模式，一般包括隐藏线、带边框着色和真实的模型三种模式。

BIM 还具有漫游功能，通过创建相机路径，并创建动画或一系列图像，可向客户进行模型展示，如图 1-1 所示。

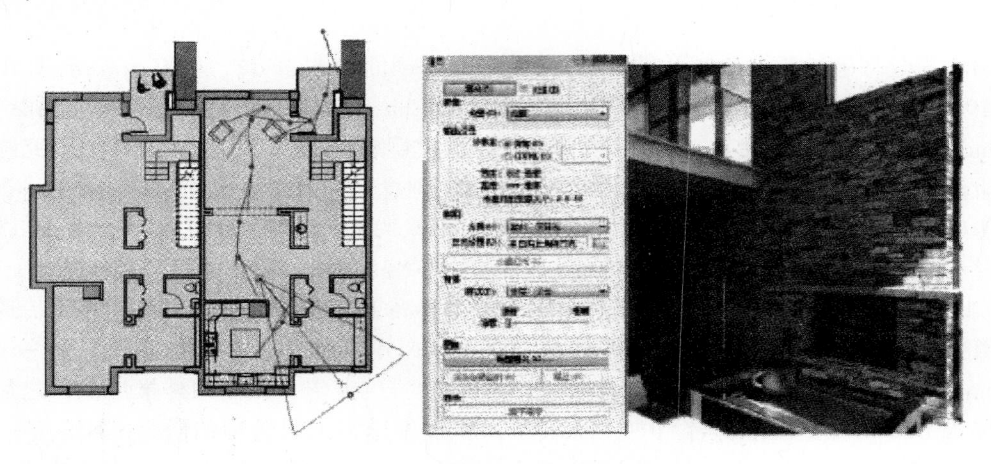

图 1-1　BIM 漫游可视化图

（1）施工组织可视化

施工组织可视化即利用 BIM 工具创建建筑设备模型、周转材料模型、临时设施模型等，以模拟施工过程，确定施工方案，进行施工组织。通过创建各种模型，可以在电脑中进行虚拟施工，使施工组织可视化，如图 1-2 所示。

（2）复杂构造节点可视化

复杂构造节点可视化即利用 BIM 的可视化特性可以将复杂的构造节点全方位呈现，如复杂的钢筋节点、幕墙节点等。复杂钢筋节点的可视化应用，传统 CAD 图难以表示钢筋的排布，在 BIM 中可以很好地展现，甚至可以做成钢筋模型的动态视频，有利于施工和

图 1-2　施工组织可视化图

技术交底。

(3) 设备可操作性可视化

设备可操作性可视化即利用 BIM 技术可对建筑设备空间是否合理进行提前检验。某项目生活给水机房的 BIM 模型如图 1-3 所示，通过该模型可以验证设备的操作空间是否合理，并对管道支架进行优化。通过制作工作集和设置不同施工路线，可以制作多种的设备安装动画，不断调整，从中找出最佳的设备安装位置和工序。与传统的施工方法相比，该方法更直观、清晰。

图 1-3　某项目生活给水机房的 BIM 模型

(4) 机电管线碰撞检查可视化

机电管线碰撞检查可视化即通过将各专业模型组装为一个整体 BIM 模型，从而使机电管线与建筑物的碰撞点以三维方式直观显示出来。在传统的施工方法中，对管线碰撞检查的方式主要有两种：一是把不同专业的 CAD 图叠在一张图上进行观察，根据施工经验和空间想象力找出碰撞点并加以修改；二是在施工的过程中边做边修改。这两种方法均费时费力，效率很低。但在 BIM 模型中，可以提前在真实的三维空间中找出碰撞点，并由各专业人员在模型中调整好碰撞点或不合理处后再导出 CAD 图。

2. 参数化

参数化建模指的是通过参数（变量）而不是数字建立和分析模型，简单地改变模型中的参数值就能建立和分析新的模型。

BIM 的参数化设计分为两个部分："参数化图元"和"参数化修改引擎"。"参数化图元"指的是 BIM 中的图元是以构件的形式出现，这些构件之间的不同是通过参数的调整反映出来的，参数保存了图元作为数字化建筑构件的所有信息；"参数化修改引擎"指的是参数更改技术使用户对建筑设计或文档部分作的任何改动，都可以自动地在其他相关联的部分反映出来。在参数化设计系统中，设计人员根据工程关系和几何关系来指定设计要求。参数化设计的本质是在可变参数的作用下，系统能够自动维护所有的不变参数。因此，参数化模型中建立的各种约束关系，正是体现了设计人员的设计意图。参数化设计可以大大提高模型的生成和修改速度。

在某钢结构项目中，钢结构采用交叉状的网壳结构。图 1-4 为主肋控制曲线，它是在建筑师根据莫比乌斯环的概念确定的曲线走势基础上衍生出的多条曲线；有了基础控制线后，利用参数化设定曲线间的参数，按照设定的参数自动生成主次肋曲线；相应的外表皮单元和梁也是随着曲线的生成自动生成。这种"参数化"的特性，不仅能够大大加快设计进度，还能够极大地缩短设计修改的时间。

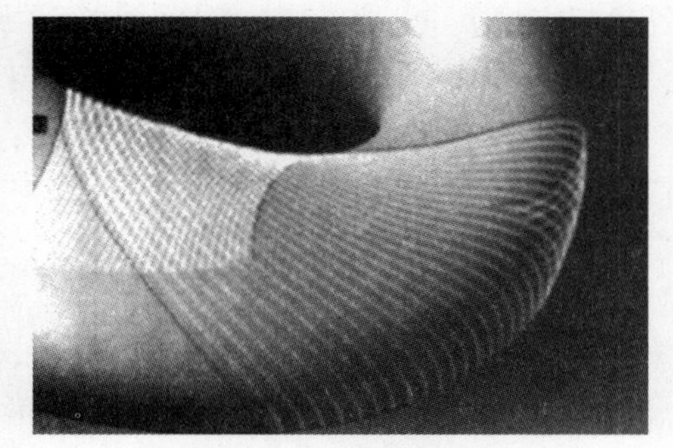

图 1-4　参数化建模图

3. 一体化

1) 一体化指的是基于 BIM 技术可进行从设计到施工再到运营贯穿了工程项目的全生命周期的一体化管理。BIM 的技术核心是一个由计算机三维模型所形成的数据库，不仅包含了建筑师的设计信息，而且可以容纳从设计到建成使用，甚至是使用周期终结的全过程信息。

2）BIM可以持续提供项目设计范围、进度以及成本信息，这些信息完整、可靠并且完全协调。BIM能在综合数字环境中保持信息不断更新并可提供访问，使建筑师、工程师、施工人员以及业主可以清楚全面地了解项目。这些信息在建筑设计、施工和管理的过程中能使项目质量提高，收益增加。

3）BIM的应用不仅仅局限于设计阶段，而是贯穿于整个项目全生命周期的各个阶段。BIM在整个建筑行业从上游到下游的各个企业间不断完善，从而实现项目全生命周期的信息化管理，最大化地实现BIM的意义。

在设计阶段，BIM使建筑、结构、给水排水、空调、电气等各个专业基于同一个模型进行工作，从而使真正意义上的三维集成协同设计成为可能。将整个设计整合到一个共享的建筑信息模型中，结构与设备、设备与设备间的冲突会直观地显现出来，工程师们可在三维模型中随意查看，并能准确查看到可能存在问题的地方，并及时调整，从而极大避免了施工中的浪费。这在极大程度上促进设计施工的一体化过程。

4）在施工阶段，BIM可以同步提供有关建筑质量、进度以及成本的信息。利用BIM可以实现整个施工周期的可视化模拟与可视化管理。帮助施工人员促进建筑的量化，迅速为业主制订展示场地使用情况或更新调整情况的规划，提高文档质量，改善施工规划。最终结果就是能将业主更多的施工资金投入到建筑，而不是行政和管理中。

5）BIM还能在运营管理阶段提高收益和成本管理水平，为开发商销售招商和业主购房提供了极大的透明和便利。BIM这场信息革命，对于工程建设设计施工一体化各个环节，必将产生深远的影响。这项技术已经可以清楚地表明其在协调方面的设计，缩短设计与施工时间，显著降低成本，改善工作场所安全和可持续的建筑项目所带来的整体利益。

4. 模拟性

利用四维施工模拟相关软件，根据施工组织进度计划安排，在已经搭建好的模拟的基础上加上时间维度，分专业制作可视化进度计划，即四维施工模拟。一方面可以知道现场施工；另一方面为建筑、管理单位提供非常直观的可视化进度控制管理依据。

四维模拟可以使建筑的建造顺序清晰，工程量明确，把BIM模型跟工期联系起来，直观地体现施工的界面、顺序，从而使各专业施工之间的施工协调变得清晰明了，通过四维施工模拟与施工组织方案的结合，能够使设备材料进场、劳动力分配、机械排版等各项工作的安排变得最为有效、经济。在施工过程中，还可将BIM与数码设备相结合，实现数字化的监控模式，更有效地管理施工现场、监控施工质量，使工程项目的远程管理成为可能，项目各参与方的负责人能在第一时间了解现场的实际情况。

BIM模拟性见表1-1。

表1-1 BIM模拟性

类别	内容
建筑物性能分析仿真	建筑物性能分析仿真即基于BIM技术建筑师在设计过程中赋予所创建的虚拟建筑模型大量建筑信息（如几何信息、材料性能、构件属性等），然后将BIM模型导入相关性能分析软件，就可得到相应分析结果。这一性能使得原本CAD时代需要专业人士花费大量时间输入大量专业数据的过程，如今可自动轻松完成，从而大大降低了工作周期，提高了设计质量，优化了为业主的服务 性能分析主要包括能耗分析、光照分析、设备分析、绿色分析等

（续）

类别	内容
施工仿真	（1）施工方案模拟优化 施工方案模拟优化指的是通过BIM可对项目重点及难点部分进行可建造性模拟，按月、日、时进行施工安装方案的分析优化，验证复杂建筑体系（如施工模板、玻璃装配、锚固等）的可建造性，从而提高施工计划的可行性。对项目管理方而言，可直观了解整个施工安装环节的时间节点、安装工序及疑难点。而施工方也可进一步对原有安装方案进行优化和改善，以提高施工效率和施工方案安全性 （2）工程量自动计算 BIM模型作为一个富含工程信息的数据库，可真实地提供造价管理所需的工程量数据。基于这些数据信息，计算机可快速对各种构件进行统计分析，大大减少了繁琐的人工操作和潜在错误，实现了工程量信息与设计文件的统一。通过BIM所获得准确的工程量统计，可用于设计前期的成本估算、方案比选、成本比较以及开工前预算和竣工后决算 （3）消除现场施工过程干扰或施工工艺冲突 随着建筑物规模和使用功能复杂程度的增加，设计单位、施工单位甚至业主，对于机电管线综合的出图要求愈加强烈。利用BIM技术，通过搭建各专业BIM模型，设计师能够在虚拟三维环境下快速发现并及时排除施工中可能遇到的碰撞冲突，显著减少由此产生的变更申请单，更大大提高施工现场作业效率，降低了因施工协调造成的成本增长和工期延误
施工进度模拟	施工进度模拟即通过将BIM与施工进度计划相链接，把空间信息与时间信息整合在一个可视的4D模型中，直观、精确地反映整个施工过程。当前建筑工程项目管理中常以表示进度计划的横道图，专业性强，但可视化程度低，无法清晰描述施工进度以及各种复杂关系（尤其是动态变化过程）。而通过基于BIM技术的施工进度模拟可直观、精确地反映整个施工过程，进而可缩短工期、降低成本、提高质量
运维仿真	（1）设备的运行监控 设备的运行监控即采用BIM技术实现对建筑物设备的搜索、定位、信息查询等功能。在运维BIM模型中，通过对设备信息集成的前提下，运用计算机对BIM模型中的设备进行操作，可以快速查询设备的所有信息，如生产厂商、使用寿命期限、联系方式、运行维护情况以及设备所在位置等。通过对设备运行周期的预警管理，可以有效地防止事故的发生，利用终端设备和二维码、RFID技术，迅速对发生故障的设备进行检修 （2）能源运行管理 能源运行管理即通过BIM模型对租户的能源使用情况进行监控与管理，赋予每个能源使用记录表以传感功能，在管理系统中及时做好信息的收集处理，通过能源管理系统对能源消耗情况自动进行统计分析，并且可以对异常使用情况进行警告 （3）建筑空间管理 建筑空间管理即基于BIM技术业主通过三维可视化直观地查询定位到每个租户的空间位置以及租户的信息，如租户名称、建筑面积、租约区间、租金情况、物业管理情况；还可以实现租户的各种信息的提醒功能，同时根据租户信息的变化，实现对数据及时调整和更新

5. 协调性

各专业项目信息出现“不兼容”现象，如管道与结构冲突、各个房间出现冷热不均、预留的洞口没留或尺寸不对等情况。

使用有效BIM协调流程进行协调综合，减少不合理变更方案或者问题变更方案。

基于BIM的三维设计，软件在项目紧张的管线综合设计周期里，提供清晰、高效率的与各系统专业有效沟通的平台，更好地满足工程需求，提高设计品质。BIM协调性见表1-2。

表1-2 BIM协调性

类别	内容
设计协调	设计协调指的是通过BIM三维可视化控件及程序自动检测，可对建筑物内机电管线和设备进行直观布置模拟安装，检查是否碰撞，找出问题所在及冲突矛盾之处，还可调整楼层净高、墙柱尺寸等，从而有效解决传统方法容易造成的设计缺陷，提升设计质量，减少后期修改，降低成本及风险
整体进度规划协调	整体进度规划协调指的是基于BIM技术，对施工进度进行模拟，同时根据最前线的经验和知识进行调整，极大地缩短施工前期的技术准备时间，并帮助各类各级人员对设计意图和施工方案获得更高层次的理解。以前施工进度通常是由技术人员或管理层敲定的，容易出现下级人员信息断层的情况。如今，BIM技术的应用使得施工方案更高效、更完美
成本预算、工程量估算协调	成本预算、工程量估算协调指的是应用BIM技术可以为造价工程师提供各设计阶段准确的工程量、设计参数和工程参数，这些工程量和参数与技术经济指标结合，可以计算出准确的估算、概算，再运用价值工程和限额设计等手段对设计成果进行优化。同时，基于BIM技术生成的工程量不是简单的长度和面积的统计，专业的BIM造价软件可以进行精确的3D布尔运算和实体减扣，从而获得更符合实际的工程量数据，并且可以自动形成电子文档进行交换、共享、远程传递和永久存档。准确率和速度上都较传统统计方法有很大的提高，有效降低了造价工程师的工作强度，提高了工作效率
运维协调	BIM系统包含了多方信息，如：厂家价格信息、竣工模型、维护信息、施工阶段安装深化图等，BIM系统能够把成堆的图样、报价单、采购单、工期图等统筹在一起，呈现出直观、实用的数据信息，可以基于这些信息进行运维协调 运维管理主要体现在以下方面 （1）空间协调管理 空间管理主要应用在照明、消防等各系统和设备空间定位。应用BIM技术业主可获取各系统和设备空间位置信息，把原来编号或者文字表示变成三维图形位置，直观形象且方便查找。如通过RFID获取大楼的安保人员位置。其次，BIM技术可应用于内部空间设施可视化，利用BIM建立一个可视三维模型，所有数据和信息可以从模型获取调用。如装修的时候，可快速获取不能拆除的管线、承重墙等建筑构件的相关属性 （2）设施协调管理 设施协调管理主要体现在设施的装修、空间规划和维护操作。BIM技术能够提供关于建筑项目的协调一致的、可计算的信息，该信息可用于共享及重复使用，从而可降低业主和运营商由于缺乏互操作性而导致的成本损失。此外基于BIM技术还可对重要设备进行远程控制，把原来商业地产中独立运行的各设备通过RFID等技术汇总到统一的平台上进行管理和控制。通过远程控制，可充分了解设备的运行状况，为业主更好地进行运维管理提供良好条件 （3）隐蔽工程协调管理 基于BIM技术的运维可以管理复杂的地下管网，如污水管、排水管、网线、电线以及相关管井，并且可以在图上直接获得相对位置关系。当改建或二次装修的时候可以避开现有管网位置，便于管网维修、更换设备和定位。内部相关人员可以共享这些电子信息，有变化可随时调整，保证信息的完整性和准确性 （4）应急协调管理 通过BIM技术的运维管理对突发事件的管理包括：预防、警报和处理。以消防事件为例，该管理系统可以通过喷淋感应器感应信息；如果发生着火事故，在商业广场的BIM界面中，就会自动触发

（续）

类别	内容
运维协调	火警警报；着火区域的三维位置和房间立即进行定位显示；控制中心可以及时查询相应的周围环境和设备情况，为及时疏散人群和处理灾情提供重要信息 （5）节能减排协调管理 通过BIM结合物联网技术的应用，使得日常能源管理监控变得更加方便。通过安装具有传感功能的电表、水表、煤气表后，可以实现建筑能耗数据的实时采集、传输、初步分析、定时定点上传等基本功能，并具有较强的扩展性。系统还可以实现室内温湿度的远程监测，分析房间内的实时温湿度变化，配合节能运行管理。在管理系统中可以及时收集所有能源信息，并且通过开发的能源管理功能模块，对能源消耗情况进行自动统计分析，比如各区域、各户主的每日用电量、每周用电量等，并对异常能源使用情况进行警告或者标识

6. 优化性

现代建筑复杂程度超过参与人员本身的能力极限。在整个设计、施工、运营的过程中，其实就是一个不断优化的过程，没有准确的信息是做不出合理优化结果的。BIM模型提供了建筑物存在的实际信息，包括几何信息、物理信息、规则信息，还提供了建筑物变化以后的实际存在。BIM及与其配套的各种优化工具提供了对复杂项目进行优化的可能：把项目设计和投资回报分析结合起来，计算出设计变化对投资回报的影响，使得业主知道哪种项目设计方案更有利于自身的需求，对设计施工方案进行优化，可以带来显著的工期和造价改进。

7. 可出图性

运用BIM技术，除了能够进行建筑平、立、剖及详图的输出外，还可以出碰撞报告及构件加工图等，见表1-3。

表1-3　BIM可出图性

类别	内容
碰撞报告	通过将建筑、结构、电气、给水排水、暖通等专业的BIM模型整合后，进行管线碰撞检测，可以出综合管线图（经过碰撞检查和设计修改，消除了相应错误以后）、综合结构留洞图（预埋套管图）、碰撞检查报告和建议改进方案 （1）建筑与结构专业的碰撞 建筑与结构专业的碰撞主要包括建筑与结构图中的标高、柱、剪力墙等的位置是否不一致等 （2）设备内部各专业碰撞 设备内部各专业碰撞内容主要是检测各专业与管线的冲突情况，如图1-5所示 （3）建筑、结构专业与设备专业碰撞 建筑专业与设备专业的碰撞如设备与室内装修碰撞，如图1-6所示；结构专业与设备专业的碰撞如管道与梁柱冲突，如图1-7所示 （4）解决管线空间布局 基于BIM模型可调整解决管线空间布局问题如机房过道狭小、各管线交叉等问题
构件加工指导	（1）出构件加工图 通过BIM模型对建筑构件的信息化表达，可在BIM模型上直接生成构件加工图，不仅能清楚地传达传统图样的二维关系，而且对于复杂的空间剖面关系也可以清楚表达，同时还能够将离散的二维图信息集中到一个模型当中，这样的模型能够更加紧密地实现与预制工厂的协同和对接 （2）构件生产指导 在生产加工过程中，BIM信息化技术可以直观地表达出配筋的空间关系和各种参数情况，能自动

（续）

类别	内容
构件加工指导	生成构件下料单、派工单、模具规格参数等生产表单，并且能通过可视化的直观表达帮助工人更好地理解设计意图，可以形成BIM生产模拟动画、流程图、说明图等辅助培训的材料，有助于提高工人生产的准确性和质量效率 （3）实现预制构件的数字化制造 借助工厂化、机械化的生产方式，采用集中、大型的生产设备，将BIM信息数据输入设备，就可以实现机械的自动化生产，这种数字化建造的方式可以大大提高工作效率和生产质量。比如现在已经实现了钢筋网片的商品化生产，符合设计要求的钢筋在工厂自动下料、自动成形、自动焊接（绑扎），形成标准化的钢筋网片。

图1-5　设备管道互相碰撞图

图1-6　水管穿吊顶图

8. 造价精确性

利用Revit，rakla，MagiCAD等已经搭建完成的模型，直接统计生成主要材料的工程量，辅助工程管理和工程造价的概预算，有效地提高工作效率。

BIM技术的运用可以提高施工预算的准确性，对预制加工提供支持，有效地提高设备参数的准确性和施工协调管理水平。充分利用BIM的共享平台，可以真正实现信息互动和高效管理。

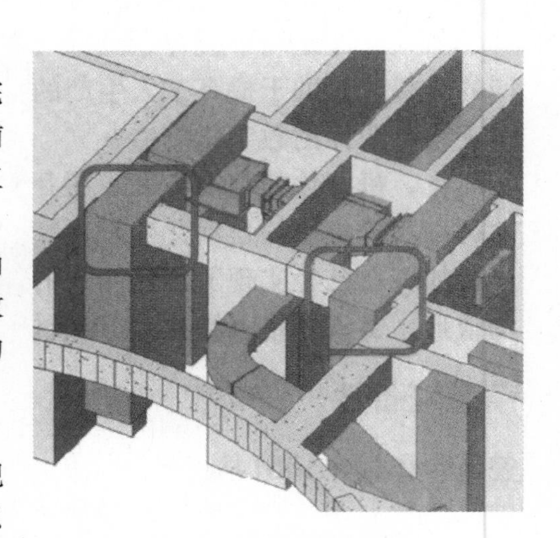

图1-7　风管和梁碰撞图

9. 造价可控性

通过BIM技术可以非常准确地深化钢筋、现浇混凝土。并且所有深化、优化后的图样都可以从BIM模型中自动生成。就像在钢结构或预制深化中一样，使用比如.VBS等格式的文件将钢筋弯曲加工和数控机床很好地结合起来。

10. 信息完备性

信息完备性体现在BIM技术可对工程对象进行3D几何信息和拓扑关系的描述以及完整的工程信息描述，如对象名称、结构类型、建筑材料、工程性能等设计信息；施工工序、进度、成本、质量以及人力、机械、材料资源等施工信息；工程安全性能、材料耐久性能等维护信息；对象之间的工程逻辑关系等。

三、BIM技术的优势

CAD技术将建筑师、工程师们从手工绘图推向计算机辅助制图，实现了工程设计领域的第一次信息革命。但是此信息技术对产业链的支撑作用是断点的，各个领域和环节之间没有关联，从整个产业整体来看，信息化的综合应用明显不足。BIM是一种技术、一种方法，它既包括建筑物全生命周期的信息模型，同时又包括建筑工程管理行为的模型，它将两者进行完美的结合来实现集成管理，它的出现将可能引发整个A/E/C（Architecture/Engineering/Construction）领域的第二次革命。

BIM技术较二维CAD技术的优势有：

1. 基本元素

基本元素如：墙、窗、门等，不但具有几何特性，同时还具有建筑物理特征和功能特征。

2. 修改图元位置或大小

所有图元均为参数化建筑构件，附有建筑属性；在“族”的概念下，只需要更改属性，就可以调节构件的尺寸、样式、材质、颜色等。

3. 各建筑元素间的关联性

各个构件是相互关联的，例如删除一面墙，墙上的窗和门跟着自动删除；删除一扇窗，墙上原来窗的位置会自动恢复为完整的墙。

4. 建筑物整体修改

只需进行一次修改，则与之相关的平面、立面、剖面、三维视图、明细表等都自动修改。

5. 建筑信息的表达

BIM包含了建筑的全部信息，不仅提供形象可视的二维和三维图，而且提供工程量清单、施工管理、虚拟建造、造价估算等更加丰富的信息。

四、BIM技术给工程施工带来的变化

BIM技术给工程施工带来的变化见表1-4。

表1-4　BIM技术给工程施工带来的变化

类别	内容
更多业主要求应用BIM	由于BIM的可视化平台可以让业主随时检查其设计是否符合业主的要求，且BIM技术所带来的价值优势是巨大的，如能缩短工期、早期得到可靠的工程预算、得到高性能的项目结果、方便设备管理与维护等

（续）

类别	内容
BIM 4D工具成为施工管理新的技术手段	目前，大部分BIM软件开发商都将4D功能作为BIM软件不可或缺的一部分，甚至一些小型的软件开发公司专门开发4D软件工具 BIM 4D相对于传统2D图的施工管理模式的优势如下 ①优化进度计划，相比传统的横道图，BIM 4D可直观地模拟施工过程以检验施工进度计划是否合理有效 ②模拟施工现场，更合理地安排物料堆放、物料运输路径及大型机械位置 ③跟踪项目进程，可以快速辨别实际进度是否提前或滞后 ④使各参与方与各利益相关者更有效地沟通
工程人员组织结构与工作模式逐渐发生改变	由于BIM智能化应用，工程人员组织结构、工作模式及工作内容等将发生革命性的变化，体现在以下几个方面 ①IPD模式下的人员组织机构不再是传统意义上的处于对立的单独的各参与方，而是协同工作的一个团队组织 ②由于工作效率的提高，某些工程人员的数量编制将有所缩减，而专门的BIM技术人员数量将有所增加、对于人员BIM培训的力度也将增加 ③美国国家建筑科学研究院（National Institute of Building Sciences，NIBS）定义了国家BIM标准（National BIM Standards），意在消除在项目实施过程中由于数据格式不统一等所产生的大量额外工作；制定BIM标准也是我国未来BIM发展的方向
一体化协作模式的优势逐渐得到认同	一些建筑业的领头企业已经逐渐认识到未来的项目实施过程将需要一体化的项目团队来完成，且BIM的应用将发挥巨大的利益优势。一些规模较大的施工企业未来的发展趋势将会设立其自己的设计团队，而越来越多的项目管理模式将采用DB模式，甚至IPD模式来完成
企业资源计划（ERP）逐渐被承包商广泛应用	企业资源计划（Enterprise Resource Planning，ERP）是先进的现代企业管理模式，主要实施对象是企业，目的是将企业的各个方面的资源（包括人、财、物、产、供、销等因素）合理配置，以使之充分发挥效能，使企业在激烈的市场竞争中全方位地发挥能量，从而取得最佳经济效益。世界500强企业中有80%的企业都在用ERP软件作为其决策的工具和管理日常工作流程，其功效可见一斑。目前ERP软件也正在逐步被建筑承包商所采用，用作企业统筹管理多个建设项目的采购、账单、存货清单及项目计划等方面。一旦这种企业后台管理系统（Back office system）建立，将其与CAD系统、3D系统、BIM系统等整合在一起，将大大提升企业的管理水平，提高经济性
更多地服务于绿色建筑	由于气候变化、可持续发展、建设项目舒适度要求提高等方面的因素，建设绿色建筑已是一种趋势。BIM技术可以为设计人员分析能耗、选择环境影响低的材料等方面提供帮助

五、BIM技术现实应用总结

BIM技术现实应用总结见表1-5。

表1-5 BIM技术现实应用总结

类别	内容
BIM技术与绿色建筑	绿色建筑是指在建筑的全生命周期内，最大限度节约资源，节能、节地、节水、节材、保护环境和减少污染，提供健康适用、高效使用、与自然和谐共生的建筑 BIM的最重要意义在于它重新整合了建筑设计的流程，其所涉及的建筑生命周期管理（BLM），又

（续）

类别	内容
BIM技术与绿色建筑	恰好是绿色建筑设计的关注和影响对象。真实的BIM数据和丰富的构件信息给各种绿色分析软件以强大的数据支持，确保了结果的准确性。BIM的某些特性（如参数化、构件库等）使建筑设计及后续流程针对上述分析的结果，有非常及时和高效的反馈。绿色建筑设计是一个跨学科、跨阶段的综合性设计过程，而BIM模型刚好顺应需求，实现了单一数据平台上各个工种的协调设计和数据集中。BIM的实施，能将建筑各项物理信息分析从设计后期显著提前，有助于建筑师在方案，甚至概念设计阶段进行绿色建筑相关的决策 另外，BIM技术提供了可视化的模型和精确的数字信息统计，将整个建筑的建造模型摆在人们面前，立体的三维感增加人们的视觉冲击和图像印象。而绿色建筑则是根据现代的环保理念提出的，主要是运用高科技设备利用自然资源，实现人与自然的和谐共处。基于BIM技术的绿色建筑设计应用主要通过数字化的建筑模型、全方位的协调处理、环保理念的渗透三个方面来进行，实现绿色建筑的环保和节约资源的原始目标，对于整个绿色建筑的设计有很大的辅助作用 总之，结合BIM进行绿色设计已经是一个受到广泛关注和认可的系统性方案，也让绿色建筑事业进入一个崭新的时代
BIM技术与信息化	信息化是指培养、发展以计算机为主的智能化工具为代表的新生产力，并使之造福于社会的历史过程。智能化生产工具与过去生产力中的生产工具不一样的是，它不是一件孤立分散的东西，而是一个具有庞大规模的、自上而下的、有组织的信息网络体系。这种网络性生产工具正改变人们的生产方式、工作方式、学习方式、交往方式、生活方式、思维方式等，使人类社会发生极其深刻的变化 随着我国国民经济信息化进程的加快，建筑业信息化早些年已经被提上了议事日程。住建部明确指出“建筑业信息化是指运用信息技术，特别是计算机技术和信息安全技术等，改造和提升建筑业技术手段和生产组织方式，提高建筑企业经营管理水平和核心竞争力。提高建筑业主管部门的管理、决策和服务水平。”建筑业的信息化是国民经济信息化的基础之一，而管理的信息化又是实现全行业信息化的重中之重。因此，利用信息化改造建筑工程管理，是建筑业健康发展的必由之路。但是，我国建筑工程管理信息化无论从思想认识上，还是在专业推广中都还不成熟，仅有部分企业不同程度地、孤立地使用信息技术的某一部分，且仍没有实现信息的共享、交流与互动 利用BIM技术对建筑工程进行管理，由业主方搭建BIM平台，组织业主、监理、设计、施工多方，进行工程建造的集成管理和全生命周期管理。BIM系统是一种全新的信息化管理系统，目前正越来越多地应用于建筑行业中。它要求参建各方在设计、施工、项目管理、项目运营等各个过程中将所有信息整合在统一的数据库中，通过数字信息仿真模拟建筑物所具有的真实信息，为建筑的全生命周期管理提供平台。在整个系统的运行过程中，要求业主方、设计方、监理方、总包方、分包方、供应方多渠道和多方位的协调，并通过网上文件管理协同平台进行日常维护和管理。BIM是新兴的建筑信息化技术，同时也是未来建筑技术发展的大势所趋
BIM技术与EPC	EPC总承包（Engineering Procurement Construction，EPC）是指工程总承包企业按照合同约定，承担工程项目的设计、采购、施工、试运行服务等工作，并对承包工程的质量、安全、工期、造价全面负责，它是以实现“项目功能”为最终目标，是我国目前推行总承包模式最主要的一种。较传统设计和施工分离承包模式，业主方能够摆脱工程建设过程中的杂乱事务，避免人员与资金的浪费；总承包商能够有效减少工程变更、争议、纠纷和索赔的耗费，使资金、技术、管理各个环节衔接更加紧密；同时，更有利于提高分包商的专业化程度，从而体现EPC总承包方式的经济效益和社会效益。因此，EPC总承包越来越被发包人、投资者所欢迎，也被政府有关部门所看重并大力推行 随着国际工程承包市场的发展，EPC总承包模式得到越来越广泛的应用。对技术含量高、各部分联系密切的项目，业主往往更希望由一家承包商完成项目的设计、采购、施工和试运行。根据美国

（续）

类别	内容
BIM技术与EPC	设计建造学会（DBIA）的预测，到2015年，采用工程总承包模式的项目数将达到55%，超过以业主分别与设计单位和施工单位签订设计、施工合同为特征的传统建设模式。大型工程项目多采用EPC总承包模式，给业主和承包商带来了可观的便利和效益，同时也给项目管理程序和手段，尤其是项目信息的集成化管理提出了新的更高的要求，因为工程项目建设的成功与否在很大程度上取决于项目实施过程中参与各方之间信息交流的透明性和时效性是否能得到满足 工程管理领域的许多问题，如成本的增加、工期的延误等都与项目组织中的信息交流问题有关。传统工程管理组织中信息内容的缺失、扭曲以及传递过程的延误和信息获得成本过高等问题严重阻碍了项目参与各方的信息交流和沟通，也给基于BIM的工程项目管理预留了广阔的空间。把EPC项目生命周期所产生的大量图样、报表数据融入以时间、费用为维度进展的4D、5D模型中，利用虚拟现实技术辅助工程设计、采购、施工、试运行等诸多环节，整合业主、EPC总承包商、分包商、供应商等各方的信息，增强项目信息的共享和互动，不仅是必要的而且是可能的 与发达国家相比，中国建筑业的信息化水平还有较大的差距。根据中国建筑业信息化存在的问题，结合今后的发展目标及重点，住房和城乡建设部印发的《2011～2015年建筑业信息化发展纲要》明确提出，中国建筑业信息化的总体目标为："'十二五'期间，基本实现建筑企业信息系统的普及应用，加快建筑信息模型、基于网络的协同工作等新技术在工程中的应用，推动信息化标准建设，促进具有自主知识产权软件的产业化，形成一批信息技术应用达到国际先进水平的建筑企业。"同时提出，在专项信息技术应用上，加快推广BIM、协同设计、移动通信、无线射频、虚拟现实、4D项目管理等技术在勘察设计、施工和工程项目管理中的应用，改进传统的生产与管理模式，提升企业的生产效率和管理水平
BIM技术与云计算	云计算是一种基于互联网的计算方式，以这种方式共享的软硬件和信息资源可以按需提供给计算机和其他终端使用 BIM与云计算集成应用，是利用云计算的优势将BIM应用转化为BIM云服务，基于云计算强大的计算能力，可将BIM应用中计算量大且复杂的工作转移到云端，以提升计算效率；基于云计算的大规模数据存储能力，可将BIM模型及其相关的业务数据同步到云端，方便用户随时随地访问并与协作者共享；云计算使得BIM技术走出办公室，用户在施工现场可通过移动设备随时连接云服务，及时获取所需的BIM数据和服务等 根据云的形态和规模，BIM与云计算集成应用将经历初级、中级和高级发展阶段。初级阶段以项目协同平台为标志，主要厂商的BIM应用通过接入项目协同平台，初步形成文档协作级别的BIM应用；中级阶段以模型信息平台为标志，合作厂商基于共同的模型信息平台开发BIM应用，并组合形成构件协作级别的BIM应用；高级阶段以开放平台为标志，用户可根据差异化需要从BIM云平台上获取所需的BIM应用，并形成自定义的BIM应用
BIM技术与物联网	物联网是通过射频识别、红外感应器、全球定位系统、激光扫描器等信息传感设备，按约定的协议将物品与互联网相连进行信息交换和通信，以实现智能化识别、定位、跟踪、监控和管理的一种网络 BIM与物联网集成应用，实质上是建筑全过程信息的集成与融合。BIM技术发挥上层信息集成、交互、展示和管理的作用，而物联网技术则承担底层信息感知、采集、传递、监控的功能。二者集成应用可以实现建筑全过程"信息流闭环"，实现虚拟信息化管理与实体环境硬件之间的有机融合。目前BIM在设计阶段应用较多，并开始向建造和运维阶段应用延伸。物联网应用目前主要集中在建造和运维阶段，二者集成应用将会产生极大的价值 在工程建设阶段，二者集成应用可提高施工现场安全管理能力，确定合理的施工进度，支持有效的成本控制，提高质量管理水平。例如，临边洞口防护不到位、部分作业人员高处作业不系安全带等安全隐患在施工现场无处不在，基于BIM的物联网应用可实时发现这些隐患并报警提示。高空作

（续）

类别	内容
BIM技术与物联网	业人员的安全帽、安全带、身份识别牌上安装的无线射频识别，可在BIM系统中实现精确定位，如果作业行为不符合相关规定，身份识别牌与BIM系统中相关定位会同时报警，管理人员可精准定位隐患位置，并采取有效措施避免安全事故发生。在建筑运维阶段，二者集成应用可提高设备的日常维护维修工作效率，提升重要资产的监控水平，增强安全防护能力，并支持智能家居 BIM与物联网集成应用目前处于起步阶段，尚缺乏数据交换、存储、交付、分类和编码、应用等系统化、可实施操作的集成和实施标准，且面临着法律法规、建筑业现行商业模式、BIM应用软件等诸多问题，但这些问题将会随着技术的发展及管理水平的不断提高得到解决。BIM与物联网的深度融合与应用，势必将智能建造提升到智慧建造的新高度。开创智慧建筑新时代，是未来建设行业信息化发展的重要方向之一。未来建筑智能化系统，将会出现以物联网为核心，以功能分类、相互通信兼容为主要特点的建筑“智慧化”大控制系统
BIM技术与数字化加工	数字化是将不同类型的信息转变为可以度量的数字，将这些数字保存在适当的模型中，再将模型引入计算机进行处理的过程。数字化加工则是在应用已经建立的数字模型基础上，利用生产设备完成对产品的加工 BIM与数字化加工集成，意味着将BIM模型中的数据转换成数字化加工所需的数字模型，制造设备可根据该模型进行数字化加工。目前，主要应用在预制混凝土板生产、管线预制加工和钢结构加工三个方面。一方面，工厂精密机械自动完成建筑物构件的预制加工，不仅制造出的构件误差小，生产效率也可大幅提高；另一方面，建筑中的门窗、整体卫浴、预制混凝土结构和钢结构等许多构件，均可异地加工，再被运到施工现场进行装配，既可缩短建造工期，也容易掌控质量 例如，深圳平安金融中心为超高层项目，有十几万平方米风管加工制作安装量，如果采用传统的现场加工制作安装，不仅大量占用现场场地，而且受垂直运输影响，效率低下。为此，该项目探索基于BIM的风管工厂化预制加工技术，将制作工序移至场外，由专门加工流水线高效切割完成风管制作，再运至现场指定楼层完成组合拼装。在此过程中依靠BIM技术进行预制分段和现场施工误差测控，大大提高了施工效率和工程质量 未来，将以建筑产品三维模型为基础，进一步加入资料、构件制造、构件物流、构件装置以及工期、成本等信息，以可视化的方法完成BIM与数字化加工的融合。同时，更加广泛地发展和应用BIM技术与数字化技术的集成，进一步拓展信息网络技术、智能卡技术、家庭智能化技术、无线局域网技术、数据卫星通信技术、双向电视传输技术等与BIM技术的融合
BIM技术与智能型全站仪	施工测量是工程测量的重要内容，包括施工控制网的建立、建筑物的放样、施工期间的变形观测和竣工测量等内容。近年来，外观造型复杂的超大、超高建筑日益增多，测量放样主要使用全站型电子速测仪（简称全站仪）。随着新技术的应用，全站仪逐步向自动化、智能化方向发展。智能型全站仪由马达驱动，在相关应用程序控制下，在无人干预的情况下可自动完成多个目标的识别、照准与测量，且在无反射棱镜的情况下可对一般目标直接测距 BIM与智能型全站仪集成应用，是通过对软件、硬件进行整合，将BIM模型带入施工现场，利用模型中的三维空间坐标数据驱动智能型全站仪进行测量。二者集成应用，将现场测绘所得的实际建造结构信息与模型中的数据进行对比，核对现场施工环境与BIM模型之间的偏差，为机电、精装、幕墙等专业的深化设计提供依据。同时，基于智能型全站仪高效精确的放样定位功能，结合施工现场轴线网、控制点及标高控制线，可高效快速地将设计成果在施工现场进行标定，实现精确的施工放样，并为施工人员提供更加准确直观的施工指导。此外，基于智能型全站仪精确的现场数据采集功能，在施工完成后对现场实物进行实测实量，通过对实测数据与设计数据进行对比，检查施工质量是否符合要求 与传统放样方法相比，BIM与智能型全站仪集成放样，精度可控制在3mm以内，而一般建筑施工要求的精度在1~2cm，远超传统施工精度。传统放样最少要两人操作，BIM与智能型全站仪集成放样，一人一天可完成几百个点的精确定位，效率是传统方法的6~7倍

（续）

类别	内容
BIM技术与智能型全站仪	目前，国外已有很多企业在施工中将BIM与智能型全站仪集成应用进行测量放样，而我国尚处于探索阶段，只有深圳市城市轨道交通9号线、深圳平安金融中心和北京望京SOHO等少数项目应用。未来，二者集成应用将与云技术进一步结合，使移动终端与云端的数据实现双向同步；还将与项目质量管控进一步融合，使质量控制和模型修正无缝融入原有工作流程，进一步提升BIM的应用价值
BIM技术与GIS	地理信息系统是用于管理地理空间分布数据的计算机信息系统，以直观的地理图形方式获取、存储、管理、计算、分析和显示与地球表面位置相关的各种数据，英文缩写为GIS。BIM与GIS集成应用，是通过数据集成、系统集成或应用集成来实现的，可在BIM应用中集成GIS，也可以在GIS应用中集成BIM，或是BIM与GIS深度集成，以发挥各自优势，拓展应用领域。目前，二者集成在城市规划、城市交通分析、城市微环境分析、市政管网管理、住宅小区规划、数字防灾、既有建筑改造等诸多领域有所应用，与各自单独应用相比，在建模质量、分析精度、决策效率、成本控制水平等方面都有明显提高 BIM与GIS集成应用，可提高长线工程和大规模区域性工程的管理能力。BIM的应用对象往往是单个建筑物，利用GIS宏观尺度上的功能，可将BIM的应用范围扩展到道路、铁路、隧道、水电、港口等工程领域。例如，邢汾高速公路项目开展BIM与GIS集成应用，实现了基于GIS的全线宏观管理、基于BIM的标段管理以及桥隧精细管理相结合的多层次施工管理 BIM与GIS集成应用，可增强大规模公共设施的管理能力。现阶段，BIM应用主要集中在设计、施工阶段，而二者集成应用可解决大型公共建筑、市政及基础设施的BIM运维管理，将BIM应用延伸到运维阶段。例如，昆明新机场项目将二者集成应用，成功开发了机场航站楼运维管理系统，实现了航站楼物业、机电、流程、库存、报修与巡检等日常运维管理和信息动态查询 BIM与GIS集成应用，还可以拓宽和优化各自的应用功能。导航是GIS应用的一个重要功能，但仅限于室外。二者集成应用，不仅可以将GIS的导航功能拓展到室内，还可以优化GIS已有的功能。如利用BIM模型对室内信息的精细描述，可以保证在发生火灾时室内逃生路径是最合理的，而不再只是路径最短 随着互联网的高速发展，基于互联网和移动通信技术的BIM与GIS集成应用，将改变二者的应用模式，向着网络服务的方向发展。当前，BIM和GIS不约而同地开始融合云计算这项新技术，分别出现了“云BIM”和“云GIS”的概念，云计算的引入将使BIM和GIS的数据存储方式发生改变，数据量级也将得到提升，其应用也会得到跨越式发展
BIM技术与3D扫描	3D扫描是集光、机、电和计算机技术于一体的高新技术，主要用于对物体空间外形、结构及色彩进行扫描，以获得物体表面的空间坐标，具有测量速度快、精度高、使用方便等优点，且其测量结果可直接与多种软件接口。3D激光扫描技术又被称为实景复制技术，采用高速激光扫描测量的方法，可大面积高分辨率地快速获取被测量对象表面的3D坐标数据，为快速建立物体的3D影像模型提供了一种全新的技术手段。3D激光扫描技术可有效完整地记录工程现场复杂的情况，通过与设计模型进行对比，直观地反映出现场真实的施工情况，为工程检验等工作带来巨大帮助。同时，针对一些古建类建筑，3D激光扫描技术可快速准确地形成电子化记录，形成数字化存档信息，方便后续的修缮改造等工作。此外，对于现场难以修改的施工现状，可通过3D激光扫描技术得到现场真实信息，为其量身定做装饰构件等材料 BIM与3D扫描技术的集成，是将BIM模型与所对应的3D扫描模型进行对比、转化和协调，达到辅助工程质量检查、快速建模、减少返工的目的，可解决很多传统方法无法解决的问题，目前正越来越多地被应用在建筑施工领域，在施工质量检测、辅助实际工程量统计、钢结构预拼装等方面体现出较大价值。例如，将施工现场的3D激光扫描结果与BIM模型进行对比，可检查现场施工情况与模型、图样的差别，协助发现现场施工中的问题，这在传统方式下需要工作人员拿着图样、皮尺在现场检查，费时又费力

（续）

类别	内容
BIM 技术与 3D 扫描	再如，针对土方开挖工程中较难统计测算土方工程量的问题，可在开挖完成后对现场基坑进行 3D 激光扫描，基于点云数据进行 3D 建模，再利用 BIM 软件快速测算实际模型体积，并计算现场基坑的实际挖掘土方量。此外，通过与设计模型进行对比，还可以直观了解基坑挖掘质量等其他信息。上海中心大厦项目引入大空间 3D 激光扫描技术，通过获取复杂的现场环境及空间目标的 3D 立体信息，快速重构目标的 3D 模型及线、面、体、空间等各种带有 3D 坐标的数据，再现客观事物真实的形态特性。同时，将依据点云建立的 3D 模型与原设计模型进行对比，检查现场施工情况，并通过采集现场真实的管线及龙骨数据建立模型，作为后期装饰等专业深化设计的基础。BIM 与 3D 扫描技术的集成应用，不仅提高了该项目的施工质量检查效率和准确性，也为装饰等专业深化设计提供了依据
BIM 技术与虚拟现实	虚拟现实，也称作虚拟环境或虚拟真实环境，是一种三维环境技术，集先进的计算机技术、传感与测量技术、仿真技术、微电子技术等为一体，借此产生逼真的视、听、触、力等三维感觉环境，形成一种虚拟世界。虚拟现实技术是人们运用计算机对复杂数据进行的可视化操作，与传统的人机界面以及流行的视窗操作相比，虚拟现实在技术思想上有了质的飞跃 BIM 技术的理念是建立涵盖建筑工程全生命周期的模型信息库，并实现各个阶段、不同专业之间基于模型的信息集成和共享。BIM 与虚拟现实技术集成应用，主要内容包括虚拟场景构建、施工进度模拟、复杂局部施工方案模拟、施工成本模拟、多维模型信息联合模拟以及交互式场景漫游，目的是应用 BIM 信息库，辅助虚拟现实技术更好地在建筑工程项目全生命周期中应用 BIM 与虚拟现实技术集成应用，可提高模拟的真实性。传统的二维、三维表达方式，只能传递建筑物单一尺度的部分信息，使用虚拟现实技术可展示一栋活生生的虚拟建筑物，使人产生身临其境之感。并且，可以将任意相关信息整合到已建立的虚拟场景中，进行多维模型信息联合模拟。可以实时、任意视角查看各种信息与模型的关系，指导设计、施工，辅助监理、监测人员开展相关工作 BIM 与虚拟现实技术集成应用，可有效支持项目成本管控。据不完全统计，一个工程项目大约有 30% 的施工过程需要返工、60% 的劳动力资源被浪费、10% 的材料被损失浪费。不难推算，在庞大的建筑施工行业中每年约有万亿元的资金流失。BIM 与虚拟现实技术集成应用，通过模拟工程项目的建造过程，在实际施工前即可确定施工方案的可行性及合理性，减少或避免设计中存在的大多数错误；可以方便地分析出施工工序的合理性，生成对应的采购计划和财务分析费用列表，高效地优化施工方案；还可以提前发现设计和施工中的问题，对设计、预算、进度等属性及时更新，并保证获得数据信息的一致性和准确性。二者集成应用，在很大程度上可减少建筑施工行业中普遍存在的低效、浪费和返工现象，大大缩短项目计划和预算编制的时间，提高计划和预算的准确性 BIM 与虚拟现实技术集成应用，可有效提升工程质量。在施工之前，将施工过程在计算机上进行三维仿真演示，可以提前发现并避免在实际施工中可能遇到的各种问题，如管线碰撞、构件安装等，以便指导施工和制订最佳施工方案，从整体上提高建筑施工效率，确保工程质量，消除安全隐患，并有助于降低施工成本与时间耗费 BIM 与虚拟现实技术集成应用，可提高模拟工作中的可交互性。在虚拟的三维场景中，可以实时地切换不同的施工方案，在同一个观察点或同一个观察序列中感受不同的施工过程，有助于比较不同施工方案的优势与不足，以确定最佳施工方案。同时，还可以对某个特定的局部进行修改，并实时地与修改前的方案进行分析比较。此外，还可以直接观察整个施工过程的三维虚拟环境，快速查看到不合理或者错误之处，避免施工过程中的返工 虚拟施工技术在建筑施工领域的应用将是一个必然趋势，在未来的设计、施工中的应用前景广阔，必将推动我国建筑施工行业迈入一个崭新的时代

（续）

类别	内容
BIM技术与3D打印	3D打印技术是一种快速成型技术，是以三维数字模型文件为基础，通过逐层打印或粉末熔铸的方式来构造物体的技术，综合了数字建模技术、机电控制技术、信息技术、材料科学与化学等方面的前沿技术 BIM与3D打印的集成应用，主要是在设计阶段利用3D打印机将BIM模型微缩打印出来，供方案展示、审查和进行模拟分析；在建造阶段采用3D打印机直接将BIM模型打印成实体构件和整体建筑，部分替代传统施工工艺来建造建筑。BIM与3D打印的集成应用，可谓两种革命性技术的结合，为建筑从设计方案到实物的过程开辟了一条“高速公路”，也为复杂构件的加工制作提供了更高效的方案。目前，BIM与3D打印技术集成应用有三种模式：基于BIM的整体建筑3D打印、基于BIM和3D打印制作复杂构件、基于BIM和3D打印的施工方案实物模型展示 基于BIM的整体建筑3D打印。应用BIM进行建筑设计，将设计模型交付专用3D打印机，打印出整体建筑物。利用3D打印技术建造房屋，可有效降低人力成本，作业过程基本不产生扬尘和建筑垃圾，是一种绿色环保的工艺，在节能降耗和环境保护方面较传统工艺有非常明显的优势 基于BIM和3D打印制作复杂构件。传统工艺制作复杂构件，受人为因素影响较大，精度和美观度不可避免地会产生偏差。而3D打印机由计算机操控，只要有数据支撑，便可将任何复杂的异形构件快速、精确地制造出来。BIM与3D打印技术集成进行复杂构件制作，不再需要复杂的工艺、措施和模具，只需将构件的BIM模型发送到3D打印机，短时间内即可将复杂构件打印出来，缩短了加工周期，降低了成本，且精度非常高，可以保障复杂异形构件几何尺寸的准确性和实体质量 基于BIM和3D打印的施工方案实物模型展示。用3D打印制作的施工方案微缩模型，可以辅助施工人员更为直观地理解方案内容，携带、展示不需要依赖计算机或其他硬件设备，还可以360°全视角观察，克服了打印3D图片和三维视频角度单一的缺点 随着各项技术的发展，现阶段BIM与3D打印技术集成存在的许多技术问题将会得到解决，3D打印机和打印材料价格也会趋于合理，应用成本下降也会扩大3D打印技术的应用范围，提高施工行业的自动化水平。虽然在普通民用建筑大批量生产的效率和经济性方面，3D打印建筑较工业化预制生产没有优势，但在个性化、小数量的建筑上，3D打印的优势非常明显。随着个性化定制建筑市场的兴起，3D打印建筑在这一领域的市场前景非常广阔
BIM技术与构件库	当前，设计行业正在进行着第二次技术变革，基于BIM理念的三维化设计已经被越来越多的设计院、施工企业和业主所接受，BIM技术是解决建筑行业全生命周期管理，提高设计效率和设计质量的有效手段。住房和城乡建设部在《2011～2015年建筑业信息化发展纲要》中明确提出在“十二五”期间将大力推广BIM技术等在建筑工程中的应用，国内外的BIM实践也证明，BIM能够有效解决行业上下游之间的数据共享与协作问题。目前国内流行的建筑行业BIM类软件均是以搭积木方式实现建模，是以构件（比如Revit称之为“族”、PDMS称之为“元件”）为基础。含有BIM信息的构件不但可以为工业化制造、计算选型、快速建模、算量计价等提供支撑，也为后期运营维护提供必不可少的信息数据。信息化是工程建设行业发展的必然趋势，设备数据库如果能有效地和BIM设计软件、物联网等融合，无论是工程建设行业运作效率的提高，还是对设备厂商的设备推广，都会起到很大的促进作用 BIM设计时代已经到来，工程建设工业化是大势所趋，构件是建立BIM模型和实现工业化建造的基础，BIM设计效率的提高取决于BIM构件库的完备水平，对这一重要知识资产的规范化管理和使用，是提高设计院设计效率，保障交付成果的规范性与完整性的重要方法。因此，高效的构件库管理系统是企业BIM化设计的必备利器

（续）

类别	内容
BIM 技术在装配式结构	装配式建筑是用预制的构件在工地装配而成的建筑，是我国建筑结构发展的重要方向之一，它有利于我国建筑工业化的发展，提高生产效率，节约能源，发展绿色环保建筑，并且有利于提高和保证建筑工程质量。与现浇施工工法相比，装配式结构有利于绿色施工，因为装配式施工更能符合绿色施工的节地、节能、节材、节水和环境保护等要求，降低对环境的负面影响，包括降低噪声，防止扬尘，减少环境污染，清洁运输，减少场地干扰，节约水、电、材料等资源和能源，遵循可持续发展的原则。而且，装配式结构可以连续地按顺序完成工程的多个或全部工序，从而减少进场的工程机械种类和数量，消除工序衔接的停闲时间，实现立体交叉作业，减少施工人员，从而提高工效、降低物料消耗、减少环境污染，为绿色施工提供保障。另外，装配式结构在较大程度上减少建筑垃圾（约占城市垃圾总量的30% ~40%），如废钢筋、废钢丝、废竹木材、废弃混凝土等 2013 年 1 月 1 日，国务院办公厅转发《绿色建筑行动方案》，明确提出将“推动建筑工业化”列为十大重要任务之一，同年 11 月 7 日，全国政协主席俞正声主持全国政协双周协商座谈会，建言“建筑产业化”，这标志着推动建筑产业化发展已成为最高级别国家共识，也是国家首次将建筑产业化落实到政策扶持的有效举措。随着政府对建筑产业化的不断推进，建筑信息化水平低已经成为建筑产业化发展的制约因素，如何应用 BIM 技术提高建筑产业信息化水平，推进建筑产业化向更高阶段发展，已经成为当前一个新的研究热点 利用 BIM 技术能有效提高装配式建筑的生产效率和工程质量，将生产过程中的上下游企业联系起来，真正实现以信息化促进产业化。借助 BIM 技术三维模型的参数化设计，使得图样生成修改的效率有了很大幅度的提高，克服了传统拆分设计中的图样量大，修改困难的难题；钢筋的参数化设计提高了钢筋设计精确性，加大了可施工性。加上时间进度的 4D 模拟，进行虚拟化施工，提高了现场施工管理的水平，降低了施工工期，减少了图样变更和施工现场的返工，节约投资。因此，BIM 技术的使用能够为预制装配式建筑的生产提供有效帮助，使得装配式工程精细化这一特点更为容易实现，进而推动现代建筑产业化的发展，促进建筑业发展模式的转型

六、BIM 技术的未来发展趋势

BIM 在未来有哪几种发展趋势？BIM 给我们带来了各种可能，因为是一种比较新的技术，大家对于它的推广和运用不能大意，BIM 在未来的几种发展趋势如下：

第一，以移动技术来获取数据。随着互联网和移动智能终端的普及，人们现在可以在任何地点和任何时间来获取信息。而在建筑设计领域，将会看到很多承包商，为自己的工作人员都配备这些移动设备，在工作现场就可以进行设计。

第二，数据的暴露。现在可以把监控器和传感器放置在建筑物的任何一个地方，针对建筑内的温度、空气质量、湿度进行监测。然后，再加上供热信息、通风信息、供水信息和其他的控制信息。这些信息汇总之后，设计师就可以对建筑的现状有一个全面充分的了解。

第三，未来还有一个最为重要的概念——云端技术，即无限计算。不管是能耗，还是结构分析，针对一些信息的处理和分析都需要利用云计算强大的计算能力。甚至，我们渲染和分析过程可以达到实时的计算，帮助设计师尽快地在不同的设计和解决方案之间进行比较。

第四，数字化现实捕捉。这种技术，通过一种激光的扫描，可以对桥梁、道路、铁路等进行扫描，以获得早期的数据。我们也看到，现在不断有新的算法，把激光所产生的点集中成平面或者表面，然后放在一个建模的环境当中。3D 电影《阿凡达》就是在一台电脑上创造一个 3D 立体 BIM 模型的环境。因此，我们可以利用这样的技术为客户建立可视化的效果。值得期待的是，未来设计师可以在一个 3D 空间中使用这种进入式的方式来进行工作，直观地展示产品开发的未来。

第五，协作式项目交付。BIM 是一个工作流程，是基于改变设计方式的一种技术，改变了整个项目执行施工的方法，它是一种设计师、承包商和业主之间合作的过程，每个人都有自己非常有价值的观点和想法。

所以，如果能够通过分享 BIM 让这些人都参与其中，在这个项目的全生命周期都参与其中，那么，BIM 将能够实现它最大的价值。

目前，对于我国来说，培养 BIM 设计及应用人才势在必行，应用设计软件不但是建筑师的工作，更要应用在建造商及施工人员的工作里，中建八局、中建五局已开始利用信息化模型整合施工工作。国外的建造行业应用大都淘汰了只依赖纸质图样的传统施工方式，电子信息化正显示出它的技术优点。目前国家科技部“十一五”计划已经开始对建筑业应用 BIM 技术的课题研究。但国内学习 BIM 相关指示的途径较少，主要是私立技术学校开办的业余学习班，并且费用和教学质量参差不齐。希望教育事业者对此引起重视，开办正规全面的工程信息化专业，并列入理工科的教学范围内，不要输在信息化的平台上。在美国建筑业约有半数的机构在应用 BIM 技术，而在中国 BIM 技术尚处于起步阶段。目前各大设计单位都在开始组建自己的 BIM 团队，一些国内知名设计单位比如：中国建筑设计研究院、中建国际、现代集团、同济大学设计院、水晶石等已经开展了自己数字信息化设计业务，并完成了多个知名复杂项目设计，如：建成的上海中心、银河 SOHO、株洲博物馆等项目。未来 20 年，中国还将以每年新增 20 亿 m^2 的新建速度发展。可以说中国的建设仍然处在黄金期，大量的现代化、高科技化的新型建筑会出现在人们的眼前。人手工绘图和在电脑中绘图的习惯并没有大的变化；而 BIM 技术则不仅是换了一种工具，往小的说它将改变人的设计习惯、协同模式等，往大的说它将改变设计、施工、运营行业全产业链的协同作业模式、利益分配等，从而极大地促进整个行业的进一步资源优化整合。我们可以相信传统制图方式会被逐渐淘汰，以 BIM 为开端的设计革命已经悄然开始，可以说建筑行业已经进入 BIM 设计应用时代。

第二节 BIM 常用术语

BIM 常用术语见表 1-6。

表 1-6 BIM 常用术语

类别	内容
BIM	前期定义为“Building Information Model”，之后将 BIM 中的“Model”替换为“Modeling”，即“Building Information Modeling”，前者指的是静态的“模型”，后者指的是动态的“过程”，可以直译为“建筑信息建模”“建筑信息模型方法”或“建筑信息模型过程”，但约定俗成目前国内业界仍然称之为“建筑信息模型”
PAS 1192	PAS 1192 即使用建筑信息模型设置信息管理运营阶段的规范。该纲要规定了 level of model（图形信息）、model information（非图形内容，比如具体的数据）、model definition（模型的意义）和 model information exchanges（模型信息交换）。PAS 1192—2 提出 BIM 实施计划（BEP）是为了管理项目的交付过程，有效地将 BIM 引入项目交付流程，对项目团队在项目早期发展 BIM 实施计划很重要。它概述了全局视角和实施细节，帮助项目团队贯穿项目实践。它经常在项目启动时被定义并当新项目成员被委派时调节他们的参与

（续）

类别	内容
CIC BIM Protocol	CIC BIM Protocol 即 CIC BIM 协议。CIC BIM 协议是建设单位和承包商之间的一个补充性的具有法律效益的协议，已被并入专业服务条约和建设合同之中，是对标准项目的补充。它规定了雇主和承包商的额外权利和义务，从而促进相互之间的合作，同时有对知识产权的保护和对项目参与各方的责任划分
Clash Rendition	Clash Rendition 即碰撞再现，专门用于空间协调的过程，实现不同学科建立的 BIM 模型之间的碰撞规避或者碰撞检查
COBIE	COBIE 即施工运营建筑信息交换（Construction Operations Building Information Exchange）。COBIE 是一种以电子表单呈现的用于交付的数据形式，为了调频交接包含了建筑模型中的一部分信息（除了图形数据）
CDE	CDE 即公共数据环境。这是一个中心信息库，所有项目相关者可以访问。同时对所有CDE 中的数据访问都是随时的，所有权仍旧由创始者持有
Data Exchange Specification	Data Exchange Specification 即数据交换规范。不同 BIM 应用软件之间数据文件交换的一种电子文件格式的规范，从而提高相互间的可操作性
Federated mode	Federated mode 即联邦模式。本质上这是一个合并了的建筑信息模型，将不同的模型合并成一个模型，是多方合作的结果
GSL	GSL 即 Government Soft Landings。这是一个由英国政府开始的交付仪式，它的目的是减少成本（资产和运行成本）、提高资产交付和运作的效果，同时受助于建筑信息模型
IFC	IFC 即 Industry Foundation Class。IFC 是一个包含各种建设项目设计、施工、运营各个阶段所需要的全部信息的一种基于对象的、公开的标准文件交换格式
IDM	IDM 即 Information Delivery Manual。IDM 是对某个指定项目以及项目阶段、某个特定项目成员、某个特定业务流程所需要交换的信息以及由该流程产生的信息的定义。每个项目成员通过信息交换得到完成他的工作所需要的信息，同时把他在工作中收集或更新的信息通过信息交换给其他需要的项目成员使用
Information Manager	Information Manager 即为雇主提供一个“信息管理者”的角色，本质上就是一个负责 BIM 程序下资产交付的项目管理者
Level0、Level1、Level2、Level3	Levels：表示 BIM 等级从不同阶段到完全合作被认可的里程碑阶段的过程，是 BIM 成熟度的划分。这个过程被分为 0～3 共 4 个阶段，目前对于每个阶段的定义还有争论，最广为认可的定义如下 Level0：没有合作，只有二维的 CAD 图，通过纸张和电子文本输出结果 Level1：含有一点三维 CAD 的概念设计工作，法定批准文件和生产信息都是 2D 图输出。不同学科之间没有合作，每个参与者只含有它自己的数据 Level2：合作性工作，所有参与方都使用他们自己的 3D CAD 模型，设计信息共享是通过普通文件格式（common file format）。各个组织都能将共享数据和自己的数据结合，从而发现矛盾。因此各方使用的 CAD 软件必须能够以普通文件格式输出 Level3：所有学科整合性合作，使用一个在 CDE 环境中的共享性的项目模型。各参与方都可以访问和修改同一个模型，解决了最后一层信息冲突的风险，这就是所谓的“Open BIM”

（续）

类别	内容
LOD	BIM模型的发展程度或细致程度（Level of detail），LOD描述了一个BIM模型构件单元从最低级的近似概念化的程度发展到最高级的演示级精度的步骤。LOD的定义主要运用于确定模型阶段输出结果及分配建模任务这两方面
LOI	LOI即Level of Information。LOI定义了每个阶段需要细节的多少。比如，是空间信息、性能，还是标准、工况、证明等
LCA	LCA即全生命周期评估（Life-Cycle-Assessment）或全生命周期分析（Life-Cycle Analysis），是对建筑资产从建成到退出使用整个过程中对环境影响的评估，主要是对能量和材料消耗、废物和废气排放的评估
Open BIM	Open BIM即一种在建筑的合作性设计施工和运营中基于公共标准和公共工作流程的开放资源的工作方式
BEP	BEP即BIM实施计划（BIM Execution Plan）。BIM实施计划分为“合同前”BEP及“合作运作期”BEP，“合同前”BEP主要负责雇主的信息要求，即在设计和建设中纳入承包商的建议，“合作运作期”BEP主要负责合同交付细节
Uniclass	Uniclass即英国政府使用的分类系统，将对象分类到各个数值标头，使事物有序。在资产的全生命过程中根据类型和种类将各相关元素整理和分类，有可能作为BIM模型的类别

第三节　BIM数字建造简介

一、信息的特性

1. 状态

状态：定义提交信息的版本。随着信息在项目中流动，其状态通常是在一定的机制控制下变化的。例如同样一个图形，开始时的状态是“发布供审校用”，通过审校流程后，授权人士可以把该图形的状态修改为“发布供施工用”，最终项目结束以后将更新为“竣工图”。定义今后要使用的状态术语是标准化工作要做的第一步。对于每一组信息来说，界定其提交的状态是必须要做的事情，很多重要的信息在竣工状态都是需要的。另外一个应该决定的事情是该信息是否需要超过一个状态，例如“发布供施工用”和“竣工图”等。

2. 类型

类型：定义该信息提交后是否需要被修改。信息有静态和动态两种类型，静态信息代表项目过程中的某个时刻，而动态信息需要被不断更新以反映项目的各种变化。当静态信息创建完成以后就不会再变化了，这样的例子包括许可证、标准图、技术明细以及检查报告等，后续也许还会有新的检查报告，但不会是原来检查报告的修改版本。动态信息比静态信息需要更正式的信息管理，通常其访问频度也比较高，无论是行业规则还是质量系统都要求终端用户清楚了解信息的最新版本，同时维护信息的版本历史也可能是必需的。动态信息的例子包括平面布置、工作流程图、设备数据表、回路图等。当然，根据定义，所有处于设计周期之内的信息都是动态信息。

信息主要可分为静态、动态不需要维护历史版本、动态需要维护历史版本、所有版本都需要维护、只维护特定数目的前期版本等五种类型。

3. 保持

保持：定义该信息必须保留的时间。所有被指定为需要提交的信息都应该有一个业务用途，当该信息缺失的时候，会对业务产生后果，这个后果的严重性和发生后果的经常性是衡量该信息的重要性以及确定应该投入多大努力及费用保证该信息可用的主要指标。从另一方面考虑，如果由于该信息不可用并没有产生什么后果的话，我们就得认真考虑为什么要把这个信息包括在提交要求里面了。当然法律法规可能会要求维护并不具有实际操作价值的信息。

信息保持最少需要建立下面几个等级：

1）基本信息：设施运营需要的信息，没有这些信息，运营和安全可能发生难以承受的风险，这类信息必须在设施的整个生命周期中加以保留。

2）法律强制信息：运营阶段一般情况下不需要使用，但是当产生法律和合同责任时在一定周期内需要存档的信息，这类信息必须明确规定保持周期。

3）阶段特定信息：在设施生命周期的某个阶段建立，在后续某个阶段需要使用，但长期运营并不需要的信息，这类信息必须注明被使用的设施阶段。

4）临时信息：在后续生命周期阶段不需要使用的信息，这类信息不需要包括在信息提交要求中。

在决定每类信息的保持等级的时候，建议要同时定义信息的业务关键性等级，而不仅仅只是给其一个“基础”的等级。

4. 项目全生命周期信息

工程项目信息使用的有关资料把项目的生命周期划分为六个阶段，见表1-7。

表1-7　项目的生命周期

类别	内容
规划和计划阶段	规划和计划是由物业的最终用户发起的，这个最终用户未必一定是业主。这个阶段需要的信息是最终用户根据自身业务发展的需要对现有设施的条件、容量、效率、运营成本和地理位置等要素进行评估，以决定是否需要购买新的物业或者改造已有物业。这个分析既包括财务方面的，也包括物业实际状态方面的。如果决定需要启动一个建设或者改造项目，下一步就是细化上述业务发展对物业的需求，这也是开始聘请专业咨询公司（如建筑师、工程师等）的时间点，这个过程结束以后，设计阶段就开始了
设计阶段	设计阶段是把规划和计划阶段的需求转化为对这个设施的物理描述。从初步设计、扩初设计到施工图设计是一个变化的过程，是建设产品从粗糙到细致的过程，在这个进程中需要对设计进行必要的管理，从性能、质量、功能、成本到设计标准、规程，都需要去管控设计阶段创建的大量信息，是物业生命周期所有后续阶段的基础。相当数量不同专业的专门人士在这个阶段介入设计过程，其中包括建筑师、土木工程师、结构工程师、机电工程师、室内设计师、预算造价师等，而且这些专业人士可能分属于不同的机构，因此他们之间的实时信息共享非常关键 传统情形下，影响设计的主要因素包括设施计划、建筑材料、建筑产品和建筑法规，其中建筑法规包括土地使用、环境、设计规范、试验等。近年来，施工阶段的可建性和施工顺序问题，制造业的车间加工和现场安装方法，以及精益施工体系中的“零库存”设计方法被越来越多地引入设计阶段

（续）

类别	内容
设计阶段	设计阶段的主要成果是施工图和明细表，典型的设计阶段通常在进行施工承包商招标的时候结束，但是对于 DB/EPC/IPD 等项目实施模式来说，设计和施工是两个连续进行的阶段
施工阶段	施工阶段是让对设施的物理描述变成现实的阶段。施工阶段的基本信息是设计阶段创建的将要建造的那个设施的信息，传统上通过图样和明细表进行传递。施工承包商在此基础上增加产品来源、深化设计、加工、安装过程、施工排序和施工计划等信息。设计图和明细表的完整和准确是施工能够按时、按造价完成的基本保证。大量的研究和实践表明，富含信息的三维数字模型可以改善设计交给施工的工程图样文档的质量、完整性和协调性。而使用结构化信息形式和标准信息格式可以使得施工阶段的应用软件，例如数控加工、施工计划软件等，直接利用设计模型
项目交付和试运行阶段	当项目基本完工最终用户开始入住或使用设施的时候，交付就开始了，这是由施工向运营转换的一个相对短暂的时间，但是通常这也是从设计和施工团队获取设施信息的最后机会。正是由于这个原因，从施工到交付和试运行的这个转换点被认为是项目生命周期最关键的节点 （1）项目交付 项目交付即业主认可施工工作、交接必要的文档、执行培训、支付保留款、完成工程结算。主要的交付活动包括：建筑和产品系统启动、发放入住授权、设施开始使用、业主给承包商准备竣工查核事项表、运营和维护培训完成、竣工计划提交、保用和保修条款开始生效、最终验收检查完成、最后的支付完成和最终成本报告和竣工时间表生成 虽然每个项目都要进行交付，但并不是每个项目都进行试运行的 （2）项目试运行 试运行是一个确保和记录所有的系统和部件都能按照明细和最终用户要求以及业主运营需要执行其相应功能的系统化过程。随着建筑系统越来越复杂，承包商趋于越来越专业化，传统的开启和验收方式已经被证明是不合适的了 使用项目试运行方法，信息需求来源于项目早期的各个阶段。最早的计划阶段定义了业主和设施用户的功能、环境和经济要求；设计阶段通过产品研究和选择、计算和分析、草稿和绘图、明细表以及其他描述形式将需求转化为物理现实，这个阶段产生了大量信息被传递到施工阶段。连续试运行概念要求从项目概要设计阶段就考虑试运行需要的信息要求，同时在项目发展的每个阶段随时收集这些信息
项目运营和维护阶段	运营和维护阶段的信息需求包括设施的法律、财务和物理等方面。物理信息来源于交付和试运行阶段：设备和系统的操作参数，质量保证书，检查和维护计划，维护和清洁用的产品、工具、备件。法律信息包括出租、区划和建筑编号、安全和环境法规等。财务信息包括出租和运营收入，折旧计划，运维成本。此外，运维阶段也产生自己的信息，这些信息可以用来改善设施性能，以及支持设施扩建或清理的决策。运维阶段产生的信息包括运行水平、满住程度、服务请求、维护计划、检验报告、工作清单、设备故障时间、运营成本、维护成本等 运营和维护阶段的信息的使用者包括业主、运营商（包括设施经理和物业经理）、住户、供应商和其他服务提供商等 另外还有一些在运营和维护阶段对设施造成影响的项目，例如住户增建、扩建改建、系统或设备更新等，每一个这样的项目都有自己的生命周期、信息需求和信息源，实施这些项目最大的挑战就是根据项目变化来更新整个设施的信息库
清理阶段	设施的清理有资产转让和拆除两种方式 资产转让需要的关键的信息包括财务和物理性能数据：设施容量、出租率、土地价值、建筑系统和设备的剩余寿命、环境整治需求等 拆除需要的信息包括材料数量和种类、环境整治需求、设备和材料的废品价值、拆除结构所需要的能量等，这里的有些信息需求可以追溯到设计阶段的计算和分析工作

5. 信息的传递与作用

美国国家标准和技术研究院（NIST——National Institute of Standards and Technology）在“信息互用问题给固定资产行业带来的额外成本增加”的研究中对信息互用定义如下：协同企业之间或者一个企业内设计、施工、维护和业务流程系统之间管理和沟通电子版本的产品和项目数据的能力称之为信息互用。

信息的传递的方式主要有双向直接互用、单向直接互用、中间翻译互用和间接互用这四种方式，见表1-8。

表1-8　信息的传递的方式

类别	内容
双向直接互用	双向直接互用即两个软件之间的信息可相互转换及应用。这种信息互用方式效率高、可靠性强，但是实现起来也受到技术条件和水平的限制 BIM建模软件和结构分析软件之间信息互用是双向直接互用的典型案例。在建模软件中可以把结构的几何、物理、荷载信息都建立起来，然后把所有信息都转换到结构分析软件中进行分析，结构分析软件会根据计算结果对构件尺寸或材料进行调整以满足结构安全需要，最后再把经过调整修改后的数据转换回原来的模型中去，合并以后形成更新以后的BIM模型 实际工作中在条件允许的情况下，应尽可能选择项目信息双向直接互用方式。双向直接互用举例如图1-8所示
单向直接互用	单向直接互用即数据可以从一个软件输出到另外一个软件，但是不能转换回来。典型的例子是BIM建模软件和可视化软件之间的信息互用，可视化软件利用BIM模型的信息做好效果图以后，不会把数据返回到原来的BIM模型中去 单向直接互用的数据可靠性强，但只能实现一个方向的数据转换，这也是实际工作中建议优先选择的信息互用方式。单向直接互用举例如图1-9所示
中间翻译互用	中间翻译互用即两个软件之间的信息互用需要依靠一个双方都能识别的中间文件来实现。这种信息互用方式容易引起信息丢失、改变等问题，因此在使用转换以后的信息以前，需要对信息进行校验 例如，DWG是目前最常用的一种中间文件格式，典型的中间翻译互用方式是设计软件和工程算量软件之间的信息互用，算量软件利用设计软件产生的DWG文件中的几何和属性信息，进行算量模型的建立和工程量统计。其信息互用的方式举例如图1-10所示
间接互用	间接互用即通过人工方式把信息从一个软件转换到另外一个软件，有时需要人工重新输入数据，或者需要重建几何形状 根据碰撞检查结果对BIM模型的修改是一个典型的信息间接互用方式，目前大部分碰撞检查软件只能把有关碰撞的问题检查出来，而解决这些问题则需要专业人员根据碰撞检查报告在BIM建模软件里面人工调整，然后输出到碰撞检查软件里面重新检查，直到问题彻底更正。间接互用举例如图1-11所示

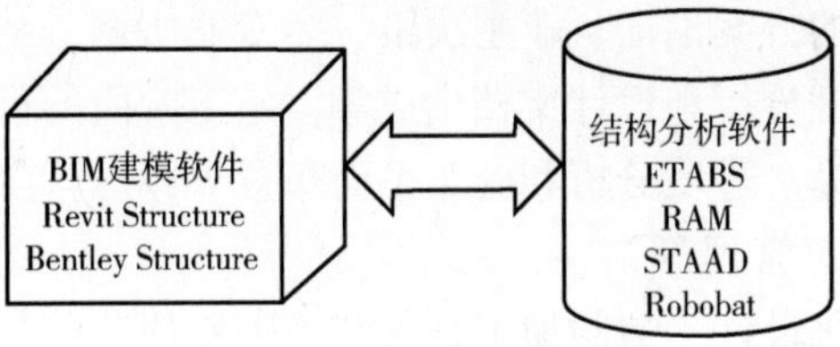

图1-8　双向直接互用图

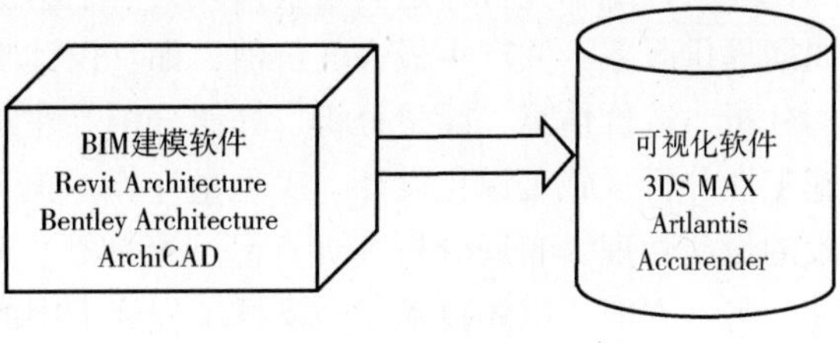

图1-9　单向直接互用图

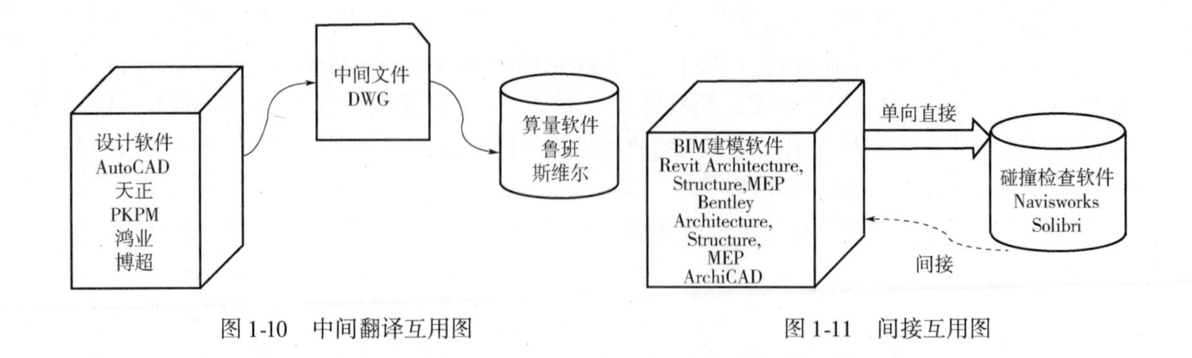

图 1-10　中间翻译互用图　　　　图 1-11　间接互用图

二、BIM 与工程建造过程

工程建造涉及从规划、设计、施工到交付使用全过程的各个阶段。BIM 技术对工程建造过程的支持主要体现为以下两个方面。

一方面，BIM 技术降低了工程建造各阶段的信息损失，成为解决信息孤岛问题的重要支撑。

K. Svensson 1998 年研究了工程各阶段信息损失问题，如图1-12 所示，横轴代表建设阶段，纵轴代表信息以及信息蕴含的知识。一个原本应该平滑递增的信息曲线，因为信息在各阶段向下一阶段传递时的损失而变得曲折。

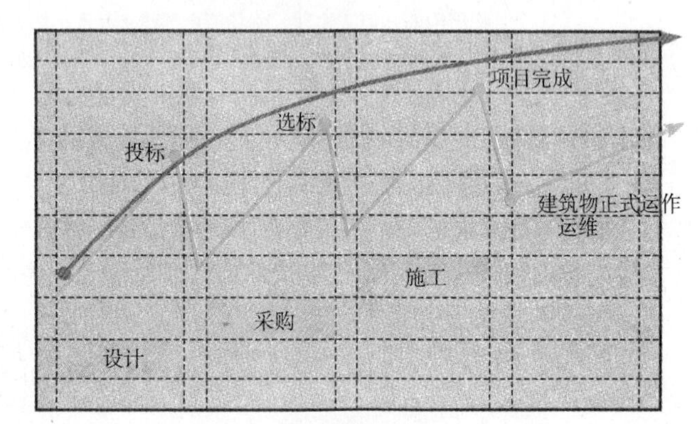

图 1-12　工程建设各阶段信息损失

尽管在设计阶段 CAD 等技术使得工程设计信息以数字化形式存在，如项目空间信息等，但当信息转变为纸介质形式时，信息就极大地损失掉了。在施工阶段，无法获取必要的设计信息，在项目交付时无法将工程施工信息交付给业主。在运营维护阶段，积累到的新信息又仅以纸质保存，难以和前一阶段的信息集成。因而造成信息的再利用性极差，同一个项目需要不断重复地创建信息。

BIM 遵循着“一次创建，多次使用”的原则，随着工程建造过程的推进，BIM 中的信息不断补充和完善，并形成一个最具时效性的、最为合理的虚拟建筑。

因此，基于 BIM 的数字建造，既包含着对前一阶段信息的无损利用，也包含着新信息的创建、补充和完善，这些过程体现为一个增值的过程。BIM 模型一经建立，将为整个生命周期提供服务，并产生极大的价值，如：设计阶段的方案论证、业主决策、多专业协调、结构分析、造价估算、能量分析、光照分析等建筑物理分析和设计文档生成等；施工阶段的可施工性分析、施工深化设计、工程量计算、施工预算、进度分析和施工平面布置等；运营阶段的设施管理、布局分析（如产品、家具等）和用户管理等。

另一方面，BIM 技术成为支撑工程施工中的深化设计、预制加工、安装等主要环节的关键技术。

BIM 在工程建造中的应用领域非常广泛，如图 1-13 所示，BIM 支持从策划到运营的工程建造各阶段。其中，在施工阶段的应用主要有三维协调、场地使用规划、施工系统设计、数字化加工、三维控制与规划和记录模型等。

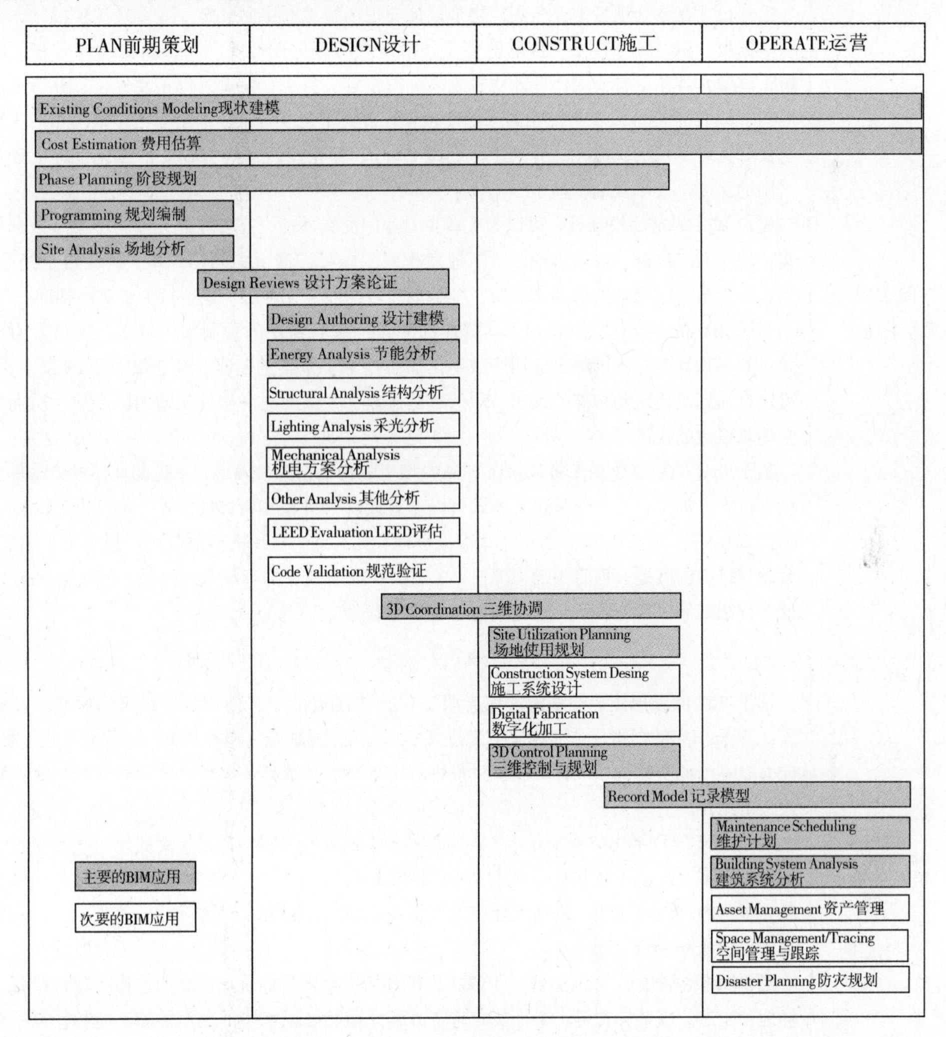

图 1-13　BIM 在工程建造过程中的应用领域

目前国内 BIM 技术在工程施工阶段的应用主要集中在施工前的 BIM 应用策划与准备，面向施工阶段的深化设计与数字化加工、虚拟施工，施工现场规划以及施工过程中进度、成本控制等方面。

基于 BIM 的建造过程包括内容见表 1-9。

表 1-9　基于 BIM 的建造过程

类别	内容
BIM 应用的策划与准备	在一项工程的施工阶段引入 BIM 应用，首先需要在应用前根据工程的特征和需求情况，进行 BIM 应用的策划和准备工作。BIM 应用的策划与准备工作包括 BIM 应用目标的确立、BIM 模型标准设置、BIM 应用范围界定、BIM 组织构架的搭建、信息交互方式的规定等内容。充分有效的策划与准备工作是施工阶段成功应用 BIM 技术的重要保障

（续）

类别	内容
基于 BIM 的深化设计与数字化加工	深化设计在整个项目中处于衔接初步设计与现场施工的中间环节。专业性深化设计主要涵盖土建结构、钢结构、幕墙、机电各专业、精装修的深化设计等。项目深化设计可基于综合的 BIM 模型，对各个专业深化设计初步成果进行校核、集成、协调、修正及优化，并形成综合平面图、综合剖面图。基于 BIM 的深化设计在日益大型化、复杂化的工程中显露出相对于传统深化设计无可比拟的优越性。有别于传统的平面 2D 深化设计，基于 BIM 的深化设计更能提高施工图的深度、效率及准确性 通过 BIM 的精确设计后，可以大大减少专业间交错碰撞，且各专业分包利用模型开展施工方案、施工顺序讨论，可以直观、清晰地发现施工中可能产生的问题，并一次性给予提前解决，大量减少施工过程中的误会与纠纷，也为后阶段的数字化加工、建造打下坚实的基础 基于 BIM 的数字化加工是一个颠覆性的突破，基于 BIM 的预制加工技术、现场测绘放样技术、数字物流等技术的综合应用为数字化加工打下了坚实的基础。基于 BIM 实现数字化加工，可以自动完成建筑物构件的预制，降低建造误差，大幅度提高构件制造的生产率，从而提高整个建筑建造的生产率 基于 BIM 的数字化加工将包含在 BIM 模型里的构件信息准确地、不遗漏地传递给构件加工单位进行构件加工，这个信息传递方式可以是直接以 BIM 模型传递的方式，也可以是以 BIM 模型加上 2D 加工详图的方式，由于数据的准确性和完备性，BIM 模型的应用不仅解决了信息创建、管理与传递的问题，而且 BIM 模型、3D 图、装配模拟、加工制造、运输、存放、测绘、安装的全程跟踪等手段为数字化建造奠定了坚实的基础
基于 BIM 的虚拟建造	基于 BIM 的虚拟建造能够极大地克服工程实物建造的一次性过程所带来的困难。在施工阶段，基于 BIM 的虚拟建造对施工方案进行模拟，包括 4D 施工模拟和重点部位的可建性模拟等。能够以不消耗实物的形式，对施工过程进行仿真演练，做到多次虚拟建造优化和一次实物安装建造的结合 基于 BIM 的数字化建造按照施工方案模拟现实的建造过程，通过反复的施工过程模拟，在虚拟的环境下发现施工过程中可能存在的问题和风险，并针对问题对模型和计划进行调整和修改，提前制订应对措施，进而优化施工方案和计划，再用来指导实际的项目施工，从而保证项目施工的顺利进行 把 BIM 模型和施工方案集成，可以在虚拟环境中对项目的重点或难点进行可建性模拟，如对场地、工序、安装模拟等，进而优化施工方案。通过模拟来实现虚拟的施工过程，在一个虚拟的施工过程中可以发现不同专业需要配合的地方，以便真正施工时及早做出相应的布置，避免等待其余相关专业或承包商进行现场协调，从而提高了工作效率
基于 BIM 的施工现场临时设施规划	施工现场规划能够减少作业空间的冲突，优化空间利用效益，包括施工机械设施规划、现场物流与人流规划等。将 BIM 技术应用到施工现场临时设施规划阶段，可更好地指导施工，为施工企业降低施工风险与运营成本。例如，在大型工程中大型施工机械必不可少，重型塔式起重机的运行范围和位置一直都是工程项目计划和场地布置的重要考虑因素之一，而 BIM 可以实现在模型上展现塔式起重机的外形和姿态，配合 BIM 应用的塔式起重机规划就显得更加贴近实际 将 BIM 技术与物联网等技术集成，可实现基于 BIM 施工现场实时物资需求驱动的物流规划和供应。以 BIM 空间载体，集成建筑物中的人流分布数据，可进行施工现场各个空间的人流模拟，检查碰撞，调整布局，并以 3D 模型进行表现

（续）

类别	内容
基于 BIM 的施工进度管理	进度计划与控制是施工组织设计的核心内容，它通过合理安排施工顺序，在劳动力、材料物资及资金消耗量最少的情况下，按规定工期完成拟建工程施工任务。目前建筑业中施工进度计划表达的传统方法，多采用横道图和网络图的形式 将 BIM 与进度集成，可形成基于 BIM 的 4D 施工。基于 BIM 的 4D 施工模拟可将建筑从业人员从复杂抽象的图形、表格和文字中解放出来，以形象的 3D 模型作为建设项目的信息载体，方便建设项目各阶段、各专业以及相关人员之间的沟通和交流，减少建设项目因为信息过载或者信息流失而带来的损失，从而提高从业者的工作效率以及整个建筑业的效率 BIM 技术可以支持工程进度管理相关信息在规划、设计、建造和运营维护全过程无损传递和充分共享。BIM 技术支持项目所有参建方在工程的全生命周期内以同一基准点进行协同工作，包括工程项目施工进度计划编制与控制。基于 BIM 的施工进度管理，支持管理者实现各工作阶段所需的人员、材料和机械用量的精确计算，从而提高工作时间估计的精确度，保障资源分配的合理化
基于 BIM 的工程造价管理	工程造价控制是工程施工阶段的核心指标之一，其依托于工程量与工程计价两项基本工作。基于 BIM 的工程造价相比于传统的造价软件有根本性改变，它可实现从 2D 工程量计算向 3D 模型工程量计算转变，完成工程量统计的 BIM 化；由 BIM 4D（3D + 时间/进度）建造模型进一步发展到 BIM 5D（3D + 成本 + 进度）全过程造价管理，可实现工程建设全过程造价管理 BIM 化 工程管理人员通过 BIM 5D 模型在工程正式施工前即可确定不同时间节点的施工进度与施工成本，可以直观形象地查看进度，并得到各时间节点的造价数据，从而避免设计与造价控制脱节、设计与施工脱节、变更频繁等问题，使造价管理与控制更加有效。基于 BIM 与工程造价信息的关联，当发生设计变更时，修改模型，BIM 系统将自动检测哪些内容发生变更，并直观地显示变更结果，统计变更工程量，并将结果反馈给施工人员，使他们能清楚地了解设计图的变化对造价的影响
基于 BIM 的工程信息模型集成交付及在设施管控中的应用	施工阶段及其前序阶段积累的 BIM 数据最终能够为建成的建（构）筑物及其设施增加附加价值，在交付后的运营阶段再现、再处理交付前的各种数据信息，从而更好地服务于运营阶段。基于 BIM 提供的 *n*D 数据，可实现建成设施的设施运营模拟、可视化维修与维护管理、设施灾害识别与应急管控等

三、BIM 与工程管理业务系统的集成

基于 BIM 的建筑构件模型能够和体量、材料、进度、成本、质量、安全等信息进行关联、查看、编辑和扩展，使得在一个界面下展现同一工程的不同业务信息成为可能。另一方面，IFC 等统一标准解决了不同业务系统之间的信息交互的问题，使得不同厂商开发的产品之间能够进行信息传递，解决了传统集成技术无法跨越的信息开放性的鸿沟，同时也使得各个厂商所开发的专业业务系统的数据能够集成到一个 BIM 模型中，真正实现信息在各个主体、各个阶段以及各个业务系统中的共享与传递。

除此之外，由于 BIM 模型是一种基于 3D 实体的建模技术，使得 BIM 能够与 RFID（Radio Frequency Identification，无线射频识别）、AR（Augmented Reality，增强现实）等技术集成。例如，利用 RFID 技术，可把建筑物及空间内各个物体贴上标签，实现对物体的管理，追踪其所在的位置及状态信息。一旦其状态信息发生变更，则自动更新 BIM 模型中相应的

构件或实体。可以说 RFID 技术解决了 BIM 应用过程中的信息采集问题，也使得 BIM 模型中的信息更加准确和丰富。因此，应用 BIM 技术来集成工程管理各业务系统不仅能够将所有的信息集中在一个模型里面，同时还能使其通过 RFID 技术获取工程现场的信息，从而解决施工过程中信息的获取与更新的问题，而 BIM 所支持的 IFC 标准还能够使用户方便地从各个专业分析软件，如 Primevera，Microsoft Project，SAP 2000 等系统中，提取相关信息，形成一个集成化的管理平台，解决前文所提到的各个专业系统之间信息断层问题。

基于 BIM 的工程管理业务系统的集成事实上是一个从 3D 模型到 nD 模型的扩展过程。以进度控制为例，将 BIM 的 3D 模型与进度计划之间建立关联，形成了基于 BIM 的 4D 模型。基于 BIM 的 4D 施工模拟以 3D 模型作为建设项目的信息载体，方便了建设项目各阶段、各专业以及相关人员之间的信息流通，提高了沟通效率。

此外，基于 4D 的进度控制能够将 BIM 模型和施工方案集成，在虚拟环境中对项目的重点或难点进行可建性模拟，如对场地、工序或安装等进行模拟，进而优化施工方案。通过模拟来实现虚拟的施工过程，在一个虚拟的施工过程中可以发现不同专业需要配合的地方，以便真正施工时及早做出相应的布置，避免等待其余相关专业或承包商进行现场协调，提高了工作效率。

在施工管理中，几乎所有的业务系统又都与进度信息相关联。

1. 成本—进度

工程项目成本的定义为实施该工程项目所发生的所有直接费用和间接费用的总和。实际工程中，成本目标与进度目标密切相关，按照正常的作业进度，一般可使进度、成本和资源得到较好的结合。当由于某种原因不能按正常的作业进度进行时，进度与成本、资源的投入就可能相互影响。例如，某项作业工期延误，或因赶工期而需加班加点时，都会引起额外的支出，造成项目成本的提高。

2. 质量—进度

工程项目的质量管理是检验项目完成后能否达到预先确定的技术要求和服务水平要求标准。工程质量管理同样与进度目标密切相关。例如，工程师对某项不符合质量要求的作业下令返工时，就可能影响项目的进度，从而对项目成本产生影响。

3. 安全—进度

工程的安全管理与进度管理之间也是息息相关的。工程项目所处的阶段不同，其可能产生的风险也不一样，安全控制的标准也不一样。例如，在深基坑开挖过程中，随着开挖的深度不断增加，其安全风险水平不断增大，但是等到底板施工完成后，其安全风险水平又会显著降低。

4. 合同—成本—进度

合同管理中，合同发生变更时往往也伴随着成本、进度、资源等多个业务要素的变更。

综上所述，各个业务系统的集成是一个基于 4D 模型的集成过程。通过 3D 实体构件，将其对应的工程量信息与进度计划任务项进行对接，实现基于成本控制的 5D 系统，如图 1-14所示。同样地，通过 3D 实体构件，还能够将其对应的质量控制单元与进度计划任务项进行对接，实现基于质量控制的 6D 系统，如图 1-15 所示。在此基础上，还可以赋予其安全风险信息，形成基于安全控制的 7D 系统，如图 1-16 所示。

图 1-14　集成进度管理及成本管理的 5D 系统

图 1-15　在 5D 基础上集成质量管理的 6D 系统

图 1-16　在 6D 基础上集成安全管理的 7D 系统

在基于 BIM 的项目管理中，以 4D 模型为各业务系统集成的主线，不仅在理论上为建筑业的施工管理提出了新的集成管理思路，在实际工程中也已证明了其合理性和可行性。近年来有学者提出的 nD 的概念，将是未来 BIM 技术发展的方向，在 nD 概念下，BIM 将对所有的业务系统进行有机整合与集成，从根本上解决传统项目管理中业务要素之间的“信息孤岛”“应用孤岛”和“资源孤岛”问题。

四、BIM 与工程实施多主体协同

基于 BIM 的工程项目管理，以 BIM 模型为基础，为建筑全生命周期过程中各参与方、各专业合作搭建了协同工作平台，改变了传统的组织结构及各参与方的合作关系，为项目业主和各参与方提供项目信息共享、信息交换及协同工作的环境，从而实现了真正意义上的协同工作。与传统的“金字塔式”组织结构不同，基于 BIM 的工程项目管理要求各参与方在设计阶段就全部介入工程项目，以此实现全生命周期各个参与方共同参与、协同工作的目标，内容见表 1-10。

表 1-10　BIM 与工程实施多主体协同内容

类别	内容
设计—施工协同	在设计—施工总承包模式下，施工单位在施工图设计阶段就可以介入项目，根据自己以往的施工经验，与设计单位共同商讨施工图是否符合施工工艺和施工流程的要求等问题，提出设计初步方案的变更建议，然后设计方作出变更以及进度、费用的影响报告，由业主审核批准后确定最终设计方案
各专业设计协同优化	基于 BIM 的项目管理在设计过程中，各个专业如建筑、结构、设备（暖通、电、给水排水）在同一个设计模型文件中进行，多个工种在同一个模型中工作，可以实时地进行不同专业之间

（续）

类别	内容
各专业设计协同优化	以及各专业内部间的碰撞检测，及时纠正设计中的管线碰撞、几何冲突问题，从而优化设计。因此，施工阶段依据在 BIM 指导下的完整、统一的设计方案进行施工，就能够避免诸多工程接口冲突、施工变更、返工问题
施工环节之间不同工种的协同	BIM 模型能够支持从深化设计到构件预制，再到现场安装的信息传递，将设计阶段产生的构件模型供生产阶段提取、深化和更新。如将 BIM 3D 设计模型导入到专业的构件分析软件（如 Tekla）里，完成配筋等深化设计工作。同时，自动导出数控文件，完成模具设计自动化、生产计划管理自动化、构件生产自动下料工作，实现构件设计、深化设计、预制构件、加工、预安装一体化管理
总包与分包的协同	BIM 技术能够搭建总承包单位和分包单位协同工作平台。由于 BIM 模型集成了建筑工程项目的多个维度信息，可以视为一个中央信息库。在建设过程中，项目各参与方在此中央信息库的基础上协同工作，可将各自掌握的项目信息进行处理，上传到信息平台，或者对信息平台上的信息进行有权限的修改，其他参与方便可以在一定条件下通过信息平台获取所需要的信息，实现信息共享与信息高效率、高保真率地传递流通 以 BIM 技术为基础的工程项目建设过程是策划、设计、施工和运营集成后的一体化过程。事实上，在工程管理全过程的各个阶段，每一个阶段的结束与下一个阶段的开始都存在工作上的交叉与协作，信息上的交换与复用。而 BIM 模型则为建设工程中各阶段的参与主体提供了一个共享的工作平台与信息平台 基于 BIM 的工程管理能够实现不同阶段、不同专业、不同主体之间的协同工作，保证了信息的一致性及在各个阶段之间流转的无缝性，提高了工程设计、建造的效率。有关参与方在设计阶段能有效地介入项目，基于 BIM 平台进行协同设计，并对建筑、结构、水暖电等各个专业进行虚拟碰撞分析，用以鉴别“冲突”，对建筑物的能耗性能模拟分析。所有工作都基于 BIM 数字模型与平台完成，保证信息输入的唯一性，这是一个快速、高效的过程。在施工过程中，还可以将合同、进度、成本、质量、安全等信息集成到 BIM 模型中，形成整体工程数字信息库，并随着工程项目的生命延续而实时扩充项目信息，使每个阶段各参与方都能够根据需要实时、高效地利用各类工程信息

五、BIM 在施工中的作用与价值

1. BIM 对施工阶段技术提升的价值

BIM 对施工阶段技术提升的价值主要体现在以下四个方面：

1）辅助施工深化设计或生成施工深化图。

2）利用 BIM 技术对施工工序的模拟和分析。

3）基于 BIM 模型的错漏碰缺检查。

4）基于 BIM 模型的实时沟通方式。

2. BIM 对施工阶段管理和综合效益提升的价值

BIM 对施工阶段管理和综合效益提升的价值主要体现在以下两个方面：

1）可提高总包管理和分包协调工作效率。

2）可降低施工成本。

3. BIM 对工程施工的价值和意义

（1）支撑施工投标的 BIM 应用

1）3D 施工工况展示。

2）4D 虚拟建造。

（2）支撑施工管理和工艺改进的单项功能 BIM 应用

1）设计图审查和深化设计。

2）4D 虚拟建造，工程可建性模拟（样板对象）。

3）基于 BIM 的可视化技术讨论和简单协同。

4）施工方案论证、优化、展示以及技术交底。

5）工程量自动计算。

6）消除现场施工过程干扰或施工工艺冲突。

7）施工场地科学布置和管理。

8）有助于构配件预制生产、加工及安装。

（3）支撑项目、企业和行业管理集成与提升的综合 BIM 应用

1）4D 计划管理和进度监控。

2）施工方案验证和优化。

3）施工资源管理和协调。

4）施工预算和成本核算。

5）质量安全管理。

6）绿色施工。

7）总承包、分包管理协同工作平台。

8）施工企业服务功能和质量的拓展、提升。

（4）支撑基于模型的工程档案数字化和项目运维的 BIM 应用

1）施工资料数字化管理。

2）工程数字化交付、验收和竣工资料数字化归档。

3）业主项目运维服务。

六、BIM 在运营维护阶段的作用与价值

BIM 参数模型可以为业主提供建设项目中所有系统的信息，在施工阶段作出的修改将全部同步更新到 BIM 参数模型中，形成最终的 BIM 竣工模型（As-builtmodel），该竣工模型作为各种设备管理的数据库为系统的维护提供依据。

BIM 可同步提供有关建筑使用情况或性能、入住人员与容量、建筑已用时间以及建筑财务方面的信息；同时，BIM 可提供数字更新记录，并改善搬迁规划与管理。BIM 还促进了标准建筑模型对商业场地条件（如零售业场地，这些场地需要在许多不同地点建造相似的建筑）的适应。有关建筑的物理信息（如完工情况、承租人或部门分配、家具和设备库存）和关于可出租面积、租赁收入或部门成本分配的重要财务数据都更加易于管理和使用。稳定访问这些类型的信息可以提高建筑运营过程中的收益与成本管理水平。

将 BIM 与维护管理计划相链接，实现建筑物业管理与楼宇设备的实时监控相集成的智能化和可视化管理，及时定位问题来源。结合运营阶段的环境影响和灾害破坏，针对结构损伤、材料劣化及灾害破坏，进行建筑结构安全性、耐久性分析与预测。

七、数字建造发展趋势

数字建造的提出旨在区别于传统的工程建造方法和管理模式。数字建造的本质在于以数字化技术为基础，带动组织形式、建造过程的变革，并最终带来工程建造过程和产品的变革。从外延上讲，数字建造是以数字信息为代表的新技术与新方法驱动下的工程建设的范式转移，包括组织形式、管理模式、建造过程等全方位的变迁。数字建造将极大提高建造的效率，使得工程管理的水平和手段发生革命性的变化。

其中，建筑信息模型（BIM）技术是数字建造技术体系中的重要构成要素。

建筑信息模型（BIM）可以从 Building、Information、Model 三个方面去解释。Building 代表的是 BIM 的行业属性，BIM 服务的对象主要是建设行业；Information 是 BIM 的灵魂，BIM 的核心是创建建设产品的数字化设计信息，从而为工程实施的各个阶段、各个参与方的建设活动提供各种与建设产品相关的信息，包括几何信息、物理信息、功能信息、价格信息等；Model 是 BIM 的信息创建和存储形式，BIM 中的信息是以数字模型的形式创建和存储的，这个模型具有三维、数字化和面向对象等特征。

基于 BIM 技术的数字建造具有如下特征，见表 1-11。

表 1-11　基于 BIM 技术的数字建造

类别	内容
两个过程	在 BIM 技术支持下，工程建造活动包括两个过程，即不仅仅是物质建造的过程，还是一个管理数字化、产品数字化的过程 （1）物质建造过程 物质建造过程的核心是构筑一个新的存在物，其过程主要体现为把工程设计图上的数字产品在特定场地空间变成实物的施工。施工的主要任务有：地基与基础施工，如支护开挖、基础浇筑等；主体结构施工，如梁、板、柱等承重构件的浇筑，以及各类非承重构件的砌筑；防水工程施工；装饰与装修工程施工，如暖通等设备安装、幕墙安装等。通过上述任务，将物质供应链提供的“物料”，如钢筋、混凝土等，通过人机设备加工浇筑安装成为具备特定功用的建筑构件与空间 （2）产品数字化过程 产品数字化过程不是一蹴而就完成的，而是一个不断丰富完善的过程，体现为随着项目不断推进，从初步设计、施工图设计、深化设计到建筑安装再到运营维护，建设项目全生命周期不同阶段都有相对应的数字信息不断地被增加进来，形成一个完整的数字产品，其承载着产品设计信息、建造安装信息、运营维修信息、管理绩效信息等。在设计阶段，数字产品信息从概要设计信息丰富为产品的深化设计信息；在建筑安装阶段，以深化设计而成的数字产品为载体，建造过程的各类信息，如设备及其备件的数字描述、设备调试信息、建造质量性能数据等被添加进来。项目竣工后，提交一个完整的数字建筑产品到运营阶段。在运营维护阶段，设施运行和维护信息又不断地被附加进来 基于 BIM 的数字建造有效地连接了设计施工乃至全过程各个阶段，工程数字化成为与工程物质化同等重要的一个并行过程
两个工地	与工程建造活动数字化过程和物质化过程相对应，同时存在着数字工地和实体工地两个战场。数字工地以整个建造过程的可计算、可控制为目标，基于先进的计算、仿真、可视化、信息管理等技术，实现对实体工地的数字驱动与管控。数字工地与实体工地密不可分，体现在数字化建造模式下工程建造的“虚”与“实”的关系，以“虚”导“实”，即数字建造模式下的实体工地在数字工地的信息流驱动下，实现物质流和资金流的精益组织，工地按章操作，有序施工

（续）

类别	内容
两个关系	数字建造模式下，越来越突显建造过程中的两种关系，即先试与后造，后台支持与前台操作 1）数字建造过程越来越多地采用“先试后造”。例如，现代工程结构越来越复杂，在有限的施工空间中往往存在着大量的交叉作业过程，通过虚拟建造能够更好地发现空间的冲突，并优化交叉作业的顺序，避免空间碰撞。再如大型设备和重型建筑构件的吊装，需要精确模拟吊装过程的受力状况，从而选择合适的吊机和吊具。通过 BIM 技术，从设计到施工再到维护，始终存在一个以可视化的“BIM 模型”为载体的虚拟数字建筑。以设计阶段的 BIM 为载体，到施工阶段的深化设计，再到基于 BIM 的虚拟施工仿真与演练，实现着工程建设领域的“先试后造”。通过“先试”环节发现潜在的问题并加以解决，从而可极大提高施工现场“后造”的效率。BIM 模式下的“先试后造”，正推动着工程建设领域向实现类似制造业领域的虚拟制造优势迈进 2）数字建造过程也越来越显示出后台与前台的关系。数字建造中少不了后台的知识和智慧支持，也少不了前台的人力与物力努力。工程建造体现为前台与后台的不断交互过程 例如，在工程施工中需要来自后台的监控，规范指导前台工人的施工以及监理工程师的质量监督。后台质量数据的统计分析支持前台发现施工中的质量控制薄弱点，并采取有针对性的措施。再如，在地铁工程施工中，前台需要不断采集地表沉降等各类数据并送往后台，后台基于数据挖掘结果与专家智慧给出风险点和风险预防措施，并反馈至前台。数字建造正是以“后台”的知识驱动着“前台”的运作

第二章　BIM 建模体系及应用准备

第一节　BIM 建模体系

一、BIM 应用软件分类框架

针对建筑全生命周期中 BIM 技术的应用，以软件公司提出的 BIM 应用软件分类框架为例做具体说明（见图 2-1）。图中包含的应用软件类别的名称，绝大多数是传统的非 BIM 应用软件已有的，例如，建筑设计软件、算量软件、钢筋翻样软件等。这些类别的应用软件与传统的非 BIM 应用软件所不同的是，它们均是基于 BIM 技术的。另外，有的应用软件类别的名称与传统的非 BIM 应用软件根本不同，包括 4D 进度管理软件、5D BIM 施工管理软件和 BIM 模型服务器软件。

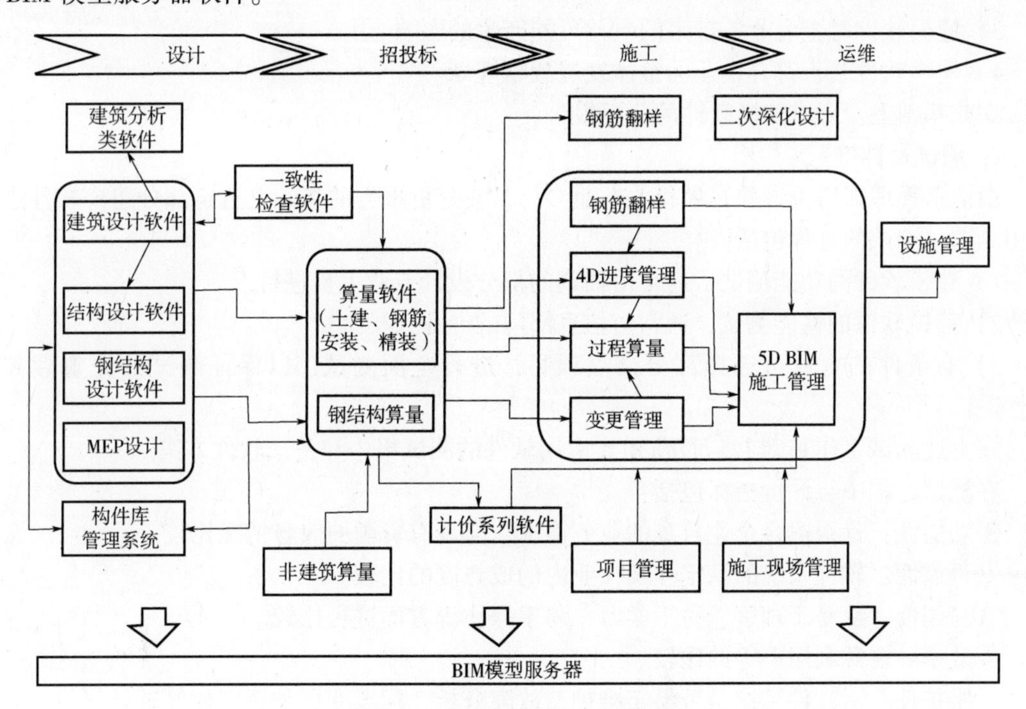

图 2-1　BIM 应用软件分类框架图

其中，4D 进度管理软件是在三维几何模型上，附加施工时间信息（如某结构构件的施工时间为某时间段）形成 4D 模型，进行施工进度管理。这样可以直观地展示随着施工时间三维模型的变化，还可以用于更直观地展示施工进程，从而更好地辅助施工进度管理。5D BIM 施工管理软件则是在 4D 模型的基础上，增加成本信息（如某结构构件的建造成本），进行更全面的施工管理。这样一来，施工管理者就可以方便地获得随着施工过程，项目对包括资金在内施工资源的动态需求，从而可以更好地进行资金计划、分包管理等工作，以确保施工过程的顺利进行。BIM 模型服务器软件即是上述提到的 BIM 平台软件，用于进行 BIM 数据的管理。

二、BIM 建模软件的选择原则

在 BIM 实施中会涉及许多相关软件，其中最基础、最核心的是 BIM 建模软件。建模软件是 BIM 实施中最重要的资源和应用条件，无论是项目型 BIM 应用或是企业 BIM 实施，选择好 BIM 建模软件都是第一步重要工作。应当指出，不同时期由于软件的技术特点和应用环境以及专业服务水平的不同，选用 BIM 建模软件也有很大的差异。而软件投入又是一项投资大、技术性强，主观难以判断的工作。因此在选用软件上应采取相应的方法和程序，以保证软件的选用符合项目或企业的需要。对具体建模软件进行分析和评估，一般经过初选、测试及评价、审核批准及正式应用等阶段。

1. 初选

初选应考虑的因素：

1）企业内部设计专业人员接受的意愿和学习难度等。

2）建模软件部署实施的成本和投资回报率估算。

3）建模软件对企业业务带来的收益可能产生的影响。

4）建模软件是否符合企业的整体发展战略规划。

在此基础上，形成建模软件的分析报告。

2. 测试及评价

由信息管理部门负责并召集相关专业参与，在分析报告的基础上选定部分建模软件进行使用测试，测试的过程包括：

1）建模软件的功能测试，通常由抽调的部分设计专业人员进行。

2）建模软件的性能测试，通常由信息部门的专业人员负责。

3）有条件的企业可选择部分试点项目，进行全面测试，以保证测试的完整性和可靠性。

在上述测试工作基础上，形成 BIM 应用软件的测试报告和备选软件方案。

在测试过程中，评价指标包括：

①功能性：是否适合企业自身的业务需求，与现有资源的兼容情况比较。

②可靠性：软件系统的稳定性及在业内的成熟度的比较。

③易用性：从易于理解、易于学习、易于操作等方面进行比较。

④效率：资源利用率等的比较。

⑤维护性：对软件系统是否易于维护、故障分析，配置变更是否方便等进行比较。

⑥可扩展性：应适应企业未来的发展战略规划。

⑦服务能力：软件厂家的服务质量、技术能力等。

3. 审核批准及正式应用

由企业的信息管理部门负责，将 BIM 软件分析报告、测试报告、备选软件方案，一并上报给企业的决策部门审核批准，经批准后列入企业的应用工具集，并全面部署。

4. BIM 软件定制开发

个别有条件的企业，可结合自身业务及项目特点，注重建模软件功能定制开发，提升建模软件的有效性。

三、常见的 BIM 工具软件

BIM 工具软件是 BIM 软件的重要组成部分，常见 BIM 工具软件的初步分类如图 2-2 所示，常见 BIM 工具软件的举例见表 2-1。

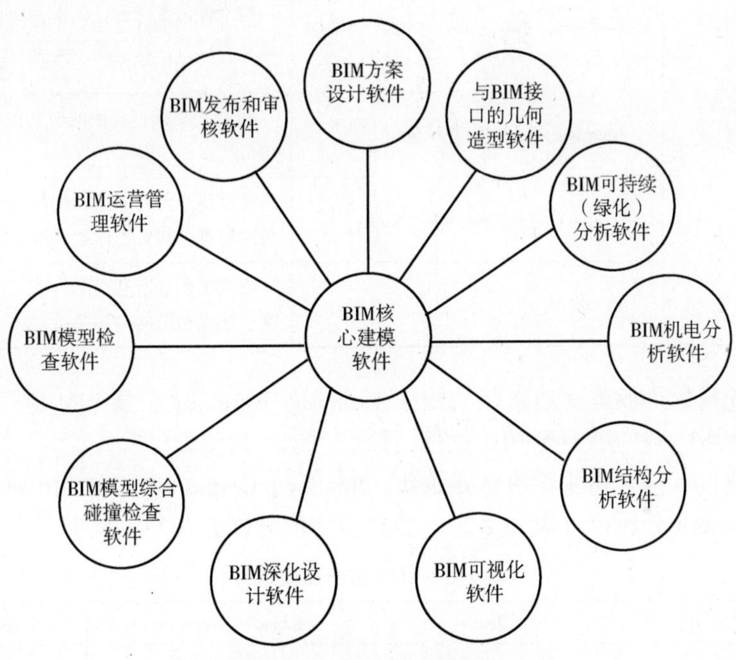

图 2-2　BIM 软件分类图

表 2-1　BIM 软件分类及具体软件举例

BIM 核心建模软件	常见 BIM 工具软件	功能
BIM 方案设计软件	Onuma Planning System、Affinity	把业主设计任务书里面基于数字的项目要求转化成基于几何形体的建筑方案
与 BIM 接口的几何造型软件	Sketchup、Rhino、FormZ	其成果可以作为 BIM 核心建模软件的输入
BIM 可持续（绿色）分析软件	Ecotect、IES、Green Building Studio、PKPM	利用 BIM 模型的信息对项目进行日照、风环境、热工、噪声等方面的分析
BIM 机电分析软件	Design Master、IES Virtual Environment、Trane Trace	—
BIM 结构分析软件	ETABS、STAAD、Robot、PKPM	结构分析软件和 BIM 核心建模软件两者之间可以实现双向信息交换

（续）

BIM 核心建模软件	常见 BIM 工具软件	功能
BIM 可视化软件	3DS Max、Artlantis、AccuRender、Lightscape	减少建模工作量、提高精度与设计（实物）的吻合度、可快速产生可视化效果
二维绘图软件	AutoCAD、MicroStation	配合现阶段 BIM 软件的直接输出还不能满足市场对施工图的要求
BIM 发布审核软件	Autodesk Design Review Adobe PDF、Adobe PDF、Adobe 3D PDF	把 BIM 成果发布成静态的、轻型的等供参与方进行审核或利用
BIM 模型检查软件	Solibri Model Checker	用来检查模型本身的质量和完整性
BIM 深化设计软件	Xsteel、Autodesk Navisworks、Bentley ProjectWise、Navigator、Solibri Model Checker	检查冲突与碰撞、模拟分析施工过程，评估建造是否可行，优化施工进度、三维漫游等
BIM 造价管理软件	Innovaya、Solibri、鲁班软件	利用 BIM 模型提供的信息进行工程量统计和造价分析
协同平台软件	Bentley ProjectWise、FTP Sites	将项目全生命周期中的所有信息进行集中、有效地管理，提升工作效率及生产力
BIM 运营管理软件	ArchiBUS	提高工作场所利用率，建立空间使用标准和基准，建立和谐的内部关系，减少纷争

BIM 核心建模软件的英文通常叫“BIM Authoring Software”，是 BIM 应用的基础也是在 BIM 的应用过程中碰到的第一类 BIM 软件，简称“BIM 建模软件”。

BIM 核心建模软件公司主要有 Autodesk、Bentley、Graphisoft、Nemetschek AG 以及 Gery Technology、Dassault 公司等（见表 2-2）。各自旗下的软件有：

表 2-2 BIM 核心建模软件

公司	Autodesk	Bentley	Graphisoft、Nemetschek AG	Gery Technology、Dassault
软件	Revit Architecture	Bentley Arehitecture	ArchiCAD	Digital Project
	Revit structural	Bentley Structural	AllPLAN	CATIA
	Revit MEP	Bentley Building Mechanical Systems	Vector Works	—

1）Autodesk 公司的 Revit 是运用不同的代码库及文件结构区别于 AutoCAD 的独立软件平台。Revit 采用全面创新的 BIM 概念，可进行自由形状建模和参数化设计，并且还能够对早期设计进行分析。借助这些功能可以自由绘制草图，快速创建三维形状，交互地处理各个形状。可以利用内置的工具进行复杂形状的概念澄清，为建造和施工准备模型。随着设计的持续推进，软件能够围绕最复杂的形状自动构建参数化框架，提供更高的创建控制能力、精确性和灵活性。从概念模型到施工文档的整个设计流程都在一个直观环境中完成。并且该软件还包含了绿色建筑可扩展标记语言模式（Green Building XML，即 gbXML），为能耗模拟、荷载分析等提供了工程分析工具，并且与结构分析软件 ROBOT、RISA 等具有互用性，与此同时，Revit 还能利用其他概念设计软件、建模软件（如 Sketchup）等导出的 DXF 文件格式

的模型或图样输出为 BIM 模型。

2）Bentley 公司的 Bentley Architecture 是集直觉式用户体验交互界面、概念及方案设计功能、灵活便捷的 2D/3D 工作流建模及制图工具、宽泛的数据组件库及标准组件库定制技术于一身的 BIM 建模软件，是 BIM 应用程序集成套件的一部分，可针对设施的整个生命周期提供设计、工程管理、分析、施工与运营之间的无缝集成。在设计过程中，不但能让建筑师直接使用许多国际或地区性的工程业界的规范标准进行工作，更能通过简单的自定义或扩充，以满足实际工作中不同项目的需求，让建筑师能拥有进行项目设计、文件管理及展现设计所需的所有工具。目前在一些大型复杂的建筑项目、基础设施和工业项目中应用广泛。

3）ArchiCAD 是 Graphisoft 公司的产品，其基于全三维的模型设计，拥有强大的平、立、剖面施工图设计、参数计算等自动生成功能，以及便捷的方案演示和图形渲染，为建筑师提供了一个无与伦比的“所见即所得”的图形设计工具。它的工作流是集中的，其他软件同样可以参与虚拟建筑数据的创建和分析。ArchiCAD 拥有开放的架构并支持 IFC 标准，它可以轻松地与多种软件连接并协同工作。以 ArchiCAD 为基础的建筑方案可以广泛地利用虚拟建筑数据并覆盖建筑工作流程的各个方面。作为一个面向全球市场的产品，ArchiCAD 可以说是最早的一个具有市场影响力的 BIM 核心建模软件之一。

4）Digital Project 是 Gery Technology 公司在 CATIA 基础上开发的一个面向工程建设行业的应用软件（二次开发软件）。它能够设计任何几何造型的模型，且支持导入特制的复杂参数模型构件，如支持基于规则的设计复核的 Knowledge Expert 构件；根据所需功能要求优化参数设计的 Project Engineering Optimizer 构件；跟踪管理模型的 Project Manager 构件。另外，Digital Project 软件支持强大的应用程序接口；对于建立了本国建筑业建设工程项目编码体系的许多发达国家，如美国、加拿大等，可以将建设工程项目编码如美国所采用的 Uniformat 和 Masterformat 体系导入 Digital Project 软件，以方便工程预算。

因此，对于一个项目或企业 BIM 核心建模软件技术路线的确定，可以考虑如下基本原则：

①民用建筑可选用 Autodesk Revit。

②工厂设计和基础设施可选用 Bentley。

③单专业建筑事务所选择 ArchiCAD、Revit、Bentley 都有可能成功。

④项目完全异形、预算比较充裕的可以选择 Digital Project。

四、工程建造过程中 BIM 技术软件的应用

1. 招投标阶段 BIM 软件应用

招投标阶段 BIM 软件应用见表 2-3。

表 2-3　招投标阶段 BIM 软件应用

类别	内容
算量软件	招标投标阶段的 BIM 工具软件主要是各个专业的算量软件。基于 BIM 技术的算量软件是在我国最早得到规模化应用的 BIM 应用软件，也是最成熟的 BIM 应用软件之一 算量工作是招标投标阶段最重要的工作之一，对建筑工程建设的投资方及承包方均具有重大意义。在算量软件出现之前，预算员按照当地计价规则进行手工列项，并依据图样进行工程量统计及计算，工作量很大。人们总结出分区域、分层、分段、分构件类型、分轴线号等多种统计方法，但工程量统计依然是效率低下，并且容易发生错误

（续）

类别	内容
算量软件	基于 BIM 技术的算量软件能够自动按照各地清单、定额规则，利用三维图形技术，进行工程量自动统计、扣减计算，并进行报表统计，大幅度提高了预算员的工作效率 按照技术实现方式区分，基于 BIM 技术的算量软件分为两类：基于独立图形平台的软件和基于 BIM 基础软件进行二次开发的软件。这两类软件的操作习惯有较大的区别，但都具有以下特征 1）基于三维模型进行工程量计算。在算量软件发展的前期，曾经出现基于平面及高度的 2.5 维计算方式，目前已经逐步被三维技术方式替代。值得注意的是，为了快速建立三维模型，并且与之前的用户习惯保持一致，多数算量软件依然以平面为主要视图进行模型的构建，并且使用三维的图形算法，可以处理复杂的三维构件的计算 2）支持按计算规则自动算量。其他的 BIM 应用软件，包括基于 BIM 技术的设计软件，往往也具备简单的汇总、统计功能，基于 BIM 技术的算量软件与其他 BIM 应用软件的主要区别在于是否可以自动处理工程量计算规则。计算规则即各地清单、定额规范中规定的工程量统计规则，如小于一定规格的墙洞将不列入墙工程量统计，也包括墙、梁、柱等各种不同构件之间的重叠部分的工程量如何进行扣减及归类，全国各地甚至各个企业均有可能采取不同的规则。计算规则的处理是算量工作中最为繁琐及复杂的内容，目前专业的算量软件一般都比较好地自动处理了计算规则，并且大多内置了各种计算规则库。同时，算量软件一般还提供工程量计算结果的计算表达式反查、与模型对应确认等专业功能，让用户复核计算规则的处理结果，这也是基础的 BIM 应用软件不能提供的 3）支持三维模型数据交换标准。算量软件以前只作为一个独立的应用，包含建立三维模型、进行工程量统计、输出报表的完整的应用。随着 BIM 技术的日益普及，算量软件导入设计软件建立的三维模型、将所建立三维模型及工程量信息输出到施工阶段，进行信息共享以减少重复工作，已经逐步成为人们对算量软件的一个基本要求 以某软件为例，算量软件主要功能如下 1）设置工程基本信息及计算规则。计算规则设置分梁、墙、板、柱等建筑构件进行设置。算量软件都内置了全国各地的清单及定额规则库，用户一般情况下可以直接选择地区进行设置规则 2）建立三维模型。建立三维模型包括手工建模、CAD 识别建模、从 BIM 设计模型导入等多种模式 3）进行工程量统计及报表输出。目前多数的算量软件已经实现自动工程量统计，并且预设了报表模板，用户只需要按照模板输出报表 目前国内招标投标阶段的 BIM 应用软件主要包括广联达、鲁班、神机妙算、清华斯维尔等公司的产品，见表 2-4
造价软件	国内主流的造价类软件主要分为计价和算量两类软件，其中计价类的软件主要有广联达、鲁班、清华斯维尔、神机妙算和品茗等公司的产品，由于计价类软件需要遵循各地的定额规范，鲜有国外软件竞争。而国内算量软件大部分基于自主开发平台，如广联达算量、清华斯维尔算量；有的基于 AutoCAD 平台，如鲁班算量、神机妙算算量。这些软件均基于三维技术，可以自动处理算量规则，但在与设计类软件及其他类软件的数据接口方面普遍处于起步阶段，大多数属于准 BIM 应用软件范畴

表 2-4 国内招标投标阶段的常用 BIM 应用软件表

名称	说明	软件产品
土建算量软件	统计工程项目的混凝土、模板、砌体、门窗的建筑及结构部分的工程量	广联达土建算量软件 GCL 鲁班土建算量软件 LubanAR 清华斯维尔三维土建算量软件 THS-3DA 神机妙算土建算量软件 筑业四维算量软件等

（续）

名称	说明	软件产品
钢筋算量软件	由于钢筋算量的特殊性，钢筋算量一般单独统计。国内的钢筋算量软件普遍支持平法表达，能够快速建立钢筋模型	广联达钢筋算量软件 GGJ 鲁班钢筋算量软件 LubanST 清华斯维尔三维土建算量软件 THS-3DA 筑业四维算量软件 神机妙算钢筋算量软件等
安装算量软件	统计工程项目的机电工程量	广联达安装算量软件 GQI 鲁班安装算量软件 LubanMEP 清华斯维尔安装算量软件 THS-3DM 神机妙算算量安装版等
精装算量软件	统计工程项目室内装修，包括墙面、地面、顶棚等装饰的精细计量	广联达精装算量软件 GDQ 筑业四维算量软件等
钢结构算量软件	统计钢结构部分的工程量	鲁班钢结构算量软件 YC 广联达钢结构算量软件 京蓝钢结构算量软件等

2. 深化设计阶段 BIM 软件应用

深化设计阶段 BIM 软件应用见表 2-5。

表 2-5　深化设计阶段 BIM 软件应用

类别	内容
机电深化设计软件	深化设计是在工程施工过程中，在设计院提供的施工图设计基础上进行详细设计以满足施工要求的设计活动。BIM 技术因为其直观形象的空间表达能力，能够很好地满足深化设计关注细部设计、精度要求高的特点，基于 BIM 技术的深化设计软件得到越来越多的应用，也是 BIM 技术应用最成功的领域之一。基于 BIM 技术的深化设计软件包括机电深化设计、钢结构深化设计、模板脚手架深化设计、幕墙深化设计、碰撞检查等软件 机电深化设计是在机电施工图的基础上进行二次深化设计，包括安装节点详图、支吊架的设计、设备的基础图、预留孔图、预埋件位置和构造补充设计，以满足实际施工要求。国内外常用 Mechanical Electrical & Plumbing（MEP），即机械、电气、管道，作为机电专业的简称 机电深化主要包括专业深化设计与建模、管线综合、多方案比较、设备机房深化设计、预留预埋设计、综合支吊架设计、设备参数复核计算等 机电深化设计的难点在于复杂的空间关系，特别是在地下室、机房及周边的管线密集区域的处理尤其困难。传统的二维设计在处理这些问题时严重依赖与工程师的空间想象能力和经验，经常由于设计不到位、管线发生碰撞而导致施工返工，造成人力物力的浪费、工程质量的降低及工期的拖延 基于 BIM 技术的机电深化设计软件的主要特征包括以下几个方面 1）基于三维图形技术。很多机电深化设计软件，包括 AutoCAD MEP、MagiCAD 等，为了兼顾用户过去的使用习惯，同时具有二维及三维的建模能力，内部完全应用三维图形技术 2）可以建立机电包括通风空调、给水排水、电气、消防等多个专业管线、通头、末端等构件。多数机电深化软件，如 AutoCAD MEP、MagiCAD 都内置支持参数化方式建立常见机电构件；Revit MEP 还提供了族库等功能，供用户扩展系统内置构件库，能够处理内置构件库不能满足的构件形式 3）设备库的维护。常见的机电设备种类繁多，具有庞大的数量，对机电设备进行选择，并确定其规格、型号、性能参数，是机电深化设计的重要内容之一。优秀的机电深化设计软件往往提供可扩展的机电设备库，并允许用户对机电设备库进行维护

（续）

类别	内容
机电深化设计软件	4）支持三维数据交换标准。机电深化设计软件需要从建筑设计软件导入建筑模型以辅助建模；同时，还需要将深化设计结果导出到模型浏览、碰撞检查等其他 BIM 应用软件中 5）内置支持碰撞检查功能。建筑项目设计过程中，大部分冲突及碰撞发生在机电专业。越来越多的机电深化设计软件内置支持碰撞检查功能，将管线综合的碰撞检查、整改及优化的整个流程在同一个机电深化设计软件中实现，使得用户的工作流程更加流畅 6）绘制出图。国内目前的设计依据还是二维图，深化设计的结果必须表达为二维图，现场施工工人也习惯于参考图样进行施工，因此，深化设计软件需要提供绘制二维图的功能 7）机电设计校验计算。机电深化设计过程中，往往需要对设备位置、系统的线路、管道和风管等相应移位或长度进行调整，会导致运行时电气线路压降、管道管路阻力、风管的风量损失和阻力损失等发生变化。机电深化设计软件应该提供校验计算功能，核算设备能力是否满足要求，如果能力不能满足或能力有过量富余时，则需对原有设计选型的设备规格中的某些参数进行调整。例如，管道工程中水泵的扬程、空调工程中风机的风量，电气工程中电缆截面面积等 目前国内应用的基于 BIM 技术的机电深化设计软件主要包括国外的 MagiCAD、Revit MEP、AutoCAD MEP 以及国内的天正、鸿业、理正、PKPM 等 MEP 软件，见表 2-6 这些软件均基于三维技术，其中 MagiCAD、Revit MEP、AutoCAD MEP 等软件支持 IFC 文件的导入、导出，支持模型与其他专业以及其他软件进行数据交换，而天正、理正、鸿业、PKPM 等软件在支持 IFC 数据标准和模型数据交换能力方面有待进一步加强
钢结构深化设计软件	钢结构深化设计的目的主要体现在以下几个方面 1）材料优化。通过深化设计计算杆件的实际应力比，对原设计截面进行改进，以降低结构的整体用钢量 2）确保安全。通过深化设计对结构的整体安全性和重要节点的受力进行验算，确保所有的杆件和节点满足设计要求，确保结构使用安全 3）构造优化。通过深化设计对杆件和节点进行构造的施工优化，使杆件和节点在实际的加工制作和安装过程中变得更加合理，提高加工效率和加工安装精度 4）通过深化设计，对栓接接缝处连接板进行优化、归类、统一，减少品种、规格，使杆件和节点进行归类编号，形成流水加工，大大提高加工进度 钢结构深化设计因为其突出的空间几何造型特性，平面设计软件很难满足要求，BIM 应用软件出现后，在钢结构深化设计领域得到快速的应用 基于 BIM 技术的钢结构深化设计软件的主要特征包括以下几个方面 1）基于三维图形技术。因为钢结构的构件具有显著的空间布置特点，钢结构深化设计软件需要基于三维图形进行建模及计算。并且，与其他基于平面视图建模的、基于 BIM 技术的设计软件不同，多数钢结构都基于空间进行建模 2）支持参数化建模，可以用参数化方式建立钢结构的杆件、节点、螺栓。例如，杆件截面形态包括工字形、L 形、口字形等多种形状，用户只需要选择截面形态，并且设置截面长、宽等参数信息就可以确定构件的几何形状，而不需要处理杆件的每个零件 3）支持节点库。节点的设计是钢结构设计中比较繁琐的过程。优秀的钢结构设计软件，如 Tekla，内置支持常见的节点连接方式，用户只需要选择需要连接的杆件，并设置节点连接的方式及参数，系统就可以自动建立节点、螺栓，大量节省用户的建模时间 4）支持三维数据交换标准。钢结构机电深化设计软件与建筑设计导入其他专业模型以辅助建模；同时，还需要将深化设计结果导出到模型浏览、碰撞检测等其他 BIM 应用软件中 5）绘制出图。国内目前设计依据还是二维图，钢结构深化设计的结果必须表达为二维图，现场施工工人也习惯于参考图样进行施工。因此，深化设计软件需要提供绘制二维图功能 目前常用钢结构深化设计软件多为国外软件，国内软件很少，见表 2-7

（续）

类别	内容
钢结构深化设计软件	以 Tekla 为例，钢结构深化设计的主要步骤如下 1）确定结构整体定位轴线。建立结构的所有重要定位轴线，帮助后续的构件建模进行快速定位。同工程所有的深化设计必须使用同一个定位轴线 2）建立构件模型。每个构件在截面库中选取钢柱或钢梁截面，进行柱、梁等构件的建模 3）进行节点设计。钢梁及钢柱创建好后，在节点库中选择钢结构常用节点，采用软件参数化节点能快速、准确建立构件节点。当节点库中无该节点类型，而在该工程中又存在大量的该类型节点，可在软件中创建人工智能参数化节点，以达到设计要求 4）进行构件编号。软件可以自动根据预先给定的构件编号规则，按照构件的不同截面类型对各构件及节点进行整体编号命名及组合，相同构件及板件所命名称相同 5）出构件深化图。软件能根据所建的三维实体模型导出图样，图样与三维模型保持一致，当模型中构件有所变更时，图样将自动进行调整，保证了图样的正确性
幕墙深化设计软件	幕墙深化设计主要是对建筑的幕墙进行细化补充设计及优化设计，如幕墙收口部位的设计、预埋件的设计、材料用量优化、局部的不安全及不合理做法的优化等。幕墙设计非常繁琐，深化设计人员对基于 BIM 技术的设计软件呼声很高，市场需求较大
碰撞检查软件	碰撞检查，也叫多专业协同、模型检测，是一个多专业协同检查过程，将不同专业的模型集成在同一平台中并进行专业之间的碰撞检查及协调。碰撞检查主要发生在机电的各个专业之间，机电与结构的预留预埋、机电与幕墙、机电与钢筋之间的碰撞也是碰撞检查的重点及难点内容。在传统的碰撞检查中，用户将多个专业的平面图叠加，并绘制负责部位的剖面图，判断是否发生碰撞。这种方式效率低下，很难进行完整的检查，往往在设计中遗留大量的多专业碰撞及冲突，是造成工程施工过程中返工的主要因素之一。基于 BIM 技术的碰撞检查具有显著的空间能力，可以大幅度提升工作的效率，是 BIM 技术应用中的成功应用点之一 基于 BIM 技术的碰撞检查软件具有以下主要特征 1）基于三维图形技术。碰撞检查软件基于三维图形技术，能够应对二维技术难以处理的空间维度冲突，这是显著提升碰撞检查效率的主要原因 2）支持三维模型的导入。碰撞检查软件自身并不建立模型，需要从其他三维设计软件，如 Revit、ArchiCAD、MagiCAD、Tekla、Bentley 等建模软件导入三维模型。因此，广泛支持三维数据交换格式是碰撞检查软件的关键能力 3）支持不同的碰撞检查规则，如同文件的模型是否参加碰撞，参与碰撞的构件类型等。碰撞检查规则可以帮助用户精细控制碰撞检查的范围 4）具有高效的模型浏览效率。碰撞检查软件集成了各个专业的模型，比单专业的设计软件需要支持的模型更多，对模型的显示效率及功能要求更高 5）具有与设计软件交互能力。碰撞检查的结果如何返回到设计软件中，帮助用户快速定位发生碰撞的问题并进行修改，是用户关注的焦点问题。目前碰撞检查软件与设计软件的互动分为两种方式：一是通过软件之间的通信。在同一台计算机上的碰撞检查软件与设计软件进行直接通信，在设计软件中定位发生碰撞的构件。二是通过碰撞结果文件。碰撞检测的结果导出为结果文件，在设计软件中可以加载该结果文件，定位发生碰撞的构件。目前常见碰撞检查软件包括 Autodesk 的 Navisworks、美国天宝公司的 Tekla BIM Sight、芬兰的 Solibri 等，见表 2-8。国内软件包括广联达公司的 BIM 审图软件及鲁班 BIM 解决方案中的碰撞检查模块等。目前多数的机电深化设计软件也包含了碰撞检查模块，如 MagiCAD、Revit MEP 等 碰撞检查软件除了判断实体之间的碰撞（也被称作“硬碰撞”），也有部分软件进行了模型是否符合规范、是否符合施工要求的检测（也被称为“软碰撞”），如芬兰的 Solibri 软件在软碰撞方面功能丰富，Solibri 提供了缺陷检测、建筑与结构的一致性检测、部分建筑规范如无障碍规范的检测等。目前，虽然软碰撞检查还不如硬碰撞检查成熟，却是将来发展的重点

表 2-6　常用的基于 BIM 技术的机电深化设计软件

软件名称	说明
MagiCAD	基于 AutoCAD 及 Revit 双平台运行；MagiCAD 软件在专业性上很强，功能全面，提供了风系统、水系统、电气系统、电气回路、系统原理图设计、房间建模、舒适度及能耗分析、管道综合支吊架设计等模块，提供剖面、立面出图功能，并在系统中内置了超过 100 万个设备信息
Revit MEP	在 Revit 平台基础上开发；主要包含暖通风道及管道系统、电力照明、给水排水等专业。与 Revit 平台操作一致，并且与建筑专业 Revit Architecture 数据可以互联互通
AutoCAD MEP	在 AutoCAD 平台基础上开发；操作习惯与 CAD 保持一致，并提供剖面、立面出图功能
天正给水排水系统 T-WT 天正暖通系统 T-HVAC	基于 AutoCAD 平台研发；包含给水排水及暖通两个专业，含管件设计、材料统计、负荷计算、水路、水利计算等功能
理正电气 理正给水排水 理正暖通	基于 AutoCAD 平台研发；包含电气、给水排水、暖通等专业，包含建模、生成统计表、负荷计算等功能。但是，理正机电软件目前并不支持 IFC 标准
鸿业给水排水系列软件 鸿业暖通空调设计软件 HYACS	基于 AutocAD 平台研发；鸿业软件专业区分比较细，分为多个软件；包含给水排水、暖通空调等专业的软件
PKPM 设备系列软件	基于自主图形平台研发；专业划分比较细，分为多个专业软件组成了设备系列软件。主要包括给水排水绘图软件（WPM）、室外给水排水设计软件（WNET）、建筑采暖设计软件（HPM）、室外热网设计软件（HNET）、建筑电气设计软件（EPM）、建筑通风空调设计软件（CPM）等

表 2-7　常用的钢结构深化设计软件

软件名称	国家	主要功能
BoCAD	德国	三维建模，双向关联，可以进行较为复杂的节点、构件的建模
Tekla（Xsteel）	芬兰	三维钢结构建模，进行零件、安装、总体布置图及各构件参数，零件数据、施工详图自动生成，具备校正检查的功能
Strucad	英国	三维构件建模，进行详图布置等。复杂空间结构建模困难，复杂节点、特殊构件难以实现
SDS/2	美国	三维构件建模，按照美国标准设计的节点库
STS 钢结构设计软件	中国	PKPM 钢结构设计软件（STS）主要面向的市场是设计院客户

表 2-8　常用基于 BIM 技术的碰撞检测软件

软件名称	说明
Navisworks	支持市面上常见的 BIM 建模工具，包括 Revit、Bentley、ArchiCAD、MagiCAD、Tekla 等。"硬碰撞"效率高，应用成熟
Solibri	与 ArchiCAD、Tekla、MagiCAD 接口良好，也可以导入支持 IFC 的建模工具。Solibri 具有灵活的规则设置，可以通过扩展规则检查模型的合法性及部分的建筑规范，如无障碍设计规范等
Tekla BIM Sight	与 Tekla 钢结构深化设计集成接口好，也可以通过 IFC 导入其他建模工具生成的模型

（续）

软件名称	说明
广联达 BIM 审图软件	对广联达算量软件有很好的接口，与 Revit 有专用插件接口，支持 IFC 标准，可以导入 ArchiCAD、MagiCAD、Tekla 等软件的模型数据。除了“硬碰撞”，还支持模型合法性检测等“软碰撞”功能
鲁班碰撞检查模块	属于鲁班 BIM 解决方案中的一个模块，支持鲁班算量建模结果
MagiCAD 碰撞检查模块	属于 MagiCAD 的一个功能模块，将碰撞检查与调整优化集成在同一个软件中，处理机电系统内部碰撞效率很高
Revit MEP 碰撞检查模块	属于 Revit 软件的一个功能模块，将碰撞检查与调整优化集成在同一个软件中，处理机电系统内部碰撞效率很高

3. 施工阶段 BIM 软件应用

施工阶段 BIM 软件应用见表 2-9。

表 2-9　施工阶段 BIM 软件应用

类别	内容
施工阶段用于技术的 BIM 工具软件应用	施工阶段的 BIM 工具软件是新兴的领域，主要包括施工场地布置、模板及脚手架设计、钢筋翻样、变更计量、5D 管理等软件 （1）施工场地布置软件 施工场地布置是施工组织设计的重要内容，在工程红线内，通过合理划分施工区域，减少各项施工的相互干扰，使得场地布置紧凑合理，运输更加方便，能够满足安全防火、防盗的要求 基于 BIM 技术的施工场地布置是基于 BIM 技术提供内置的构件库进行管理，用户可以用这些构件进行快速建模，并且可以进行分析及用料统计。基于 BIM 技术的施工场地布置软件具有以下特征 ①基于三维建模技术 ②提供内置的、可扩展的构件库。基于 BIM 技术的施工场地布置软件提供施工现场的场地、道路、料场、施工机械等内置的构件库，用户可以和工程实体设计软件一样，使用这些构件库在场地上布置并设置参数，快速建立模型 ③支持三维数据交换标准。场地布置可以通过三维数据交换导入拟建工程实体，也可以将场地布置模型导出到后续的 BIM 工具软件中 目前国内已经发布的三维场地布置软件包括广联达三维场地布置软件、PKPM 场地布置软件等，见表 2-10 下面以一个三维场地布置软件为例，施工现场的布置软件主要操作流程如下 ①导入二维场地布置图。本步骤为可选步骤，导入场地布置图可以帮助快速精准地定位构件，大幅度提高工作效率 ②利用内置构件库快速生成三维现场布置模型。内置的场地布置模型包括场地、道路、施工机械布置、临水临电布置 ③进行合理性检查，包括塔式起重机冲突分析、违规提醒等 ④输出临时设施工程量统计。通过软件可以快速统计施工场地中临时设施工程量，并输出 （2）模板及脚手架设计软件 模板及脚手架的设计是施工项目重要的周转性施工措施。因为模板及脚手架设计的细节繁多，一般施工单位难以进行精细设计。基于 BIM 技术的模板及脚手架设计软件在三维图形技术基础上，进行模板及脚手架高效设计及验算，提供准确用量统计，与传统方式相比，大幅度提

（续）

类别	内容
施工阶段用于技术的 BIM 工具软件应用	高了工作效率。如图 2-3 所示是利用广联达模板及脚手架设计软件完成模板及脚手架设计的一个典型例子。 基于 BIM 技术的模板及脚手架设计软件具有以下特征 ①基于三维建模技术 ②支持三维数据交换标准。工程实体模型需要通过三维数据交换标准从其他设计软件导入 ③支持模板、脚手架自动排布 ④支持模板、脚手架的自动验算及自动材料统计 目前常见的模板及脚手架设计软件包括广联达模板脚手架软件，PKPM 模板脚手架软件，建筑业脚手架、模板施工安全设施计算软件，恒智天成安全设施计算软件等，见表 2-11 （3）5D 施工管理软件 基于 BIM 技术的 5D 施工管理软件需要支持场地、施工措施、施工机械的建模及布置。主要具有如下特征 ①支持施工流水段及工作面的划分。工程项目比较复杂，为了保证有效利用劳动力，施工现场往往划分为多个流水段或施工段，以确保有充足的施工工作面，使得施工劳动力能充分展开。支持流水段划分是基于 BIM 技术的 5D 施工管理软件的关键能力 ②支持进度与模型的关联。基于 BIM 技术的 5D 施工管理软件需要将工程项目实体模型与施工计划进行关联，以及不同时间节点施工模型的布置情况 ③可以进行施工模拟。基于 BIM 技术的 5D 施工管理软件可以对施工过程进行模拟，让用户在施工之前能够发现问题，并进行施工方案的优化。施工模拟包括：随着时间增长对实体工程的进展情况的模拟，对不同时间节点（工况）大型施工措施及场地的布置情况的模拟，不同时间段流水段及工作面的安排的模拟，以及对各个时间阶段，如每月、每周的施工内容、施工计划，资金、劳动力及物资需求的分析 ④支持施工过程结果跟踪和记录，如施工进度、施工日报、质量、安全情况记录 见表 2-12，目前基于 BIM 技术的 5D 施工管理主流软件主要包括：德国 RIB 公司的 iTWO 软件、美国 Vico 软件公司的 Vico 软件、英国 Synchro 软件、广联达 BIM 5D 软件等 以下为利用 5D 施工管理软件进行工程管理的一般流程 a. 设置工程基本信息，包括楼层标高、机电系统设置等 b. 导入所建立的三维工程实体模型 c. 将实体模型与进度计划进行关联 d. 按照工程进度计划设置各个阶段施工场地、大型施工机械的布置、大型设施的布置 e. 为现场施工输出每月、每周的施工计划、施工内容、所需的人工、材料、机械需求，指导每个阶段的施工准备工作 f. 记录实际施工进度记录、质量、安全问题 g. 在项目周例会上进行进度偏差分析，并确定调整措施 h. 持续执行直到项目结束 （4）钢筋翻样软件 钢筋翻样软件是利用 BIM 技术，利用平法对钢筋进行精细布置及优化，帮助用户进行翻样的软件，能够显著提高翻样人员的工作效率，逐步得到推广应用 基于 BIM 技术的钢筋翻样软件主要特征如下 ①支持建立钢筋结构模型，或者通过三维数据交换标准导入结构模型。钢筋翻样是在结构模型的基础上进行钢筋的详细设计，结构模型可以从其他软件，包括结构设计软件，或者算量模型导入。部分钢筋翻样软件也可以从 CAD 图直接识别建模

（续）

类别	内容
施工阶段用于技术的 BIM 工具软件应用	②支持钢筋平法。钢筋平法已经在国内设计领域得到广泛的应用，能够大幅度地简化设计结果的表达。钢筋翻样软件支持钢筋平法，工程翻样人员可以高效地输入钢筋信息 ③支持钢筋优化断料。钢筋翻样需要考虑如何合理利用钢筋原材料，减少钢筋的废料、余料，降低损耗。钢筋翻样软件通过设置模数、提供多套原材料长度自动优化方案，最终达到废料、余料最少，从而节省钢筋的目的 ④支持料表输出。钢筋翻样工程普遍接受钢筋料表作为钢筋加工的依据。钢筋翻样软件支持料单输出、生成钢筋需求计划等 当前基于 BIM 技术的钢筋翻样软件主要包括广联达施工翻样软件（GFY）、鲁班钢筋软件（下料版）等。也有用户通用平台：Revit、Tekla 土建模块等国外软件进行翻样 （5）变更计量软件 基于 BIM 技术的变更计量软件包括以下特征 ①支持三维模型数据交换标准。变更计量软件可以导入其他 BIM 应用软件模型，特别是基于 BIM 技术的算量软件建立的算量模型。理论上，BIM 模型可以使用不同的软件建立，但多数情况下由同一软件公司的算量软件建立 ②支持变更工程量自动统计。变更工程量计算可以细化到单构件，由用户根据施工进展情况判断变更工程量如何进行统计，包括对已经施工部分、已经下料部分、未施工部分的变更分别进行处理 ③支持变更清单汇总统计。变更计量软件需要支持按照清单的口径进行变更清单的汇总输出，也可以直接输出工程量到计价软件中进行处理，形成变更清单
施工阶段用于管理的 BIM 工具软件应用	（1）BIM 平台软件 BIM 平台软件是最近出现的一个概念，基于网络及数据库技术，将不同的 BIM 工具软件连接到一起，以满足用户对于协同工作的需求。从技术角度上讲，BIM 平台软件是一个将模型数据存储于统一的数据库中，并且为不同的应用软件提供访问接口，从而实现不同的软件协同工作。从某种意义上讲，BIM 平台软件是在后台进行服务的软件，与一般终端用户并不一定直接交互 BIM 平台软件的特性包括 ①支持工程项目模型文件管理，包括模型文件上传、下载、用户及权限管理；有的 BIM 平台软件支持将一个项目分成多个子项目，整个项目的每个专业或部分都属于其中的子项目，子项目包含相应的用户和授权；另一方面，BIM 平台软件可以将所有的子项目无缝集成到主项目中 ②支持模型数据的签入、签出及版本管理。不同专业模型数据在每次更新后，能立即合并到主项目中。软件能检测到模型数据的更新，并进行版本管理。“签出”功能可以跟踪哪个用户正在模型的哪个部分工作。如果此时其他用户上传了更新的数据，系统会自动发出警告。也就是说，软件支持协同工作 ③支持模型文件的在线浏览功能。这个特性不是必需的，但多数模型服务器软件均会提供模型在线浏览功能 ④支持模型数据的远程网络访问。BIM 工具软件可以通过数据接口来访问 BIM 平台软件中的数据，进行查询、修改、增加等操作。BIM 平台软件为数据的在线访问提供权限控制 BIM 平台软件支持的文件格式包括 ①内部私有格式。各家厂商均支持通过内部私有格式，将文件存储到 BIM 平台软件，如 Autodesk 公司的 Revit 软件等存储到 BIM 360 以及 Vualt 软件中 ②公开格式，包括 IFC、IFCXML、CityGML、Collada 等 常见的 BIM 平台软件包括 Autodesk BIM360、Vualt、Buzzsaw；Bentley 公司的 Projectwise；Graphisoft 公司的 BIMServer 等，这些软件一般用于本公司内部的软件之间的数据交互及协同工作。

（续）

类别	内容
施工阶段用于管理的 BIM 工具软件应用	另外，一些开源组织也开发了开放的基于 IFC 标准进行数据交换的 BIMServer （2）BIM 应用软件的数据交换 BIM 技术应用涉及专业软件工具，不同软件工具之间的数据交换对减少客户重复建模的工作量、减少错误、提高效率有重大意义，也是 BIM 技术应用成功的最关键要求之一 按照数据交换格式的公开与否，BIM 应用软件数据交换方式可以分为两种 ①基于公开的国际标准的数据交换方式。这种方式适用于所有的支持公开标准的软件之间，包括不同专业、不同阶段的不同软件，适用性最广，也是最推荐的方式。当时，由于公开数据标准自身的完善程度、不同厂商对于标准的支持力度不同，基于国际标准的数据交换往往取决于采用的标准及厂商的支持程度，支持及响应时间往往比较长。公有的 BIM 数据交换格式包括 IFC、COBIE 等多种格式 ②基于私有文件格式的数据交换方式。这种方式只能支持同一公司内部 BIM 应用软件之间的数据交换。在目前 BIM 应用软件专业性强、无法做到一家软件公司提供完整解决方案的情况下，基于私有文件格式的数据交换往往只能在个别软件之间进行。私有文件格式的数据交换方式是公有文件格式数据交换的补充，发生在公有文件格式不能满足要求而又需要快速推进业务的情况下。私有公司的文件格式例子包括 Autodesk 公司的 DWG、NWC，广联达公司的 GFC、IGMS 等 常见的公有 BIM 数据交换格式包括 ①IFC（Industry Foundation Classes）标准是 IAI（International Alliarice of Interoperability，国际数据互用联盟）组织制定的面向建筑工程领域，公开和开放的数据交换标准，可以很好地用于异质系统交换和共享数据。IFC 标准也是当前建筑业公认的国际标准，在全球得到了广泛应用和支持。目前，多数 BIM 应用软件支持 IFC 格式。IFC 标准的变种包括 IFCXML 等格式 ②COBie 标准。COBie（Construction Operations Building Information Exchange）是一个施工交付到运维的文件格式。在 2011 年 12 月，COBie 标准成为美国建筑科学院的标准（NBIMS—US）。COBie 格式包括设备列表、软件数据列表、软件保证单、维修计划等在内的资产运营和维护所需的关键信息。它采用几种具体文件格式，包括 Excel、IFC、IFCXML 作为具体承载数据的标准。在 2013 年，BuildingSMART 组织也发布了一个轻量级的 XML 格式来支持 COBie，即 COBieLite 标准 （3）BIM 应用软件与管理系统的集成 BIM 应用软件为项目管理系统提供有效的数据支撑，解决了项目管理系统数据来源不准确、不及时的问题。如图 2-4 所示的 BIM 技术应用与项目管理系统框架，框架分基础层、服务层、应用层和表现层。应用层包括进度管理、合同管理、成本管理、图样管理、变更管理等应用 ①基于 BIM 技术的进度管理。传统的项目计划管理一般是计划人员编制工序级计划后，生产部门根据计划执行，而其他各部门（技术、商务、工程、物资、质量、安全等）则根据计划自行展开相关配套工作。各工作相对孤立，步调不一致，前后关系不直观，信息传递效率极低，协调工作量大 基于 BIM 技术的进度管理软件，为进度管理提供人材机消耗量的估算，为物料准备以及劳动力估算提供了充足的依据；同时可以提前查看各任务项所对应的模型，便于项目人员准确、形象地了解施工内容，便于施工交底。另外，利用 BIM 技术应用的配套工作与工序级计划任务的关联，可以实现项目各个部门各项进度相关配套工作的全面推进，提高进度执行的效率，加大进度执行的力度，及时发现并提醒滞后环节，及时制定对应的措施，实时调整 ②基于 BIM 技术的图样管理。传统的项目图样管理采用简单的管理模式，由技术人员对项目进行定期的图样交底。当前大型项目建筑设计日趋复杂，而设计工期紧，业主方因进度要求，客观上采用了边施工边变更的方式。当传统的项目图样管理模式遇到了海量变更时，立即暴露出低效率、高出错率的弊病

（续）

类别	内容
施工阶段用于技术的 BIM 工具软件应用	BIM 应用软件图样管理实现了对多专业海量图样的清晰管理，实现了相关人员任意时间均可获得所需的全部图样信息的目标。基于 BIM 技术的图样管理具有如下特点 a. 图样信息与模型信息一一对应。这表现在任意一次图样修改都对应模型修改，任意一种模型状态都能找到定义该状态的全部图样信息 b. 软件内的图样信息更新是最及时的。根据工作流程，施工单位收到设计图纸后，由模型维护组成员先录入图样信息，并完成对模型的修改调整，再推送至其他部门，包括现场施工部门及分包队伍，用于指导施工，避免出现用错图、旧版图施工的情况 c. 系统中记录的全部图样的更新替代关系明确。不同于简单的图样版本替换，全部的图样发放时间、录入时间都是记录在系统内的，必要时可供调用（如办理签证索赔等） d. 图样管理是面向全专业的。往往各专业图分布在不同的职能部门（技术部、机电部、钢构部），查阅图样十分不便。该软件要求各专业都按统一的要求去录入图样，并修改模型。在模型中可直观地显示各专业设计信息 另外，传统的深化图报审依靠深化人员根据总进度计划，编制深化图报审计划。报审流程包括：专业分包深化设计→总包单位审核→设计单位审核→业主单位审核。深化图过多、审核流程长的特点易造成审批过程中积压、遗漏，最终影响现场施工进度 BIM 应用软件中的深化图报审追踪功能实现了对深化图报审的实时追踪。一份报审的深化图录入软件后，系统即开始对其进行追踪，确定其当期所在审批单位。当审批单位逾期未完成审批时，系统即对管理人员推送提醒。另外、深化图报审计划与软件的进度计划管理模块联动，根据总体进度计划的调整而调整，当系统统计发现深化图报审及审批速度严重滞后于现场工程进度需求时，会向管理人员报警，提醒管理人员采取措施，避免现场施工进度受此影响 ③基于 BIM 技术的变更管理。传统情况下，当设计变更发生时，设计变更指令分别下发到各部门，各部门根据各自职责分工孤立展开相关工作，对变更内容的理解容易产生偏差，对内容的阅读会产生疏漏，影响现场施工、商务索赔等工作。而且各部门的工作主要通过会议进行协调和沟通，信息传递的效率较低 利用 BIM 技术软件，将变更录入模型，首先直观地形成变更前后的模型对比，并快速生成工程量变化信息。通过模型，变更内容准确快速地传达至各个领导和部门，实现了变更内容的快速传递，避免了内容理解的偏差。根据模型中的变更提醒，现场生产部门、技术部、商务部等各部迅速展开方案编制、材料申请、商务索赔等一系列的工作，并且通过系统实现实时的信息共享，极大地提高变更相关工作的实施效率和信息传递的效率 ④基于 BIM 技术的合同管理。以往合同查询复杂，需从头逐条查询，防止疏漏，要求每位工作人员都熟读合同。合同查询的困难也导致非商务类工作人员在工作中干脆不使用合同，甚至违反合同条款，导致总承包方的利益受损 现在基于 BIM 技术的合同和管理，通过将合同条款、招标文件、回标答疑及澄清、工料规范、图样设计说明等相关内容进行拆分、归集，便于从线到面的全面查询及风险管控（便于施工部门、技术部门、商务部门、安全部门、质量部门、管理部门清晰掌握合同约定范围、约定标准、工作界面及责任划分等）。可将业主对应合同条款、分包合同条款、总承包合同三方合同条款、供货商合同条款，进行关联查询、责任追踪（付款及结算、工期要求、验收要求、安全要求、供货要求、设计要求、变更要求、签证要求）

表 2-10　常用的基于 BIM 技术的主要三维场地布置软件

软件名称	说明
广联达三维施工平面设计软件（3D-GCP）	支持二维图识别建模，内置施工现场的常用构件，如板房、料场、塔式起重机、施工电梯、道路、大门、围栏、标语牌、旗杆等，建模效率高

（续）

软件名称	说明
清华斯维尔平面图制作系统	基于 CAD 平台开发，属于二维平面图绘制工具，不是严格意义上的 BIM 工具软件
PKPM 三维现场平面图软件	PKPM 三维现场平面图软件支持二维图识别建模，内置施工现场的常用件和图库，可以通过拉伸、翻样支持较复杂的现场形状，如复杂基坑的建模，包括贴图、视频制作功能

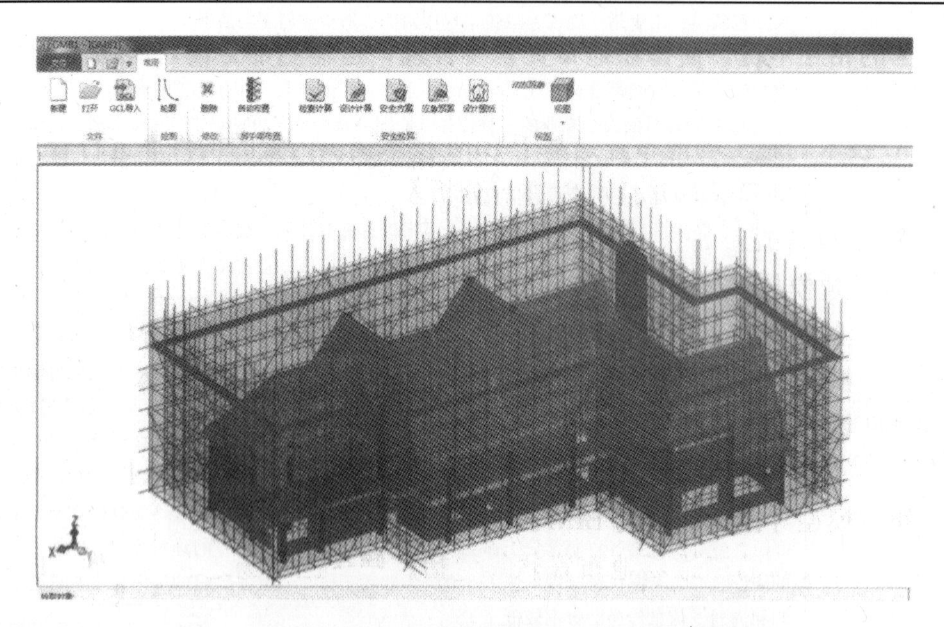

图 2-3　利用广联达模板脚手架软件完成的一个典型例子图

表 2-11　常用的基于 BIM 技术的主要模板及脚手架设计软件

软件名称	说明
广联达模板脚手架设计软件	支持二维图识别建模，也可以导入广联达算量产生的实体模型辅助建模，具有自动生成模架、设计验算及生成计算书功能
PKPM 模板脚手架设计软件	脚手架设计软件可建立多种形状及组合形式的脚手架三维模型，生成脚手架立面图、脚手架施工图和节点详图；可生成用量统计表；可进行多种脚手架形式的规范计算；提供多种脚手架施工方案模板。模板设计软件适用于大模板、组合模板、胶合板和木模板的墙、梁、柱、楼板的设计、布置及计算，能够完成各种模板的配板设计、支撑系统计算、配板详图、统计用表及提供丰富的节点构造详图
筑业脚手架、模板施工安全设施计算软件	汇集了常用的施工现场安全设施的类型，能进行常用的计算，并提供常用数据参考。脚手架工程包含落地式、悬挑式、满堂式等多种搭设形式和钢管扣件式、碗扣式、承插盘式等多种材料脚手架，并提供相应模板支架计算。模板工程包含梁、板、墙、柱模板及多种支撑架计算，包含大型桥梁模板支架计算
恒智天成安全设施计算软件	能计算设计多种常用形式的脚手架，如落地式、悬挑式、附着式等；能计算设计常用类型的模板，如大模板、梁墙柱模板等；能编制安全设施计算书；编制安全专项方案书；同步生成安全方案报审表、安全技术交底；编制施工安全应急预案；进行建筑施工技术领域的计算

表 2-12　常用的基于 BIM 技术的 5D 施工管理软件

软件名称	说明
广联达 BIM 5D 软件	具有流水段划分、浏览任意时间点施工工况，提供各个施工期间的施工模型、进度计划、资源消耗量等功能；支持建造过程模拟，包括资金及主要资源模拟；可以跟踪过程进度、质量、安全问题记录；支持 Revit 等软件
RIBiTWO	旨在建立 BIM 工具软件与管理软件 ERP 之间的桥梁，融基于 BIM 技术的算量、计价、施工过程成本管理为一体；支持 Revit 等建模工具
Vico 办公室套装	具有流水段划分、流线图进度管理等特色功能；支持 Revit、ArchiCAD、MagiCAD、Tekla 等软件
易达 5D BIM 软件	可以按照进度浏览构件的基础属性、工程量等信息；支持 IFC 标准

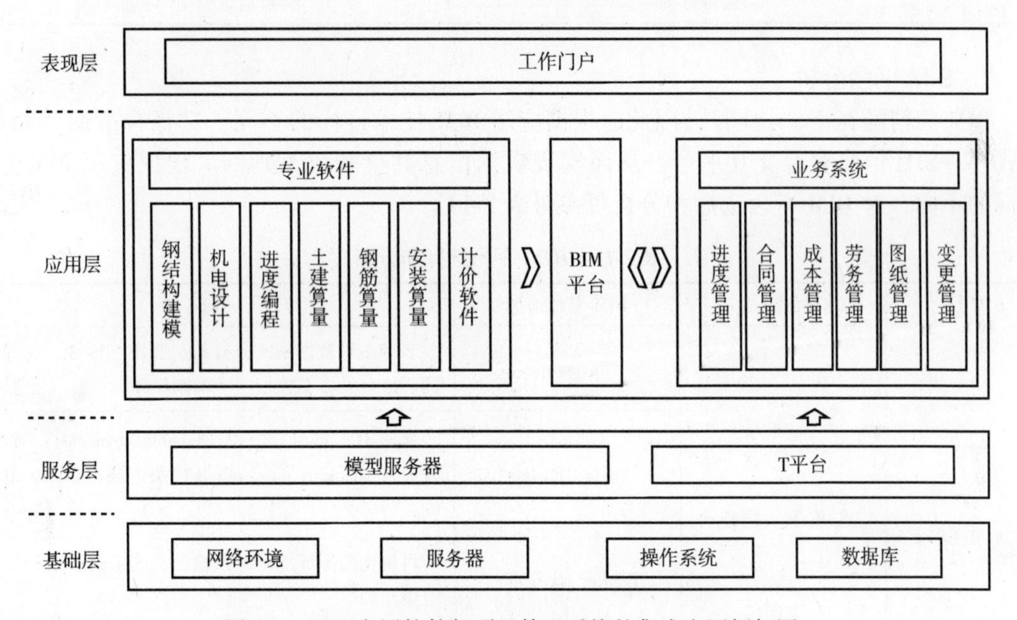

图 2-4　BIM 应用软件与项目管理系统的集成应用框架图

第二节　BIM 技术应用准备

一、BIM 技术实施目标确定

在选择某个建设项目进行 BIM 应用实施之前，BIM 规划团队首先要为项目确定 BIM 目标，这些 BIM 目标必须是具体的、可衡量的，以及能够促进建设项目的规划、设计、施工和运营成功。

有些 BIM 目标对应于某一个 BIM 应用，也有一些 BIM 目标需要若干个 BIM 应用共同完成。在定义 BIM 目标的过程中可以用优先级表示某个 BIM 目标对该建设项目设计、施工、运营的重要性。

BIM 需要达到什么样的目标？这是 BIM 实施前的首要工作，不同层次的 BIM 目标将直接影响 BIM 的策划和准备工作。表 2-13 是某建设项目定义的 BIM 目标案例。

表 2-13　某建设项目定义的 BIM 目标案例

序号	BIM 目标	涉及的 BIM 应用
1	控制、审查设计进度	设计协同管理
2	评估变更带来的成本变化	工程量统计，成本分析
3	提高设计各专业效率	设计审查，3D 协调，协同设计
4	绿色设计理念	能耗分析、节地分析、节水分析、环境评价
5	施工进度控制	建立 4D 模型
6	施工方案优化	施工模拟
7	运维管理	构建运维模型

1. BIM 平台分析

BIM 的精髓在于“协同”，因此应根据应用 BIM 技术目标的不同，选择合适的“协同”方式——BIM 信息整合交互平台，从而实现数据信息共享和决策判断。根据应用 BIM 技术目标的不同，对 BIM 平台选择和分析可参考表 2-14。

表 2-14　BIM 平台选择和分析

BIM 目标	平台特点	BIM 平台选择	备注
技术应用层面	着重于数据整合及操作	Navisworks	兼容多种数据格式，查阅、漫游、标注、碰撞检测、进度及方案模拟、动画制作等
		Tekla BIMsight	强调 3C，即合并模型（Combjning models）、检查碰撞（Checking for conflicts）及沟通（Communicating）
		Bentley Navigator	可视化图形环境，碰撞检测、施工进度模拟以及渲染动画
		Trimble Vico Office Suite	BIM 5D 数据整合，成本分析
		Synchro	
项目管理层面	着重于信息数据交流	Varlt	根据权限、文档及流程管理
		Autodesk Buzzsaw	
		Trello	团队协同管理
		Bentley Projectwise	基于平台的文档、模型管理
		Dassault Enovia	基于树形结构的 3D 模型管理，实现协同设计、数据共享
企业管理层面	着重于决策及判断	宝智坚思 Greata	商务、办公、进度、绩效管理
		Dassault Enovia	基于 3D 模型的数据库管理，引入权限和流程设置，可作为企业内部流程管理的平台

2. BIM 技术应用目标

BIM 技术应用目标见表 2-15。

表 2-15　BIM 技术应用目标

类别	内容
企业管理	企业信息化建设的基本思路：根据公司战略目标、组织结构和业务流程，建立以项目管理为核心，资源合理利用为目标及面向未来的知识利用与管理的信息化平台，采用信息技术实现公司运营与决策管理，增强企业管控能力，实现公司总体战略目标 建筑企业正在加快从职能化管理向流程化管理模式的转变，且在向流程化管理转型时，信息系统承担了重要的信息传递和固化流程的任务，基于 BIM 技术的信息化管理平台将促进业务标准化和流程化，成为管理创新的驱动力。除模型管理外，信息化平台还应包括以下五部分 ①OA 办公系统 ②企业运营管理系统 ③决策支持系统 ④预算管理系统 ⑤远程接入系统
项目管理	越来越多的工程项目，在招投标阶段就要求投标人具备相应的 BIM 团队规模、部门设置和 BIM 体系标准；在项目管理过程中要求承包方具备相应的 BIM 操作能力、技术水平和 BIM 管理经验。然而，目前 BIM 在项目管理层面的实施中出现了以下情形 ①投标中盲目响应招标文件的 BIM 要求 ②没有 BIM 执行标准和实施规划 ③团队东拼西凑，投标时设立的 BIM 部门和团队无法兑现落实 ④由于 BIM 标准的欠缺，模型质量低，BIM 操作能力和技术水平差强人意 ⑤BIM 技术仅停留在办公室，未落实到工程管理中 为提高项目管理水平，采用 BIM 技术，按照 BIM“全过程、全生命”辅助工程建设的原则，改变原有的工作模式和管理流程，建立以 BIM 为中心的项目管理模式，涵盖项目的投资、规划、设计、施工、运营各个阶段 BIM 既是一种工具，也是一种管理模式，在建设项目中采用 BIM 技术的根本目的是更好地管理项目。BIM 技术也只有在项目管理中“生根”，才有生存发展的空间，否则浪费了大量的人力物力，却没有得到相应的回报，这也是国内大多数 BIM 工程失败的主要原因 因此，BIM 不是一场“秀”，BIM 技术必须和项目管理紧密结合在一起，BIM 应当成为建筑领域工程师手中的工具，通过其强大功能的示范作用，逐渐代替传统工具，实实在在地为项目管理发挥巨大的作用 基于 BIM 技术的工程项目管理信息系统，在以下方面对工程项目进行管理，以充分发挥基于 BIM 的项目管理理念 ①项目前期管理模块。主要是对前期策划所形成的文件和 BIM 成果进行保存和维护，并提供查询的功能 ②招标投标管理模块。在工程招投标阶段，施工单位对照招标方提供的工程量清单，进行工程量校核，此外还包括对流程、WBS（Work Breakdown Structure，工作分解结构）及合同的约定 ③进度管理模块。采用 BIM 技术管理进度不等同于 4D 模拟，模拟仅仅是一种记录和追溯，基于 BIM 技术实现的是对进度的比对和分析 ④质量管理模块。质量管理是一个质量保证体系，通过以验收为核心流程的规范管理和质量文档来实现。质量控制模块则用于对设计质量、施工质量和设备安装质量等的控制和管理 ⑤投资控制管理模块。在项目实施过程中进行动态成本分析时，需要将模型信息、流程和 WBS 工作任务分解紧密联系在一起，其中模型信息中反映了成本的要素，流程反映的是对资金的控制，WBS 反映的是以某种方式划分的施工流程

（续）

类别	内容
项目管理	⑥合同管理模块。工程合同管理是对工程项目中相关合同的策划、签订、履行、变更、索赔和争议解决的管理 ⑦物资设备管理模块。基于工程量统计的材料管理，不仅在施工阶段而且在运营阶段，为项目管理者提供了运营维护的便利 ⑧后期运行评价管理模块。项目结束后，项目管理过程中的数据记录，为管理者提供了基于数据库的知识积累
技术应用	从技术应用层面实现 BIM 目标一般指为提高技术水平，而采用一项或几项 BIM 技术，利用 BIM 的强大功能完成某项工作。例如，通过能量模型的快速模拟得到一个能源效率更高的设计方案，改善能效分析的质量；利用 BIM 模型结构化的功能，对模型中构件进行划分，从而进行材料统计的操作，最终达到材料管理的目的 从技术应用层面达到某种程度的 BIM 目标，是目前国内 BIM 工作开展的主要内容，以建设项目规划、设计、施工、运营各阶段为例，采用先进的 BIM 技术，改变传统的技术手段，达到更好地为工程服务的目的，传统技术手段与 BIM 技术辅助对比见表 2-16 从目前 BIM 应用情况来看，技术应用层面的 BIM 目标最易实现，所产生的经济效益和影响最明显，只有在技术领域内大量实现 BIM 应用，才有可能在管理领域采用 BIM 的思维方式。首先达到技术层面的 BIM 目标是实现建筑业信息化管理的前提条件和必经之路

表 2-16 传统技术手段与 BIM 技术辅助对比

编号	所属阶段	技术工作	传统技术手段	BIM 技术辅助
1	规划阶段	场地分析	文档、图片描述	3D 表现
2		采光日照分析	公式计算	3D 动态模拟
3		能耗分析	公式计算	
4	设计阶段	建筑方案分析	文档描述、计算	3D 演示
5		结构受力分析	公式计算	模型受力计算
6		设计结果交付	2D 出图，效果图	3D 建模，模型
7	施工阶段	深化设计与加工	2D 图	3D 协调，自动生产
8		施工方案	文档、图片描述	3D 模拟
9		施工进度	进度计划文本 4D 模拟	
10		材料管理	文档管理	结构化模型管理
11		成本分析	事后分析、事后管理	过程控制
12		施工现场	静态描述	动态模拟
13	运营阶段	维修计划	靠经验编制	科学合理编制
14		设备管理	日常传统维护	远程操作
15		应急预案	靠经验编制	科学数据支撑

二、实施总体安排

1. BIM 实施评估流程

目标衍生出对应的 BIM 应用，再根据 BIM 应用制定相应的 BIM 流程。由 BIM 目标、应用及流程确定 BIM 信息交换要求和基础设施要求。BIM 实施前的评估流程如图 2-5 所示。

在实际操作过程中，根据项目的特点，结合参建各方对 BIM 系统的实际操控能力，对比 BIM 主导单位制定的目标，可在施工过程中实施的 BIM 应用有：

①模型维护。

②深化设计——三维协调。

③施工方案模拟。

④施工总流程演示。

⑤工程量统计。

⑥材料管理。

⑦现场管理。

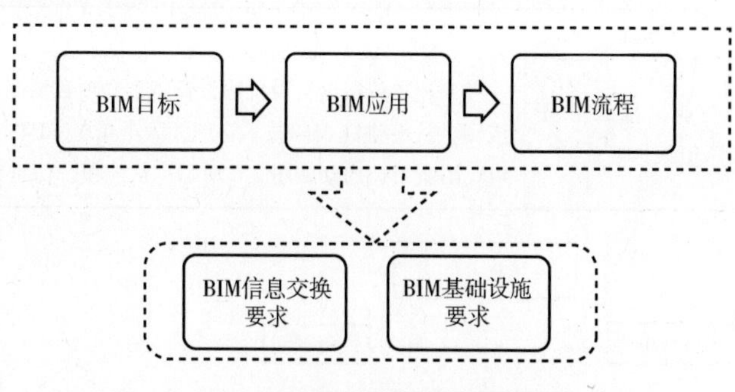

图 2-5　BIM 实施前评估流程

2. BIM 模型实施团队组织安排

BIM 模型实施团队组织安排见表 2-17。

表 2-17　BIM 模型实施团队组织安排

类别	内容
常规 BIM 团队组织构架	以施工单位主导 BIM 工作为例，其常见的组织管理构架主要为成立 BIM 工作室负责 BIM 技术的应用，如图 2-6 所示。此方式的特点在于，团队技术能力较易控制，能迅速解决工程中的问题；缺点在于不利于 BIM 技术的发展及推广，BIM 技术仅局限在一个较小的团队中，由于缺少沟通，无法及时反映工程实际情况，BIM 技术深入实际的程度依赖于 BIM 经理的职业素质和责任心。BIM 技术往往会流于形式，计划、实际两张皮，从长远看，该组织结构的设置也不利于 BIM 技术人员的成长 在 BIM 技术尚未普及的当下，BIM 人才较为稀缺，不可避免地会在项目管理中采用此种机构设置方式
较高级 BIM 团队组织构架	当 BIM 技术发展到一定程度，一定数量的传统技术条线管理人员已掌握 BIM 技术，或企业 BIM 发展水平较高，技术人员除接受传统技术培养外，还系统地掌握了 BIM 技术，则可取消项目管理中 BIM 工作室的设置，将具备 BIM 技能的人员分散至各个部门，BIM 技术作为一种基础性工具来支持日常工作，技术人员能主动地用 BIM 技术解决问题，这将大大提高 BIM 技术在工程管理中的应用程度，充分发挥技术优势
理想的 BIM 团队组织构架	BIM 作为一项全新的技术手段，推动传统建筑行业变革，也必将产生新的工作岗位和职责需求，BIM 总监的职位应运而生。BIM 总监由业主指定，传递业主的投资理念和项目诉求，由 BIM 总监代表业主制订设计任务书和 BIM 要求，接受设计单位交付的 BIM 成果，控制 BIM 模型的质量，形成基于 BIM 的数据库。投资顾问、工程监理、施工单位各条线技术人员共享建筑信息资料，投资顾问根据 BIM 数据库提取工程量清单，形成投资成本分析；工程监理和施工单位根据 BIM 数据库确定施工内容、制订施工方案、组织安排生产 BIM 的精髓在于协同，协同的方式包括共享和同步，在这样一个理想的组织机构内，由 BIM 团队来产生和维护 BIM 数据库，其他各利益集团共享数据，并随之产生新的数据，新的数据再次共享，不同利益集团各取所需，充分发挥 BIM 应用的巨大优势。理想的 BIM 团队组织构架如图 2-7 所示

（续）

类别	内容
企业内部的BIM团队组织构架	各参建单位根据自身机构设置特点和项目情况，可组建BIM中心，以支撑多项目的BIM技术应用，从事项目BIM技术管理，为本单位BIM技术发展进行人员储备、团队培养。可参考的BIM团队组织构架如图2-8所示，从建模、信息交互、应用、维护几个方面配备人员

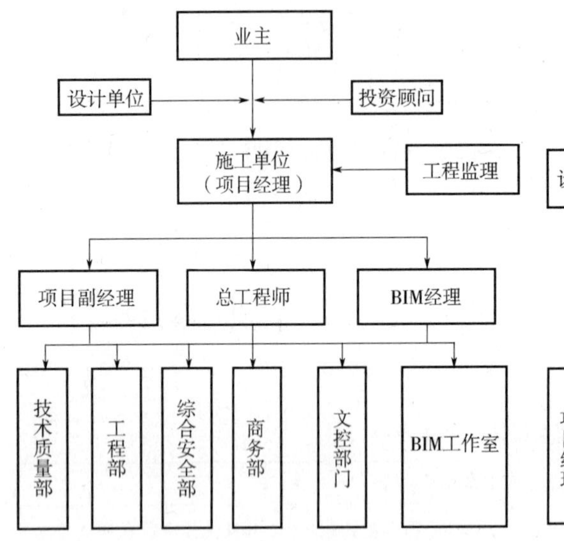

图2-6 以施工单位为主导的常规BIM团队组织构架图

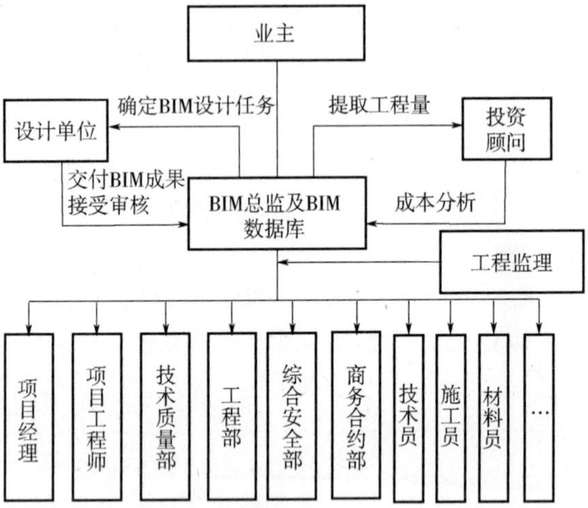

图2-7 以施工单位为主导的理想的BIM团队组织构架图

3. BIM模型应用工作内容安排

每一个特定的BIM应用都有其详细工作的顺序，包括每个过程的责任方、参考信息的内容和每一个过程中创建和共享的信息交换要求。

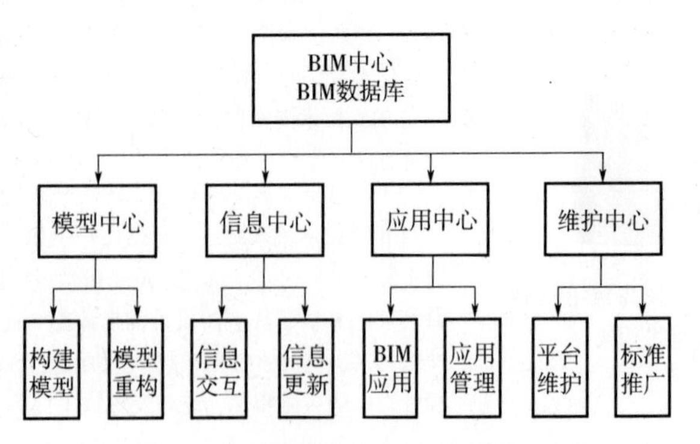

图2-8 企业内部BIM中心组织构架图

以某工程为例，项目BIM策划实施背景为：设计单位仅提供二维图；施工总承包单位根据设计资料构建模型，并管理BIM模型；分包单位负责深化设计模型及配合工作；BIM模型应用。其中，BIM模型应用包括以下几个：

应用1：模型维护，通过信息添加和深化设计，将施工图模型提升至竣工图模型。

应用2：预制加工，利用三维模型，工厂化预制生产加工管道及构件。

应用3：三维协调，综合设计协调，排除建筑、结构、机电、装饰等专业间的冲突。

应用4：快速成形，采用三维打印或数字化机床生产加工异形构配件。

应用5：三维扫描，三维扫描测量及放线定位。

应用6：材料管理，材料跟踪及物流管理。

应用7：虚拟施工，虚拟施工演示并优化施工方案。

应用 8：进度模拟，施工进度模拟。

应用 9：现场管理，现场安全及场地控制。

应用 10：工程量计算及分析，工程量统计及成本分析。

（1）BIM 模型实施工作流程

以施工单位为主要工作对象，BIM 工作的流程可参考图 2-9。

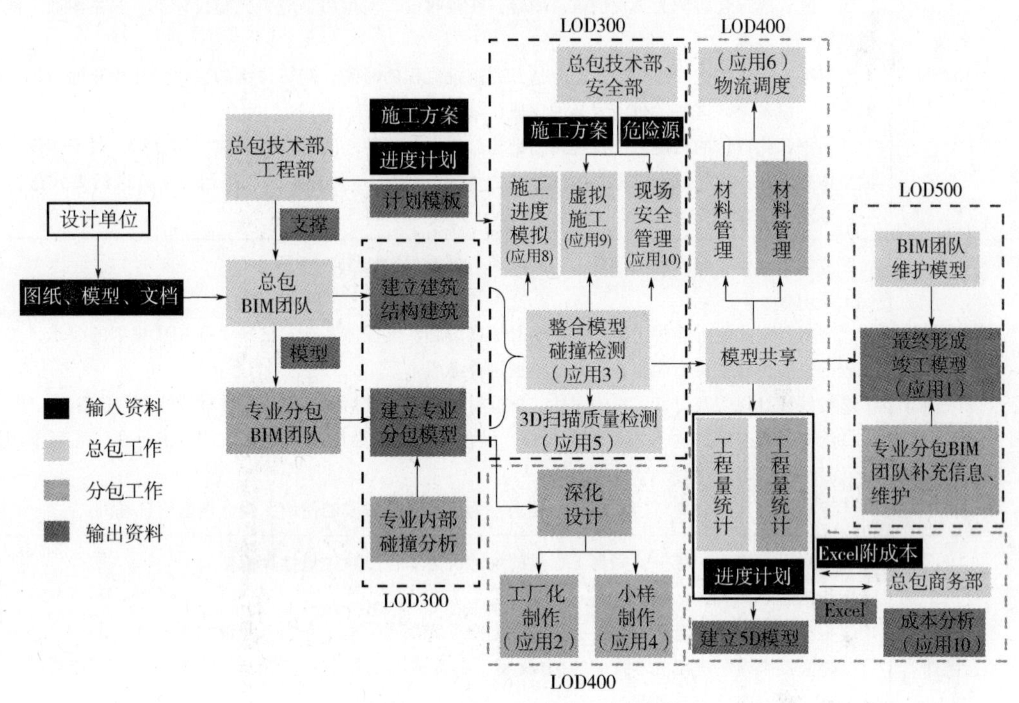

图 2-9　BIM 工作流程参考图

（2）BIM 模型应用实施的内容

BIM 模型应用实施的内容见表 2-18。

表 2-18　BIM 模型应用实施的内容

类别	内容
模型构建	完成模型构建，根据设计资料信息（包括材质等），表现设计意图及功能要求：具体工作内容包括 ①三维可视化为 BIM 应用的重要内容，在构建模型后，建筑、结构、机电各专业应首先沟通，检查模型与设计方案差异 ②对模型的检查主要集中在对工程量统计的对比，设计模型的零碰撞检查和构件的材料、规格检查等方面 ③工程量统计的对比，进行模型自导工程量与业主提供的工程量清单的对比，对比的范围不仅要控制总量，重点还要控制按构件类型划分的分量，分量不合格的模型不能视为正确的模型，应提交业主，要求设计单位修改 ④设计模型的零碰撞检查，进行建筑、结构、机电各专业之间的碰撞检查分析工作，有碰撞问题及时提交业主，要求设计单位修改 ⑤构件的材料、规格检查，针对设计说明及设计图中的表达，对照模型进行逐一确认，保证模型的材质、规格等信息和 2D 图中的表述一致 ⑥根据工程难点、特点，业主关注重点，安排足够的技术人员进行三维可视化制作，进行建筑、结构、机电各专业的功能化分析

（续）

类别	内容
三维管线综合协调	在复杂的工程中，存在种类繁多的机电管线与建筑结构的空间碰撞问题，碰撞结果输出的形式、碰撞问题描述的详细程度、找寻碰撞位置的方法，在 BIM 软件中有较成熟的应用方案，如图 2-10 所示 工作内容 ①三维管线综合协调为工程的重要内容，在接收设计模型后，应首先与设计方、业主沟通，确定模型的分区范围 ②根据土建施工进度计划，并充分估计到审批流程的时间，制订详细的深化设计、碰撞检测、材料加工、设备采购进货、机电安装的完成计划 ③根据深化设计的进度，进行建筑、结构、机电各工种之间的三维碰撞协调分析，对于体量较小的单体建筑，一次完成全部碰撞检查；对于体量较大的单体建筑，可采用分层分区的方式进行划分，逐次完成碰撞检查
模型维护	完成施工建模、输入施工信息，达到竣工模型要求，如图 2-11 所示 工作内容 ①完成日常的施工建模工作，包括临时辅助设施、支撑体系等。按照项目 BIM 规划的要求，参考工程部进度计划条目命名方式，完成模型构件命名 ②按照设计说明及设计图中的表达，根据材料报审审批情况，完成构件材料综合信息输入 ③根据工程进度，输入主要建筑构件、设备的施工安装时间，主要依据为挖土令、混凝土浇灌令、打桩令、吊装令等 ④综合考虑运营管理对信息的基本要求，为运营管理阶段的使用，建立模型信息基础
工程量统计	通过对日常模型的维护，完善工程量的统计，为工程决算提供计算依据 工作内容 ①根据施工模型，对照设计变更单、业主要求等修改依据，完成工程量统计 ②建立反映施工进度成本管理的 5D 模型，估算成本消耗情况，进行资源消耗、现金流情况、成本分析，每月报总包商务部门 ③阶段工程实物量的统计，配合阶段工程款申请 ④根据最终的竣工模型，提供工程决算的计算依据
施工进度模拟与方案演示	施工进度模拟可以形式直观、精确地反映整个项目的施工过程和重要环节，如图 2-12 所示 工作内容 ①在项目建造过程中合理制订施工方案，掌握施工工艺方法 ②优化使用施工资源以及科学地进行场地布置，对整个工程的施工进度、资源和质量进行统一管理和控制，以缩短工期、降低成本、提高质量 ③施工总流程，应根据月、季、年进度计划的制订，以双周周报、月报的形式进行提交 ④施工总流程链接成本信息，对照实际发生成本，进行全过程成本监控 ⑤根据施工进度情况，动态调整施工总流程模型，在调整中对重要节点进行监控，如深化设计时间、加工时间、设备采购时间、安装时间等，发现问题，立即上报，避免影响工程进度
施工方案优化	施工方案优化主要通过对施工方案的经济、技术比较，选择最优的施工方案，达到加快施工进度并能保证施工质量和施工安全，降低消耗的目的，如图 2-13 所示 施工方案的优化有助于提升施工质量和减少施工返工。通过三维可视化的 BIM 模型，沟通的效率大大提高，BIM 模型代替图样成为施工过程中的交流工具，提升了施工方案优化的质量 工作内容 ①对于存在较大争议的施工方案，围绕技术可行性、工期、成本、安全等方面进行方案优化 ②施工方案演示及优化的资料，应在施工方案报审中体现，并作为施工方案不可缺少的一部分提交业主和监理审批

（续）

类别	内容
施工方案优化	③在施工组织设计编制阶段，应明确施工方案 BIM 演示的范围，深刻理解“全生命、全过程”的含义，挑选重要的施工环节进行施工方案演示，“重要”环节指的是：结构复杂、施工工艺复杂、影响因素复杂的施工环节 ④紧密联系专项施工方案的编制，动态调整模型，此模型不用于工程量统计和信息录入，仅作为施工演示 ⑤施工方案的表现应满足清晰、直观、详细的要求，反映施工顺序和施工工艺，先后顺序上遵照进度计划的原则
BIM 竣工模型提交和过程记录	工作内容 ①根据工程分部分项验收步骤，不晚于分部分项验收时间内提交分部分项竣工模型，竣工模型信息的添加参考表 2-22 ~ 表 2-26 关于 LOD 500 的技术要求 ②基于 BIM 的项目管理工作，探索以 BIM 工具来实现项目管理的质量控制目标、进度控制目标、投资控制目标和安全控制目标，真正改变传统建筑业的粗放式的管理现状，实现精细化的管理 ③BIM 应用的过程资料非常重要，为此，要求 BIM 操作全过程记录，对于重点原则和操作的内容，应形成相应的规章制度执行，所形成的资料作为后续或其他工程的参考

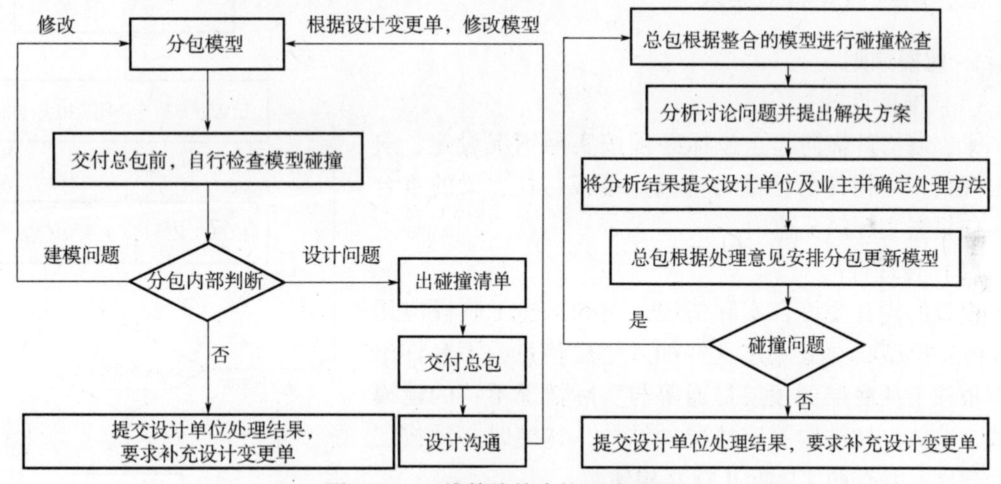

图 2-10　三维管线综合协调流程图

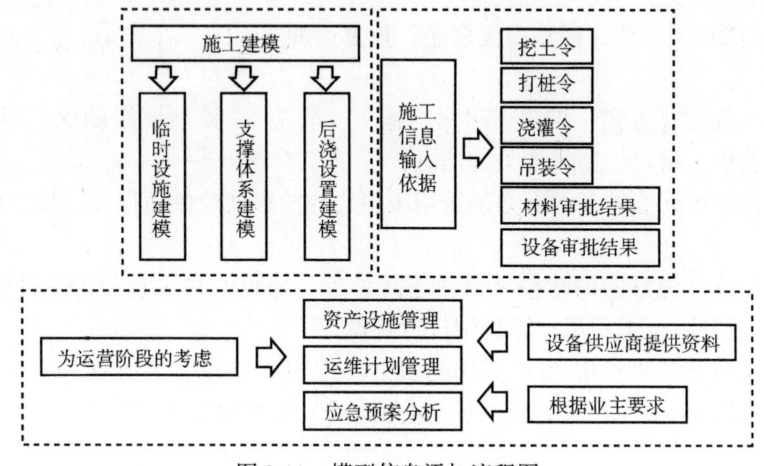

图 2-11　模型信息添加流程图

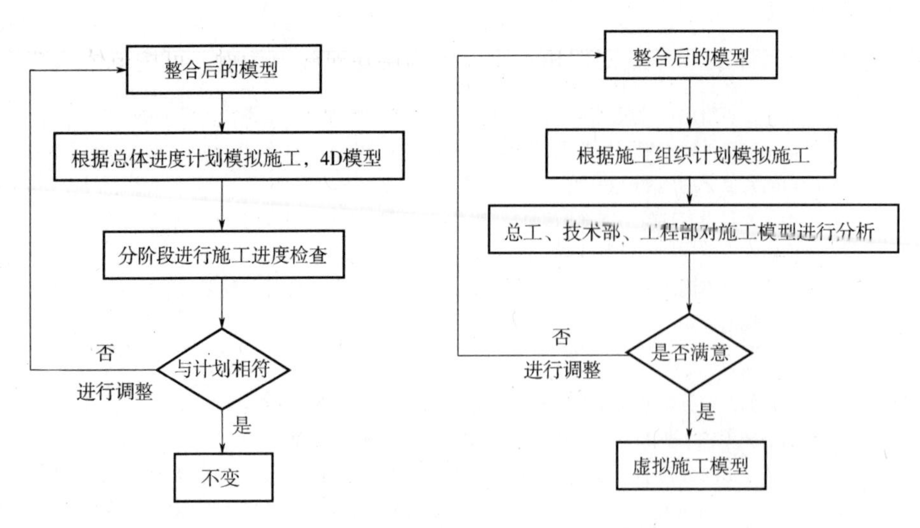

图 2-12　项目进度模拟与虚拟施工流程图

三、BIM 模型构建要求

1. 建模原则

(1) 准确性

梁、墙构件横向起止坐标必须按实际情况设定，避免出现梁、墙构件与柱重合情况。楼板与柱、梁的重合关系应根据实际情况建模。

(2) 合理性

模型的构建要符合实际情况，例如，施工阶段应用 BIM 时，模型必须分层建立并加入楼层信息，不允许出现一根柱子从底层到顶层贯通等与实际情况不符的建模方式。墙体、柱结构等跨楼层的结构，建模时必须按层断开建模，并按照实际起止标高构建。

(3) 一致性

模型必须与 2D 图一致，模型中无多余、重复、冲突构件。

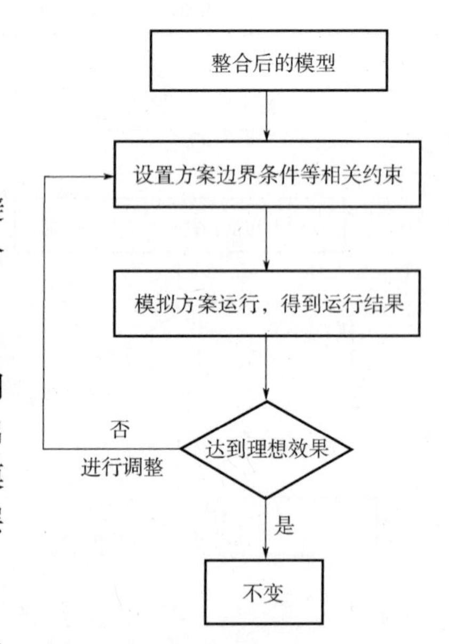

图 2-13　方案模拟及优化流程图

在项目各个阶段（方案、扩初、深化、施工、竣工），模型要跟随深化设计及时更新。模型反映对象名称、材料、型号等关键信息。

所有墙板模型单元上的开洞都必须采用编辑边界的形式绘制，以保证模型内容与工程实际情况一致。

对以工程量统计为目的的建模项目，还需参考《建设工程工程量清单计价规范》（GB 50500—2013）及其附录工程量计算规则进行建模。

总之，建立模型需要考虑 BIM 应用的目的、建模工作量、准确性和建模成本的平衡，做到既要满足 BIM 应用，又不过度建模，避免造成工作量的浪费。

2. 模型划分

模型的划分与具体工程特点密切相关。以超高层建筑建模为例，可按单体建筑物所处区域划分模型，对于结构模型可针对不同内容，再分别建立子模型，见表 2-19。

表 2-19　超高层建筑模型界面划分

专业	区域拆分	模型界面划分
建筑	主楼、裙房、地下结构	按楼层划分
结构	主楼、裙房、地下结构	按楼层划分，再按钢结构、混凝土结构、剪力墙划分
机电	主楼、裙房、地下、市政管线	按楼层或施工缝划分
总图	道路、室外总体、绿化	按区域划分

3. 文件命名要求及结构

(1) 文件命名规则

有了清晰的文件目录组织，还需要有清晰的文件命名规则。香港房屋署（Hong Kong Housing Authority）的 BIM 标准手册里，把文件命名分 8 个字段、24 个字符进行命名，如图 2-14 所示。

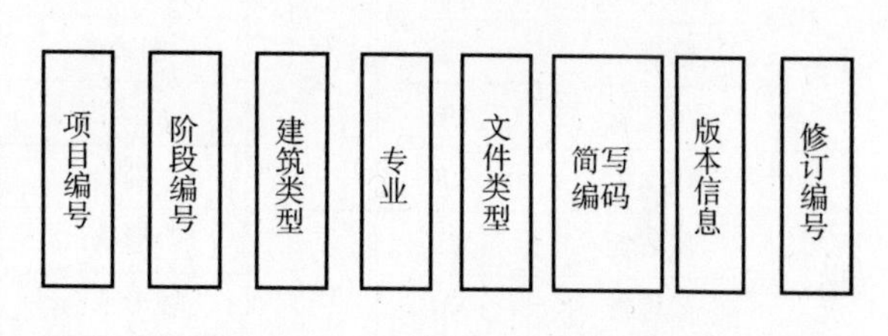

图 2-14　香港房屋署 BIM 标准手册文件命名规则

从文件名就可以很容易地解读出该文件的来源，例如：TM18_ _ BLKAA-M-1F_ _ _ _ _。其中，“TM18”——项目名称“TuenMunArea18”的缩写；“_ _ ”——项目阶段编号，没有则留空；“BLKA”——建筑类型为 BlockA；“A”——建筑专业，“S”为结构专业，“C”为市政专业；“-M-”——模型文件，“-L-”则为被链接，“-T-”为临时文件；“1F”——文件简述：1 层，空内容则留空；“_ ”——版本信息，A ~ Z，没有则留空；“_ _ _ ”——修订编号，001、002、……没有则留空。

BIM 模型文件名不宜过长，否则将会适得其反。由于香港特区政府文件习惯沿用英语，用英文字母做缩写可以满足命名要求，但如果文件命名使用中文做缩写就有些困难。所以，在参照这个文件命名规则的同时，结合中文的特点，可参考如下规则：“项目简称区域—专业系统—楼层”。

与英文缩写不同，使用中文字段不好控制长度，所以不规定字段长度，但用“—”区分，以分隔出字段含义，例如：某项目—1 区—空调—空调水—2 层。

机电设备专业涉及系统，需要在相同专业下再区分系统，如空调专业要区分空调水和风管，有需要时空调水还可以细分为空调供水、空调回水、冷凝水、热水供水、热水回水等。对于大型项目，模型划分越细，后续的模型应用就越灵活。而在建模过程中，划分系统几乎不会增加多少工作量，却为后续模型管理和应用带来极大的便利。

根据我国建筑表示标记的习惯和绘图规范要求，可参考的模型名称缩写见表 2-20（仅列出常用构件）。

对于一些小型项目，可能一个模型文件就包括了一个项目的所有内容，“项目简称”是必须的。若项目模型都拆分得比较细，文件很多，在严格按照文件目录组织的框架下，文件命名可取消“项目简称”字段，以减少文件名长度。

表 2-20 模型名称缩写习惯列表

构件类型		简写	构件类型		简写	构件类型		简写
梁	过梁	GL	柱	构造柱	GZ	剪力墙柱	约束边缘构件	YBZ
	圈梁	QL		框架柱	KZ		构造边缘构件	GBZ
	基础梁	JL		框支柱	KZZ		非边缘暗柱	AZ
	楼梯梁	TL		芯柱	XZ		扶壁柱	FBZ
	框架梁	KL		梁上柱	LZ	剪力墙梁	连梁	LL
	屋面框架梁	WKL		剪力墙上柱	QZ		暗梁	AL
	框支梁	KZL		建筑柱	JZ		边框梁	BKL
	非框架梁	L	墙	承重墙	CZQ	基础	基础主梁	JZL
	悬挑梁	XL		围护墙	WHQ		基础次梁	JCL
	吊车梁	DL		剪力墙	JLQ		基础平板	JPB
有梁板	楼面板	LB		隔墙	GQ		基础连梁	JLL
	屋面板	WB	桩基承台	阶形承台	CTJ	其他	屋架	WJ
	悬挑板	XB		坡形承台	CTP		桩	ZH
	楼梯板	TB		承台梁	CTL		雨篷	YP
无梁板	柱上板带	ZSB		地下框架梁	DKL		阳台	YT
	跨中板带	KZB					预埋件	M
	纵筋加强带	JQD					顶棚	DP

(2) 文件目录结构

由于建设项目的体量较大，构建的模型也比较大，就要拆分成多个模型，但过多的模型文件也会带来文件管理和组织的问题。其次，由于模型大，需要参与项目的人员也多，所以文件目录的目录结构非常重要。

国外的 BIM 标准在这方面都有相应的指引，图 2-15 是洛杉矶社区学院校区（Los Angeles Community College District，LACCD）的 BIM 标准中关于 BIM 模型文件的目录结构。

不同的建模主体，其目录组织是会有区别的。图 2-15 所示的结构指引偏向设计阶段应用，是以专业为主线进行目录组织的。

若项目的应用是在施工和运维阶段，在目录组织上则应采用以区域为主线进行目录组织，避免各专业模型整合时要跨目录链接的问题，在一个区域里存放所有专业的文件，更容易管理，如图 2-16 所示。

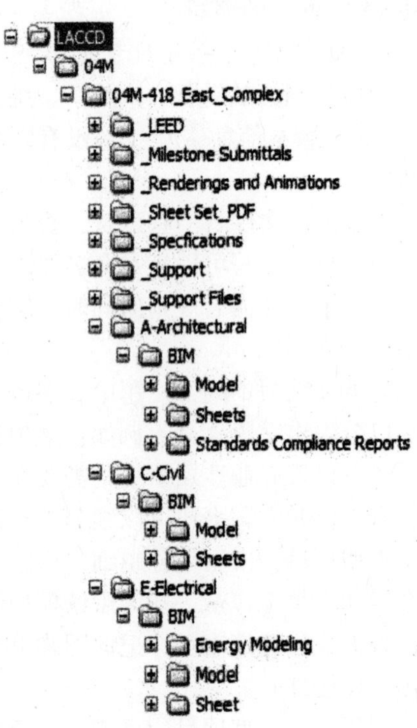

图 2-15 BIM 模型文件目录结构（设计阶段应用）

四、模型深度划分

BIM模型是整个BIM工作的基础，所有的BIM应用都是在模型上完成的，明确哪些内容需要建模、需要详细到何种程度，既要满足应用需求，又要避免过度建模。

1）若BIM应用在施工阶段的施工流程模拟或方案演示方面，该模型可称为“流程模型”或“方案模型”，模型等级为LOD 300、LOD 400。

2）若BIM应用在运维阶段运营管理方面，该模型称为“运维模型”，模型等级最高，为LOD 500等级，包括所有深化设计的内容、施工过程信息以及满足运营要求的各种信息。

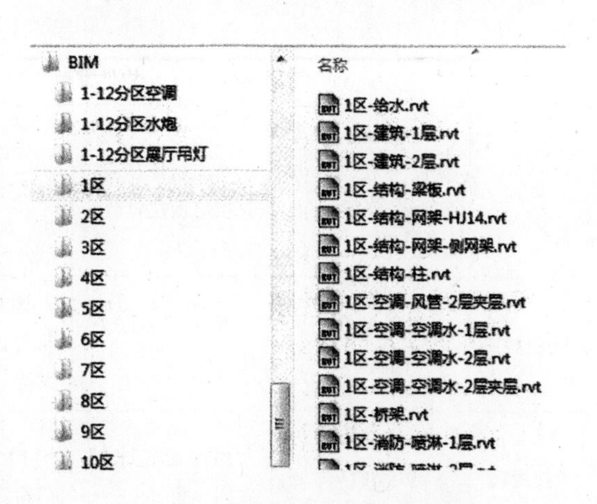

图2-16　BIM模型文件目录结构
（施工、运维阶段应用）

表2-21　模型深度等级划分及描述

深度级数		描述
LOD 100	方案设计阶段	具备基本形状，粗略的尺寸和形状，包括非几何数据，仅线、面积、位置
LOD 200	初步设计阶段	近似几何尺寸，形状和方向，能够反映物体本身大致的几何特性。主要外观尺寸不得变更，细部尺寸可调整，构件宜包含几何尺寸、材质、产品信息（如电压、功率）等
LOD 300	施工图设计阶段	物体主要组成部分必须在几何上表述准确，能够反映物体的实际外形，保证不会在施工模拟和碰撞检查中产生错误判断，构件应包含几何尺寸、材质、产品信息（如电压、功率）等。模型包含信息量与施工图设计完成时的CAD图上的信息量应该保持一致
LOD 400	施工阶段	详细的模型实体，最终确定模型尺寸，能够根据该模型进行构件的加工制造，构件除包括几何尺寸、材质、产品信息外，还应附加模型的施工信息，包括生产、运输、安装等方面
LOD 500	竣工提交阶段	除最终确定的模型尺寸外，还应包括其他竣工资料提交时所需的信息，资料应包括工艺设备的技术参数、产品说明书/运行操作手册、保养及维修手册、售后信息等

建筑、结构、给水排水、暖通、电气专业LOD 100～LOD 500等级的模型，其信息列表可参考表2-22～表2-26。

表2-22　建筑专业LOD 100～LOD 500等级BIM模型信息种类

深度等级	LOD 100	LOD 200	LOD 300	LOD 400	LOD 500
场地	不表示	简单的场地布置。部分构件用体量表示	按图样精确建模。景观、人物、植物、道路贴近真实	—	—

（续）

深度等级	LOD 100	LOD 200	LOD 300	LOD 400	LOD 500
墙	包含墙体物理属性（长度、厚度、高度及表面颜色）	增加材质信息，含粗略面层划分	详细面层信息、材质要求、防火等级，附节点详图	墙材生产信息，运输进场信息、安装操作单位等	运营信息（技术参数、供应商、维护信息等）
建筑柱	物理属性：尺寸，高度	带装饰面，材质	规格尺寸、砂浆等级、填充图案等	生产信息，运输进场信息、安装操作单位等	运营信息（技术参数、供应商、维护信息等）
门、窗	同类型的基本族	按实际需求插入门、窗	门窗大样图，门窗详图	进场日期、安装日期、安装单位	门窗五金件及门窗的厂商信息、物业管理信息
屋顶	悬挑、厚度、坡度	加材质、檐口、封檐带、排水沟	规格尺寸、砂浆等级、填充图案等	材料进场日期、安装日期、安装单位	材质、供应商信息、技术参数
楼板	物理特征（坡度、厚度、材质）	楼板分层，降板，洞口，楼板边缘	楼板分层细部做法，洞口更全	材料进场日期、安装日期、安装单位	材料、技术参数、供应商信息
顶棚	用一块整板代替，只体现边界	厚度，局部降板，准确分割，并有材质信息	龙骨、预留洞口、风口等，带节点详图	材料进场日期、安装日期、安装单位	全部参数信息
楼梯（含坡道、台阶）	几何形体	详细建模，有栏杆	楼梯详图	运输进场日期、安装单位、安装日期	运营信息（技术参数、供应商）
电梯（直梯）	电梯门，带简单二维符号表示	详细的二维符号表示	节点详图	进场日期、安装日期和单位	运营信息（技术参数、供应商）
家具	—	简单布置	详细布置，并且二维表示	进场日期、安装日期和单位	运营信息（技术参数、供应商）

表 2-23　结构专业 LOD 100 ~ LOD 500 等级 BIM 模型信息种类

混凝土结构					
深度等级	LOD 100	LOD 200	LOD 300	LOD 400	LOD 500
板	物理属性（板厚、板长、板宽，表面材质、颜色）	类型属性，材质，二维填充表示	材料信息，分层做法，楼板详图，附带节点详图（钢筋布置图）	板材生产信息，运输进场信息、安装操作单位等	运营信息（技术参数、供应商、维护信息等）
梁	物理属性（梁长、宽、高，表面材质、颜色）	类型属性，具有异型梁表示详细轮廓，材质，二维填充表示	材料信息，梁标识，附带节点详图（钢筋布置图）	生产信息，运输进场信息、安装操作单位等	运营信息（技术参数、供应商、维护信息等）

（续）

混凝土结构					
深度等级	LOD 100	LOD 200	LOD 300	LOD 400	LOD 500
柱	物理属性（柱长、宽、高，表面材质、颜色）	类型属性，具有异型柱表示详细轮廓，材质，二维填充表示	材料信息，柱标识，附带节点详图（钢筋布置图）	生产信息，运输进场信息、安装操作单位等	运营信息（技术参数、供应商、维护信息等）
梁柱节点	不表示，自然搭接	表示锚固长度，材质	钢筋型号，连接方式，节点详图	生产信息，运输进场信息、安装操作单位等	运营信息（技术参数、供应商、维护信息等）
墙	物理属性（墙厚、长、宽，表面材质、颜色）	类型属性，材质，二维填充表示	材料信息，分层做法，墙身大样详图，空口加固等节点详图（钢筋布置图）	生产信息，运输进场信息、安装操作单位等	运营信息（技术参数、供应商、维护信息等）
预埋及吊环	不表示	物理属性（长、宽、高，物理轮廓），表面材质颜色类型属性，材质，二维填充表示	材料信息，大样详图，节点详图（钢筋布置图）	生产信息，运输进场信息、安装操作单位等	运营信息（技术参数、供应商、维护信息等）

地基基础					
深度等级	LOD 100	LOD 200	LOD 300	LOD 400	LOD 500
基础	不表示	物理属性（基础长、宽、高，基础轮廓），类型属性，材质，二维填充表示	材料信息，基础大样详图，节点详图（钢筋布置图）	材料进场日期、操作单位与安装日期	技术参数、材料供应商
基坑工程	不表示	物理属性（基坑长、宽、高，表面）	基坑维护结构构件长、宽、高及具体轮廓，节点详图（钢筋布置图）	操作日期，操作单位	—

钢结构					
深度等级	LOD 100	LOD 200	LOD 300	LOD 400	LOD 500
柱	物理属性（钢柱长、宽、高，表面材质、颜色）	类型属性，根据钢材型号表示详细轮廓，材质，二维填充表示	材料要求，钢柱标识，附带节点详图	操作安装日期，操作安装单位	材料技术参数、材料供应商、产品合格证等

（续）

钢结构					
深度等级	LOD 100	LOD 200	LOD 300	LOD 400	LOD 500
桁架	物理属性（桁架长、宽、高，无杆件表示，用体量代替，表面材质、颜色）	类型属性，根据桁架类型搭建杆件位置，材质，二维填充表示	材料信息，桁架标识，桁架杆件连接构造。附带节点详图	操作安装日期，操作安装单位	材料技术参数、材料供应商、产品合格证等
梁	物理属性（梁长、宽、高，表面材质、颜色）	类型属性，根据钢材型号表示详细轮廓，材质，二维填充表示	材料信息，钢梁标识，附带节点详图		
柱脚	不表示	柱脚长、宽、高用体量表示，二维填充表示	柱脚详细轮廓信息，材料信息，柱脚标识，附带节点详图		

表 2-24　给水排水专业 LOD 100 ~ LOD 500 等级 BIM 模型信息种类

深度等级	LOD 100	LOD 200	LOD 300	LOD 400	LOD 500
管道	只有管道类型、管径、主管标高	有支管标高	加保温层、管道进设备机房	产品批次、生产日期信息；运输进场日期；施工安装日期、操作单位	管道技术参数、厂家、型号等信息
阀门	不表示	绘制统一的阀门	按阀门的分类绘制		按实际阀门的参数绘制（出产厂家、型号、规格等）
附件	不表示	统一形状	按类别绘制		按实际项目中要求的参数绘制（出产厂家、型号、规格等）
仪表	不表示	统一规格的仪表	按类别绘制		
卫生器具	不表示	简单的体量	具体的类别、形状及尺寸		将产品的参数添加到元素当中（出产厂家、型号、规格等）
设备	不表示	有长、宽、高的简单体量	具体的形状及尺寸		

表 2-25　暖通专业 LOD 100 ~ LOD 500 等级 BIM 模型信息种类

暖通风道系统					
深度等级	LOD 100	LOD 200	LOD 300	LOD 400	LOD 500
风管道	不表示	只绘主管线，标高可自行定义，按照系统添加不同的颜色	绘制支管线，管线有准确的标高、管径尺寸。添加保温	产品批次、生产日期信息；运输进场日期；施工安装日期、操作单位	将产品的参数添加到元素当中（出产厂家、型号、规格等）

（续）

暖通风道系统					
深度等级	LOD 100	LOD 200	LOD 300	LOD 400	LOD 500
管件	不表示	绘制主管线上的管件	绘制支管线上的管件	产品批次、生产日期信息；运输进场日期；施工安装日期、操作单位	将产品的参数添加到元素当中（出产厂家、型号、规格等）
附件	不表示	绘制主管线上的附件	绘制支管线上的附件，添加连接件		
末端	不表示	只是示意，无尺寸与标高要求	有具体的外形尺寸，添加连接件		
阀门	不表示	不表示	有具体的外形尺寸，添加连接件		
机械设备	不表示	不表示	具体几何参数信息，添加连接件		

暖通水管道系统					
深度等级	LOD 100	LOD 200	LOD 300	LOD 400	LOD 500
暖通水管道	不表示	只绘主管线，标高可自行定义，按照系统添加不同的颜色	绘制支管线，管线有准确的标高、管径尺寸。添加保温、坡度	产品批次、生产日期信息；运输进场日期；施工安装日期、操作单位	添加技术参数、产品说明书及厂家信息、材质
管件	不表示	绘制主管线上的管件	绘制支管线上的管件		
附件	不表示	绘制主管线上的附件	绘制支管线上的附件，添加连接件		
阀门	不表示	不表示	有具体的外形尺寸，添加连接件		
设备					
仪表					

表 2-26　电气专业 LOD 100 ~ LOD 500 等级 BIM 模型信息种类

电气工程					
深度等级	LOD 100	LOD 200	LOD 300	LOD 400	LOD 500
设备	不建模	基本族	基本族、名称、符合标准的二维符号，相应的标高	添加生产信息、运输进场信息和安装单位、安装日期等信息	按现场实际安装的产品型号深化模型 添加技术参数、产品说明书及厂家信息、材质
母线桥架线槽	不建模	基本路由	基本路由、尺寸标高		
管路	不建模	基本路由、根数	基本路由、根数、所属系统		

（续）

电气工程					
深度等级	LOD 100	LOD 200	LOD 300	LOD 400	LOD 500
水泵	不建模	基本类别和族	长、宽、高限制，技术参数和设计要求	添加生产信息、运输进场信息和安装日期信息	按现场实际安装的产品型号深化模型 添加技术参数、产品说明书/运行操作手册、保养及维修手册、售后信息等
污泥泵					
风机					
流量计					
阀门					
紫外消毒设备					

五、BIM 模型交付形式

模型交付形式见表 2-27。

表 2-27　模型交付形式

类别	内容
设计单位交付模型	设计方完成施工图设计，同时提交业主 BIM 模型，通过审查后交付施工阶段使用，为保证 BIM 工作质量，对模型质量要求如下 ①所提交的模型，必须都已经经过碰撞检查，无碰撞问题存在 ②严格按照规划的建模要求创建模型，深度等级达到 LOD 300 ③严格保证 BIM 模型与二维 CAD 图包含信息一致 ④根据约定的软件进行模型构建 ⑤为限制文件大小，所有模型在提交时必须清除未使用项，删除所有导入文件和外部参照链接 ⑥与模型文件一同提交的说明文档中必须包括模型的原点坐标描述、模型建立所参照的 CAD 图情况
施工单位交付模型	施工方完成施工安装，同时提交业主 BIM 模型，即竣工模型，通过审查后将其交付运维阶段，作为试运营方在运营阶段 BIM 实施的模型资料，为保证 BIM 工作质量，对竣工模型质量要求如下 ①所提交的模型，必须都已经经过碰撞检查，无碰撞问题存在 ②严格按照规划的建模要求，在施工图模型 LOD 300 深度的基础上添加施工信息和产品信息，将模型深化到 LOD 500 等级 ③严格保证 BIM 模型与二维 CAD 竣工图包含信息一致 ④深化设计内容反映至模型 ⑤施工过程中的临时结构反映至模型 ⑥竣工模型在施工图模型 LOD 300 深度的基础上添加以下信息：生产信息（生产厂家、生产日期等）、运输信息（进场信息、存储信息）、安装信息（浇筑、安装日期，操作单位）和产品信息(技术参数、供应商、产品合格证等) 在工程实施过程中，根据设计方和施工方模型建造的进展情况，需向业主方和项目管理方分别进行若干次的模型提交，模型提交时间节点、内容要求、格式要求见表 2-28

表 2-28　某项目模型交付形式和深度要求

<table>
<tr><th>提交方</th><th>提交时间</th><th>深度</th><th>提交内容格式</th></tr>
<tr><td>设计单位</td><td>方案设计完成</td><td>LOD 100</td><td rowspan="4">文件夹 1：模型资料至少包含两项文件（模型文件、说明文档）。模型文件夹及文件命名符合规定的命名格式
文件夹 2：CAD 图文件和设计说明书，内部可有子文件夹
文件夹 3：针对过程中的 BIM 应用所形成的成果性文件及其相关说明，若有多项应用，内部设子文件夹</td></tr>
<tr><td>设计单位</td><td>初步设计完成</td><td>LOD 200</td></tr>
<tr><td>设计单位</td><td>施工图设计完成</td><td>LOD 300</td></tr>
<tr><td>施工单位</td><td>竣工完成</td><td>LOD 500</td></tr>
</table>

六、模型更新

BIM 模型在使用过程中，由于设计变更、用途调整、深化设计协调等原因，将伴随大量的模型修改和更新工作，事实上，模型的更新和维护是保证 BIM 模型信息数据准确有效的重要途径。模型更新往往遵循以下规则：

1）已出具设计变更单，或通过其他形式已确认修改内容的，需及时更新模型。

2）需要在相关模型基础上进行相应 BIM 应用的，应用前需根据实际情况更新模型。

3）模型发生重大修改的，需立即更新模型。

4）除此之外，模型应至少保证每 60 天更新一次。

第三节　BIM 施工数据准备

数据准备即 BIM 数据库的建立及提取。BIM 数据库是管理每个具体项目海量数据创建、承载、管理、共享支撑的平台。企业将每个工程项目 BIM 模型集成在一个数据库中，即形成了企业级的 BIM 数据库。BIM 技术能自动计算工程实物量，因此 BIM 数据库也包含量的数据。BIM 数据库可承载工程全生命周期几乎所有的工程信息，并且能建立起 4D（3D 实体 +1D 时间）关联关系数据库。这些数据库信息在建筑全过程中动态变化调整，并可以及时准确地调用系统数据库中包含的相关数据，加快决策进度、提高决策质量，从而提高项目质量，降低项目成本，增加项目利润。

建立 BIM 数据库对整个工程项目有着重要的意义，见表 2-29。

表 2-29　BIM 数据库对整个工程项目的意义

类别	内容
快速算量，精度提升	BIM 数据库的创建，通过建立 6D 关联数据库，可以准确快速计算工程量，提升施工预算的精度与效率。由于 BIM 数据库的数据粒度达到构件级，可以快速提供支撑项目各条线管理所需的数据信息，有效提升施工管理效率

（续）

类别	内容
数据调用，决策支持	BIM 数据库中的数据具有可计量（computable）的特点，大量工程相关的信息可以为工程提供数据后台的巨大支撑。BIM 中的项目基础数据可以在各管理部门进行协同和共享，工程量信息可以根据时空维度、构件类型等进行汇总、拆分、对比分析等，保证工程基础数据及时、准确地提供，为决策者制定工程造价项目群管理、进度款管理等方面的决策提供依据
精确计划，减少浪费	施工企业精细化管理很难实现的根本原因在于海量的工程数据，无法快速准确获取以支持资源计划，致使经验主义盛行。而 BIM 的出现可以让相关管理条线快速准确地获得工程基础数据，为施工企业制订精确的人材机计划提供了有效支撑，大大减少了资源、物流和仓储环节的浪费，为实现限额领料、消耗控制提供了技术支撑
多算对比，有效管控	管理的支撑是数据，项目管理的基础就是工程基础数据的管理，及时、准确地获取相关工程数据就是项目管理的核心竞争力。BIM 数据库可以实现任一时点上工程基础信息的快速获取，通过合同、计划与实际施工的消耗量、分项单价、分项合价等数据的多算对比，可以有效了解项目运营是盈是亏，消耗量有无超标，进货分包单价有无失控等问题，实现对项目成本风险的有效管控

第三章　BIM 模型导入、检查及优化

第一节　BIM 模型导入检查流程及要求

一、模型导入与检查工作流程

iTWO 一直倡导有效利用 BIM 数据和最大化 BIM 的价值。在应用过程中，反复强调 BIM 概念中的“I”信息元素的重要性。要将设计模型由简单 3D 模型中升华，通过加入建筑信息，丰富模型内涵，扩展模型应用面。在模型中输入的建筑数据将贯穿建筑与基建的整个流程和价值链——包括预算编制和投标处理，估价，建造管理，协作平台，成本控制，采购管理等各个方面。

因此，设计端的模型导入模型前，需要按照 iTWO 的建模规则进行检查，并且添加必要的属性信息，主要进行的工作包括以下几项：

1）构件的几何搭接关系：主要作用是提前设置好构件之间的搭接关系，再由算量组根据项目及规范要求，通过编辑公式实现扣减关系，以满足不同构件重合部分混凝土的归属要求，达到规范的要求。

2）构件信息属性的添加：主要作用是给构件添加各种不同的信息属性，后期各模块可以通过构件拥有的不同信息进行构件的筛选，从而快速准确地提取想要的构件，方便各模块工作人员对模型的使用。

3）BIM 数据调优器：该模块中可以查看构件的分类及完整性，构件属性信息的调整，修复不容易计算的构件，以满足 iTWO 的计算要求。

4）冲突报告：检查构件不符合要求的碰撞，通过构件信息及图片形成碰撞报告。

5）三维模型算量：可以根据不同需求检查模型属性信息是否有遗漏及错误。

具体的工作流程如图 3-1 所示。

二、BIM 模型对象属性信息要求

为了满足后期算量、计价、施工管理、总控等模块可以通过构件拥有的不同信息进行构件的筛选，从而快速、准确地提取想要的构件，方便各模块工作人员对模型的使用，需要对设计阶段的 BIM 模型添加必要的属性信息。属性信息添加的基本原则为：利用建模工具的属性和单元名称准确表述对象的内涵，各种对象属性命名统一。

以下规则是从 iTWO 使用角度出发。被标记的项目为 iTWO 使用过程中所必要或可能会用到的属性。但从模型的应用角度来看，模型中所应具备的属性包含且不限于如下属性范

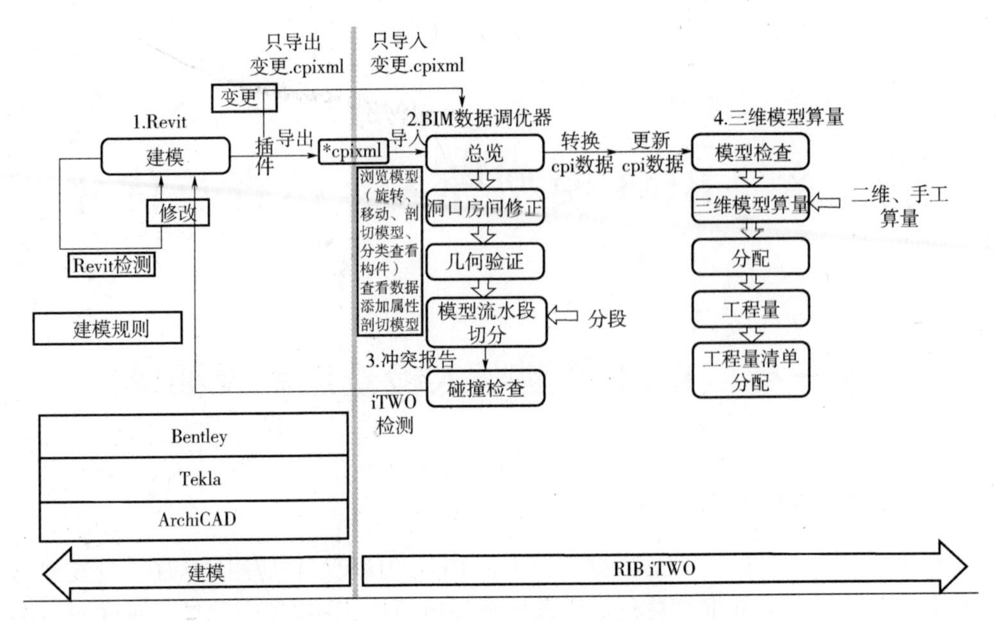

图 3-1　模型导入与检查工作流程

围，即建模时可在模型中添加技术参数相关属性。下文中提供的内容仅为参考，不限于所列出的种类。

（1）以 Revit 平台为例，建筑结构部分属性添加（见表 3-1）

表 3-1　建筑结构部分属性添加

构件	类型名称	材料名称	标记	注释	功能	名称	顶棚面层	墙面面层	楼板面层
墙	直形墙/弧形墙/挡土墙	钢筋混凝土/砌块	C40P6	内墙/外墙/女儿墙	内墙/外墙	—	—	—	—
梁	矩形梁/弧形梁/悬挑梁/拱形梁	钢筋混凝土	C40P6	—	—	—	—	—	—
柱	矩形柱/异型柱	钢筋混凝土	C40P6	—	—	—	—	—	—
板	有梁板/无梁板	钢筋混凝土	C40P6	—	—	—	—	—	—
基础	条形基础/独立基础	钢筋混凝土	C40P6	—	—	—	—	—	—
房间	—	—	—	—	—	机房1/商铺	水泥砂浆	水泥砂浆	水泥砂浆

实际工作中，可以按照表 3-2 所示的内容检查模型。

表 3-2　模型检查内容

序号	检查内容	序号	检查内容
1	建筑结构部分构件属性添加原则	7	模型定位及项目基准点的设置
2	建筑结构部分构件属性设置要求	8	钢结构建模规则
3	对象属性信息要求	9	钢结构属性在 Revit 中的设置
4	文件夹命名规则	10	构件的扣减交会原则
5	模型文件命名规则	11	Revit 中的取消连接应用
6	轻量化处理	12	防火门属性表

（2）MEP 部分构件属性添加规范

管道工程在建模过程中，管道的坡度仅在管道的信息中包含，建模时模型的坡度设置为 0，以免影响计算结果。在命名上，注意 Revit Family Name 与 Revit Type Name 的划分。Revit Family Name 是族名称，Revit Type Name 为具体的类型。例如，防火阀，Revit Family Name 为“防火阀”，Revit Type Name 为具体的尺寸或者规格（280°，70°），电动防火阀为单独的 Revit Family Name，不要在 Revit Type Name 中进行区分。

管道设备系统名称（图样管道上的标注，如 SA、EA、SE 等），统一放在系统类型（System type）里，桥架系统名称统一放在标记（Mark）里。在首次提交的模型中就需添加完整。管道及附件的材质信息统一放在注释（Comments）里。若有管道保温，保温厚度统一放在保温厚度（Insulation thickness）里；保温类型统一放在保温类型（Insulation type）里。

设备编号统一放在注释（Comments）里，设备所属系统统一放在标记（Mark）里。机电模型建模应分地下部分与地上部分。地下部分应分层，地上部分应分楼栋、分楼层。

机电建模包括给水排水系统、消防系统、暖通系统以及电气系统，主要包括管道、风管、管件、管路附件及设备等。各系统的建模构件名称，均按照“图示名称 + 规格/型号/截面尺寸”执行。

按照设计要求，与某一类设备连接具有共性的构件时，如与风机盘管相连接的各类阀门（闸阀、电动二通阀），不建议在模型中一一建出，后期计算时，可依据风机盘管或者空调机组去考虑该部分的工程量，以达到一个对象多种用途的目的，也能减轻模型显示的负担，提高建模效率。

由于配管配线在建模过程中的复杂性，在建模过程中，管与线是分开的模型对象，虽然在本文中已对相应部分提供了属性添加要求，但该部分不建议在 BIM 模型中建立。对于构件复杂的设备，也建议使用几何尺寸相对简单的对象进行代替。

三、构件的扣减交会原则

在 Autodesk Revit（以下简称 Revit）构件之间的交会处，默认的几何扣减处理方式不符合《建设工程工程量清单计价规范》（GB 50500—2013）中工程量计算规则的要求，所以有必要明确规定构件之间交会的原则，结合 RIB 计算公式准确计算出工程量结果。

例如，结构柱与结构板交会时，Revit 默认处理成结构柱被结构板剪切（见图 3-2）。《建设工程工程量清单计价规范》（GB 50500—2013）的计算标准是：同种强度框架柱算到板顶（见图3-3）；若遇到无梁板或板的混凝土强度比柱大，柱算到板底（见图3-4）。

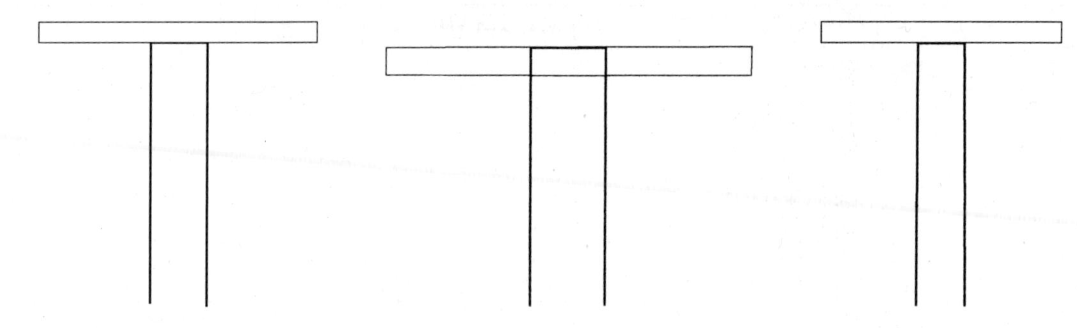

图3-2 结构柱被结构板剪切　　图3-3 同种强度框架柱算到板顶　　图3-4 柱算到板底

构件之间交会的基本原则如下：

1）同一种类构件不应重叠。

2）不同强度不应重叠（混凝土强度大的构件扣减强度小的构件，相同强度不区分先后）。

3）结构构件应扣减建筑构件（钢筋混凝土构件用Revit结构构件绘制）。

主要混凝土构件交会要求参考表3-3。

表3-3 主要混凝土构件交会要求

Revit优先级别	3	4	—	2	—	1	—
中国规范优先级别	1	2	—	4	—	3	—
规则	RIB需求	Revit默认原则	RIB需求	Revit默认原则	RIB需求	Revit默认原则	RIB需求
柱	不能重叠	结构柱与梁：不重叠 建筑柱与梁：重叠	不能重叠	结构柱与结构墙：柱子被墙扣 结构柱与建筑墙：重叠 建筑柱与结构墙：柱子被墙扣 建筑柱与建筑墙：柱子被墙扣	需要扣减（Wall墙）	结构板与结构柱：柱被板扣 结构板与建筑柱：重叠	应重叠
梁	—	混凝土：不重叠	需要扣减（Beam梁）	梁与结构墙：梁被墙扣 梁与建筑墙：重叠	应重叠	结构板与梁：梁被板扣	需要扣减（Beam梁）
墙	—	—	—	结构墙与结构墙：重叠 建筑墙与建筑墙：重叠 建筑墙与结构墙：不重叠	需要扣减（Wall结构墙Wall建筑墙）	结构板与建筑墙：重叠 结构板与结构墙：重叠	应重叠
板	—	—	—	—	—	—	不能重叠

第二节 BIM 模型导入

一、模型轻量化处理

为了减少 Revit 文件的大小以及删除多余的信息，在模型交付的时候，需要对 Revit 文件进行清理。

模型清理包含两个方面：外部链接文件和内部多余的族构件、视图样板等。

（1）清除外部链接文件

通过管理面板下的“管理链接”删除多余的外部链接模型和参考图样（见图 3-5）。

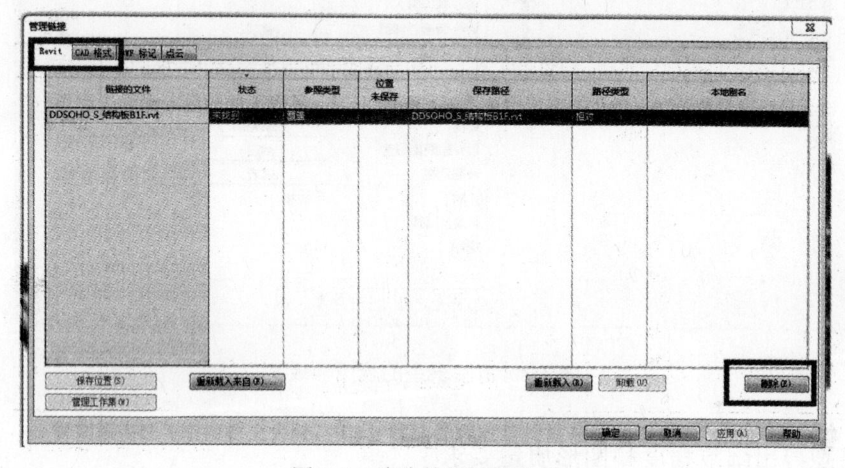

图 3-5 消除外部链接文件

（2）清除多余的内部构件

通过管理面板下的“清除未使用项”来清理多余的族构件、模型组和样式（见图 3-6）。

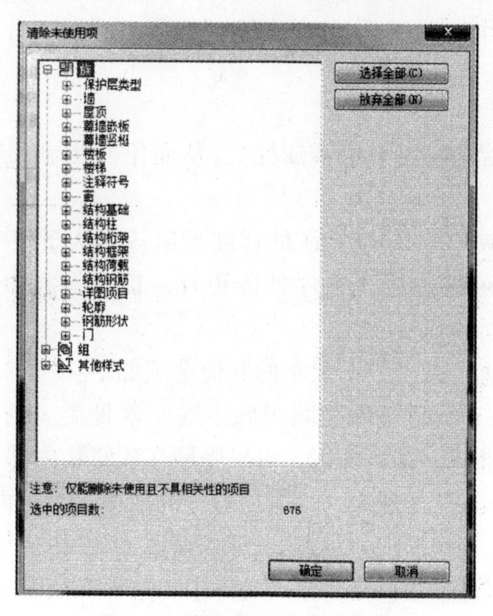

图 3-6 清除多余的内部构件

(3) 清除多余的视图样板

通过“视图”→“视图样板”→“查看样板设置”来清除多余的视图样板（见图 3-7）。

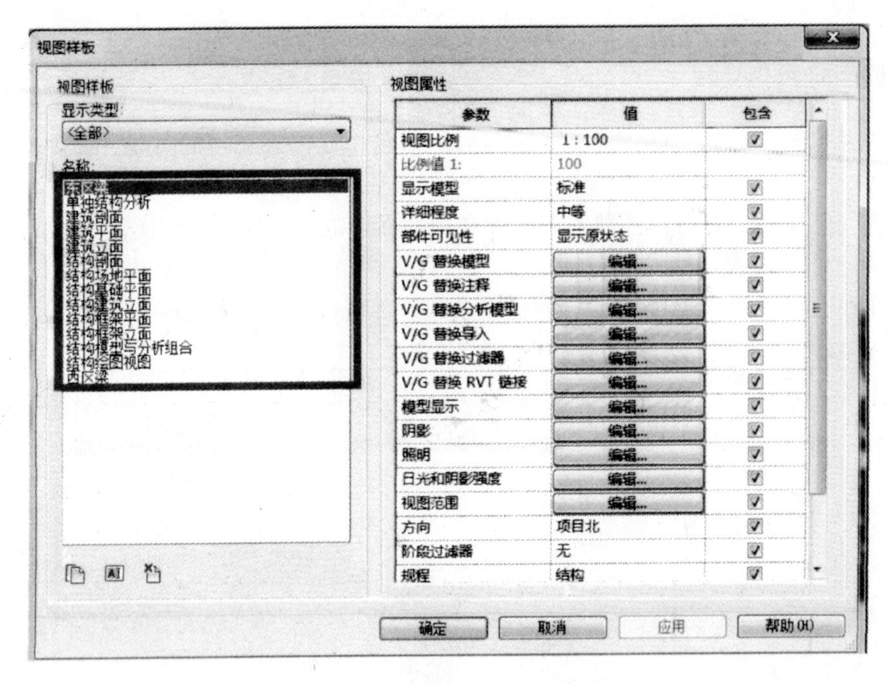

图 3-7　清除多余的视图样板

二、模型导出细致程度和图形质量要求

为了确保工作流程迅速进行，首先需要限制的是数据大小。减少导出几何模型（及其后台的数据）的数量可以达到以下目的：

1) 提高导出过程的性能。

2) 降低导出文件的大小。

3) 优化导入应用。

在导出文件中去除干扰信息（非必需属性），从而免去在导入过程中重复删除这些对象所需的工作量。

指定粗略或中等，以减少在 Revit 视图的详细数据量，从而减少导出对象的数量，控制导出文件的大小，这同样可以使导入程序性能更佳。以空调在 Revit MEP 中的模型为例，表 3-4 概述显示了三种不同的细节层次。

对于冲突检测或可视化，减少数据大小的其他选项如下：

1) 关闭图形的可视状态，适当地隐藏视图中的元素种类。例如，可以从 3D 视图省略地形的导出。如果只想渲染一个建筑外观，可以隐藏在建筑物内部出现的对象。这样可以减少对象的数量，减少从 Revit 导入到另一个应用程序的数据量，从而提高性能。

2) 使用区域裁剪。定义特定部分的导出，建议使用三维视图中或二维视图中的区域裁剪。完全落于裁剪区域外的元素将不被包括在导出文件中。这种方法对大型模型特别有用。例如，对于办公楼会议室的室内渲染，使用区域裁剪只导出会议室的 3D 视图，省略其余部分。

表 3-4　Revit MEP 空调模型的三种细节层次

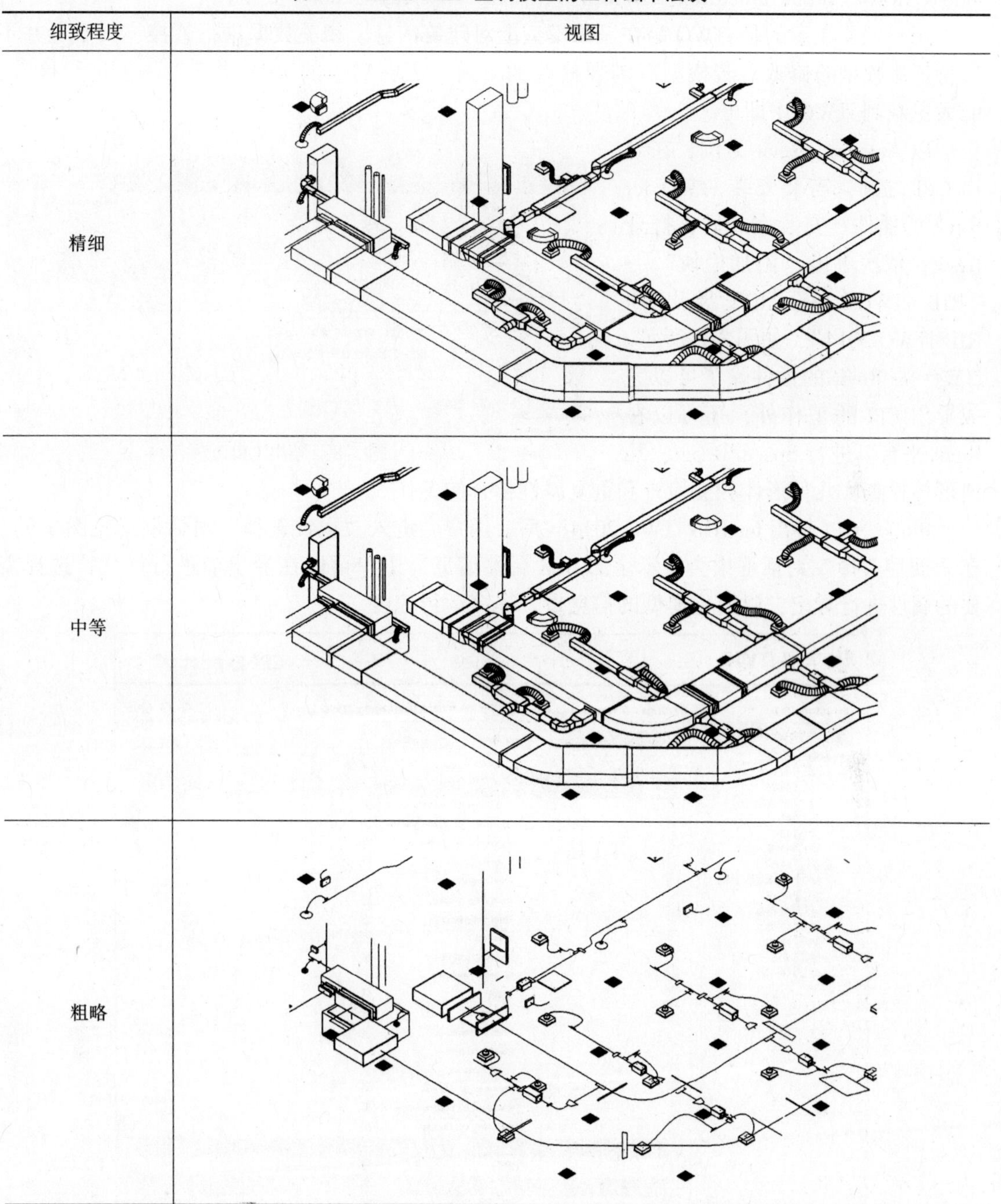

细致程度	视图
精细	
中等	
粗略	

三、CPI 导出

在 iTWO 解决方案中，cpixml 格式是主流格式，但同时也支持国际上的标准格式“. ifc”。iTWO 软件通过 CPI 技术编辑模型软件的信息，从而确保项目各阶段数据的统一性和可靠性。

目前已与 iTWO 建立转换格式的 BIM 建模工具已基本囊括行业内常用软件，包括：Autodesk Revit、Tekla Structures、ArchiCAD、Civil 3D、MicroStaion、UpIct。

用户需要注意的是 iTWO 是在三维模型上对建筑信息、相关数据进行管控，其本身并不支持三维模型的修改。若模型有需要修改的，用户需在对应的 BIM 建模工具上进行修改，而后更新到 iTWO 中即可。

以 Autodesk Revit 为例，在导出 CPI 之前，需要安装 iTWO for Revit 的插件。安装完成后，打开 Revit，依次单击“附加模块”→“RIB iTWO”→“CPI 导出 for RIB iTWO 2014”，如图 3-8 所示。iTWO for Revit 的插件除了可以完成导出 CPI 的工作外，还可以在 Revit 平台下进行 Space/Room、几何形体检查、几何形体相交检查和重复属性检查的工作。

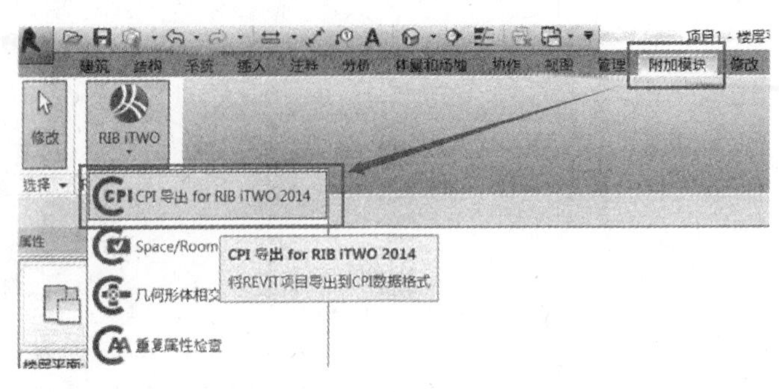

图 3-8　导出 CPI

单击“CPI 导出 for RIB iTWO 2014”后，用户会进入“属性选择”对话框（见图 3-9），在“属性选择”对话框中会显示全部 BIM 属性信息，用户可以在导出前进行优化，选择需要的属性进行导出，以简化模型的信息量，提高运行速度。

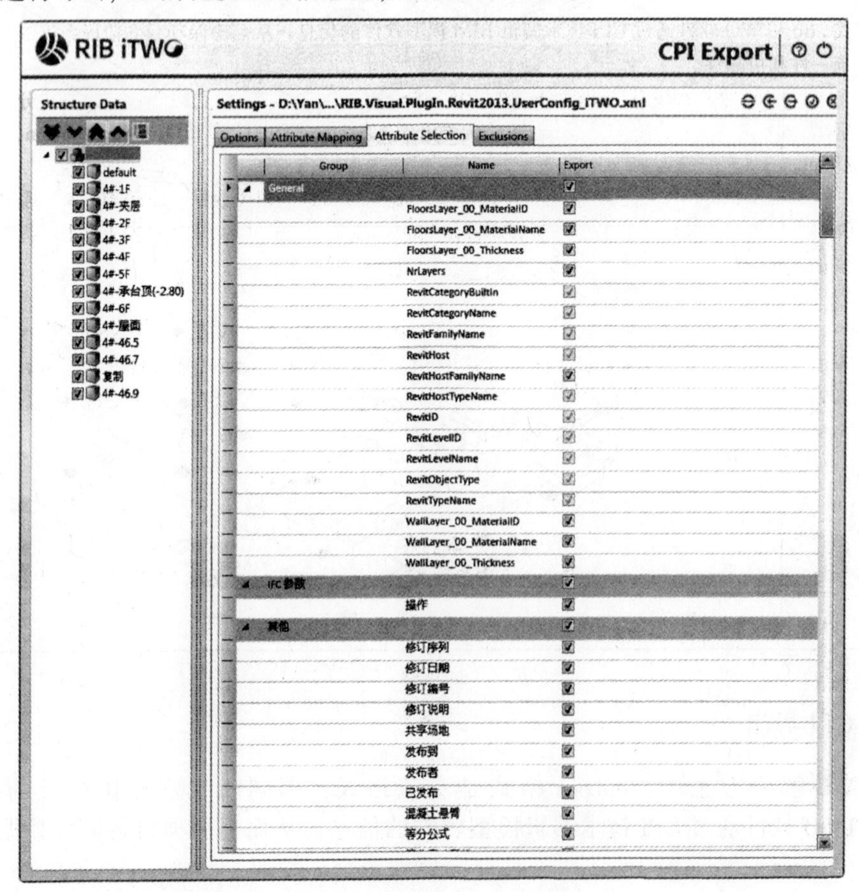

图 3-9　“属性选择”对话框

在 CPI 导出模块中，选项对话框中可以对导出模型的精细度进行选择，对于大型模型，我们建议选择“coarse”（粗糙）选项进行导出，如图 3-10 所示。

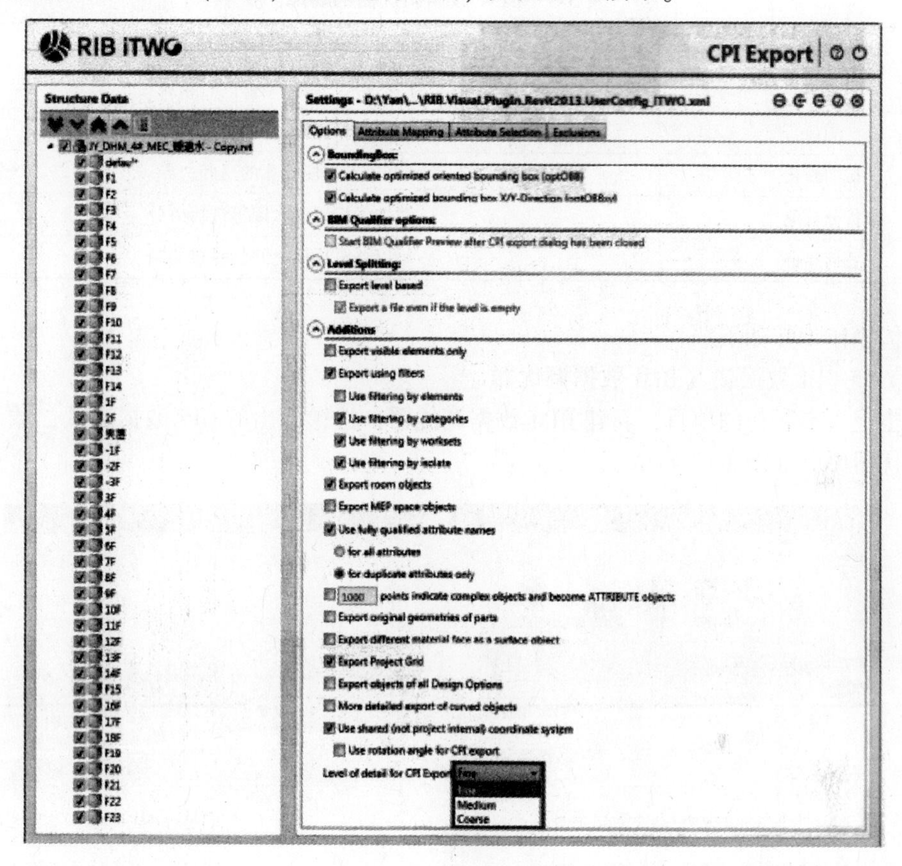

图 3-10　选项对话框

第三节　BIM 模型检查与优化

一、BIM 项目新建

1）在 iTWO 中，需要新建一个项目，然后才可以导入模型数据。

2）单击屏幕左下角的 Navigation 按钮，启动 iTWO 导航。

3）在目标项目文件集合上单击右键，选择“新建项目”，创建新项目，如图 3-11 所示。

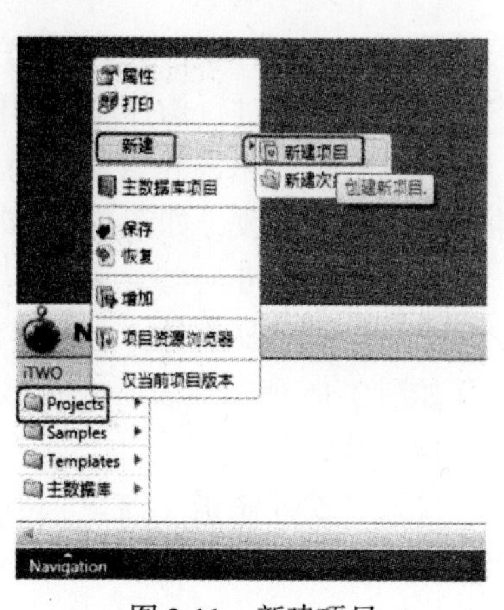

图 3-11　新建项目

二、BIM 数据检查

模型在导入 iTWO 过程中，必须使用 BIM 数据调优器对模型进行检查。BIM 数据调优器包括表 3-5 所示功能。

表 3-5 BIM 数据调优器的功能

功能	作用
总览	查看导入三维模型修改对象属性
洞口	清除点数较多的洞口，以免影响系统运行和算量精度
房间修正	修正不方便计算的房间边界
拆分对象	对构件按照流水段等进行拆分
几何验证	可以总览构件之间的搭接关系

具体操作步骤如下：

（1）将 CPI 数据载入 BIM 数据调优器

右击上一步新建的项目，新建 BIM 数据调优器，选择导出的 CPI 数据文件，载入到 BIM 数据调优器中，如图 3-12 所示。

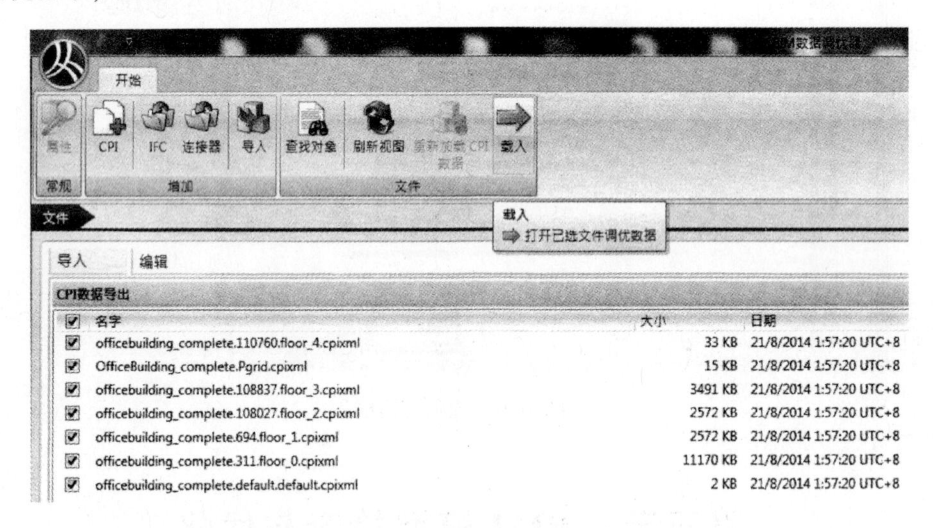

图 3-12 将 CPI 数据载入 BIM 数据调优器

（2）错误和警告

载入过程中，软件会进行 CPI 数据校验，对于重复属性、属性缺少的构件显示警告。用户可以在总览中进行构件属性的修改。

可以右击“错误和警告”栏中的项目，选择“只显示被包含的对象”，可以仅对显示警告的对象进行修改，如图 3-13 和图 3-14 所示。

（3）洞口修正

当洞口过于复杂时，会影响系统运行以及导致算量不准。为了避免这种情况，我们对洞口作如图 3-15 所示设置，清除多于 12 个点的洞口，禁用复杂对象的洞口计算。

（4）房间修正

进入“房间修正”窗口，当房间轮廓过于复杂时，使用“房间修正”功能对房间进行修正，可以把不方便运算的房间边界进行修正，方便 iTWO 计算。操作界面如图 3-16 所示。

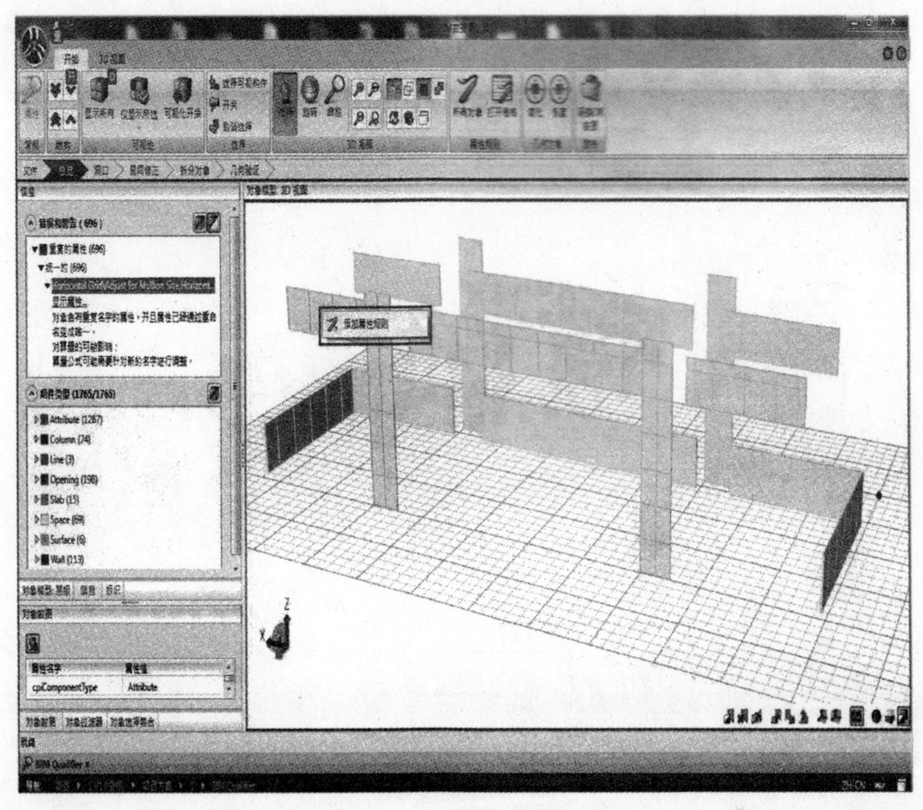

图 3-13　修改警告对象的属性

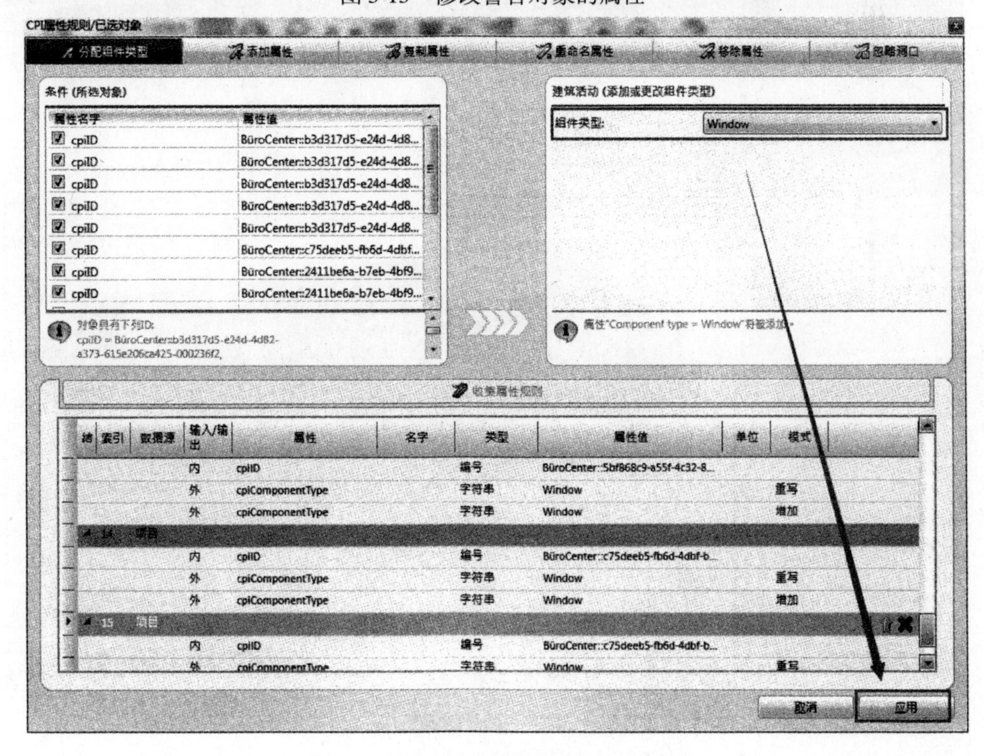

图 3-14　构件归类到所属的构件类型中

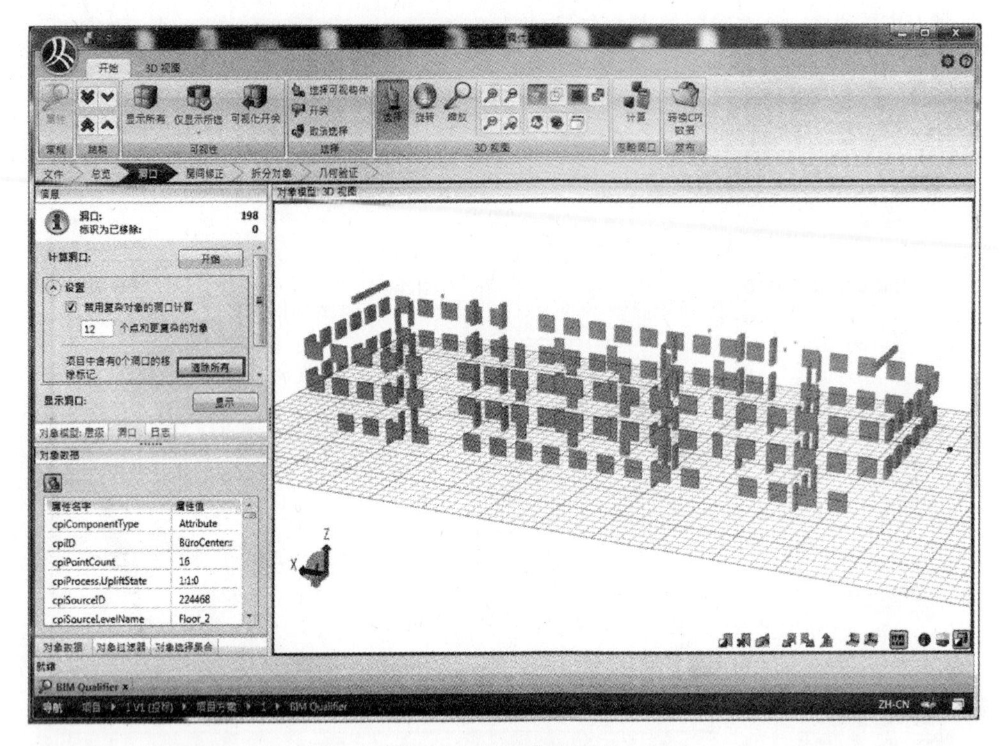

图 3-15 洞口修正设置

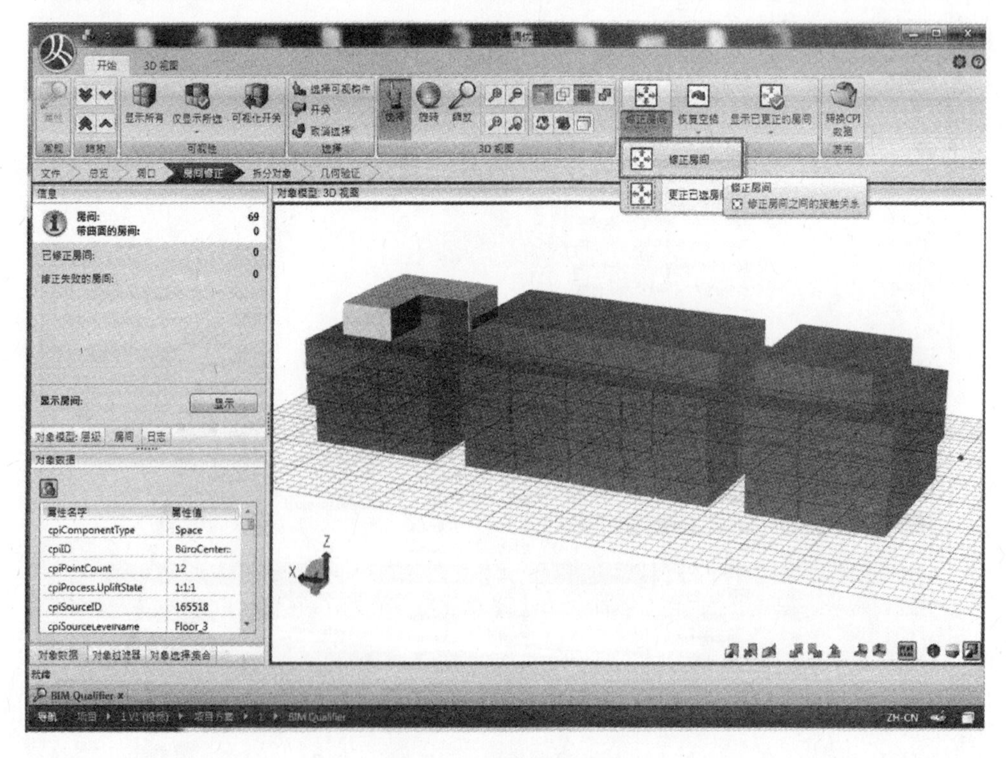

图 3-16 房间修正界面

（5）拆分对象

模型导入后，需要根据标段、施工方案以及施工流水段等因素进行模型拆分，拆分模型工作可以在 BIM 数据调优器中方便地完成。具体操作步骤如下：

拆分步骤 1：顶视图显示模型，方便选择切割点，如图 3-17 所示。

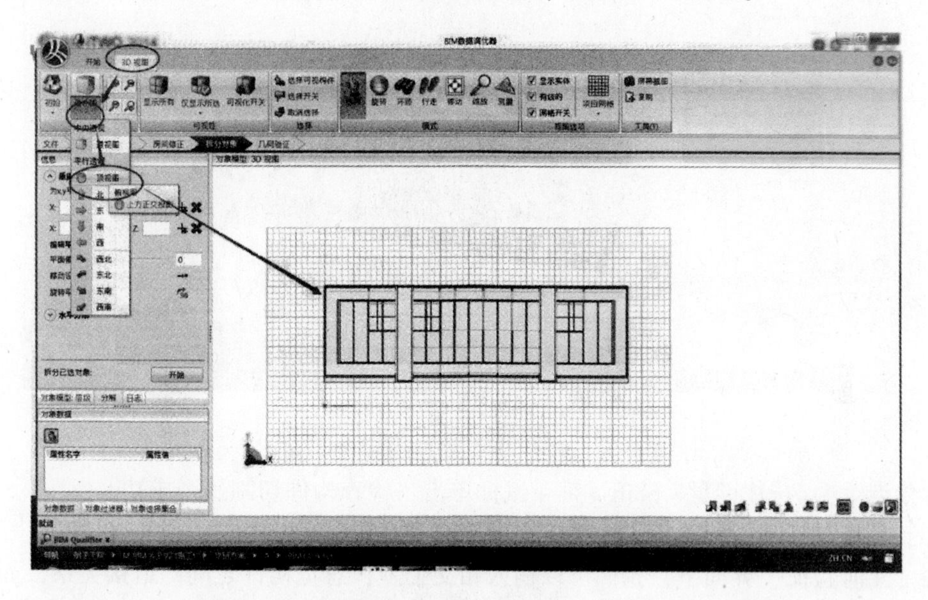

图 3-17　调整模型视图

拆分步骤 2：选择两个切割起始点，形成切割面，如图 3-18 所示。

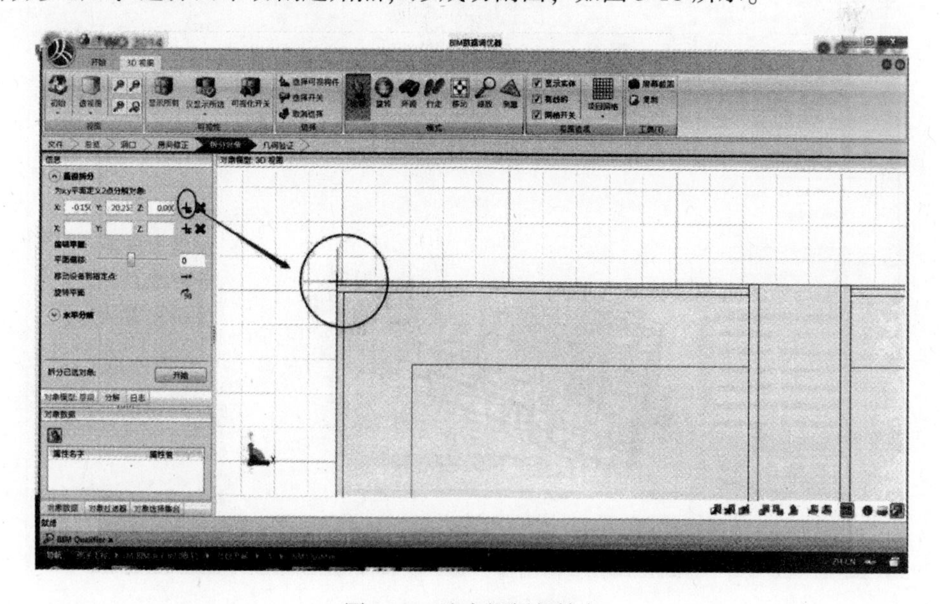

图 3-18　选中切割起始点

拆分步骤 3：设置偏移量，选中需要切割的构件，单击“开始”运行切割，如图 3-19 所示。

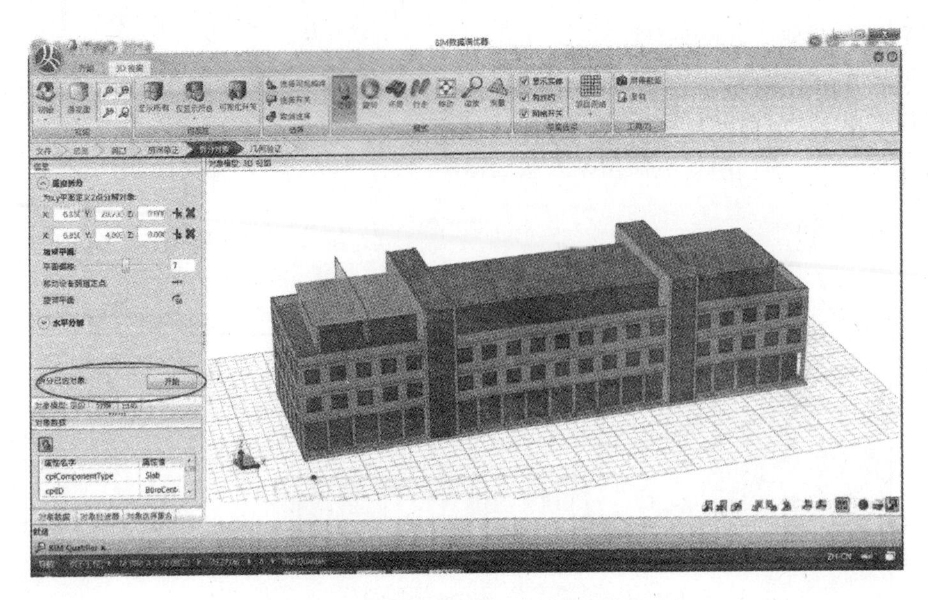

图 3-19 设置偏移量，开始拆分对象

拆分步骤 4：按住键盘 <Shift> 键 + 鼠标单击，检查构件切割是否成功。

（6）几何验证

在“几何验证”界面下，我们可以输入相交公差，总览构件之间的搭接关系，如图3-20所示。

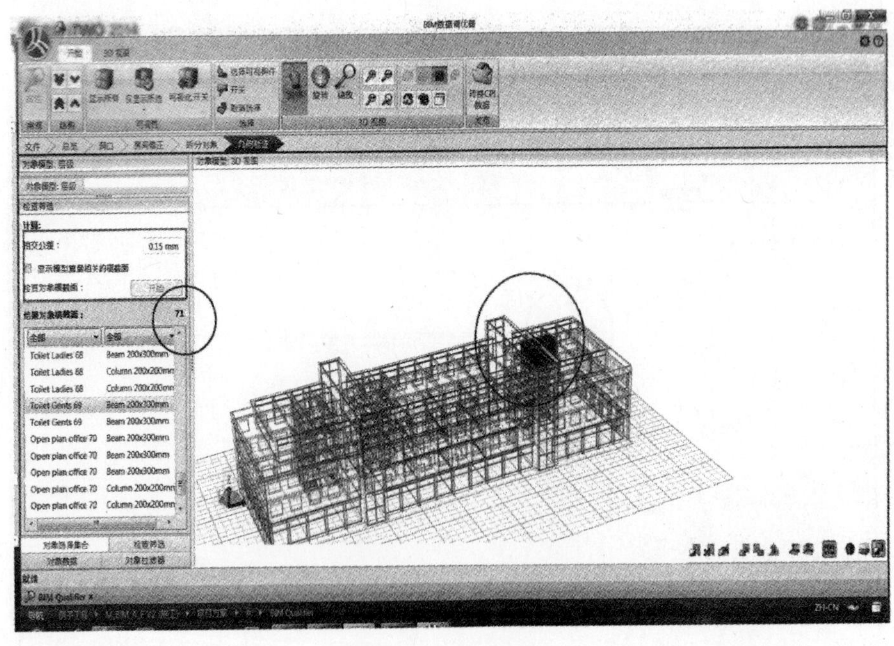

图 3-20 几何验证

三、与算量相关的模型检查

在算量计价模块中，可以进行与算量相关的模型检查。通过组件类型，检查楼层信息、材质、混凝土强度等级、注释等信息是否正确完整，以保证后期算量模块可以提取到对应的信息。具体操作步骤如下：

1）单击项目，新建“三维模型算量”。

2）进入“模型检查”窗口，通过 CPI 属性筛选，检查楼层信息、材质、混凝土强度等级、注释等信息是否正确完整，如图 3-21 所示。

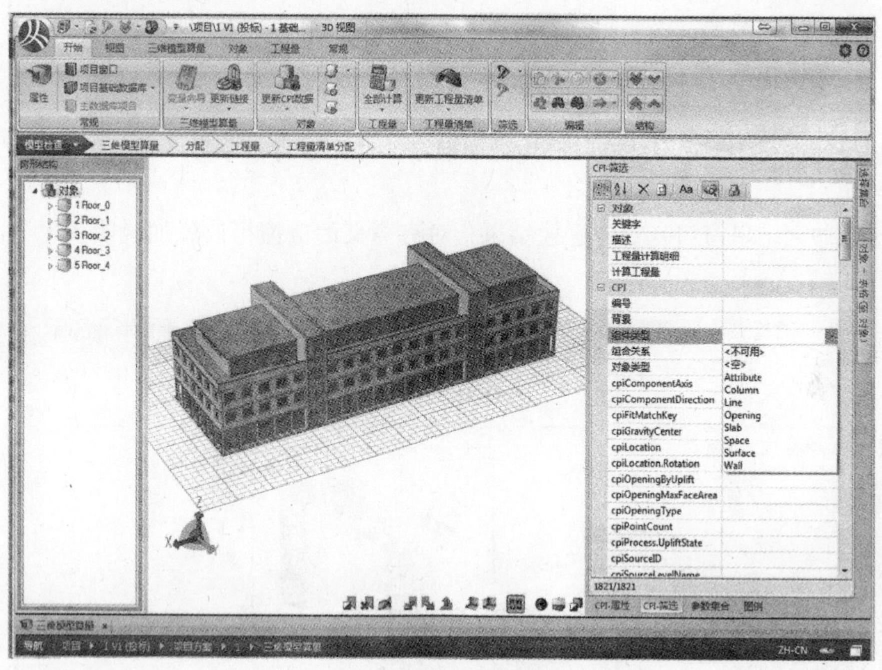

图 3-21　CPI 属性筛选

3）编辑多模型可视化规则。通过筛选集和分析规则，检测模型的属性信息，以不同的颜色表示不同的模型。例如，可以设置材料名称及材料缺失的对象图例，如图 3-22 所示。

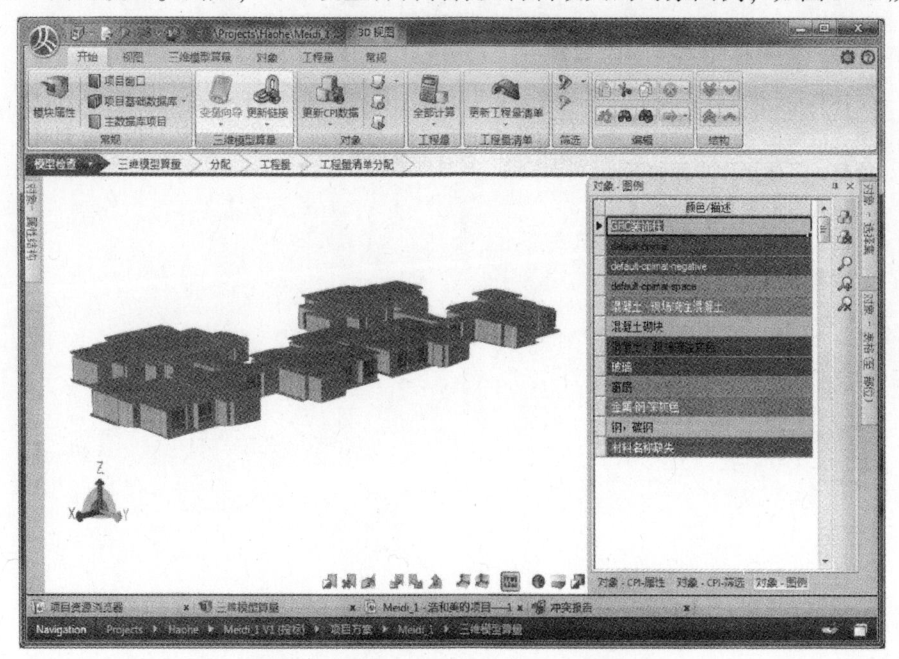

图 3-22　材料名称及材料缺失的对象图例

四、模型的检查和冲突报告的生成

通过与建筑、结构和机电（MEP）模型整合，iTWO 可以进行跨平台、跨专业的碰撞检测，同时利用 iTWO 的模型分析规则对模型的 BIM 信息进行检查。具体操作步骤如下：

1）单击项目，新建“冲突报告”。

2）进入设置定义窗口，通过过滤器筛选所需的构件。

3）建立多个动态选择集，用来运行冲突检测。

4）切换到冲突检测窗口，在计算运行面板添加计算运行，单击“计算”按钮，开始进行碰撞计算。

5）进入冲突结果窗口，查看碰撞结果，对有意义的碰撞可以添加说明，建立冲突组，如图 3-23 所示。

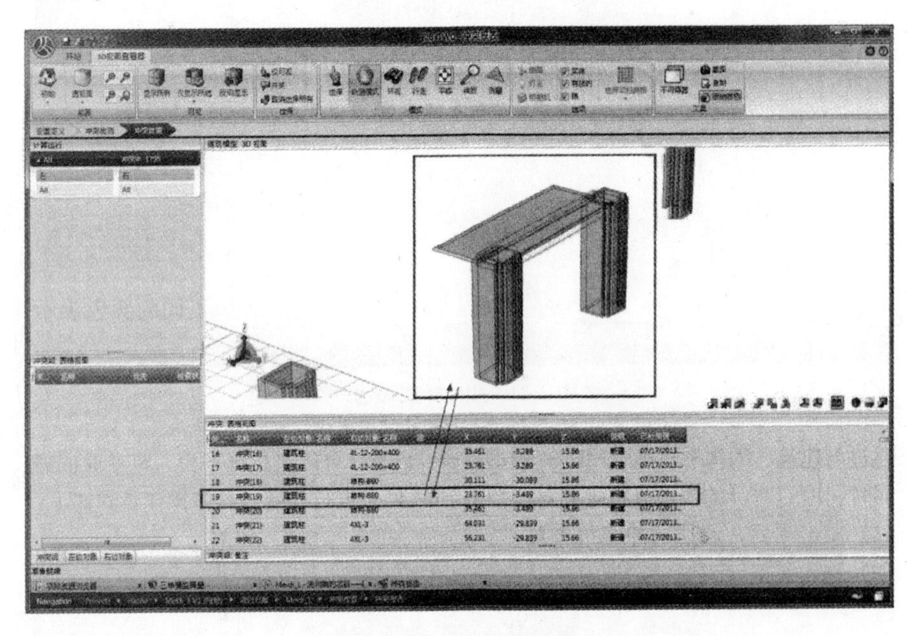

图 3-23　查看冲突结果

第四章　BIM 深化设计及数字化加工

BIM 深化设计工作流程参考如图 4-1 所示。

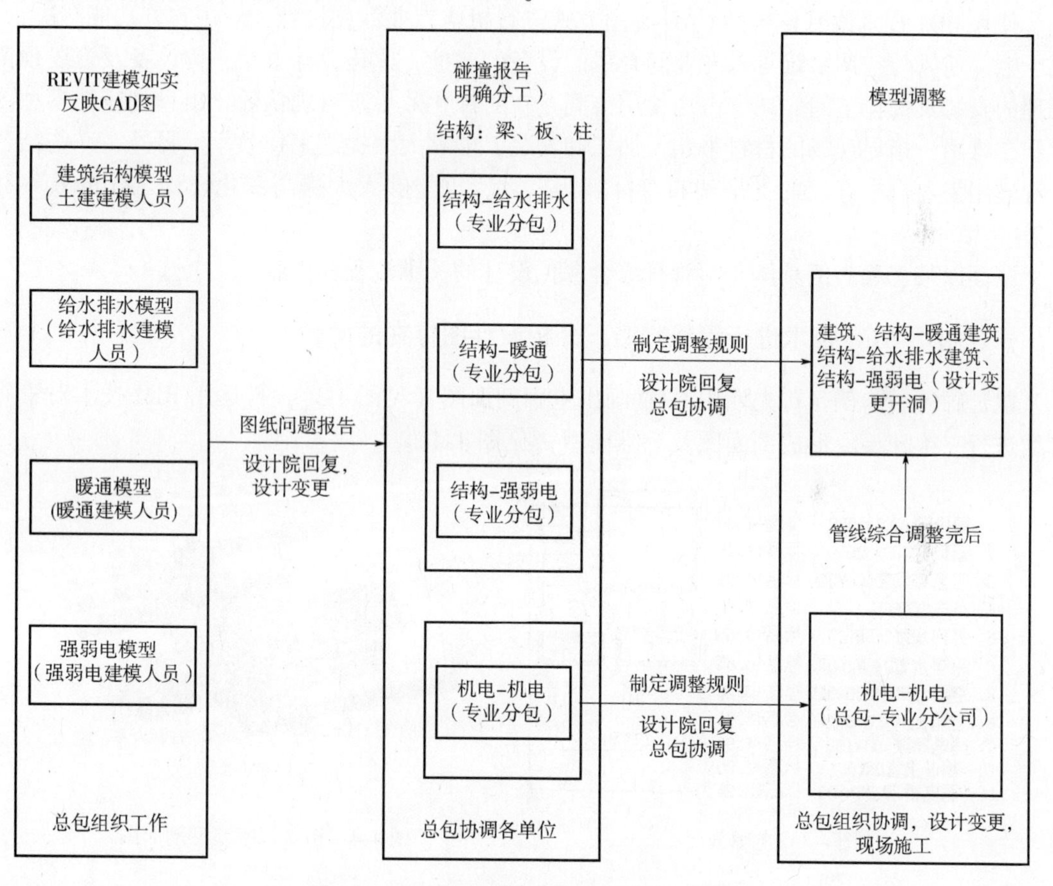

图 4-1　BIM 深化设计工作流程参考示意图

第一节　BIM 在管线综合中的深化设计

管线综合深化设计是指将施工图设计阶段完成的机电管线进一步综合排布，根据不同管线的不同性质、不同功能和不同施工要求，结合建筑装修的要求，进行统筹的管线位置排布。如何使各系统的使用功能效果达到最佳整体排布更美观，是工程管线综合深化设计的重点，也是难点。

基于 BIM 的深化设计，通过各专业工程师与设计公司的分工合作优化，能够针对设计存在的问题，迅速对接、核对、相互补位、提醒、反馈信息并整合到位，其深化设计流程为：制作专业精准模型—综合链接模型—碰撞检测—分析和修改碰撞点—数据集成—最终完成内装的 BIM 模型（见图 4-2）。

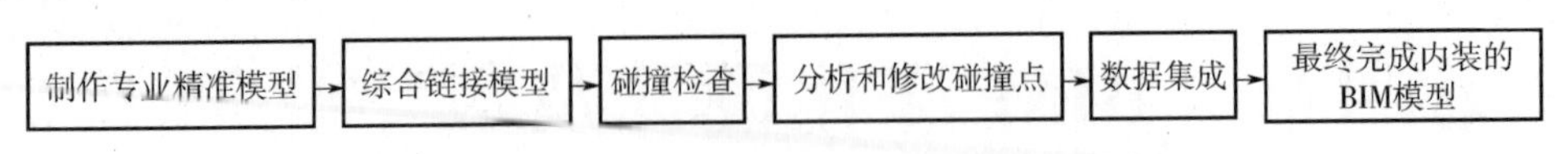

图 4-2 综合管线深化设计流程示意图

BIM 模型可以协助完成机电安装部分的深化设计，包括综合布管图、综合布线图的深化。使用 BIM 技术改变传统的 CAD 叠图方式进行机电专业深化设计，应用软件功能解决水、暖、电、通风与空调系统等各专业间管线、设备的碰撞，优化设计方案，为设备及管线预留合理的安装及操作空间，减少占用使用空间。在对深化效果进行确认后，出具相应的模型图片和二维图，指导现场的材料采购、加工和安装，能够大大提高工作效率。另外，一些结合工程应用需求自主开发的支吊架布置计算等软件，也能够大大提高深化设计工作的效率和质量。

下面以某工程为例具体介绍管线综合深化设计的关键流程和内容。

一、利用 BIM 技术进行管线碰撞，分析设计图存在的问题

以走廊区域为例，首先使用 CAD 画出走廊剖面图（见图 4-3），再运用 BIM 技术对管廊管线进行三维建模，形成剖面图及三维模型（见图 4-4）。

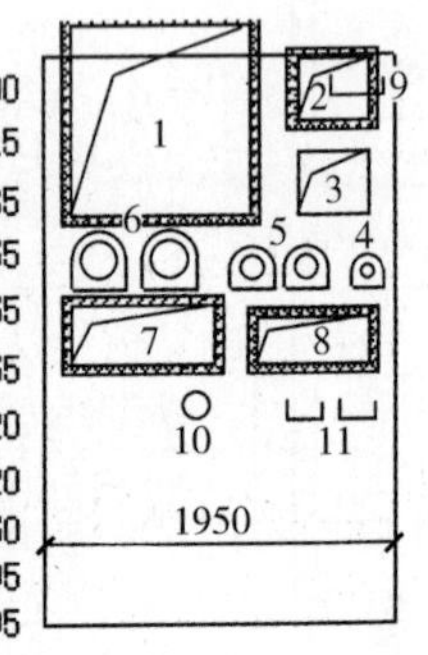

图 4-3 走廊剖面图

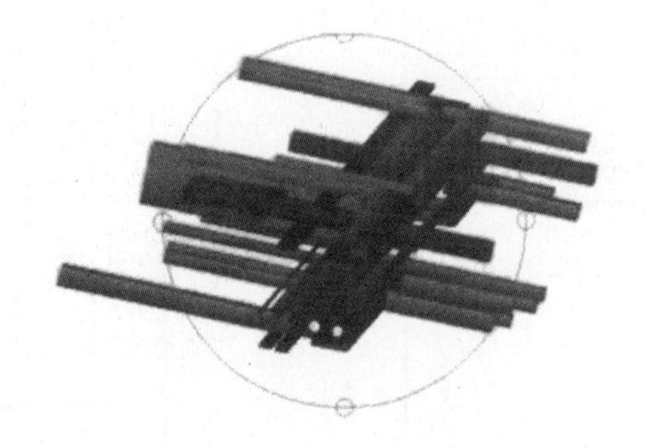

图 4-4 BIM 三维模型剖面图

分析上述剖面图，存在以下几个问题：强电桥架与 400mm × 320mm 新风管发生碰撞；1000mm × 1000mm 新风管与土建梁发生碰撞；1000mm × 1000mm 新风管与工艺排风管发生碰撞；强电桥架施工后无法放电缆，无检修空间；水管支管与新风管、工艺排风管发生碰撞。

二、管线综合平衡深化设计

通过分析暖通、给水排水、电气、消防及建筑自动化各专业的图样，对机电各专业管线进行二次布局，二次布局剖面图如图 4-5 所示。

管线平衡二次深化设计变更部分如下：将新风管 1000mm × 1000mm 变更为 1600mm × 630mm，可以节省 370mm 吊顶空间；将空调送风管 800mm × 320mm 及空调回风管 630mm ×

1. 新风管1600×630　标高+4.17
2. 新风管400×320　标高+3.80
3. 工艺排风管400×320　标高+3.80
4. 蒸汽管DN65　标高+3.65
5. 供回水管2×DN125　标高+3.65
6. 采暖水管2×DN200　标高+3.65
7. 空调送风管800×320　标高+3.22
8. 空调回风管630×250　标高+3.22
9. 强电桥架300×100　标高+2.95
10. 喷淋主管DN150　标高+2.95
11. 弱电桥架200×100　标高+2.95

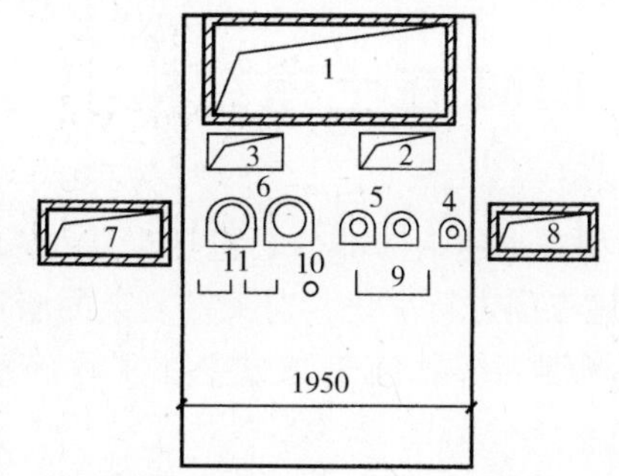

图 4-5　二次布局剖面图

250mm 调整至房间内布局，不占用吊顶空间；重新调整各管线的标高次序，将强电桥架摆放在最低层，方便电缆施工及日后检修。

对二次深化设计综合平衡后的管线进行三维建模，模型如图 4-6 所示。从三维模型很容易得出，原设计图存在的问题已经全部解决。

三、综合支吊架设计

根据实验区一层西走廊综合管线布置图，设计管道综合支吊架，如图 4-7 所示。

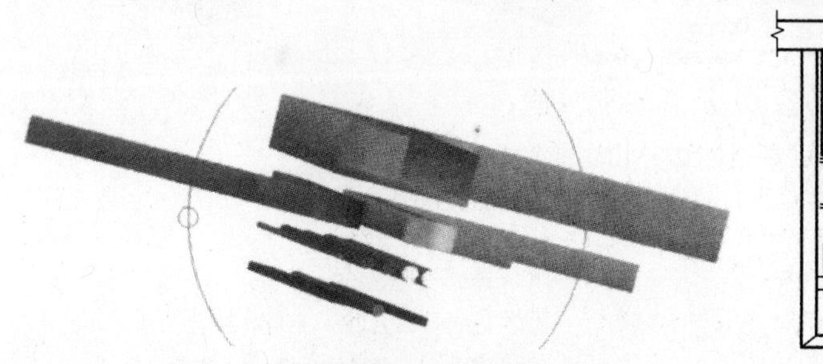

图 4-6　调整三维模型图

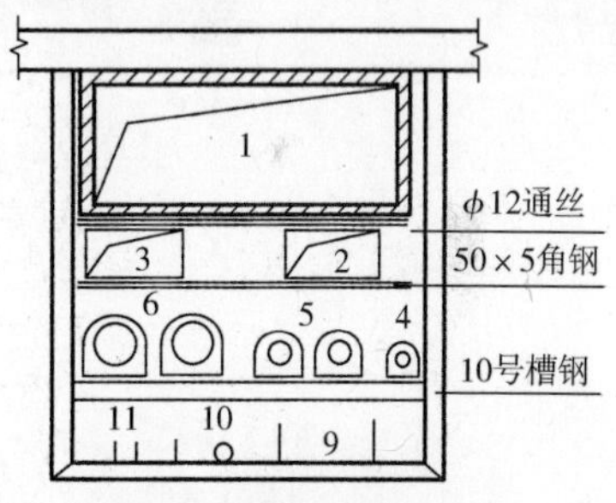

图 4-7　综合支架设计图

管道一般分为竖向布置和水平布置。无论支架的形式是怎样的，支架都是用来承受管路系统的力，包括由支架所承担的管道及管内介质质量的地球引力引起的力、由支架所承担的管道热胀冷缩变形和受压后膨胀引起的力、由管道中介质压力产生的推力等。

图 4-8　管线综合平衡效果图

四、管线综合平衡效果图

通过 BIM 技术的管线综合平衡设计，最终得到管线综合平衡效果图，如图 4-8 所示。

第二节　BIM 在土建结构中的深化设计及数字化加工

基于 BIM 模型对土建结构部分，包括土建结构与门窗等构件、预留洞口、预埋件位置及各复杂部位等施工图进行深化，对关键复杂的墙板进行拆分，解决钢筋绑扎及布置顺序问题，能够指导现场钢筋绑扎施工，减少在工程施工阶段可能存在的错误损失和返工的可能性。

某工程复杂墙板拆分如图 4-9 所示，某工程复杂节点深化设计如图 4-10 所示。

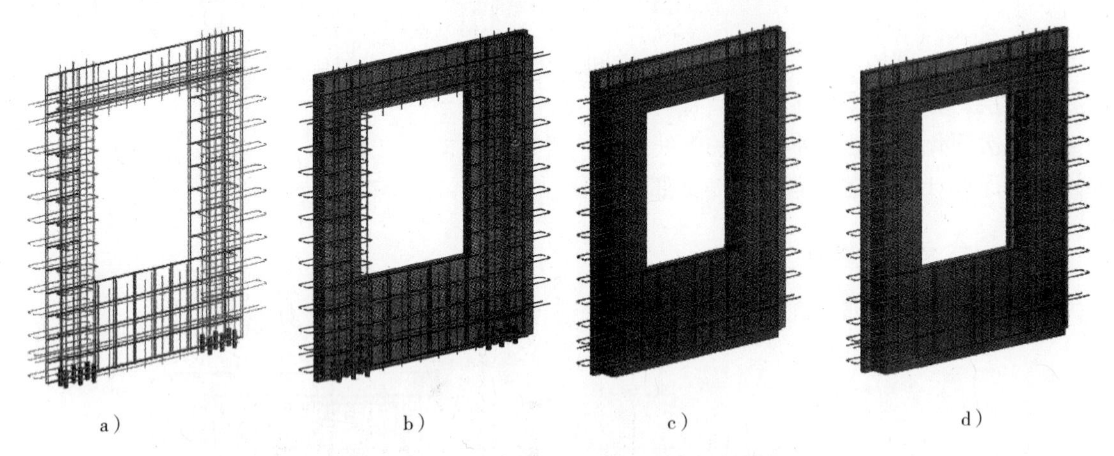

图 4-9　某工程基于 BIM 的复杂墙板拆分

a）第一步　b）第二步　c）第三步　d）第四步

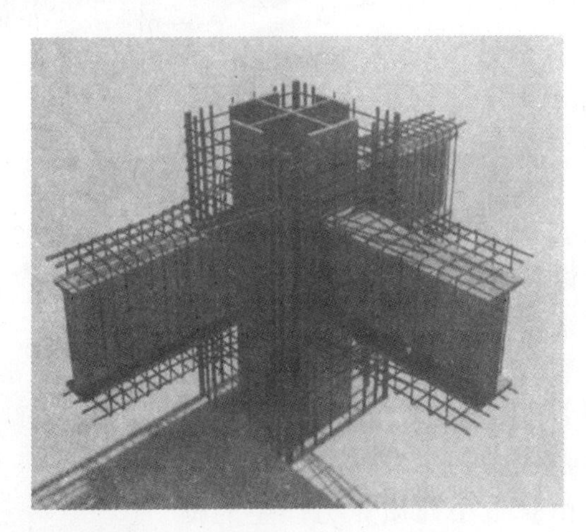

图 4-10　某工程角柱十字型钢及钢梁节点钢筋绑扎 BIM 模型

第三节　BIM 在预制混凝土构件中的深化设计及数字化加工

工业化建筑中应用大量的诸如预制混凝土墙板、预制混凝土楼板、预制混凝土楼梯等预制混凝土构件，这些预制构件的标准化、高效和精确生产是保证工业化建筑质量和品质的重要因素。从大量预制混凝土构件的生产经验来看，现有采用平面设计的预制构件深化设计和加工图具有不可视化的特点，加工中经常因图的问题而出现偏差。

BIM 技术在产业化住宅预制混凝土构件的深化设计、生产加工等过程，能够提高预制构件设计、加工的效率和准确性，同时可以及时发现设计、加工中的偏差，便于在实际的生产中改进。

一、BIM 预制构件的深化设计

预制构件的深化设计阶段是工业化建筑生产中非常重要的环节。由于预制混凝土构件是在工厂生产、运输到现场进行安装，构件设计和生产的精确度就决定了其现场安装的准确度，所以要进行预制构件设计的“深化”工作，其目的是保证每个构件到现场都能准确地安装，不发生错漏碰缺。

一栋普通工业化建筑往往存在数千个预制构件，要保证每个预制构件到现场拼装不发生问题，靠人工进行校对和筛查显然是不可能的，但 BIM 技术可以很好地担负起这个责任，利用 BIM 模型，可以把可能发生在现场的冲突与碰撞在模型中进行事先消除。

深化设计人员通过使用 BIM 软件对建筑模型进行碰撞检测，不仅可以发现构件之间是否存在干涉和碰撞，还可以检测构件的预埋钢筋之间是否存在冲突和碰撞，根据碰撞检测的结果，可以调整和修改构件的设计并完成深化设计图。如图 4-11 所示是利用 BIM 模型进行预制梁柱节点处的碰撞检测。

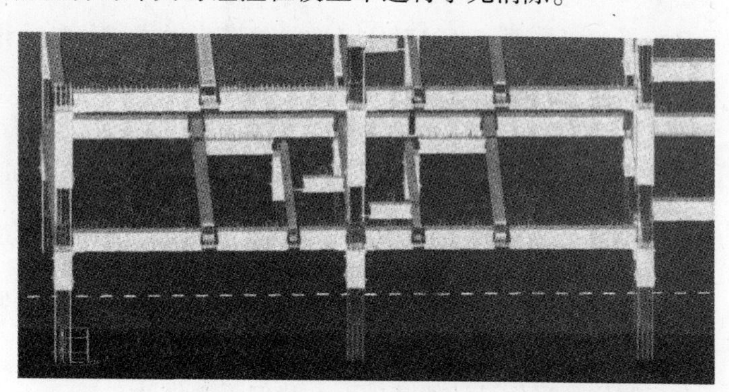

图 4-11　利用 BIM 模型进行预制梁柱节点处的碰撞检测

由于工业建筑工程预制构件数量多，建筑构件深化设计的出图量大，采用传统方法手工出图工作量相当大，而且若发生错误改图也不可避免。

采用 BIM 技术建立的信息模型深化设计完成之后，可以借助软件进行智能出图和自动更新，对图纸的模板做相应定制后就能自动生成需要的深化设计图，整个出图过程无须人工干预，而且有别于传统 CAD 创建的数据孤立的二维图，一旦模型数据发生修改，与其关联的所有图都将自动更新。

图样能精确表达构件相关钢筋的构造布置，各种钢筋弯起的做法、钢筋的用量等可直接用于预制构件的生产。例如，一栋 3 层的住宅楼工程，建筑面积为 $1000m^2$，从模型建好到全部深化设计图出图完成只需 8 天时间，通过 BIM 技术的深化设计减少了深化设计的工作量，避免了人工出图可能出现的错误，大大提高了出图效率。

例如，某工程采用预制装配式框架结构体系，建筑面积为 $1008m^2$，建筑高度为 14.1m，地上 3 层（即实际建筑的首层、标准层和顶层部分），梁柱节点现浇及楼板是预制现浇叠合，其他构件工厂预制，预制率达到 70% 以上。该工程的建设采用 BIM 技术进行了深化设计。该住宅楼共有预制构件 372 个，其中外墙板 59 块，柱 78 根，主、次梁共计 142 根，楼板（预制现浇叠合板，含阳台板）86 块，预制楼梯 6 块，利用传统 Tekla Structures 中自带的参数化节点无法满足建筑的深化设计要求，所有构件独立配筋，人工修改的工作量很大。

为提高工作效率，建设团队对 Tekla 进行二次开发，除一些现浇构件外，把标准的预制构件都做成参数化的形式（见图 4-12）。

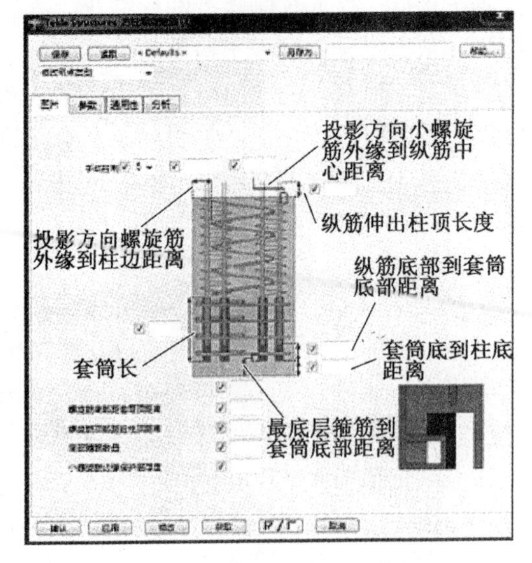

图 4-12　预制柱的参数化界面

通过参数化建模极大地提高了工作效率，典型的如外墙板，在不考虑相关预埋件的情况下配筋分两种情况，即标准平板配筋和开口配筋，其中开口分为开口平板和开口 L 形板片两种，开口平板的窗口又有三种类型，女儿墙也有 L 形板片和标准板片两种，若干组合起来进行手动配筋相当繁琐，经过对比考虑将外墙板做成三种参数化构件，分别对应标准平板、开口墙板和女儿墙，这样就能满足所有墙板的配筋要求。

经过实践统计，如果手动配筋，所有墙板修改完成最快也需要两个人一周的时间，而通过参数化的方式，建筑整体结构模型搭建起来只需一个人 2 天的时间，大大提高了深化设计的效率。

二、预制构件信息模型建立

预制构件信息模型的建立是后续预制构件模具设计、预制构件加工和运输模拟的基础，其准确性和精度直接影响最终产品的制造精度和安装精度。

在预制构件深化设计的基础上，我们可以借助 Solidworks 软件、Autodesk Revit 系列软件和 Tekla BIMsight 系列软件等建立每种类型的预制构件的 BIM 模型（见图 4-13），这些模型中包括钢筋、预埋件、装饰面、窗框位置等重要信息，用于后续模具的制作和构件的加工工序，该模型经过深化设计阶段的拼装和碰撞检查，能够保证其准确性和精度要求。

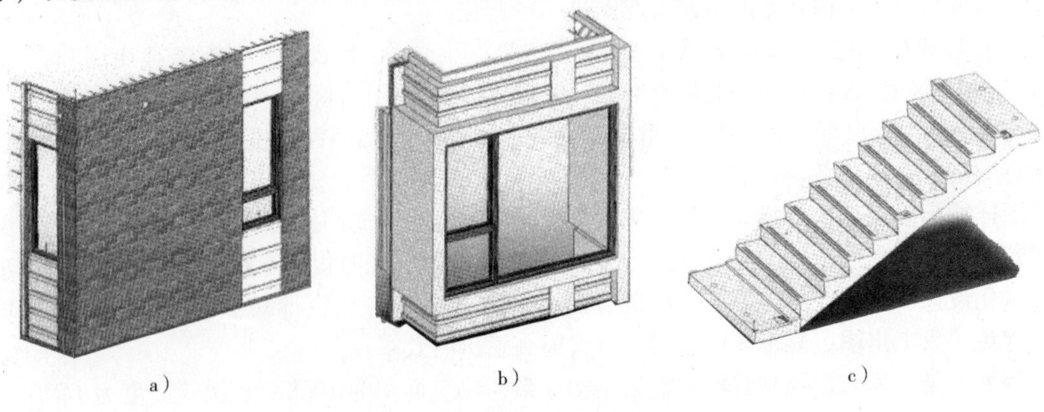

a）　　b）　　c）

图 4-13　预制构件的 BIM 模型

a）预制墙板（面砖装饰）　b）带窗框预制墙板　c）预制楼梯

三、预制构件模具的数字化设计

预制构件模具的精度是决定预制构件制造精度的重要因素，采用 BIM 技术的预制构件模具的数字化设计，是在建好的预制构件的 BIM 模型基础上进行外围模具的设计，最大程度地保证了预制构件模具的精度。图 4-14 ~ 图 4-17 是常见工业化建筑预制构件模具的数字化设计图。

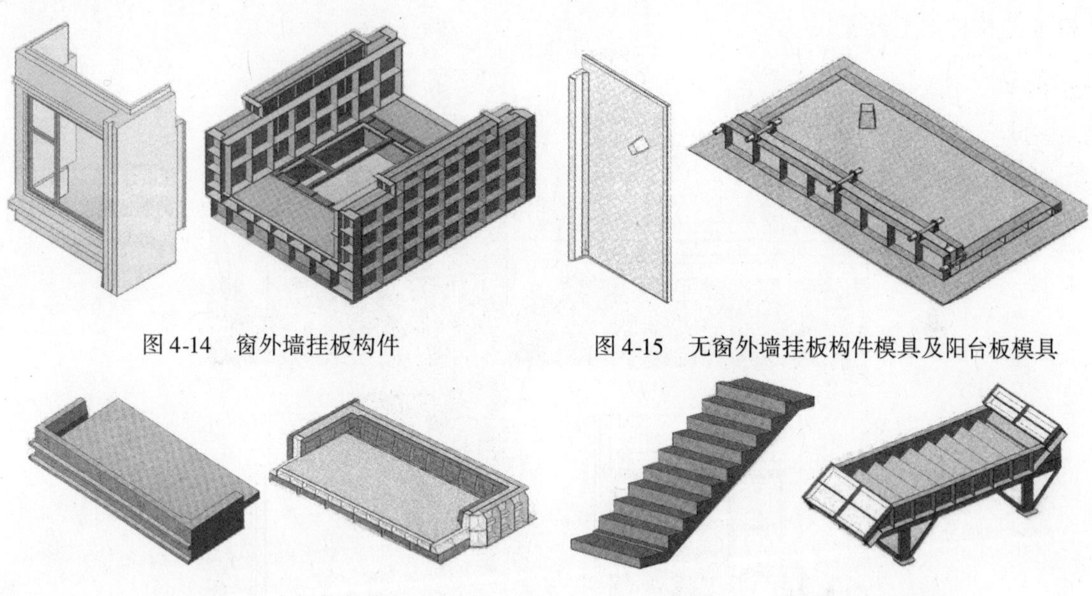

图 4-14　窗外墙挂板构件

图 4-15　无窗外墙挂板构件模具及阳台板模具

图 4-16　阳台板构件模具

图 4-17　楼梯板构件及模具

在建好的预制构件模具的 BIM 模型基础上，可以对模具各个零部件进行结构分析及强度校核，合理设计模具结构。图 4-18 为预制墙板模具中底模、端模零部件的拆分，用于进行后续的结构和强度验算。

基于 BIM 技术的预制构件模具设计的另一大优势是可以在虚拟的环境中模拟预制构件模具的拆装顺序及其合理性，以便在设计阶段进行模具的优化，使模具的拆装最大限度地满足实际施工的需要，如图 4-19 所示。

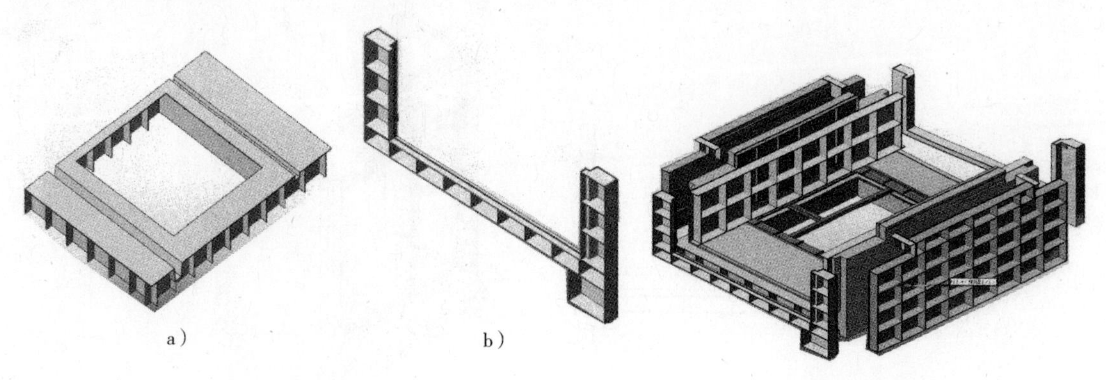

a）　　b）

图 4-18　预制墙板模具局部零部件的拆分

a）底模　b）端模

图 4-19　预制墙板模具的拆装模拟

四、BIM 预制构件的数字化加工

BIM 预制构件的数字化加工基于上述建立的预制构件的信息模型，以预制墙板构件为例，由于该模型中包含了尺寸、窗框位置、预埋件位置及钢筋等信息，通过视图转化可以导出该构件的三视图，类似传统的平面 CAD 图，如图 4-20 所示，但由于三维模型的存在，使得该图纸的可视化程度大大提高，工人按图加工的难度降低，这可大大减少因图样理解有误造成的构件加工偏差。

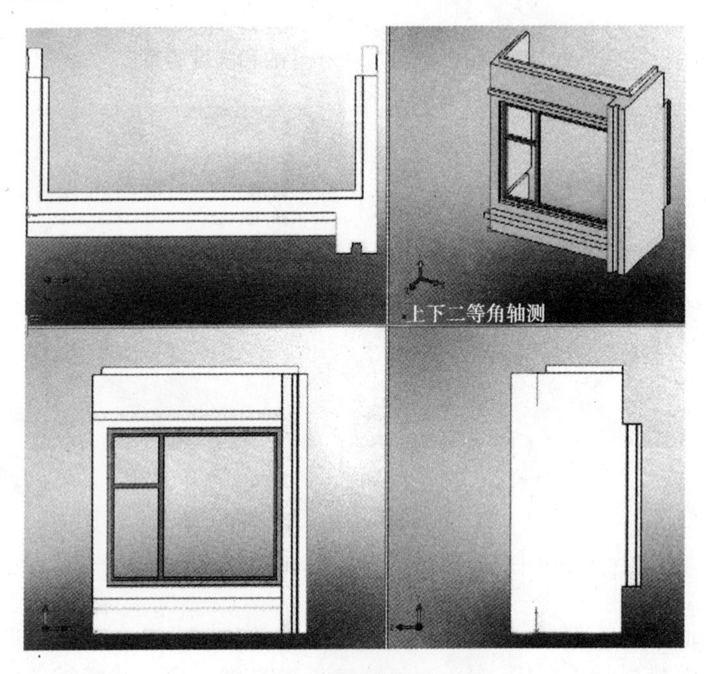

图 4-20 预制墙板加工图

还可以根据 BIM 预制构件信息模型来确定混凝土浇捣方式，以预制凸窗板构件为例，根据此构件的结构特征，墙板中间带窗，构件两侧带有凸台，构件边缘带有条纹，通过合理分析，此构件采用窗口向下、凸台向上的浇捣方式，如图 4-21 所示。

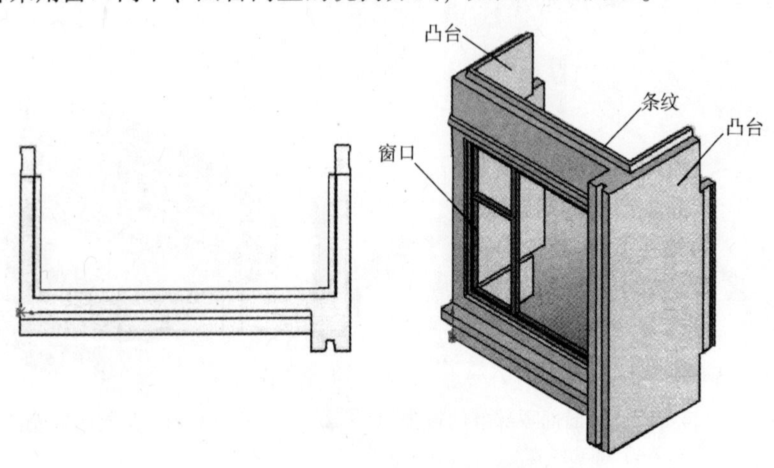

图 4-21 预制凸窗板构件模型

五、BIM 预制构件的模拟运输

BIM 基于预制构件信息模型中的构件尺寸信息和重量信息，可以实现电脑中对预制构件虚拟运输的模拟，可以模拟出最优的运输方案，最大程度满足预制构件运输的能力。图 4-22和图 4-23 显示了预制墙板构件运输的模拟和实际运输过程的情况。

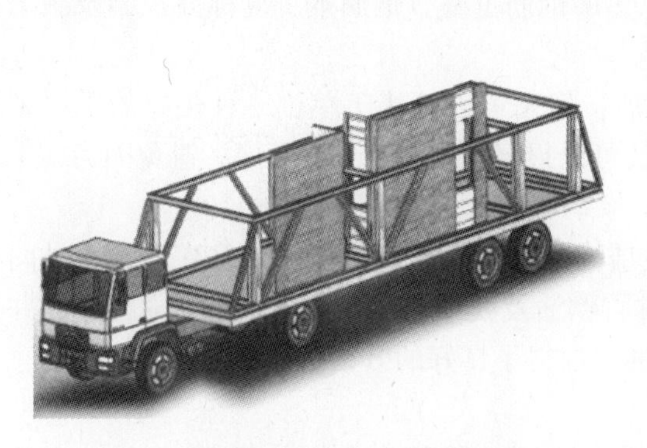

图 4-22　BIM 预制构件运输的模拟

图 4-23　BIM 预制构件运输的实况

第四节　BIM 在混凝土结构工程中的深化设计及数字化加工

一、BIM 钢筋混凝土深化设计组织结构

现浇混凝土结构工程的深化设计及后续相关工作，如图 4-24 所示。

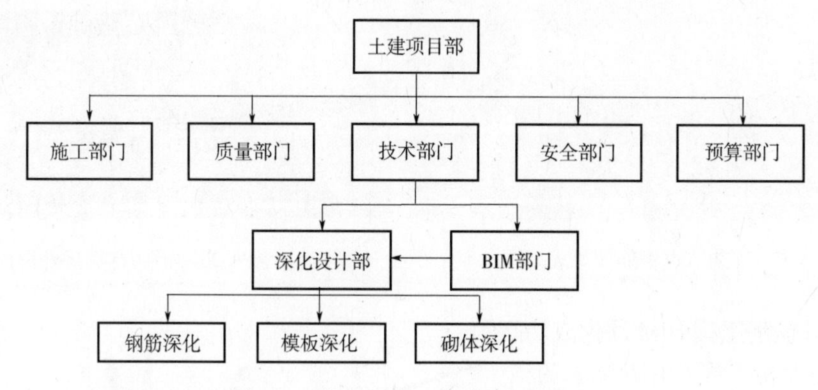

图 4-24　钢筋混凝土深化组织构架图

1. 基于 BIM 的钢筋工程深化设计

钢筋工程是钢筋混凝土结构施工工程中的一个关键环节，它是整个建筑工程中工程量计算的重点与难点。据统计，钢筋工程的计算量占总工程量的 50% ~60%，其中计算所用的时间约占 50% 左右。

由于结构的形态日趋复杂，越来越多的工程钢筋节点处非常密集，施工有比较大的难度，同时不少设计采用型钢混凝土的结构形式，在本已密集的钢筋工程中加入了尺寸比较大的型钢，带来了新的矛盾。通常表现如下：

1）型钢与箍筋之间的矛盾，大量的箍筋需要在型钢上留孔或焊接。

2）型钢柱与混凝土梁接头部位钢筋的连接形式较为复杂，需要通过焊接、架设牛腿或者贯通等方式来完成连接。

3）多个构件相交之处钢筋较为密集，多层钢筋重叠，钢筋本身的标高控制及施工有着很大的难度。

采用 BIM 技术不能完全解决以上的矛盾，但是可以给施工单位一种很好的手段来与设计方进行交流，同时利用三维模型的直观性可以很好地模拟施工的工序，避免因为施工过程中的操作失误导致钢筋无法放置。

如图 4-25 所示案例，某工程采用劲性结构，其中箍筋为六肢箍，多穿型钢，且间距较小，施工难度较大，施工方采用 Tekla 软件将钢筋及其中的型钢构件模型建立出来，并标注详细的尺寸，以此为沟通工具与设计方沟通，取得了良好的效果。

2. 钢筋的数字化加工

对于复杂的现浇混凝土结构，除了由模板定位保证其几何形状的正确以外，内部钢筋的绑扎和定位也是一项很大的挑战。

对于三维空间曲面的结构，传统方式的钢筋加工机器已经无法生产出来，也无法用常规的二维图将其表示出来。必须采用 BIM 软件将三维钢筋模型建立出来，同时以合适的格式传递给相关的三维钢筋弯折机器（见图 4-26），以顺利完成钢筋的加工。

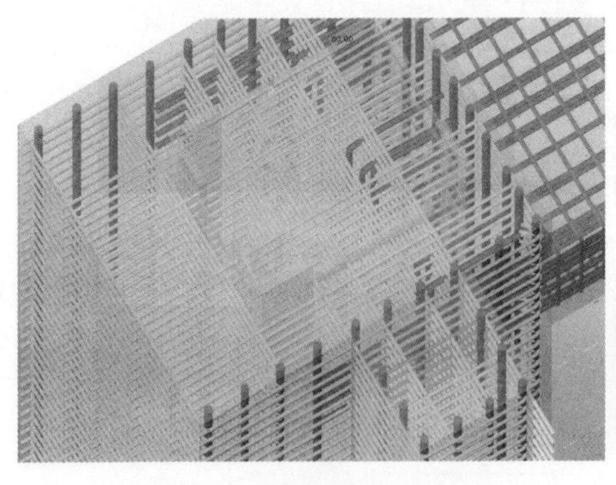

图 4-25 复杂节点钢筋效果表现图

图 4-26 钢筋弯折机外形图

3. 国外钢筋工程 BIM 深化成功案例

某国外大桥工程，有着复杂的锚缆结构，锚缆相当沉重，而且需要在混凝土浇捣前作为支撑，大量的钢筋放置在每个锚缆的旁边，如何确保锚缆和钢筋位置的正确并保证混凝土的顺利浇捣成为技术难点。BIM 技术的使用很好地解决了这些问题，如图 4-27

图 4-27 某大桥钢筋 BIM 模型的构件图

所示。

同时，桥梁钢筋的建模要比想象的困难许多，这种斜拉桥具有高密度的钢筋和复杂的桥面与桥墩形状，使建模比一般的单纯的结构更加困难与费时。在普通的钢筋混凝土结构中，常规的梁柱墙板等建筑构件都有充分的形状标准，可以用参数化的构件钢筋详图和配筋图加速建模的速度，桥梁元件则因为其曲率及独特的几何结构，需要自定化建模。

施工总承包方使用 Tekla Structures 的 ASCII、Excel 和其他资料格式提供钢筋材料的数量计算。

对于桥梁 ASCII 报表资料，其被格式化成可以直接和自动导入到供应商的钢筋制造软件中，内含所有的弯曲和切割资料。软件在工厂生产时驱动 NC 机器，格式化是在软件商和承包商共同支撑之下完成的，也避免了很多人为作业的潜在错误，如图 4-28 所示。

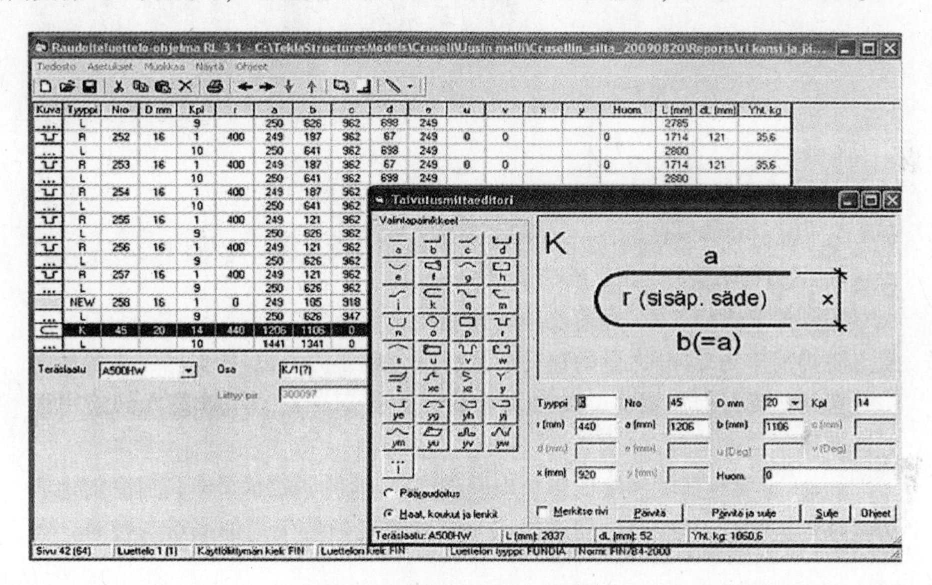

图 4-28　钢筋预算软件相关界面图

钢筋生产及数字化加工操作流程如图 4-29 所示。

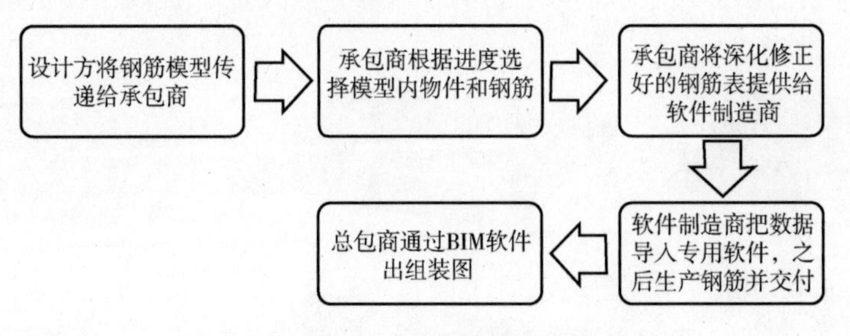

图 4-29　钢筋生产及数字化加工流程图

二、BIM 模板深化设计及数字化加工

1. BIM 模板深化设计

BIM 模板深化设计，基本流程为：基于建筑结构本身的 BIM 模型进行模板的深化设计—进行模板的 BIM 建模—调整深化设计—完成基于 BIM 的模板深化设计。如图 4-30 所

示，图反映的是一个复杂的筒体结构，通过 BIM 模型反映出其错综复杂的楼板平面位置及相关的标高关系，并通过 BIM 模型导出了相关数据，传递给机械制造业的 Solidworks 等软件进行后续的模板深化工作，顺利完成了异型模板的深化设计及制造。

对于混凝土结构而言，首先必须确保的就是模板排架的定位准确，搭设规范。只有在此基础上，再加强混凝土的振捣养护措施，才能确保现浇混凝土形状的准确。

以某排演厅工程为例（见图 4-31），这是由一个马鞍形的混凝土排演厅及其他附属结构组成的，其马鞍形排演厅建筑面积为 1544m²，为双层剪力墙及双层混凝土异型屋盖形式，其双墙的施工由于声学要求，其中不能保留模板结构，必须拆除，故而其模板体系的排布值得好好研究，同时其异型的混凝土屋盖模板排架的搭设给常规施工也带来了很大的难度。

图 4-30　模板深化示意图

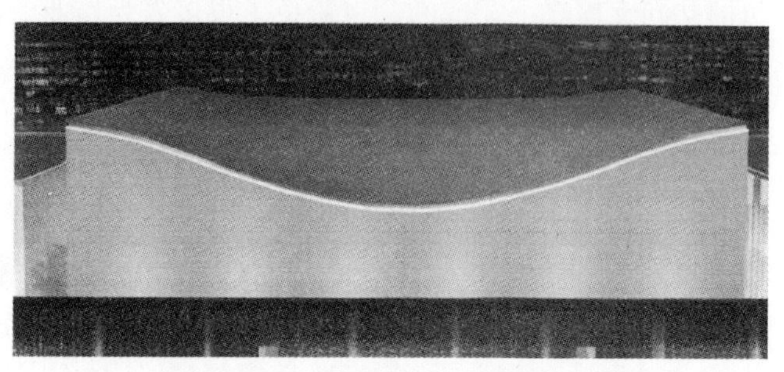

图 4-31　某排演厅工程效果图

此项目的模板施工，充分地利用了 BIM 软件具有完善的信息，能够很好地表现异型构件的几何属性的特点，使用了 Revit、Rhino 等软件来辅助完成相关模板的定位及施工，尤其是充分地利用了 Rhino 中的参数化定位等功能精确地控制了现场施工的误差，并减少了现场施工的工作量，大大地提升了工作效率。

（1）底板双层模板及双层墙的搭设

底板模板为双层模板，施工中混凝土浇捣分两次进行，首先浇捣下层混凝土，然后使用木方进行上层排架支撑体系的搭设，此部分模板将保留在混凝土中，项目部利用了 BIM 技术将底板模板排架搭设形式展示出来，进行了三维虚拟交底，提高了模板搭设的准确性，如图 4-32 所示。

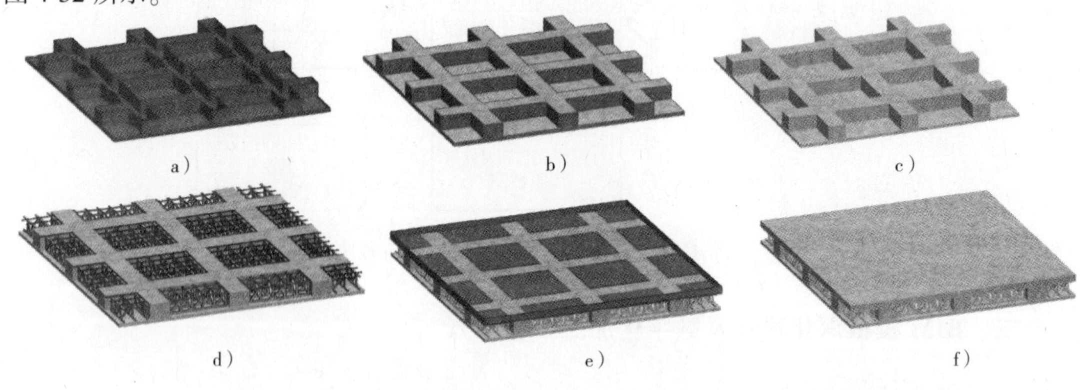

图 4-32　BIM 技术双层底板混凝土浇捣

a）底模支设　b）浇捣第一次混凝土　c）拆模　d）搭设木方支撑　e）第二次支撑

f）第二次浇捣及拆模（其中木方永久保留其中）

双墙体的施工相比之下要求更高，国外设计出于声学效果的考虑，不允许空腔内留有任何形式、任何材质的模板及支撑材料。项目部利用 BIM 工具并结合工作经验，对模板本身的设计及施工流程作了调整，用自行深化设计的模板排架支撑工具完成了双层墙体的施工（见图 4-33）。

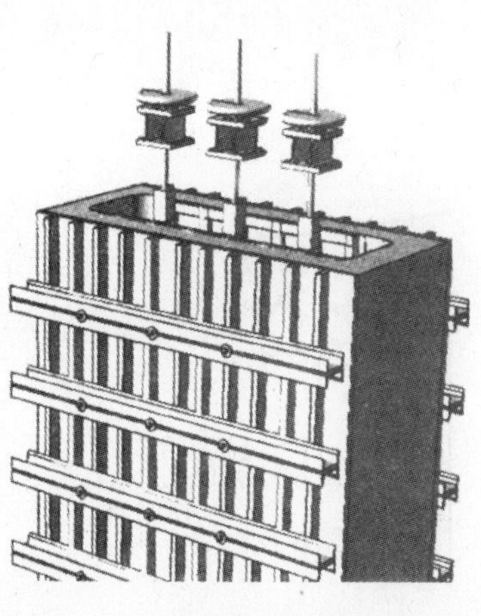

图 4-33　排演厅双墙模板施工图

（2）顶部异型双曲面屋顶的施工

对于顶部异型双曲面混凝土屋面的施工，排架顶部标高是控制梁、板底面标高的重要依据。

此排演厅 A 排架顶部为双曲面马鞍形，在 7.000m 标高设置标高控制平面，由此平面为基准向上确定排架立杆长度（屋盖暗梁下方立杆适当加密），预先采用 BIM 技术建立模型，并从模型中读取相关截面的标高数据，按此数据拟合曲率制作钢筋桁架，如图 4-34 所示。

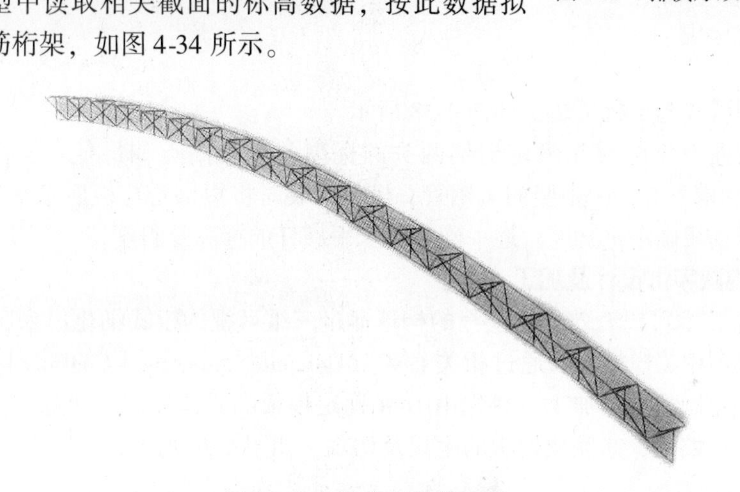

图 4-34　钢筋桁架的模型图

同时现场试验制作了一榀 2 号钢筋桁架，测试桁架刚度能满足要求，如图 4-35 所示。

图 4-35　现场制作的钢筋桁架小样图

总共制作 12 榀钢架（整个屋面的 1/4 部分），桁架底标高即为屋盖下方水平钢管顶面的定位标高，如图 4-36 所示。钢筋桁架安装布置如图 4-37 所示。

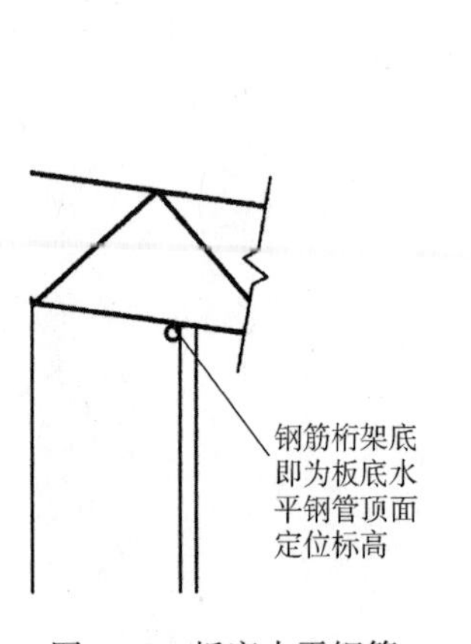

图 4-36 板底水平钢管顶面定位标高

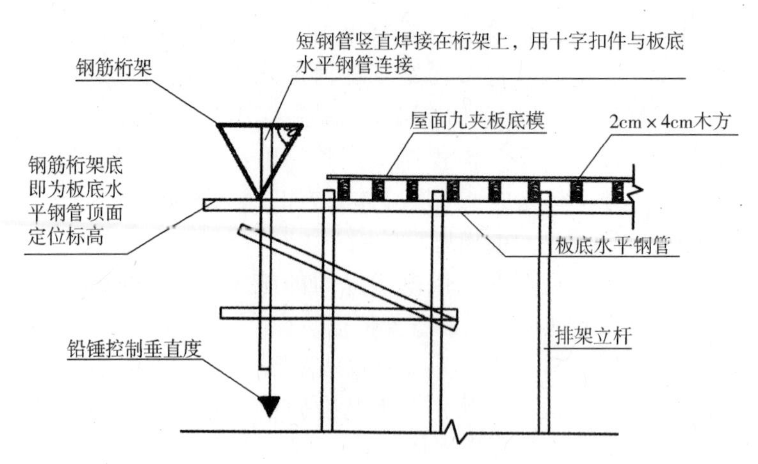

图 4-37 钢筋桁架安装布置图

钢架采用塔式起重机吊装，如图 4-38 所示。

屋盖底面曲率定位时先确定桁架两头的标高（即最高点和最低点，桁架必须保证垂直），在桁架两端各焊接一根竖向短钢管，桁架安装时将短钢管与板底水平钢管用十字扣件连接，并用铅垂线确定垂直度，逐一确定各水平横杆的标高及斜度。

2. 模板的数字化设计及加工

通过 BIM 技术可以有效地将模板的构造通过三维可视的模式细化出来，便于工人安装。同时定型钢模等相关模板可以通过相关 CNC（Computer Numerical Control，计算机数字控制机床）来完成定制模板的加工，首先由 BIM 确定模板的具体样式，再通过人工编程，确定 CNC 刀头的运行路径，来完成模板的生成及切割，如图 4-39 所示。

图 4-38 现场吊装钢筋桁架

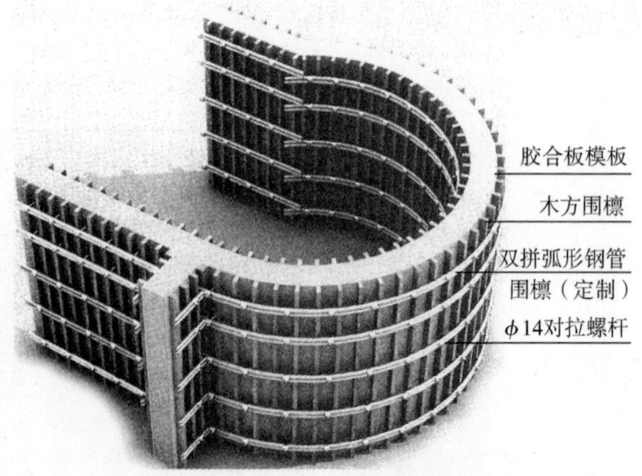

图 4-39 异型曲面模板

同时，随着 3D 打印技术的发展，异型结构已经可以结合 3D 打印技术等来完成相关的设计，这对于工作效率和精确度的提高也将更加完善。

目前 3D 打印存在的主要瓶颈还在于其打印材料的限制，故可以采用如图 4-40 所示流程，利用多次翻模的技术来完成相关模板的制作。

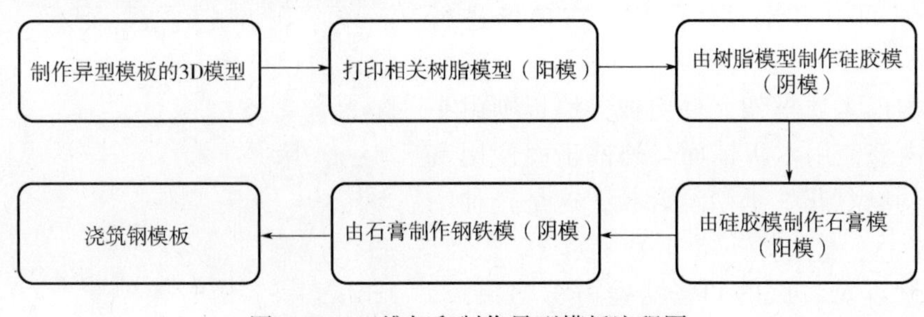

图4-40　三维打印制作异型模板流程图

第五节　BIM在钢结构工程中的深化设计及数字化加工

一、BIM钢结构工程深化设计

钢结构BIM三维实体建模出图深化设计的过程，其本质就是进行计算机预拼装、实现“所见即所得”的过程。首先，所有的杆件、节点连接、螺栓焊缝、混凝土梁柱等信息都通过三维实体建模进入整体模型，该三维实体模型与以后实际建造的建筑完全一致；其次，所有加工详图（包括布置图、构件图、零件图等）均是利用三视图原理投影生成，图纸中所有尺寸，包括杆件长度、断面尺寸、杆件相交角度等均是从三维实体模型上直接投影产生的。

三维实体建模出图深化设计的过程，基本可分为四个阶段，具体流程如图4-41所示，每一个深化设计阶段都将有校对人员参与，实施过程控制，由校对人员审核通过后才能出图，并进行下一阶段的工作。

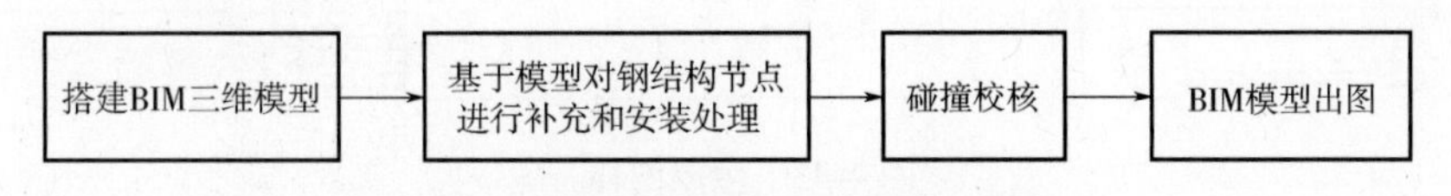

图4-41　钢结构深化设计流程示意图

1）根据结构施工图建立轴线布置和搭建杆件实体模型。导入AutoCAD中的单线布置，并进行相应的校核和检查，保证两套软件设计出来的构件数据理论上完全吻合，从而确保了构件定位和拼装的精度。创建轴线系统及创建、选定工程中所要用到的截面类型、几何参数。

2）根据设计院图样对模型中的杆件连接节点、构造、加工和安装工艺细节进行安装和处理。在整体模型建立后，需要对每个节点进行装配，结合工厂制作条件、运输条件，考虑现场拼装、安装方案及土建条件。

3）对搭建的模型进行“碰撞校核”，并由审核人员进行整体校核、审查。所有连接节点装配完成之后，运用“碰撞校核”功能进行所有细微的碰撞校核。

4）BIM模型出图。

某工程BIM钢结构深化设计如图4-42～图4-44所示。

又如上海世博会，某展馆的垂直承重结构由钢材制成。正面由窄体元件组成，在现场进行组装。

水平结构由木质框架元件组成，地板则由小板块拼成。内部使用木板铺面。外部正面使用富有现代气息的鳞状花纹纸塑复合板，这是一种工业再生产品。

中庭墙壁以及二层的一些墙壁由织物覆盖，并用透明织物覆盖中庭。楼梯和电梯为独立元件。全部建筑元件在进行制造的时候，都必须保证建筑建成后能被分解和再组装。

图 4-42　梁柱节点（一）

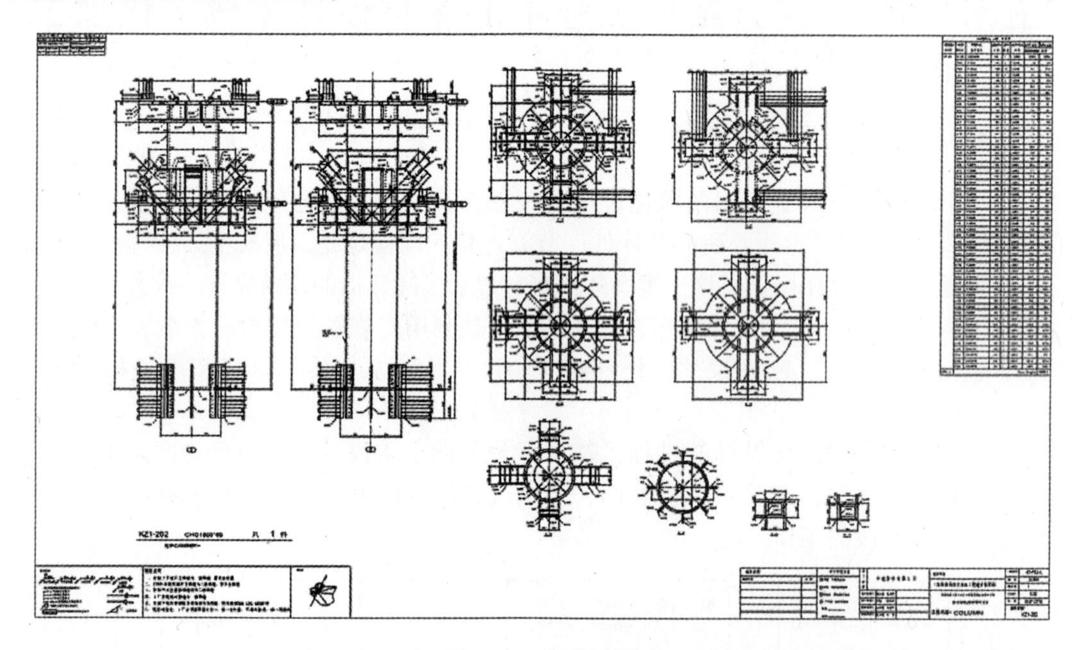

图 4-43　生成图样

此工程采用了三维深化设计软件，把复杂纷乱的连接节点以三维的形式呈现出来，显示出所有构件之间的相互关系，通过这样的设计手段，保证了异型空间结构的三维设计，提高了工作效率和空间定位的准确性，如图 4-45 和图 4-46 所示。

又如，某工程钢网架支座节点深化设计模型如图 4-47 所示，基于 BIM 模型自动生成的施工图如图 4-48 所示。

图 4-44　构件加工

图 4-45　梁柱节点（二）

图 4-46　结构系统

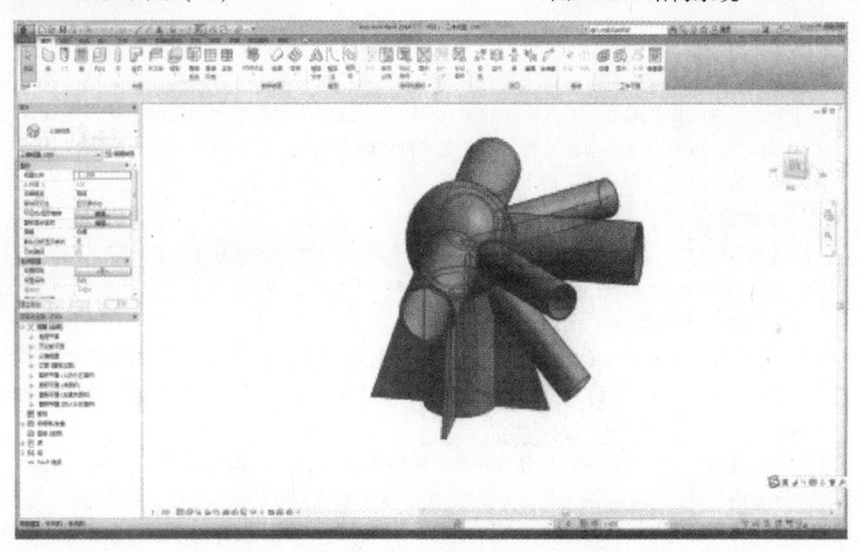

图 4-47　钢网架支座深化设计模型

完成的钢结构深化图在理论上是没有误差的，可以保证钢构件精度达到理想状态。统计选定构件的用钢量，并按照构件类别、材质、构件长度进行归并和排序，同时还输出构件数量、单重、总重及表面积等统计信息。

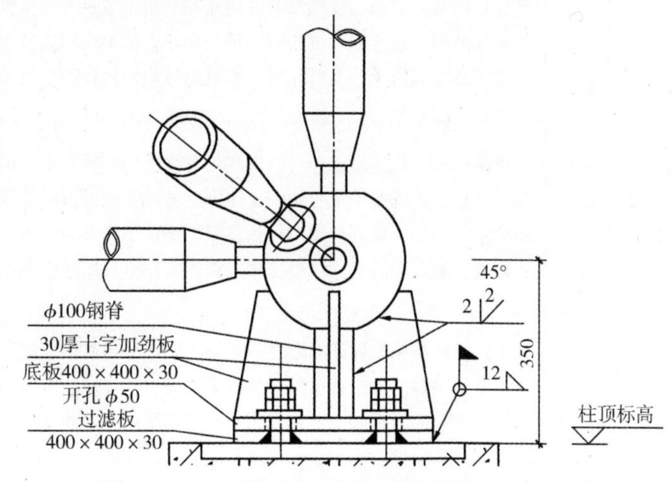

图 4-48　BIM 模型生成网架支座深化设计施工图

通过 3D 建模的前三个阶段，我们可以清楚地看到钢结构深化设计的过程就是参数化建模的过程，输入的参数作为函数自变量

（包括杆件的尺寸、材质、坐标点、螺栓、焊缝形式、成本等）及通过一系列函数计算而成的信息和模型一起被存储起来，形成了模型数据库集，而第四个阶段正是通过数据库集输出形成的结果。可视化的模型和可结构化的参数数据库，构成了钢结构 BIM，我们可以通过变更参数的方式方便地修改杆件的属性，也可以通过输出一系列标准格式（如 IFC、XML、IGS、DSTV 等），与其他专业的 BIM 进行协同，更为重要的是成为钢结构制作企业的生产和管理数据源。

采用 BIM 技术对钢网架复杂节点进行深化设计，提前对重要部位的安装进行动态展示、施工方案预演和比选，实现三维指导施工，从而更加直观化地传递施工意图，避免二次返工。

深化设计的数据需要为后续加工和虚拟拼装服务，深化设计内容见表 4-1。

表 4-1 深化设计内容

类别	内容
标准化编号	所有构件在三维建模时会被赋予一个固定的 ID 识别号，这个号码在整个系统中是唯一的，它可以被电子设备识别。但是在这个过程中也不可避免地需要加入工程师的活动，这就需要编列同时便于为人识别的构件编号。通过构件的编号可以让工程师快速找到该构件的所在位置或者相邻构件的识别信息。编号系统必须通过数字和英文字母的组合表述出以下内容（根据实际情况取舍） ①建筑区块 ②轴线位置 ③高程区域 ④结构类型（主结构、次结构、临时连接等） ⑤构件类型（梁、柱、支撑等） 例如，某工程复杂的单片网壳结构使深化设计、构件加工和拼接安装都面临严峻的考验。首当其冲的就是编号系统的建立，方便识别的编号将有助于优化生产计划和拼装安排，从而提高施工的效率 “细胞墙”结构中的钢构件分为两类：节点和杆件。节点的编号由三部分构成：高程、类型和轴线。整个工程以“米”为单位划分高程，每个节点所在高度的整数位作为编号的第一部分；而节点的类型分为普通、边界和特殊，分别对应“N”“S”和“SP”，作为节点编号的第二部分；整个弧形墙沿着弧面设置竖向轴线，节点靠近的轴线编号就作为节点编号的第三部分。建立了这样的编号系统，所有参与的工程师都能够快速找到指定节点所在位置，甚至不必去翻阅布置展开图 杆件的编号系统就可以相对简单一些：直接串联两边节点编号。通过杆件上的编号，既能够知道两边节点是哪两个，又可以通过节点编号辨别杆件的位置，如图 4-49 所示
关键坐标数据记录	虽说经过三维建模已经可以得到所有构件的空间关系，但是如果能在构件信息列表里加入控制点理论坐标，则既便于工程师快速识别，又能够辅助后续工作。坐标点的选取应根据实际情况的需要而确定，例如，规则的梁和柱往往只需要记录端部截面中点即可，而复杂节点就比较适合选择与其他构件接触面上的点。这些坐标数据需要被有规则地排列以便于调取
数据平台架设	BIM 应用与深化设计的融合不单是建立模型和数据应用，还需要在管理上体现融合的优势。建立一个数据平台，这个数据平台不仅要作为文件存储的服务器，也要为团队协作和参与单位交流提供服务。所有的数据和文件的发布、更新都要第一时间让所有相关人员了解

二、BIM 钢结构工程数字化加工

1. 铸钢节点

首先，将各不相同的铸钢节点按一定的截面规格分解成标准模块，然后将标准模块按最终形状组合成模，再加以浇筑成型。这种创造性的改变对应于不同形式的节点，需加工不同模型的思路，可大大节省模型制作时间及费用，非常适合类似阳光谷这种具有一定量化且又不尽一致的铸钢节点。

其次，采用高密度泡沫塑料压铸成标准模块，利用机器人技术进行数控切割和数控定位组合成模，可大大提高模型的制作加工精度及效率，如图 4-50 和图 4-51 所示。

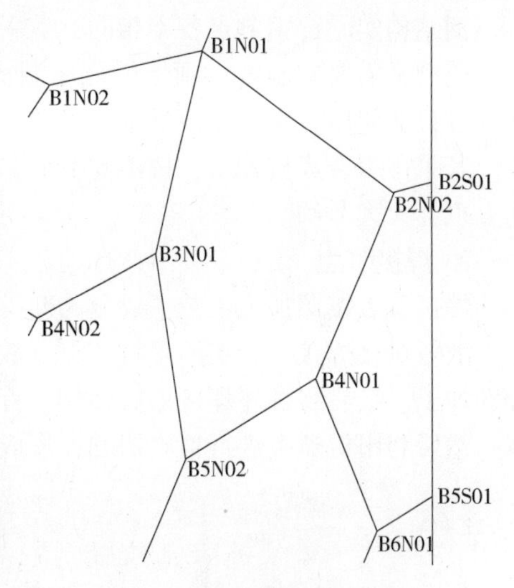

图 4-49　节点编号示意图

图 4-50　泡沫塑料块

图 4-51　机器人数控切割

然后，采用熔模精密铸造工艺（消失模技术），提高铸件尺寸精度和表面质量。一般的砂型铸造工艺无论尺寸精度还是表面质量都达不到阳光谷要求，且节点形状复杂，难以进行全面机械加工。选择熔模精密铸造工艺，如图 4-52 和图 4-53 所示。

图 4-52　节点泡沫塑料模型

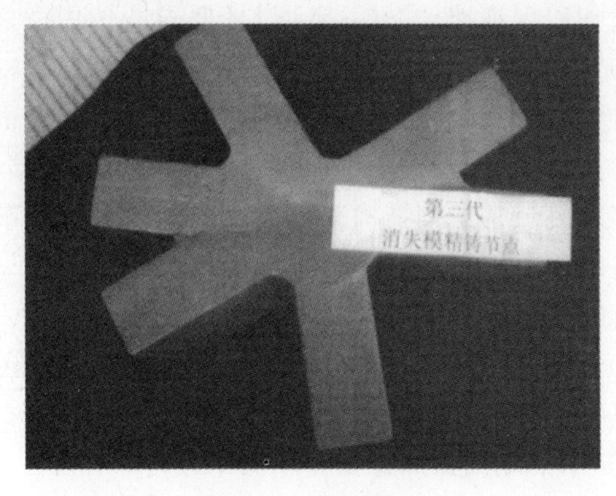

图 4-53　铸钢节点

钢结构实心铸钢节点各不相同，若采用传统的模型制作工艺，需加工相同数量的模型。每个模型都需要先制作一副铝模再压制成蜡模或塑料模型，通常每副铝模制作周期约 2 星期，且只能使用一次，光模型制作时间对工程进度来说就是相当大的制约，无法满足施工要求。若采用组合成模技术，按不同截面划分为 12 种形式，则节省模具数量和模具费用，时间上也会大大节约。

2. 焊接节点

焊接节点按照加工工艺主要分为两类：散板拼接焊接节点和整板弯扭组合焊接节点。

散板拼接焊接节点主要是将节点分散为中心柱体和四周牛腿两大部分，如图 4-54 所示，分别加工，最后组拼并焊接形成整体。首先将节点的每个牛腿按照截面特性做成矩形空心块体，然后利用机器人进行精确切割，形成基础组拼件。

a）

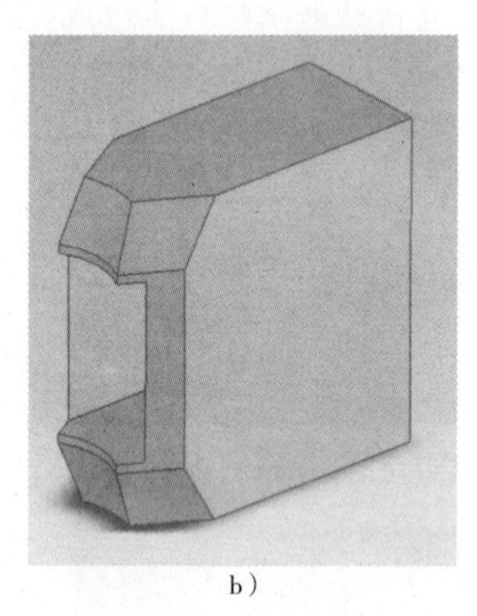

b）

图 4-54　散板拼接焊接节点

a）节点散件　b）加工过的节点牛腿

在完成了节点所有基础组拼件的加工后，需要组拼并焊接，形成完整节点。如图 4-55 所示，焊接主要分为两个步骤：打底焊以及后期填焊；整个过程必须保证焊接的连续性和均匀性。整板弯扭焊接主要是将节点的上下翼缘板分别作为一个整体，利用有关机械进行弯扭以保证端部能够达到设计要求的位置，之后再将节点的腹板和构造板件组合进行整体焊接。

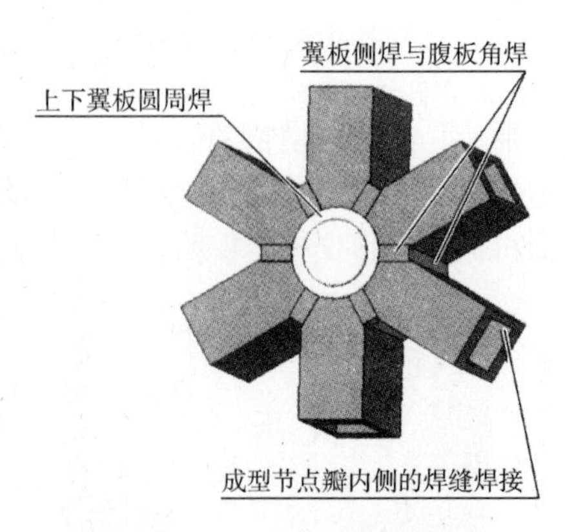

图 4-55　节点焊缝示意图

在完成节点的制作过程以后需要对节点的断面进行机加工处理。阳光谷作为曲面、异型精细钢结构，其加工精度较常规钢结构来说要求更高。尤其是节点牛腿各端面，其精度将直接影响到安装的精确性。这一指标需要作为重点控制内容。

1）节点在组装、焊接、机加工与三坐标检测时采用统一基准孔和面，在加工过程中应保护基准面与孔不损坏。

2）节点端面机加工在专用机床进行，在加工前仔细对节点编号与加工数据编号进行校合，核对准确后按节点加工顺序规定加工。若采用五轴数控机床，其经济性和加工周期难以保证，因而采用设计的专用机床，既保证了加工精度，也保证了加工周期，如图 4-56 所示。

图 4-56　端面加工专用机床

钢结构工程，加工过程实现数字化精密加工，成本会逐渐下降，以后 BIM 与数字化加工的整合也将普及。

第六节　BIM 在机电设备工程中的深化设计及数字化加工

一、BIM 机电设备安装深化设计

（1）机电管线全方位冲突碰撞检测

利用 BIM 技术建立三维可视化的模型，在碰撞发生处可以实时变换角度进行全方位、多角度的观察，便于讨论修改，这是提高工作效率的一大突破。BIM 使各专业在统一的建筑模型平台上进行修改，各专业的调整实时显现，实时反馈。

BIM 技术应用下的任何修改体现在：其一，能最大程度地发挥 BIM 所具备的参数化联动特点，从参数信息到形状信息各方面同步修改；其二，无改图或重新绘图的工作步骤，更改完成后的模型可以根据需要生成平面图、剖面图以及立面图。与传统利用二维方式绘制施工图相比，在效率上的巨大差异一目了然。为避免各专业管线碰撞问题，提高碰撞检测工作效率，推荐采用图 4-57 所示的流程进行实施。

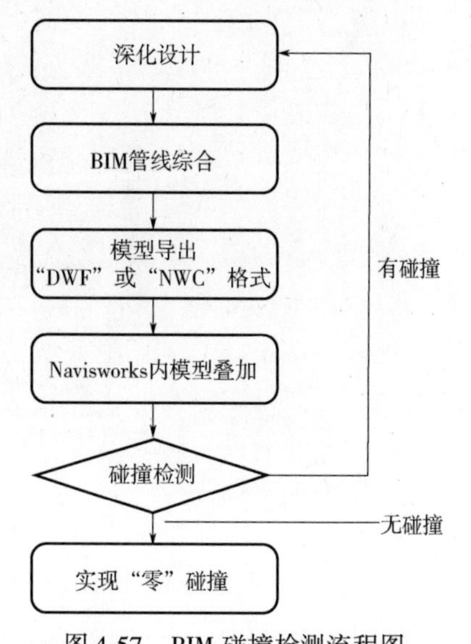

图 4-57　BIM 碰撞检测流程图

①将综合模型按不同专业分别导出。模型导出格式为 DWF 或 NWC 的文件。

②在 Navisworks 软件里面将各专业模型叠加成综合

管线模型进行碰撞检测，图 4-58 所示为某工程 BIM 机电综合管线碰撞检测。

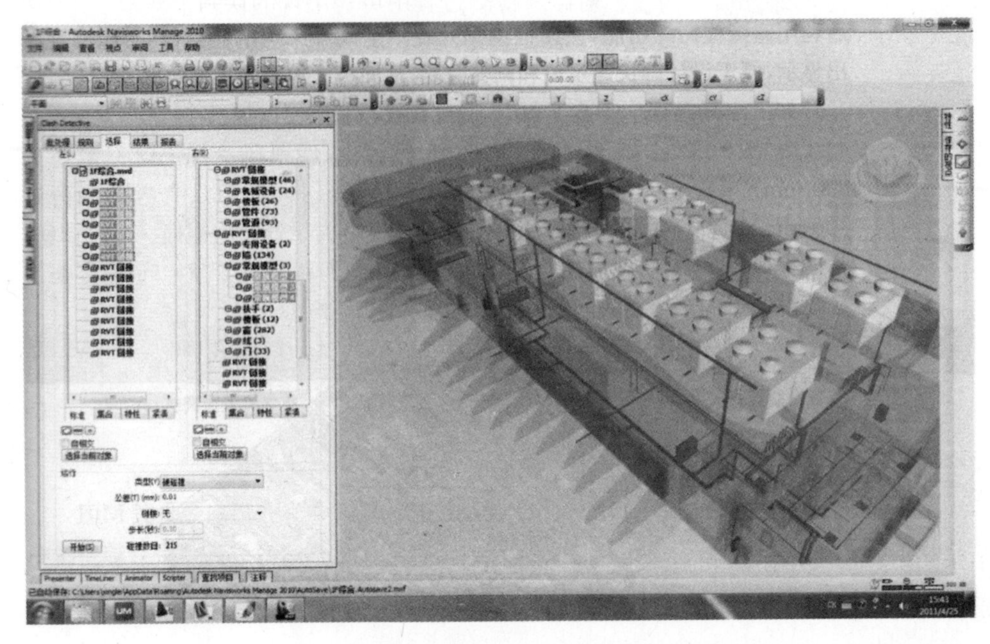

图 4-58　某工程 BIM 机电综合管线碰撞检测

③根据碰撞结果回到 Revit 软件里对模型进行调整。

④将调整后的结果反馈给深化设计员；深化设计员调整深化设计图，然后将图纸返回给 BIM 设计员；最后 BIM 设计员将三维模型按深化设计图进行调整，碰撞检测。

如此反复，直至碰撞检测结果为“零”碰撞为止。图 4-59 所示为某工程 BIM 机电综合管线调整至“零”碰撞后。

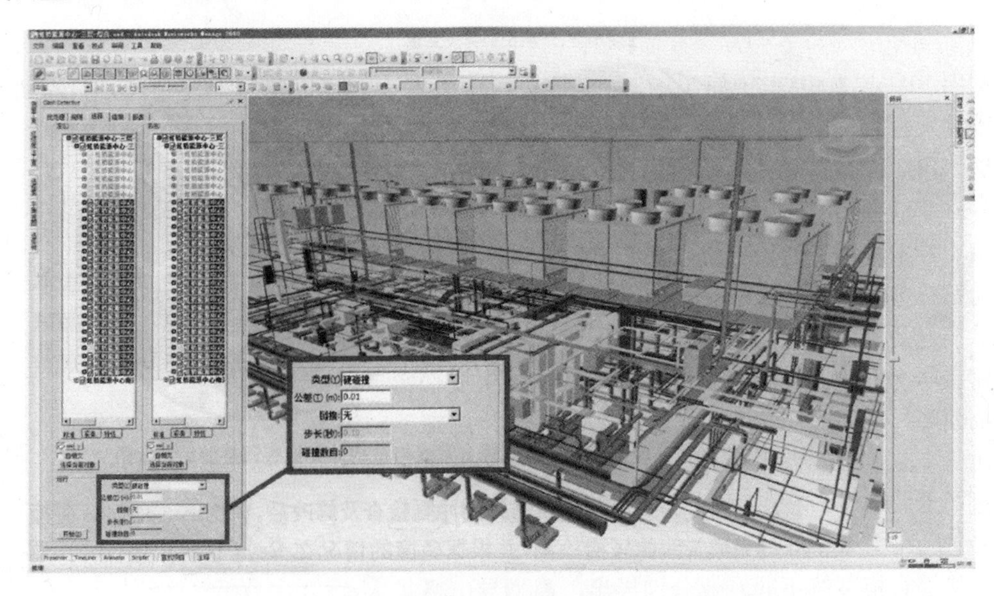

图 4-59　某工程 BIM 机电综合管线调整到“零”碰撞后

全方位碰撞检测时首先进行的应该是机电各专业与建筑结构之间的碰撞检测，在确保机电与建筑结构之间无碰撞之后再对模型进行综合机电管线间的碰撞检测。同时，根据碰撞检测结果对原设计进行综合管线调整，对碰撞检测过程中可能出现的误判，人为对报告进行审核调整，进而得出修改意见。

可以说，各专业间的碰撞交叉是深化设计阶段中无法避免的一个问题，但运用 BIM 技术则可以通过将各专业模型汇总到一起之后利用碰撞检测的功能，快速检测到并提示空间某一点的碰撞，同时以高亮做出显示，便于设计师快速定位和调整管路，从而极大地提高工作效率。

又如某改造工程中，通过管线与基础模型的碰撞检查，发现梁与管线处有上百处的错误。在图 4-60 所示中，四根风管排放时只考虑到 300mm × 750mm 的混凝土梁，将风管贴梁底排布，但没有考虑到旁边 400mm × 1200mm 的大梁，从而使得风管在经过大梁处时发生碰撞。通过调整，将四根风管下调，将喷淋主管贴梁底敷设，不仅解决了风管撞梁问题，还解决了喷淋管道的布留摆放问题，如图 4-60 所示。

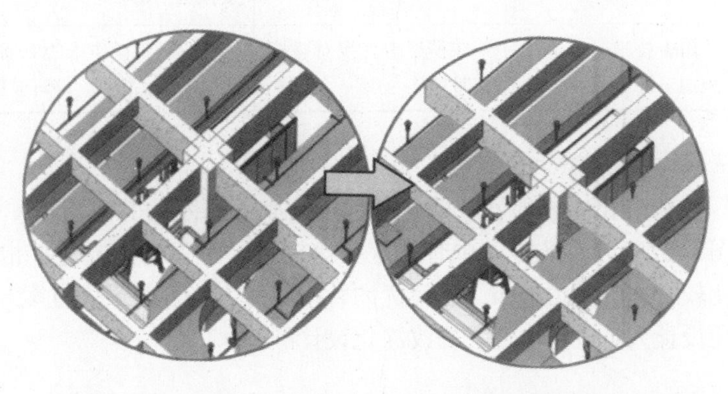

图 4-60　某工程机电综合管线与结构冲突检查调整前后对比图

该项目待完成机电与建筑结构的冲突检查及修改后，利用 Navisworks 碰撞检测软件完成管线的碰撞检测，并根据碰撞的情况在 Revit 软件中进行一一调整和解决。

一般根据以下原则解决碰撞问题：小管让大管、有压管让无压管、电气管在水管上方、风管尽量贴梁底、充分利用梁内空间、冷水管道避让热水管道、附件少的管道避让附件多的管道、给水管在上排水管在下等原则。

同时也须注意有安装坡度要求的管路，如除尘、蒸汽及冷凝水，最后综合考虑疏水器、固定支架的安装位置和数量应该满足规模要求和实际情况的需求，通过对管道的修改消除碰撞点。

调整完成之后会对模型进行第二次的检测，若有碰撞则继续进行修改，如此反复，直至最终检测结果为“零”碰撞，如图 4-61 所示。

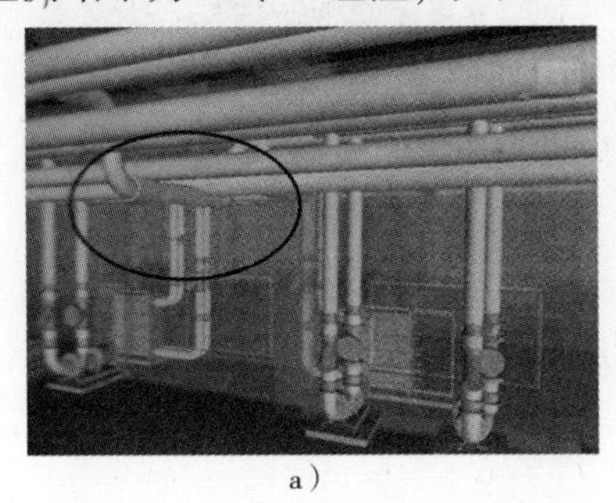

a）

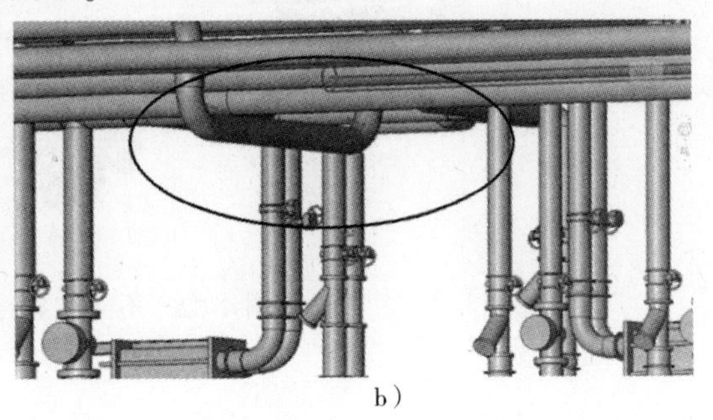

b）

图 4-61　某工程机电综合管线间冲突检查调整前后对比图

a）冲突检查调整前　b）冲突检查调整后

BIM 技术的应用在碰撞检测中起到了重大作用，其在机电深化碰撞检测中的优越性主要见表 4-2。

表 4-2 碰撞检测工作应用 BIM 技术前后对比

	工作方式	影响	调整后工作量
传统碰撞检测工作	各专业反复讨论、修改、再讨论，耗时长	调整工作对同步操作要求高，牵一发动全身——工程进度因重复劳动而受拖延，效率低下	重新绘制各部分图样（平、立、剖面图）
BIM 技术下的碰撞检测工作	在模型中直接对碰撞实时调整	简化异步操作中的协调问题，模型实时调整，统一、即时显现	利用模型按需生成图样，无须进行绘制步骤

（2）方案对比

利用 BIM 软件可进行方案对比，通过不同的方案对比，选择最优的管线排布方式。如图 4-62 所示，方案一中管道弯头比较多，布置略显凌乱；相比较而言，方案二中管道布置比较合理，阻力较小，是最优的管线布置方式。若最优方案与深化设计图有出入，则可与深化设计人员进行沟通，修改深化设计图。

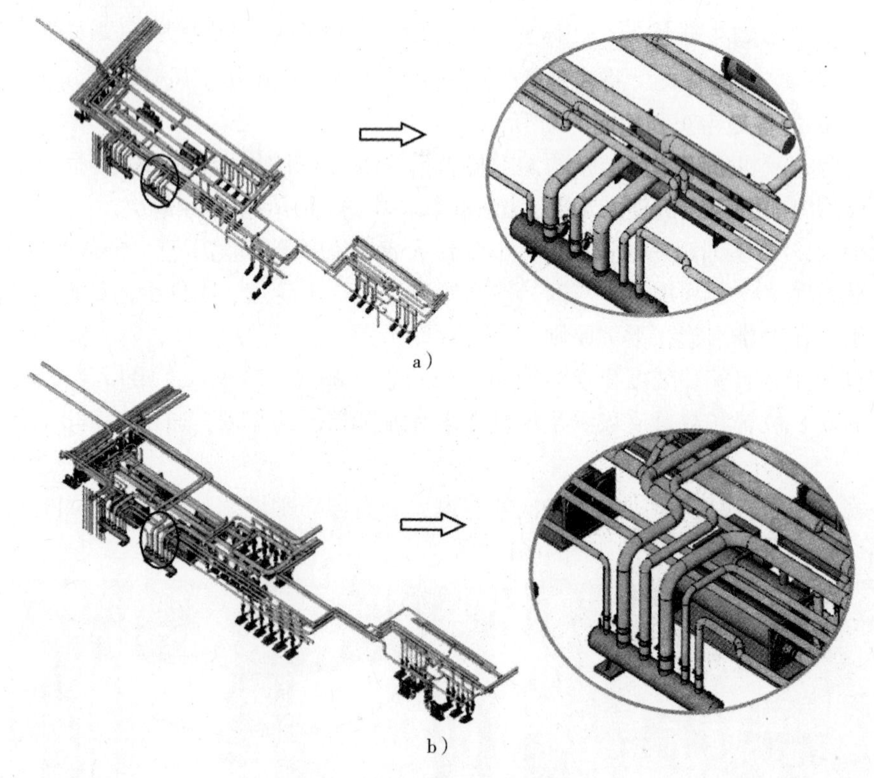

图 4-62 不同方案的对比图

a）方案一 b）方案二

（3）空间合理布留

管线综合是一项技术性较强的工作，不仅可利用它来解决碰撞问题，同时也能考虑到系统的合理性和优化问题。当多专业系统综合后，个别系统的设备参数不足以满足运行要求时，可及时作出修正，对于设计中可以优化的地方也可尽量完善。

图 4-63 是提升冷冻机房净高的示意图，图中通过空间优化手段，将原来净高 3100mm 提升到 3450mm。最终，冷冻机房不仅实现零碰撞，还通过 BIM 空间优化后使得空间得到提升。在一般的深化过程中只对管线较为复杂的地方绘制剖面，但对于部分未剖切到的地方，是否能够保证局部吊顶高度？是否考虑到操作空间？这些都是深化设计人员应考虑的问题。

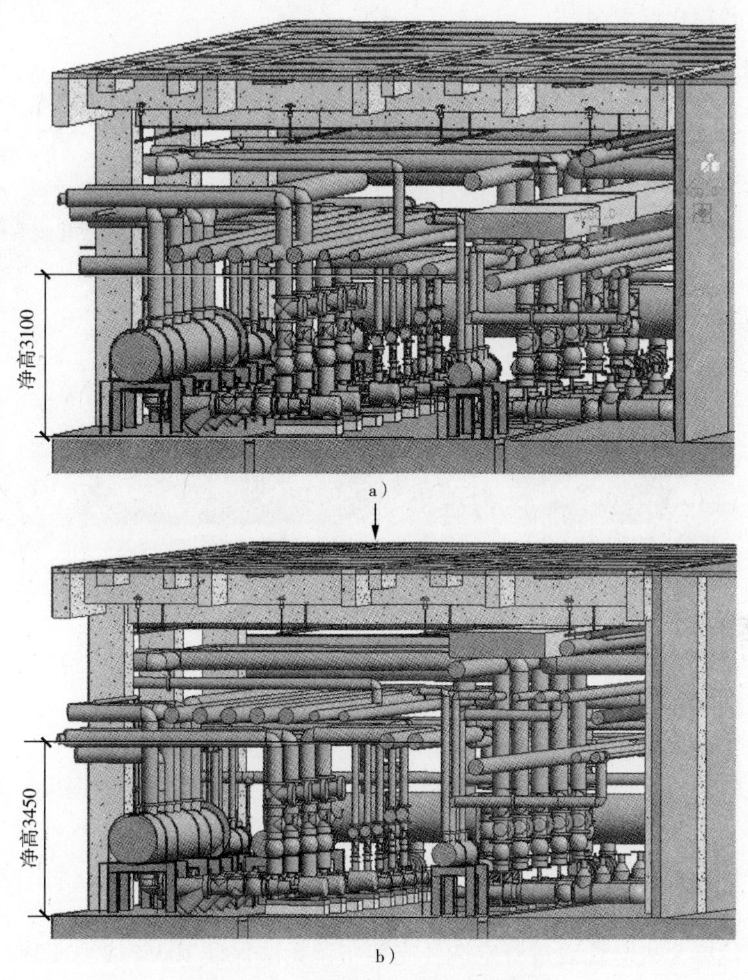

图 4-63 空间调整方案前后对比图

a）调整方案前 b）调整方案后

空间优化、合理布留的策略是在不影响原管线机能及施工可行性的前提下，将机电管线进行适当调整。这类空间优化正是通过 BIM 技术应用中的可视化设计实现的。深化设计人员可以任意角度查看模型中的任意位置，呈现三维实际情况，弥补个人空间想象力及设计经验的不足，保证各深化区域的可行性和合理性，而这些在二维的平面图上是很难实现的。

（4）精确留洞位置

凭借 BIM 技术三维可视化的特点，BIM 模型能够直观地表达出需要留洞的具体位置，不仅不容易遗漏，还能做到精确定位，有效解决深化设计人员出留洞图时的诸多问题。同时，出图质量的提高也省去了改图返工的时间，大大提高深化出图效率。

利用 BIM 技术可以巧妙地运用 Navisworks 的碰撞检测功能，不仅能发现管线和管线间的撞点，还能利用这点快速、准确地找出需要留洞的地方。图 4-64 所示为上海某超高层项目工程 BIM 模型，在该项目中，BIM 技术人员通过碰撞检测功能确定留洞位置，此种方法的好处在于，不用一个一个在 Revit 软件中找寻留洞处，而是根据软件碰撞结果，快速、准确地找到需要留洞区域，解决漏留、错留、乱留的问题，有效辅助了深化设计人员出图，提高了出图质量，省去了大量改图的时间，提高了深化出图效率。图 4-65 所示为按 BIM 模型精确定位后所出的深化留洞图。

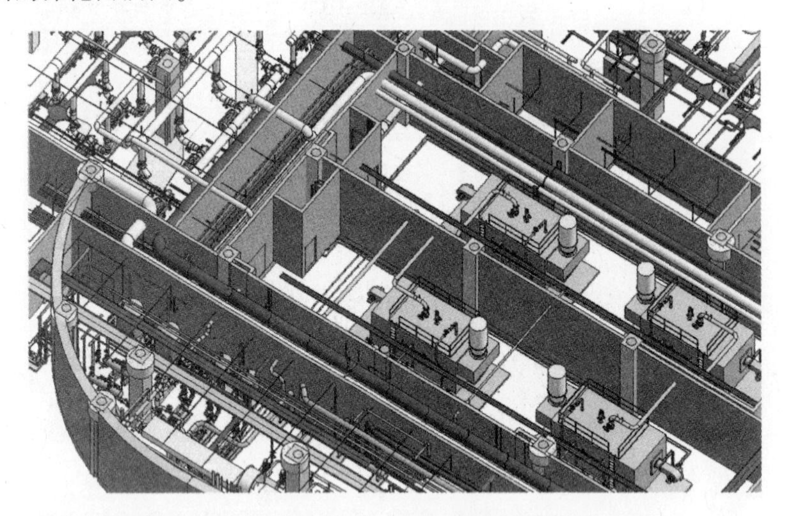

图 4-64　某超高层项目工程 Navisworks 中 BIM 机电模型

（5）精确支架布留预埋位置

在机电深化设计中，支架预埋布留是极为重要的一部分。在管线情况较为复杂的地方，经常会存在支架摆放困难、无法安装的问题。对于剖面未剖到的地方，支架是否能够合理安装，符合吊顶标高要求，满足美观、整齐的施工要求就显得尤为重要。

其次，从施工角度而言，部分支架在土建阶段就需在楼板上预埋钢板，如冷冻机房等管线较多的地方，支架为了承受管线的重量需在楼板进行预埋，但在对机电管线未仔细考虑的情况下，具体位置无法控制定位，现在普遍采用“盲打式”预埋法，在一个区域的楼板上均布预留。其中存在着如下几个问题：

①支架并没有为机电管线量身定造，支架布留无法保证 100% 成功安装。

②预埋钢板利用率较低，管线未经过地方的预埋钢板造成大量浪费。

③对于局部特殊要求的区域可变性较小，容易造成无法满足安装或吊顶的要求。

针对以上几个问题，BIM 模型可以模拟出支架的布留方案，在模型中就可以提前模拟出施工现场可能会遇到的问题，对支架具体的布留摆放位置给予准确定位。

特别是剖面未剖到、未考虑到的地方，在模型中都可以形象具体地进行表达，确保 100% 能够满足布留及吊顶高度要求。同时，按照各专业设计图、施工验收规范、标准图集要求，可以正确选用支架形式、间距、布置及拱顶方式。

对于大型设备、大规格管道、重点施工部分进行应力、力矩验算，包括支架的规格、长度，固定端做法，采用的膨胀螺栓规格，预埋件尺寸及预埋件具体位置，这些都能够通过 BIM 模型直观反映，通过模型模拟使得出图图样更加精细。

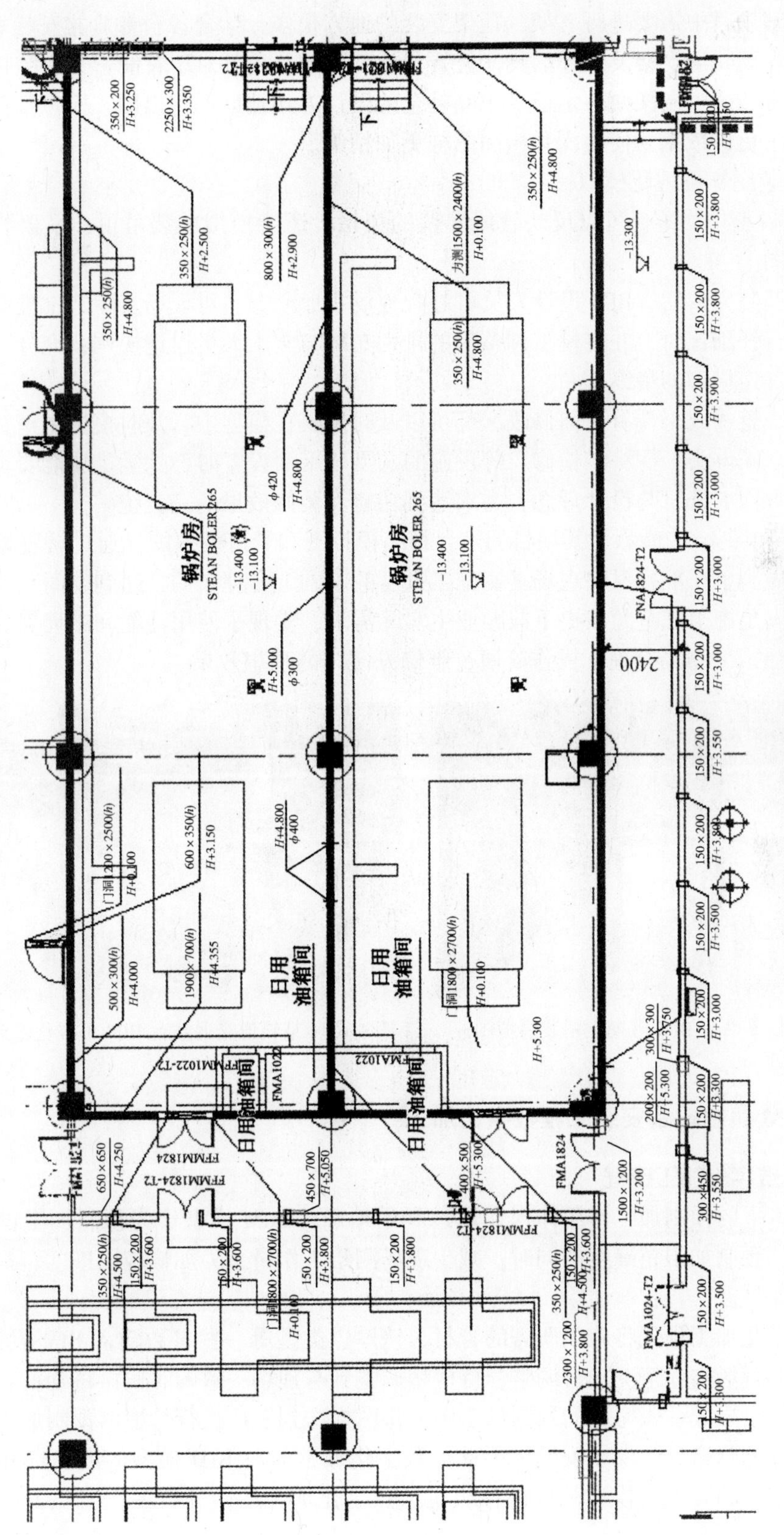

图4-65　某超高层项目工程BIM模型精确定位留洞图

例如，某项目中需要进行支架、托架安装的地方很多，结合各个专业的安装需求，通过BIM 模型直观反映出支架及预埋的具体位置及施工效果，尤其对于管线密集、结构突兀、标高较低的地方，通过支架两头定位、中间补全的设计方式辅助深化出图，模拟模型，为深化的修改提供了良好依据，使得深化出图图样更加精细。

（6）精装图样可视化模拟

在 BIM 模型中，不仅可以反映管线布留的关系，还能模拟精装吊顶，吊顶装饰图也可根据模型出图。

在模型调整完成后，BIM 设计人员可赶赴现场实地勘查，对现场实际施工进度和情况与所建模型进行详细比对，并将模型调整后的排列布局与施工人员讨论协调，充分听取施工人员的意见后确定模型的最终排布。

一旦系统管线或末端有任何修改，都可以及时反映在模型中，及时模拟出精装效果，在灯具、风口、喷淋头、探头、检修口等设施的选型与平面设置时，除满足功能要求外，还可兼顾精装修方面的选材与设计理念，力求达到功能和装修效果的完美统一。

图 4-66 和图 4-67 所示为某项目的站台精装模拟图和管道模拟图，通过调整模型和现场勘查对比，做到了在准确反映现场真实施工进度的基础上合理布局，达到空间利用率最大化的要求；在满足施工规范的前提下兼顾业主实际需求，实现了使用功能和布局美观的完美结合，最终演绎了“布局合理、操作简便、维修方便”的理想效果。

图 4-66　某站台 BIM 可视化精装模拟图

图 4-67　某轨道交通站台 BIM 可视化管道模拟图

二、BIM 机电设备安装工程数字化加工

1. 机电数字化加工流程

BIM 技术下的预制加工作用体现在通过利用精确的 BIM 模型作为预制加工设计的基础模型，在提高预制加工精确度的同时，减少现场测绘工作量，为加快施工进度、提高施工质量提供有力保证。

管道数字化加工预先将施工所需的管材、壁厚、类型等一些参数输入 BIM 设计模型中，再将模型根据现场实际情况进行调整，待模型调整到与现场一致的时候再将管材、壁厚、类型和长度等信息导成一张完成的预制加工图，将图样送到工厂进行管道的预制加工，实际施工时将预制好的管道送到现场安装。因此，数字化加工前对 BIM 模型的准确性和信息的完整性提出了较高的要求，模型的准确性决定了数字化加工的精确程度，主要工作流程如图4-68所示。

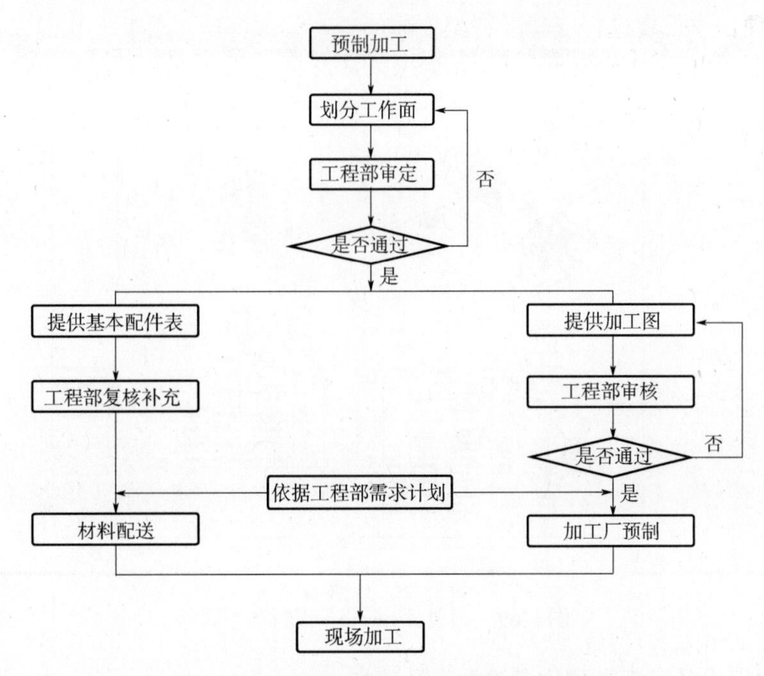

图 4-68　BIM 机电设备安装数字化加工协作流程图

由图 4-68 可以发现，数字化加工需由项目 BIM 深化技术团队、现场项目部及预制厂商在准备阶段共同参与讨论，根据业主、施工要求及现场实际情况确定优化和预制方案，将模型根据现场实际情况及方案进行调整，待模型调整到与现场一致时再将管材、壁厚、类型和长度等信息导出为预制加工图，交由厂商进行生产加工。其考虑及准备的内容不应仅仅是 BIM 管道、管线等主体部分的预制，还包括预制所需的配件，并要求按照规范提供基本配件表。

同时，无论加工图或是基本配件表均需通过工程部审核、复核及补充，并根据工程部的需求计划进行数字化加工，才能够有效实现将 BIM 和工程部计划相结合。

待整体方案确定后制作一个合理、完整又与现场高度一致的 BIM 模型，把它导入预制加工软件中，通过必要的数据转换、机械设计以及归类标注等工作，实现把 BIM 模型转换为数字化加工设计图，指导工厂生产加工。

管道预制过程的输入端是管道安装的设计图，输出端是预制成形的管段，交付给安装现场进行组装。

如某项目，由于场地非常狭窄，各系统大量采用工厂化预制，为了加快进度和提高管道的预制精度，该项目在 BIM 模型数据综合平衡的基础上，为各专业提供了精确的预制加工图。项目中采用了 Inventor 软件作为数字化加工的应用软件，成功实现将三维模型导入到软件中制作成数字化预制加工图，如图 4-69 所示。具体过程如下所示：

1）将 Revit 模型导入 Inventor 软件中。

2）根据组装顺序在模型中对所有管道进行编号，并将编号结果与管道长度编辑成表格形式。编号时在总管和支管连接处设置一段调整段，以保证机电和结构的误差。另外，管段编号规则与二维编码或 RFID 命名规则应相配套。

3）将带有编号的三维轴测图与带有管道长度的表格编辑成图样并打印。

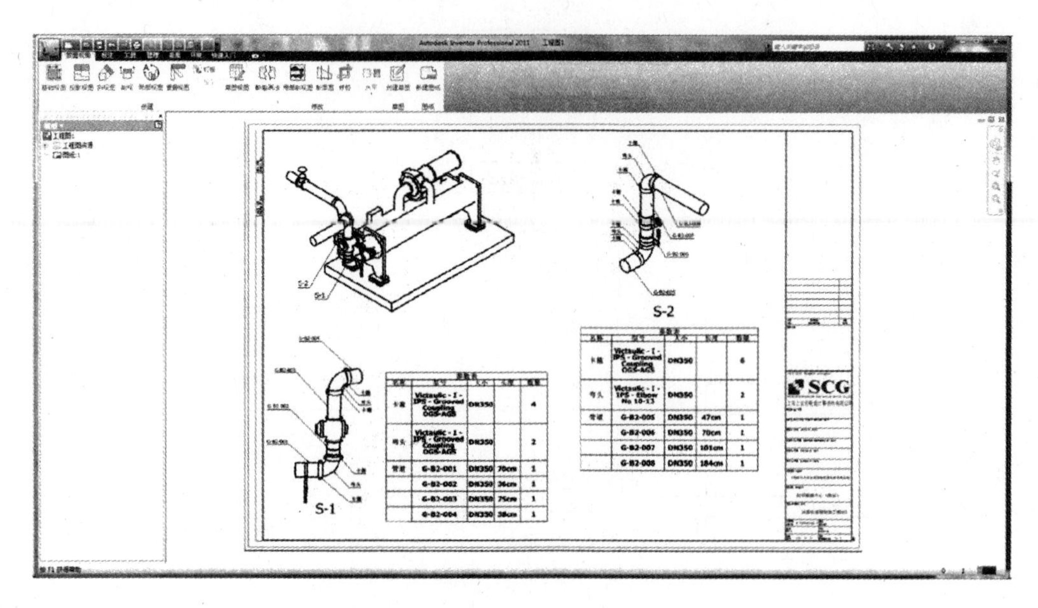

图 4-69　某项目 Inventor 预制加工图

2. BIM 机电设备安装数字化测绘复核及放样

现场测绘复核放样技术能使 BIM 建模更好地指导现场施工，实现 BIM 的数字化复核及建造。

通过把现场测绘技术运用于机电管线深化、数字化预制复核和施工测绘放样之中，可为机电管线深化和数字化加工质量控制提供保障。

同时运用现场测绘技术可将深化图的信息全面、迅速、准确地反映到施工现场，保证施工作业的精确性、可靠性及高效性。现场测绘放样技术在项目中主要可实现以下两点：

（1）减少误差，精确设计

所以通过先进的现场测绘技术不仅可以实现数字化加工过程的复核，还能实现 BIM 模型与加工过程中数据的协同和修正。

同时，由于测绘放样设备的高精度性，在施工现场通过仪器可测得实际建筑、结构专业的一系列数据，通过信息平台传递到企业内部数据中心，经计算机处理可获得模型与现场实际施工的准确误差。通过现场测绘可以将核实、报告等以电子邮件形式发回以供参考。按照现场传送的实际数据与 BIM 数据的精确对比，根据差值可对 BIM 模型进行相应的修改调整，实现模型与现场高度一致，为 BIM 模型机电管线的精确定位、深化设计打下坚实基础，也为预制加工提供有效保证。

对于修改后深化调整部分，尤其是之前测量未涉及的区域将进行第二次测量，确保现场建筑结构与 BIM 模型以及机电深化图相对应，保证机电管线综合可靠性、准确性和可行性，完美实现无须等候第三方专家，即可通过发送和接收更新设计及施工进度数据，高效掌控作业现场。

例如某超高层建筑，其设备层桁架结构错综复杂，同时设备层中还具有多个系统和大型设备，机电管线只能在桁架钢结构有限的三角空间中进行排布，机电深化设计难度非常之大，钢结构现场施工桁架角度发生偏差或者高度发生偏移，轻则影响到机电管线的安装检修空间，重则会使机电管线无法排布，施工难以进行。需要通过 BIM 技术建立三维模型并运用现场测绘技术对现场设备层钢结构，尤其是桁架区域进行测绘，以验证该项目钢结构设计与施工的精确性。如图 4-70、图 4-71 所示为设备层某桁架的测量点平面布置图及剖面图，图中标识的点为对机电深化具有影响的关键点。

通过对设备层所有关键点的现场测绘，得到数据表并进行设计值和测定值的误差比对，见表 4-3 和表 4-4。

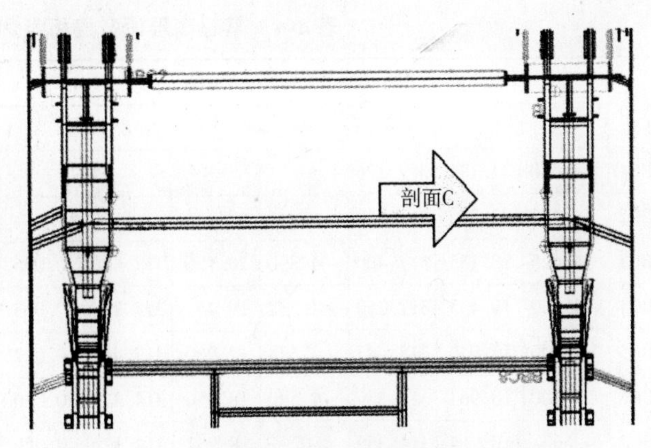

图 4-70　某超高层设备层桁架 BIM 模型中测绘标识点平面布置图

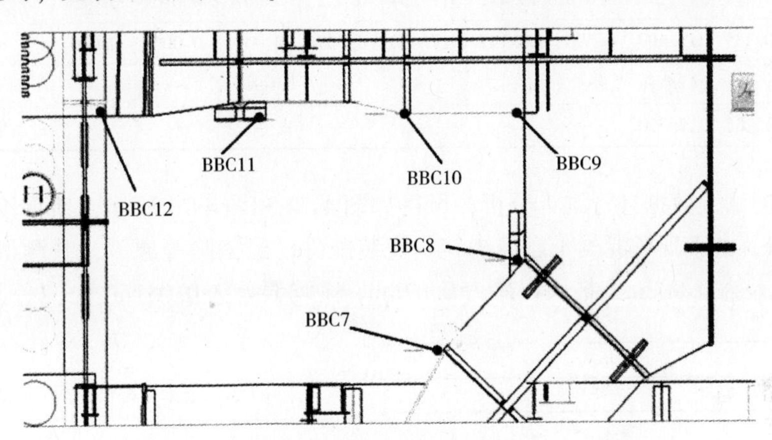

图 4-71　某超高层设备层桁架测绘标识点剖面图

表 4-3　某超高层设备层桁架测绘结果数据 1　（单位：m）

编号	设计值			测定值			误差值			净误差	备注
	X	*Y*	*Z*	*X*	*Y*	*Z*	*X*	*Y*	*Z*		
BHl1	4.600	−18.962	314.359	4.597	−18.964	314.361	0.003	0.002	0.002	0.004	基准点
BHl2	4.600	−17.939	315.443	4.572	−17.962	315.449	0.028	0.023	0.006	0.037	
BHl3	4.600	−19.435	317.250	4.576	−19.448	317.251	0.024	0.013	0.001	0.027	
BHl4	4.425	−20.135	317.400	4.397	−20.146	317.403	0.028	0.011	0.003	0.030	
BHl5	4.440	−21.191	317.176	—	—	—	—	—	—	—	辅助构件已割除
BHl6	4.425	−23.203	317.250	—	—	—	—	—	—	—	混凝土包围
BHl7	−4.600	−18.962	314.359	−4.584	−18.974	314.359	0.016	0.012	0.000	0.020	
BHl8	−4.600	−17.939	315.443	−4.602	−17.931	315.447	0.002	0.008	0.004	0.009	基准点
BHl9	−4.600	−19.435	317.250	−4.586	−19.443	317.260	0.014	0.008	0.010	0.019	
BHl10	−4.425	−20.135	317.400	−4.424	−20.135	317.440	0.001	0.000	0.040	0.040	
BHl11	−4.440	−21.191	317.176	—	—	—	—	—	—	—	辅助构件已割除
BHl12	−4.425	−23.203	317.250	—	—	—	—	—	—	—	混凝土包围

表 4-4 某超高层设备层桁架测绘结果数据 2 （单位：m）

编号	设计值			测定值			误差值			净误差	备注
	X	Y	Z	X	Y	Z	X	Y	Z		
BBC1	-4.440	21.191	317.176	—	—	—	—	—	—	—	辅助构件已割除
BBC2	-4.425	23.205	317.250	—	—	—	—	—	—	—	混凝土包围
BBC3	-4.425	20.135	317.400	-4.390	20.136	317.420	0.035	0.001	0.020	0.040	
BBC4	-4.600	19.435	317.250	-4.537	19.444	317.238	0.063	0.009	0.012	0.065	
BBC5	-4.600	17.940	315.443	-4.578	17.960	315.442	0.022	0.020	0.001	0.030	基准点
BBC6	-4.600	18.964	314.359	-4.540	18.956	314.379	0.060	0.008	0.020	0.064	
BBC7	4.600	18.964	314.359	4.629	18.952	314.379	0.029	0.012	0.020	0.037	
BBC8	4.600	17.940	315.443	4.584	17.949	315.440	0.016	0.009	0.003	0.019	基准点
BBC9	4.600	19.435	317.250	4.578	19.442	317.234	0.022	0.007	0.016	0.028	
BBC10	4.425	20.135	317.400	4.396	20.142	317.400	0.029	0.007	0.000	0.030	
BBC11	4.440	21.191	317.176	—	—	—	—	—	—	—	辅助构件已割除
BBC12	4.625	23.205	317.250	—	—	—	—	—	—	—	混凝土包围

利用得到的测绘数据进行统计分析，可得如图 4-72 和图 4-73 所示，项目该次测量共设计 64 个测量点，由于现场混凝土已经浇筑、安装配件已经割除等原因，共测得有效测量点 36 个，最小误差为 0.002m，最大误差为 0.076m，平均误差为 0.031m。

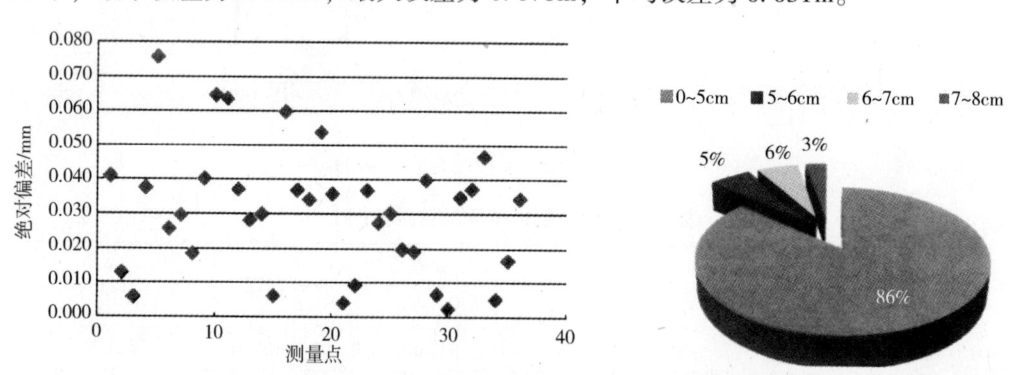

图 4-72 某超高层设备层桁架测绘结果误差离散图　图 4-73 某超高层设备层桁架测绘结果误差分布图

从图 4-72 中可看出，误差分布在 5cm 以下较为集中，共 31 个点；5 ~ 6cm 2 个点；6 ~ 7cm 2 个点，7 ~ 8cm 1 个点，为可接受的误差范围，故认为被测对象的偏差满足建筑施工精度的要求，可认为该设备层的机电管线深化设计能够在此基础上开展，并实现按图施工。

（2）高效放样，精确施工

现场测绘可保证现场能够充分实现按图施工、按模型施工，将模型中的管线位置精确定位到施工现场。例如，风管在 BIM 模型中离墙的距离为 500mm，通过创建放样点到现场放样，可以精确捕捉定位点，确保风管与墙之间的距离。管线支架按照图样 3m 一副的距离放置，以往采用的是人工拉线方式，现通过现场放样，确定放样点后设备发射激光于楼板显示定位点，施工人员在激光点处绘制标记即可，可高效定位、降低误差，如图 4-74 所示。

现场需对测试仪表进行定位，找到现场的基准点，即图样上的轴线位置，只要找到2个定位点，设备即可通过自动测量出这2个定位点之间的位置偏差从而确定现在设站位置。

确定平面基准点后还需要设定高度基准，现场皆已划定一米线，使用定点测量后就可获得。

通过现场测绘可以实现在BIM模型调整修改、确保机电模型无碰撞后，按模型使用CAD文件或3D BIM模型创建放样点。

同时将放样信息以电子邮件形式直接发送至作业现场或直接连接设备导入数据，实现现场利用电子图施工，最后在施工现场定位创建的放样点轻松放样，有效确保机电深化管线的高效安装、精确施工。

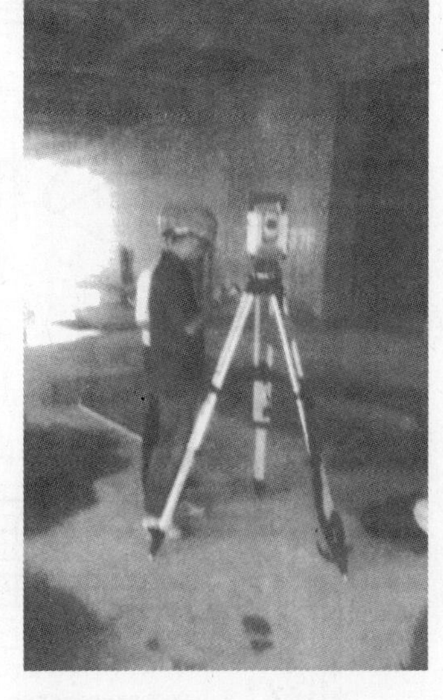

图4-74 某超高层现场测绘放样

3. 数字化物流

机电设备中具有管道设备种类多、数量大的特点，二维码和RFID技术主要用于物流和仓库存储的管理。现通过BIM平台下数字化加工预制管线技术和现场测绘放样技术的结合，对数字化物流而言更是锦上添花。

在现场的数字化物流操作中给每个管件和设备按照数字化预制加工图上的编号贴上二维码或者埋入RFID芯片，利用手持设备扫描二维码及芯片，信息即可立即传送到计算机上进行相关操作。

在数字化预制加工图阶段要求预制件编码与二维码命名规则配套，目的是实现预制加工信息与二维码信息间的准确传递，确保信息完整性。数字化建造过程中采用二维编码的应用项目，结合预制加工技术，对二维编码在预制加工中的新型应用模板、后台界面及标准进行开发、制定和研究，确保编码形式简单明了便利，可操作性强，如图4-75所示。利用二维码使预制配送、现场领料环节更加精确顺畅，确保突显出二维码在整体装配过程中的独特优势，加强后台参数信息的添加录入。

该项目通过二维码技术实现了以下几个目标：

①纸质数据转化为电子数据，便于查询。

②通过二维码扫描仪扫描管件上的二维码，可获取图样中的详细信息。

③通过二维码扫描可获取管配件安装具体位置、性能、厂商参数，包括安装人员姓名、安装时间等信息，并关联到BIM模型上。

二维码技术的应用，一方面确保了配送的顺利开展，保证了现场准确领料，以便预制化绿色施工顺利开展；另一方面确保了信息录入的完整性，从生产、配送、安装、管理、维护等各个环节，涉及生产制造、质量追溯、物流管理、库存管理、供应链管理等各个方面，对行业优化、产业升级、创新技术以及提升管理和服务水平具有重要意义。

二维码技术在预制加工的配套使用中开创了另一个新的应用领域。运用二维码技术可以实现预制工厂至施工现场各个环节的数据采集、核对和统计，保证仓库管理数据输入的效率和准确性，实现精准智能、简便有效的装配管理模式，也可为后期数据查询提供强有力的技术支持，开创数字化建造信息管理新革命。

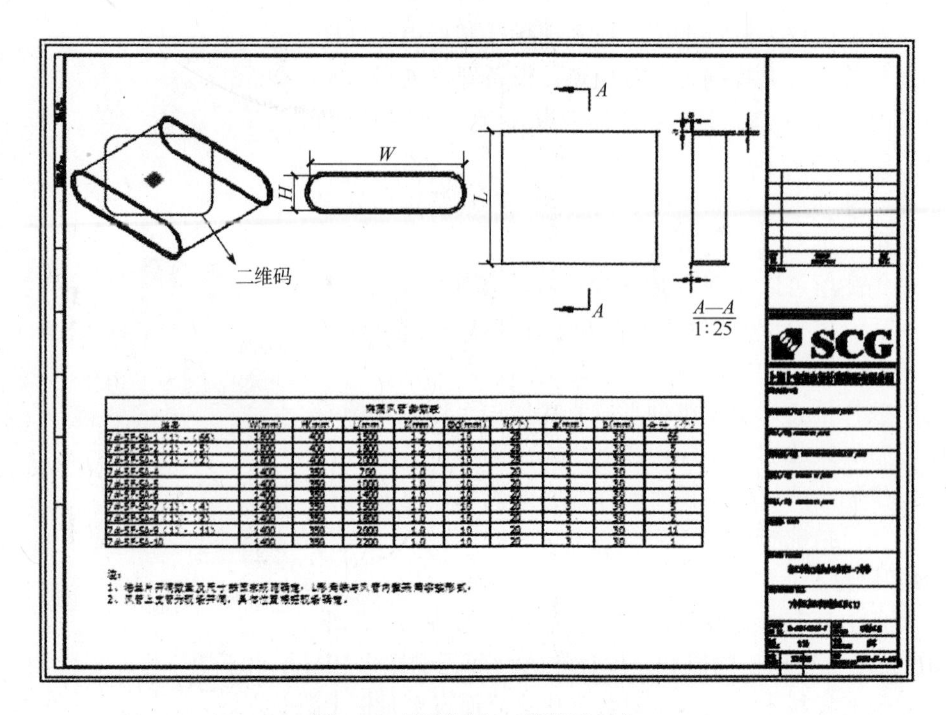

图 4-75 预制图与二维码相对应

三、BIM 机电设备深化设计案例

1. 项目介绍

某项目位于非洲北部某沿海城市，建筑面积 17300m^2，地下 2 层，地上 7 层，定位国际四星级酒店标准（见图 4-76）。项目初步设计由意大利 FABRIS&PARTNERS 完成，由中国建筑股份有限公司在该国的分公司承建。对建筑各专业深化设计要求十分严格，尤其是纷繁复杂的机电系统，传统二维深化设计手段已经无法满足项目精细化的需求，因此 BIM 技术在机电深化设计中的应用显得尤为重要。

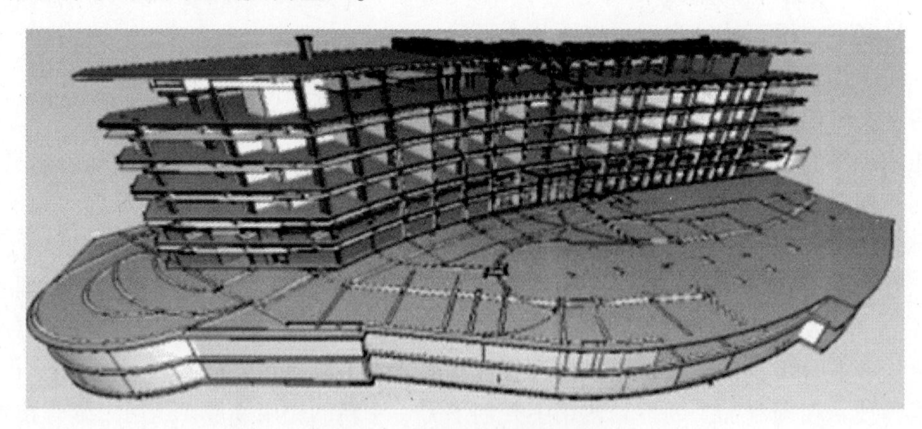

图 4-76 某项目整体效果模型

2. 深化流程（见图 4-77）

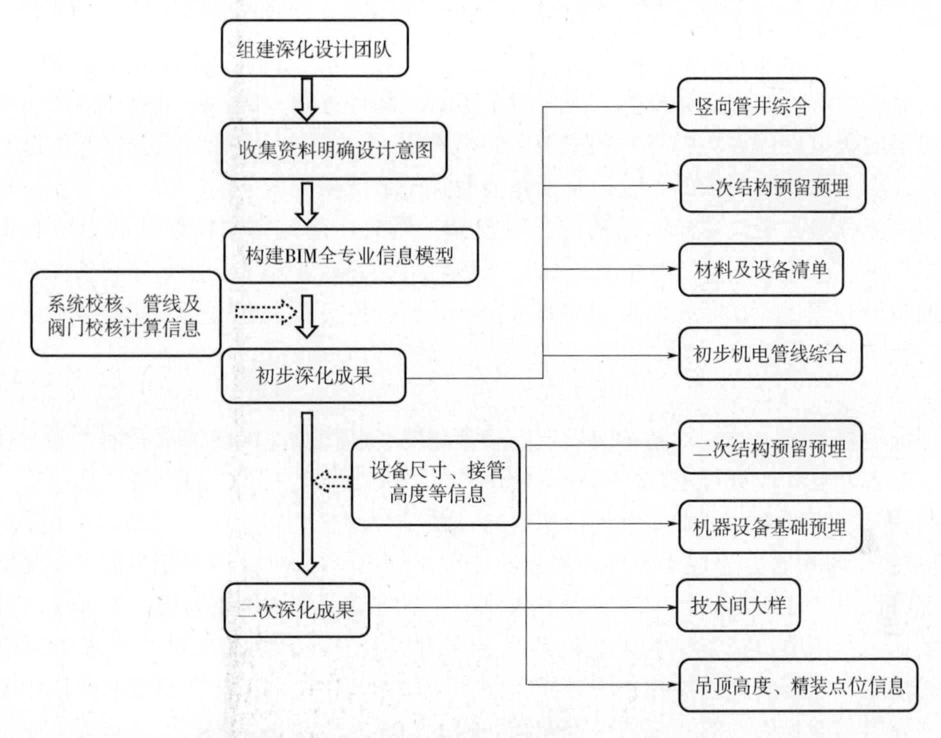

图 4-77　建筑机电深化设计的流程示意图

3. 深化设计中的难点

1）某项目设计方（监理方）、业主及承包商来自不同的国家，而且设计依据主要是欧洲标准，这无疑给深化设计增加了难度。首先，深化设计团队要对欧洲标准中的相关技术条款深入了解并能正确应用；其次，项目当地的一些地方规范和习惯做法也是深化设计的另一部分参考依据，这也需要团队成员能够灵活把握；最后，深化设计的深度和标准也是一项全新的挑战，因为不同的监理方要求不一样，所以即使是同一个地区同类型的项目也不能完全当作参考依据和设计过程的标本，只能是结合项目的相关技术条款和设计团队的理解来完成。

2）项目监理方明确表示严禁一次结构的二次开凿，这就要求机电一次结构预留预埋做到准确定位而且不能有遗漏，传统的深化设计手段已经不能满足该项目的基本要求。

3）项目的施工周期紧张，因此施工管理中的各个环节的正常运作方能保证项目整体的顺利推进。海外项目中机电专业的材料采购周期比较长，这就要求一次采购必须做到高效，进而要求机电专业必须及时准确地提供项目所需的材料和设备清单，以保证安装计划的顺利实施，这无疑又给深化设计增加了一大难题。

4. BIM 解决方案

（1）BIM 模型的创建

由于各专业的深化设计工作都在同步进行，所以建筑结构也没有准确的信息模型，因此在选用深化设计软件的时候必须要具备能简单搭建建筑结构模型并能随着建筑结构专业的深化成果及时更新的 BIM 软件，最终选用了日系软件 Rebro。

Rebro 是由日本株式会社 NYK 系统研究所开发的一款建筑机电专用设计软件。软件分建筑、结构、空调风管、空调水管、给水排水及消防、建筑电气等功能模块，可通过网络及时更新产品数据库或自建网外阀门管件和设备数据库。建筑、结构、机电相互联动，及时调整，通过易于理解的方式探讨模型，可按照业主需求制订策划方案；通过模型图片初步确定屋面或机房的机电设计方案，将有利于现场的顺利施工；通过三维管线综合可避免返工带来的高成本，促进协调将现场的不合理及铺张浪费降至最低限度。

建模的流程是先搭建建筑、结构的三维模型，然后在建筑结构模型基础上输入暖通空调、给水排水、电气、消防等专业管线信息，最后根据各专业要求及净高控制条件对管线进行合理的布局和优化。在管线综合调整的过程中会不断地更新机电模型，使得各专业管线排布更加合理。

（2）管线的干涉检查

在保证项目系统及功能的基本前提下，结合建筑、结构及室内装饰等其他专业的具体要求，对机电各专业管线进行综合协调和深化设计，遵循小管让大管、有压管让无压管、安装难度小的让安装难度大的基本原则进行初步的管线综合调整。完成初步调整以后再利用 Rebro 软件进行干涉检查，生成干涉检查清单，如图 4-78 所示。对应清单编号和 CG 模型实际干涉情况将机电专业内的问题沟通协商消化掉并在三维模型中做调整处理，而涉及与其他专业冲突的地方，则结合建筑结构及装饰要求，先对机电专业管线路由进行合理的调整和优化，如果仍然不能有效地解决相关的碰撞问题，则只能调整机电设计方案或者建议相关专业做调整。并以书面报告的形式澄清工程问题并附上调整方案和效果图片，请监理方或设计院做明确的回复，然后再调整方案模型，最终实现项目整体布局的合理性。

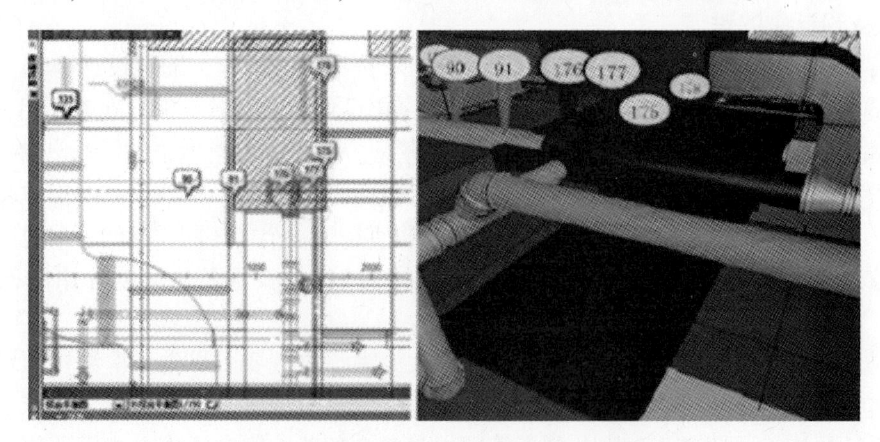

图 4-78　干涉信息——平面位置 &CG 效果

此项目首层的大堂属于大空间区域，由于空间较高且采用玻璃幕墙结构，冬夏季围护结构及日照条件对空间内部的空调负荷影响较大，因此原设计巧妙地采用风幕的设计思路在靠近幕墙的区域设置上送下回的空调风系统，回风管需要预埋在建筑垫层内。在解决风管预埋时垫层厚度不足的问题时，借助 Rebro 进行三维效果模拟，截取效果图片（见图 4-79）附上文字报告及深化团队的方案建议，以技术问询单的形式提交给监理方，最终获得了监理（设计）方肯定。施工承包商对深化团队的工作给予了高度的评价。

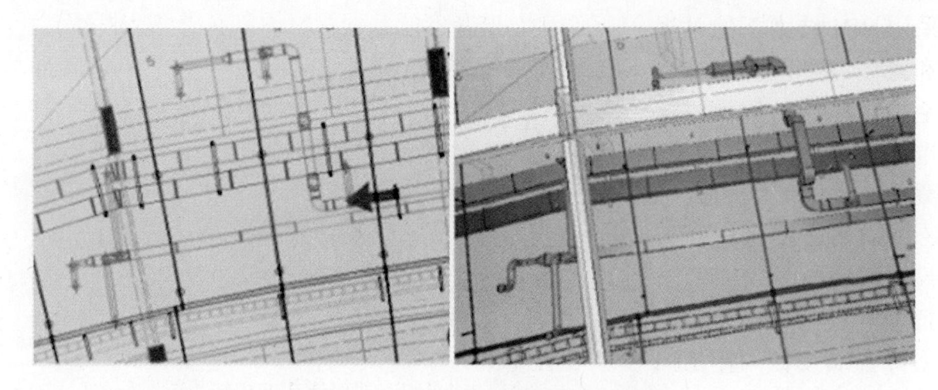

图 4-79　平面与三维视图对照示意图

5. BIM 技术在深化工作中的价值

经过项目深化设计的应用分析，BIM 技术与传统的二维深化方式相比体现出明显的使用价值：

（1）表达方式的优越性

传统二维设计的主体是线，通过线条的叠加、组合在二维投影中表示管线和设备，而且阀门管件等信息也仅用特殊的线条符号加文字描述来表示，这样使得原本就比较专业的设计更加抽象，不利于施工者快速读懂图样，从一定程度上降低了施工人员的安装效率。BIM 设计的主体是产品，通过选择管道、管件、阀门及机器设备等模型，在三维信息模型中显示尺寸、定位及安装高度等要求。采用三维可视化的设计手段可以使工程竣工时的真实画面在施工前展示出来，表达上真实直观，对施工人员来讲更能准确地把握设计意图，高效地完成安装工作。图 4-80 为平面与三维模型的真实比对效果。

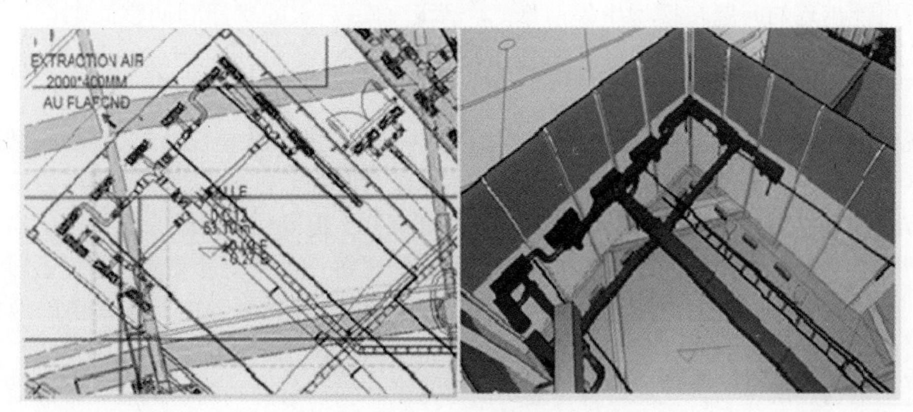

图 4-80　平面图与三维模型真实比对

（2）预留信息的科学性

传统的二维设计过程中，机电专业所需的建筑结构预留预埋条件很难准确地提出来，仅仅依靠二维平面综合各专业信息提供准确的预留预埋条件确实需要耗费大量的时间和精力，而往往由于无法整体考虑系统水平及竖直管线的路由而造成后期管线安装的时候出现部分不必要的交叉和拐弯的问题，一方面增大了系统的阻力，另一方面也在一定程度上增加了安装成本。

而采用 BIM 技术下的可视化设计和管线综合调整能够科学合理地提出建筑结构预留预埋的机电条件，通过建筑模型展示隐藏的结构过梁及构造柱等信息，能够准确地确定预留孔洞的尺寸和位置，保证了一次预留预埋的准确性，并且通过项目实际经验反馈采用 BIM 技术深化设计后提出的预留预埋条件在后期机电施工中有极高的准确率，这在一定程度上节省了施工成本，而且最大限度地保证了建筑结构的稳定性。图 4-81 为机电管线的结构预留模型。

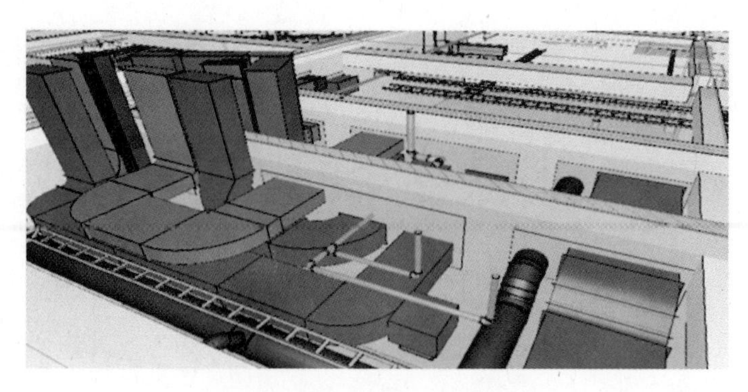

图 4-81　机电管线的结构预留模型

（3）管线综合的高效性

传统二维设计的管线综合工作的一般模式是先分专业核算管线参数、优化调整管线路由，然后基点复制到同一张平面上，通过肉眼进行观察分析，并结合工程经验将重叠的机电管线进行排序，设置安装高度。在调整管线路由的过程中由于机电系统纷繁复杂，管线比较集中的地方交叉碰撞的情况较多，通常解决某一点的碰撞问题连带别的区域又出现更多的碰撞。而且在调整过程中还要考虑结构等信息，这无疑更增加了深化工作的难度，常常是花了大量的时间和精力，但是给出的参考价值并不高。而采用 BIM 技术进行管线综合工作就显得事半功倍，首先设计人员将需要综合的管线模型化，赋予设备管线专业信息，然后将各专业管线录入到同一操作文件下利用三维碰撞检查功能可以及时全面地发现存在问题的点，将施工过程可能出现的问题在模型中提前暴露，然后通过一定的避让和调整原则合理布置设备、优化管线路由，以保证后期施工过程的高效性。

（4）采购、预制参数的可靠性

传统机电深化过程中，有专门的采购人员按照平面图进行材料统计，这种方式效率低、人为因素影响较大。部分材料由于单价较高在材料统计时担心过多的浪费成本所以采取多次采购的方式，这样在一定程度上是保证了数量的准确性，但是也同时带来了延误工期、增加供货运费成本等一系列问题。而一些单价比较便宜的材料一次采购量又远远超过了项目实际需要量，最终造成不必要的浪费。而运用 BIM 技术在机电深化过程中能非常精确地提供材料及设备清单，而且提供的设备及材料参数都是基于实际施工模拟而来的准确参数，只需要操作软件里的材料统计项，就能将各专业不同型号的材料、管件阀门、机器设备等信息生成详细的清单供采购部门参考执行。

在项目的机电深化设计工作中，利用 BIM 技术进行建模、检查、分析调整，不仅通过三维模拟技术实现了可视化的精准设计，还有效提高了后期的安装效率，通过施工过程中的重点和难点区域的三维效果展示，极大地避免了施工过程中的拆改和返工带来的材料和劳动力的浪费，对缩短工期、提高工程质量、降低工程造价将产生积极的作用。

结合 BIM 技术在机电深化设计的应用实践，再进一步思考如何将 BIM 技术应用并推广到工程项目的全过程中，通过搭建建筑全专业的信息模型并贯穿项目各个阶段，监管机电各系统的运行数据，最终实现提高。

某项目机电设备安装应用案例

1. 概况

此项目位于自新路南侧、玲珑路西侧。本项目由一栋超高层办公楼、四层地下室、高层商业裙房、西北侧景观廊下沉广场等四部分组成。本项目主要功能为甲级办公楼、大型商场、地下停车场等。其中，办公塔楼为30层，最高高度为140.20m，建筑高度（屋面）约为132m；商业裙房为地下1层～7层，最高高度约为43.16m，建筑高度（屋面）约为39m；地下部分为4层。本项目建筑面积约187702.42m²，其中办公部分为74046.78m²，商业部分为46472.94m²，地下车库为67182.7m²。

2. 项目组织机构

针对本项目的特点，挑选具有相应资质、丰富的类似高级民用建筑工程机电安装经验的技术管理人员组建项目管理部。项目管理部有健全和行之有效的质量管理体系、职业健康安全管理体系和环境管理体系；必须熟悉、正确理解和执行与本工程有关的国内外施工规范、标准。不仅能迅速阅读施工图，而且能完善施工图设计并提出施工图设计中存在的问题及解决问题的办法；项目部成员具有从施工准备到保修服务全过程地理解业主要求的意识和行为，满足并超越业主期望；有很强的施工过程控制的能力，确保工程质量目标实现。

劳务层实施专业队负责制，优选技术素质高且有高等级智能化高层民用工程机电设备安装施工经验丰富的施工队伍参与，同时储备一定数量的劳务人员，视工程需要，随时组织劳务层人员有序动态调配。

项目部配备具有高效、安全的完成建筑安装工程的一切装备，其中包括机电设备的吊装机械、机电系统的调试仪器仪表、机电系统的安装工具及计量器具。

3. B3层冷冻机房工程情况简介

B3层冷冻机房层面积约765m²，空间高度8.45m（包括B3层及B2层2层层高），夏季总冷负荷16680kW，共设置有5台离心式电制冷冷水机组，如图4-82所示。

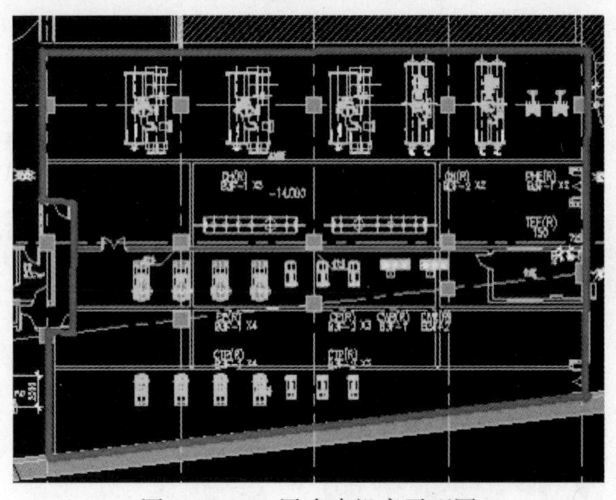

图4-82　B3层冷冻机房平面图

B3层冷冻机房空间较高，机房内管线复杂，如何进行有序的排布成为一大施工难点。为了保证机房内管线安装有序，我部采用BIM技术对机房内管线进行模拟，选择最优方案进行安装。

4. BIM 相关图纸（见图 4-83 ~ 图 4-89）

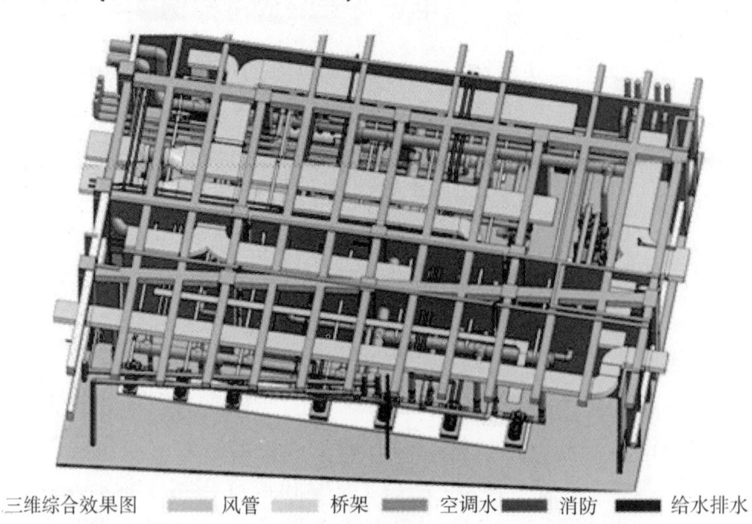

图 4-83 综合 1

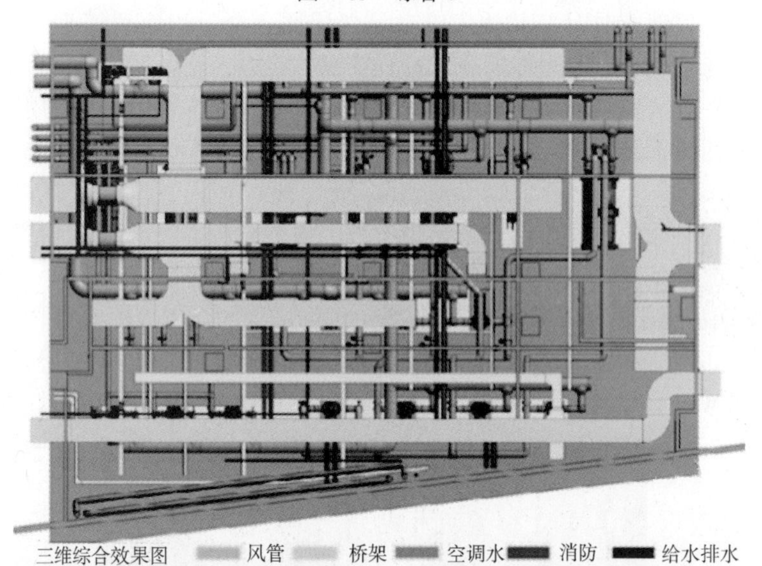

图 4-84 综合 2

图 4-85 局部 1

图 4-86 局部 2

图4-87　局部3

图4-88　局部4

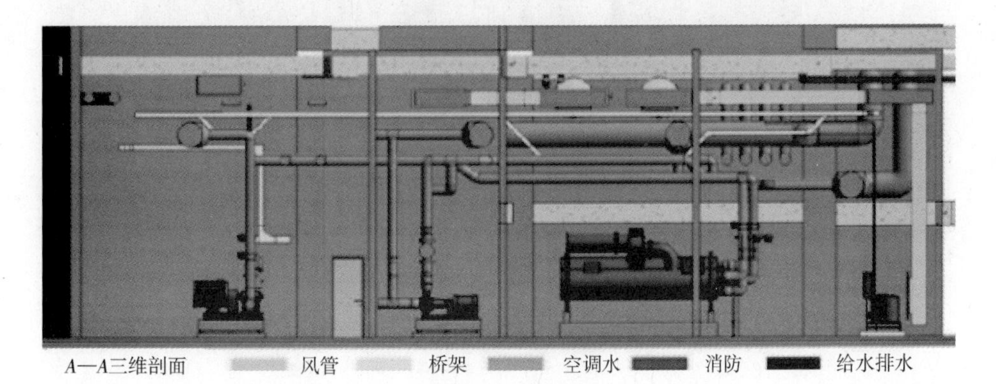

图4-89　局部5

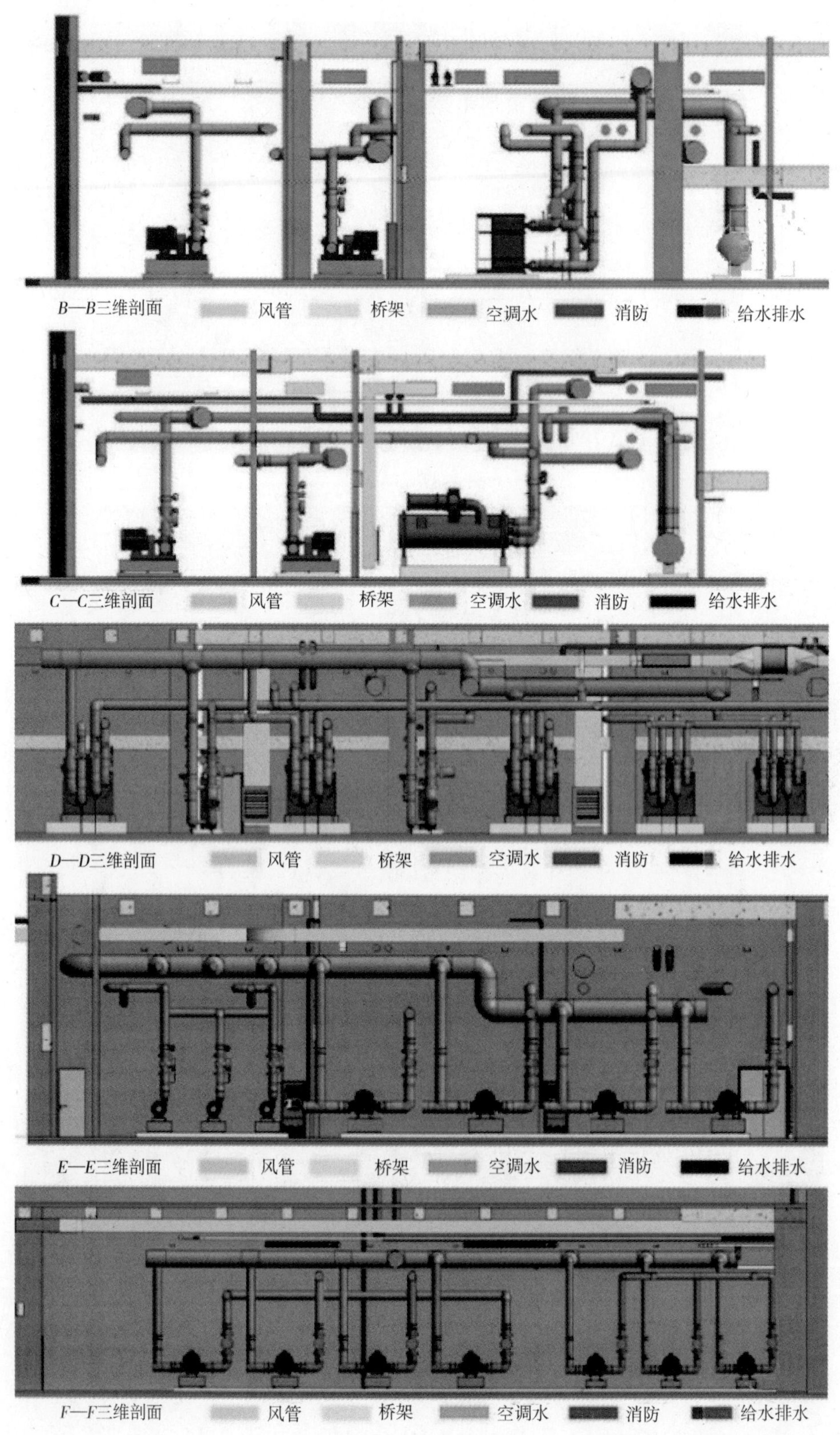
B—B三维剖面 风管 桥架 空调水 消防 给水排水
C—C三维剖面 风管 桥架 空调水 消防 给水排水
D—D三维剖面 风管 桥架 空调水 消防 给水排水
E—E三维剖面 风管 桥架 空调水 消防 给水排水
F—F三维剖面 风管 桥架 空调水 消防 给水排水

图 4-89 局部 5（续）

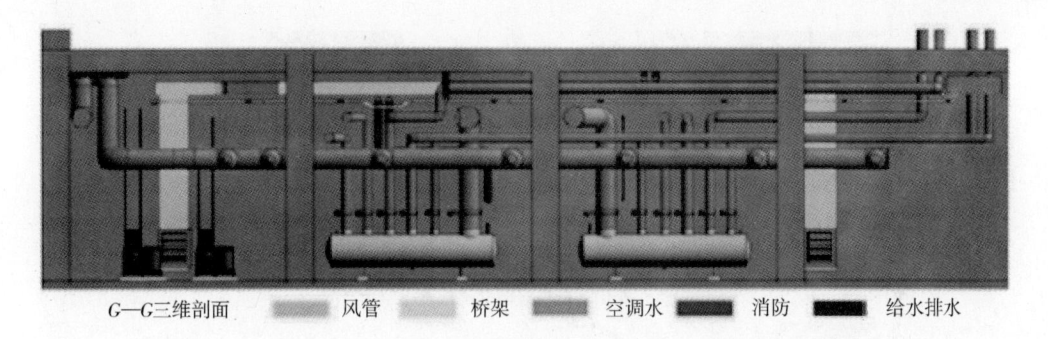

图4-89　局部5（续）

某项目消防BIM应用案例

项目在消防泵房工程的BIM技术的应用。

1. 安装原则

前期策划 → 过程实施 → 运营维护
（深化设计）　（组织施工）　（运营维护）

2. 具体实施流程（见图4-90）

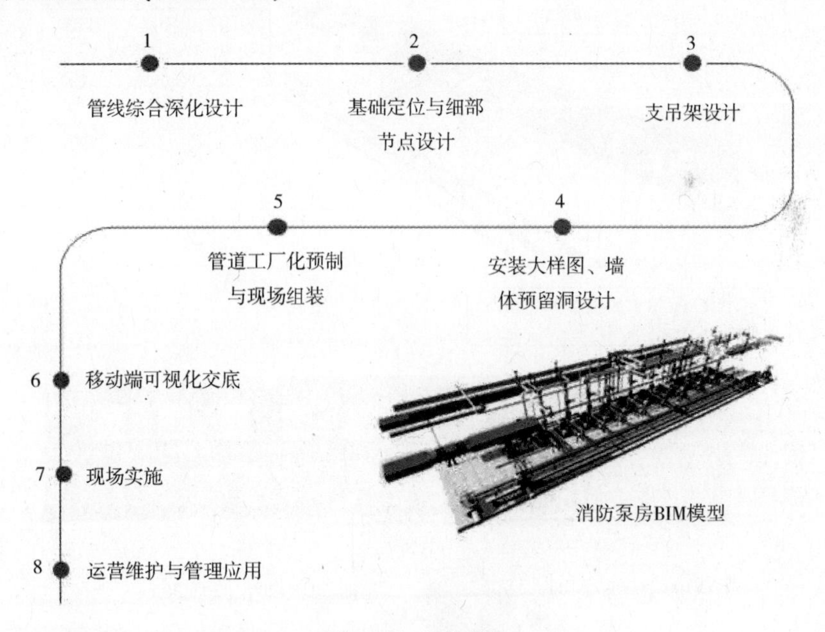

图4-90　实施流程

3. 管线综合深化设计（见图4-91）

利用BIM进行管线综合深化设计，确定设备位置及管线走向，并预留合理的安装及操作空间，确保管线综合布局的合理性与美观性。

4. 基础定位与细部节点设计（见图4-92）

管线综合排布完成后，根据设备布局生成基础定位图，并对设备基础建筑做法及墙面、地面排砖进行优化设计，确保施工一次成优。

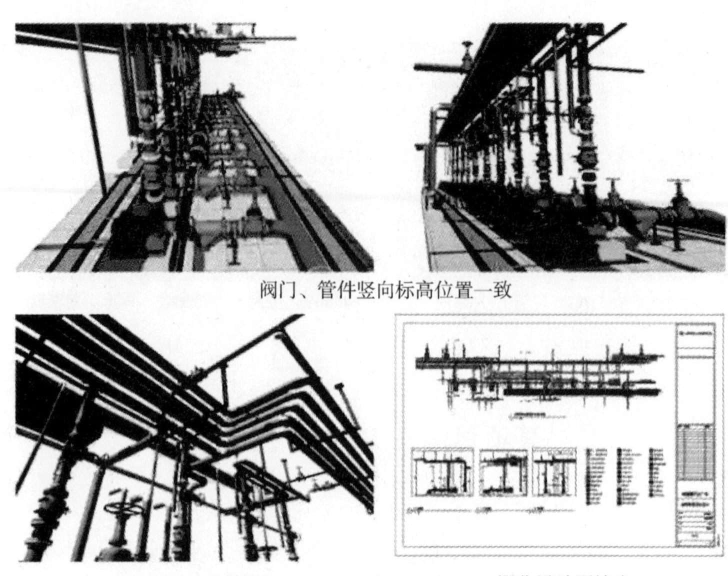

图 4-91　综合深化设计

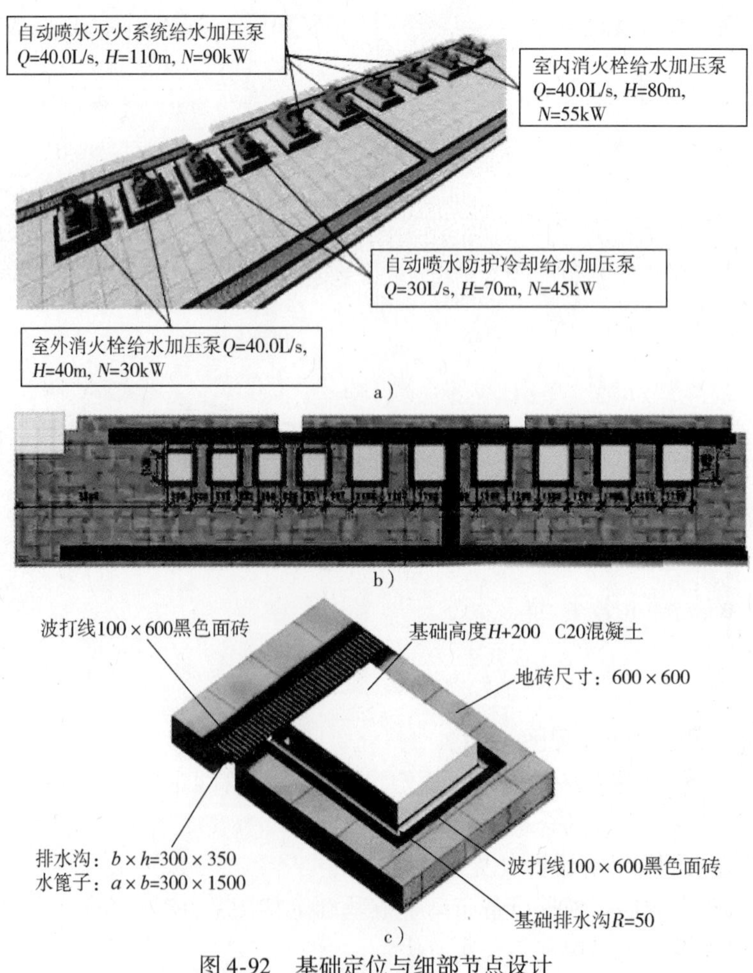

图 4-92　基础定位与细部节点设计

a）设备安装位置　b）设备基础定位　c）设备基础细部做法

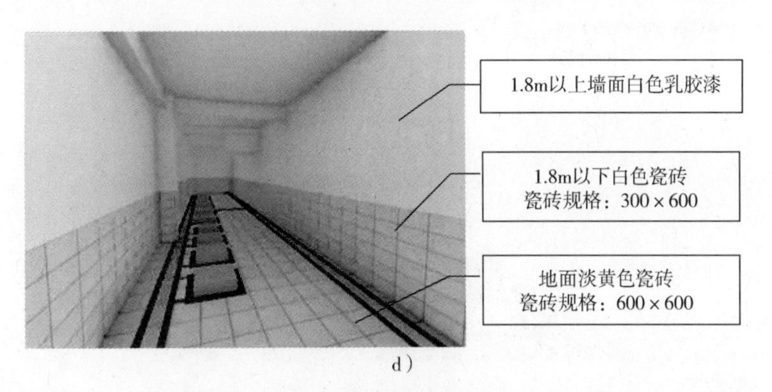

图4-92　基础定位与细部节点设计（续）
d）墙面、地面排砖设计与做法

5. 支吊架设计与安装（见图4-93）

完成机房管线综合排布后，根据各系统管线位置，进行支吊架选型与安装位置设计，力求简洁美观，指导现场加工制作。

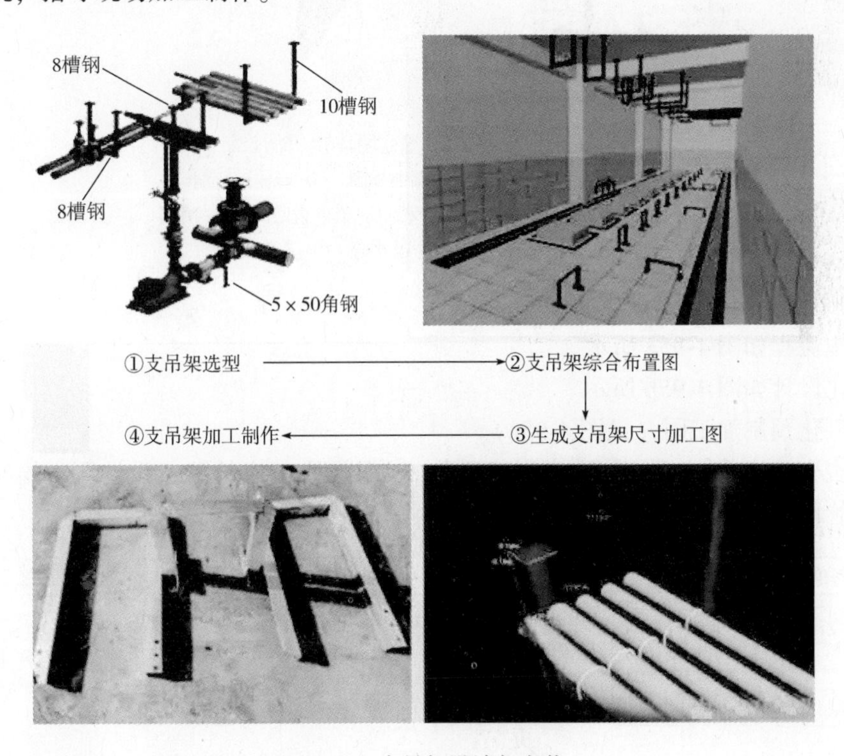

图4-93　支吊架设计与安装

6. 安装大样图、墙体预留洞设计

①安装大样图设计（见图4-94a）。绘制管路安装节点大样图，确定阀门附件安装位置，指导现场安装。

②节点大样图设计（见图4-94b）。绘制设备安装大样图，提取管道安装尺寸、标高等信息，提高管道安装精度与效率。

③墙体预留洞设计（见图4-94c）。自动生成墙体预留洞图，保证了洞口位置的准确性。

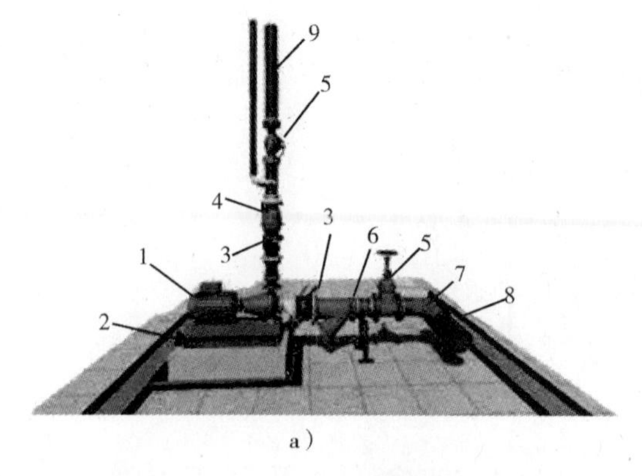

a）

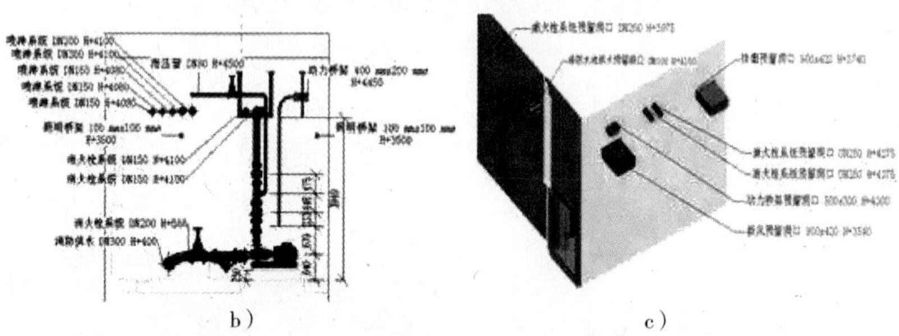

b）　　　　　　　　　　　　c）

图 4-94　安装大样图、墙体预留洞设计

a）安装大样图　b）节点大样图　c）墙体预留洞

1—消防水泵　2—减震器　3—橡胶软接头　4—消声止回阀　5—闸阀　6—过滤器

7—弧形短管　8—消防吸水管　9—连接短管

7. 管道工厂化预制与现场组装

①实施流程如图 4-95a 所示。

②深化设计如图 4-95b 所示。

③工厂化预制加工图（见图 4-95c）。

④料表生成指导加工，如图 4-95d 所示。根据最终完成的深化设计图，绘制预制加工图，指导管段预制加工。

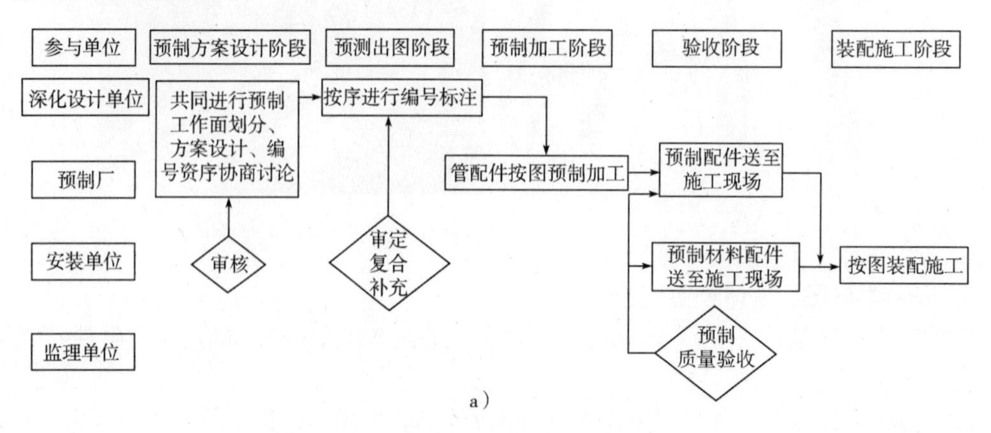

a）

图 4-95　管道工厂化预制与现场组装

a）实施流程图

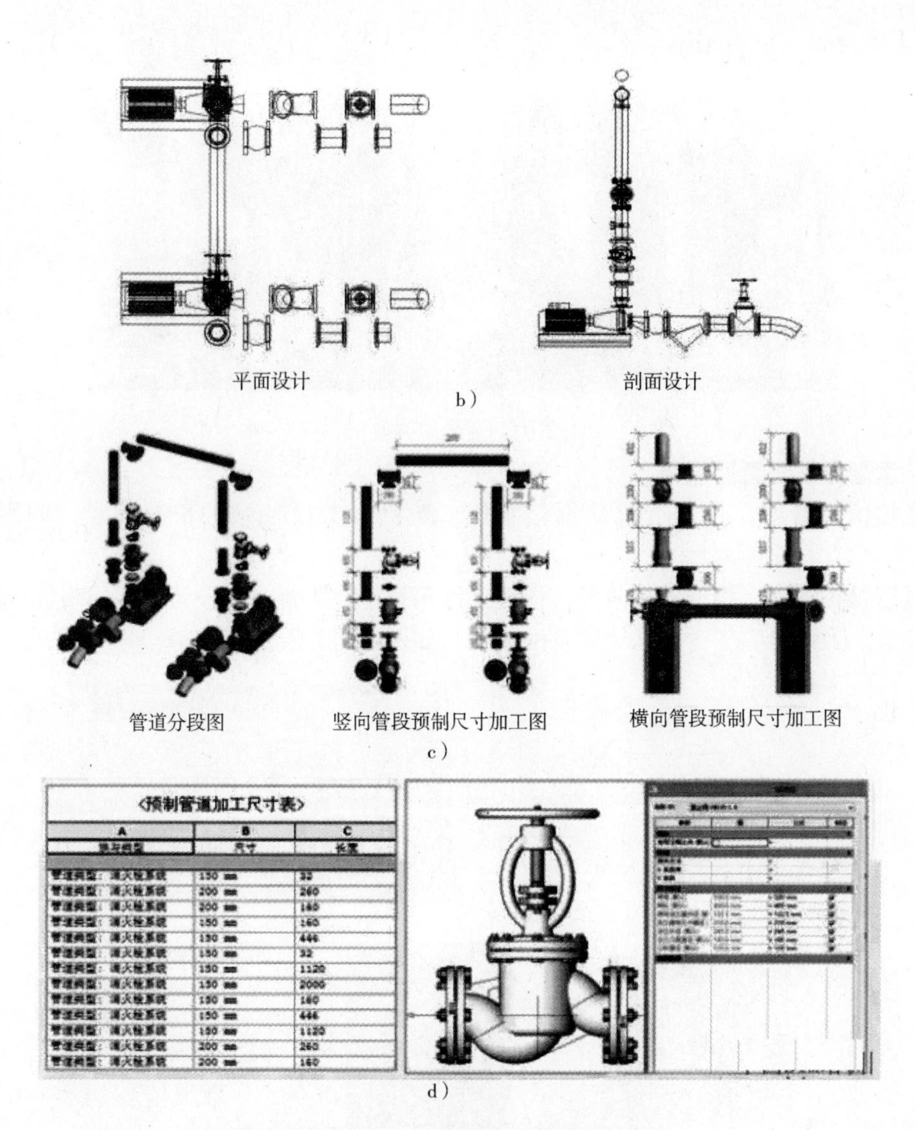

〈预制管道加工尺寸表〉

A	B	C
族与类型	尺寸	长度
管道类型：消火栓系统	150 mm	32
管道类型：消火栓系统	200 mm	260
管道类型：消火栓系统	200 mm	160
管道类型：消火栓系统	150 mm	160
管道类型：消火栓系统	150 mm	446
管道类型：消火栓系统	150 mm	32
管道类型：消火栓系统	150 mm	1120
管道类型：消火栓系统	150 mm	2000
管道类型：消火栓系统	150 mm	160
管道类型：消火栓系统	150 mm	446
管道类型：消火栓系统	150 mm	1120
管道类型：消火栓系统	200 mm	260
管道类型：消火栓系统	200 mm	160

图 4-95　管道工厂化预制与现场组装（续）

b）深化设计图　c）预制加工图　d）料表图

8. 移动端可视化交底（见图 4-96）

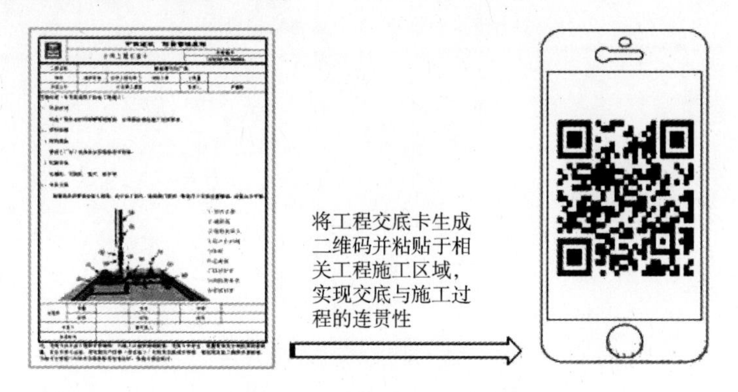

图 4-96　移动端可视化交底

9. 现场实施（见图 4-97）

图 4-97 现场安装效果

10. 运营维护与管理应用

①数据信息管理。创建运维数据信息库，随机查看设备维护情况信息，如图 4-98a 所示。

②运营维护管理。模型创建阶段，借助二维码技术，为每一台设备、阀门附件分配一个与现场安装一致的标签，方便运维信息的查询，如图 4-98b 所示。

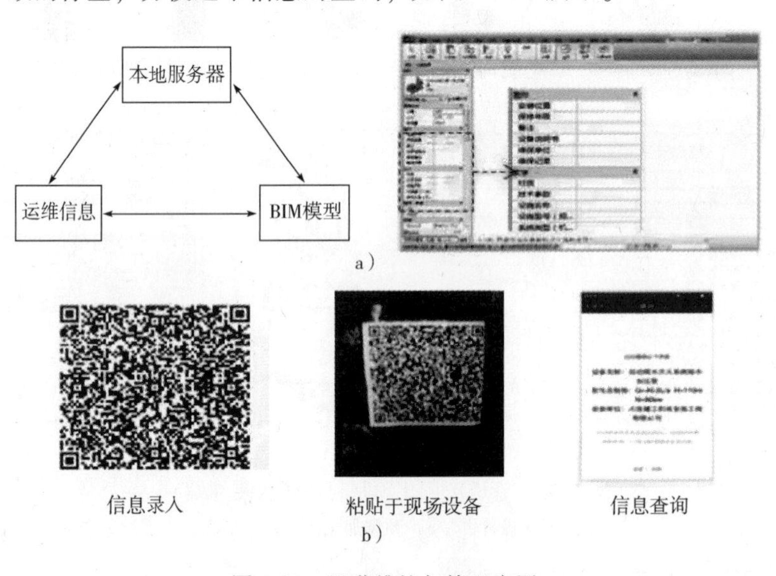

图 4-98 运营维护与管理应用
a）数据信息管理 b）运营维护管理

第五章　BIM 施工技术应用

第一节　BIM 施工模拟

一、BIM 施工方案模拟

通过 BIM 技术建立建筑物的几何模型和施工过程模型，可以实现对施工方案进行实时、交互和逼真的模拟，进而对已有的施工方案进行验证、优化和完善，逐步代替传统的施工方案编制方式和方案操作流程。在对施工过程进行三维模拟操作中，能预知在实际施工过程中可能碰到的问题，提前避免和减少返工以及资源浪费的现象，优化施工方案，合理配置施工资源，节省施工成本，加快施工进度，控制施工质量，达到提高建筑施工效率的目的。

1. 施工方案模拟流程

施工方案模拟体系流程如图 5-1 所示。从体系架构中可以看出，在建筑工程项目中使用虚拟施工技术，将会是个庞杂繁复的系统工程，其中包括了建立建筑结构三维模型、搭建虚拟施工环境、定义建筑构件的先后顺序、对施工过程进行虚拟仿真、管线综合碰撞检测以及最优方案判定等不同阶段，同时也涉及了建筑、结构、水暖电、安装、装饰等不同专业、不同人员之间的信息共享和协同工作。

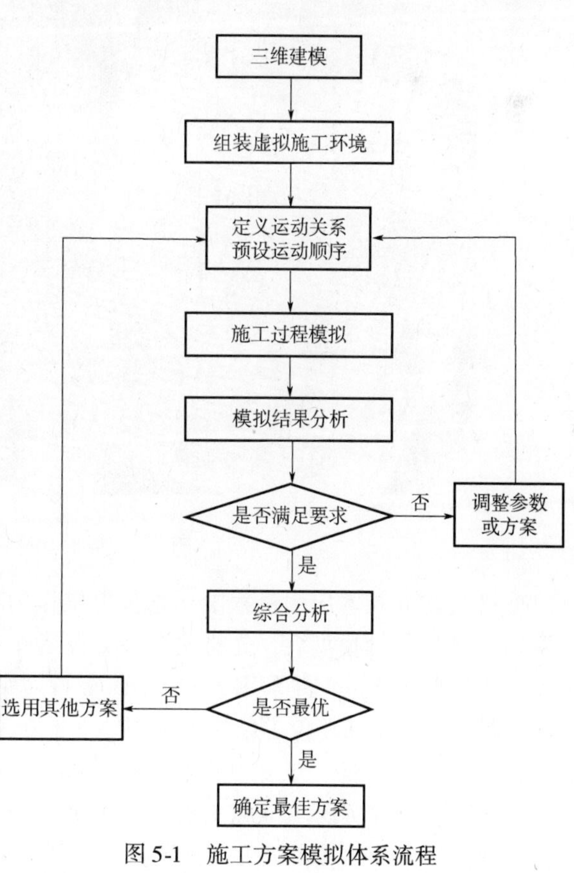

图 5-1　施工方案模拟体系流程

2. BIM 施工方案模拟技术应用

施工方案模拟应用于建筑工程实践中，首先需要应用 BIM 软件 Revit 创建三维数字化建筑模型，然后可从该模型中自动生成二维图形信息及大量相关的非图形化的工程项目数据信息。借助 Revit 强大的三维模型立体化效果和参数化设计能力，可以协调整个建筑工程项目信息管理，增强与客户沟通能力，及时获得包括项目设计、工作量、进度和运算方面的信息反馈，在很大程度上减少协调文档和数据信息不一致所造成的资源浪费。用 Revit 根据所创建的 BIM 模型可方便地转换为具有真实属性的建筑构件，促使视觉形体研究与真实的建筑构件相关联，从而实现 BIM 中的虚拟施工技术。

结合 BIM 技术，通过 Revit 软件和 Navisworks 软件，对在建的上海某超高层建筑的部分施工过程进行了模拟，探讨了基于 BIM 的虚拟施工方案在建筑施工中的应用。

某超高层建筑主楼地下 4 层，地上 120 层，总高度 633m。竖向分为 9 个功能区，1 区为大厅、商业、会议、餐饮区，2 ~ 8 区为办公区，9 区为观光区，9 区以上为屋顶皇冠。其中 1 区 ~ 8 区顶部为设备避难层。外墙采用双层玻璃幕墙，内外幕墙之间形成垂直中庭。裙房地下 5 层，地上 5 层，高 38m，如图 5-2 ~ 图 5-4所示。

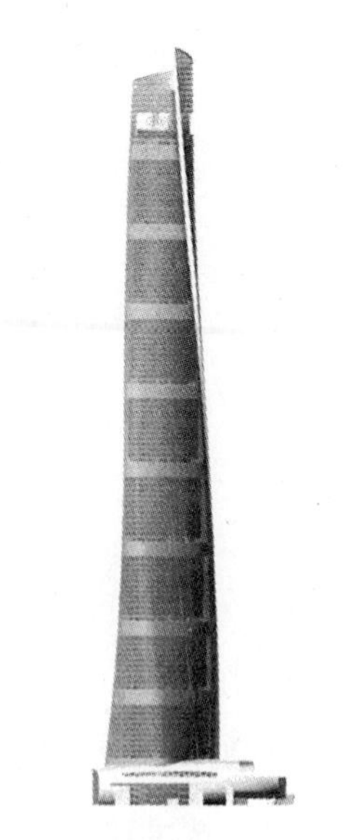

图 5-2　某超高层建筑效果图

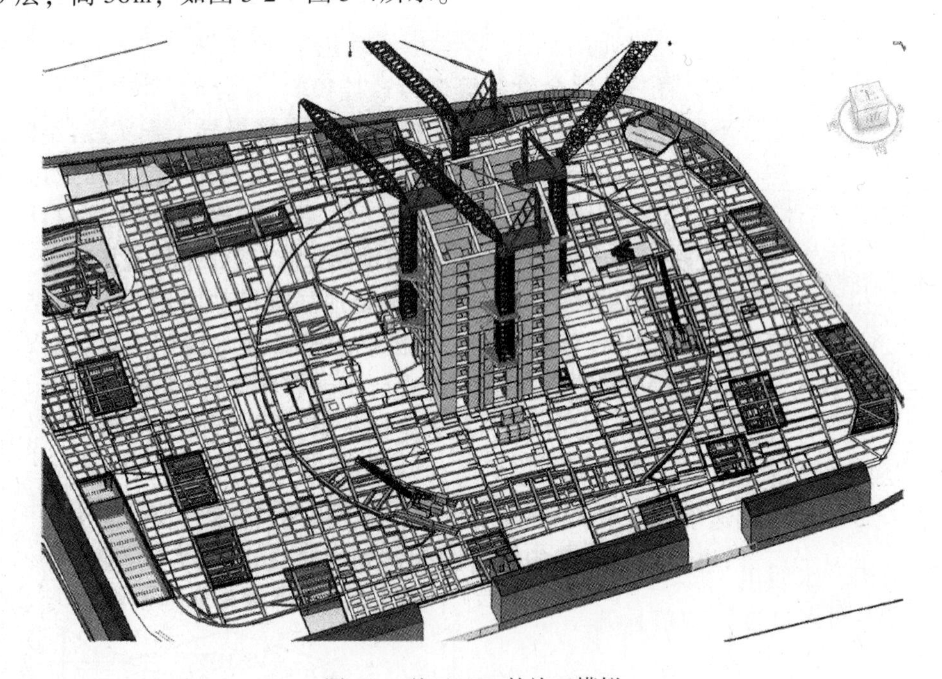

图 5-3　基于 BIM 的施工模拟

项目的 BIM 技术应用过程中，总包单位作为项目 BIM 技术管理体系的核心，从设计单位拿到 BIM 的设计模型后，先将模型拆分给各个专业分包单位进行专业深化设计，深化完成后汇总到总包单位，并采用 Navisworks 软件对结构预留、隔墙位置、综合管线等进行碰撞校验，各分包单位在总包单位的统一领导下不断深化、完善施工模型，使之能够直接指导工程实践，不断完善施工方案。另外，Navisworks 软件还可以实现对模型进行实时的可视化、漫游与体验；可以实现四维施工模拟，确定工程各项工作的开展顺序、持续时间及相互关系，反映出各专业的竣工进度与预测进度，从而指导现场施工。

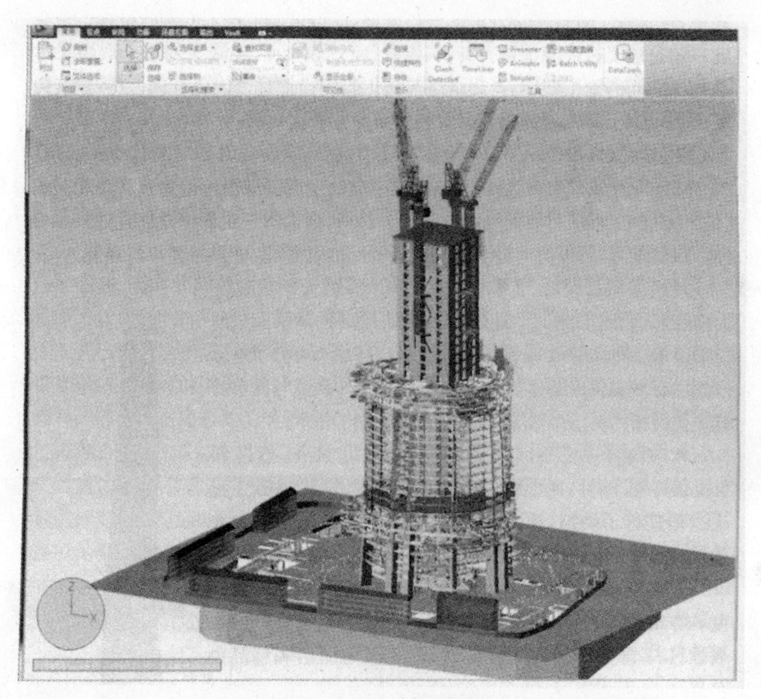

图 5-4　施工模拟预演

在工程项目施工过程中，各专业分包单位要加强维护和应用 BIM 模型，按要求及时更新和深化 BIM 模型，并提交相应的 BIM 技术应用成果。对于复杂的节点，除利用 BIM 模型检查施工完成后是否有冲突外，还要模拟施工安装的过程，避免后安装构/配件由于运行路线受阻、操作空间不足等问题而无法施工，如图 5-5 所示。

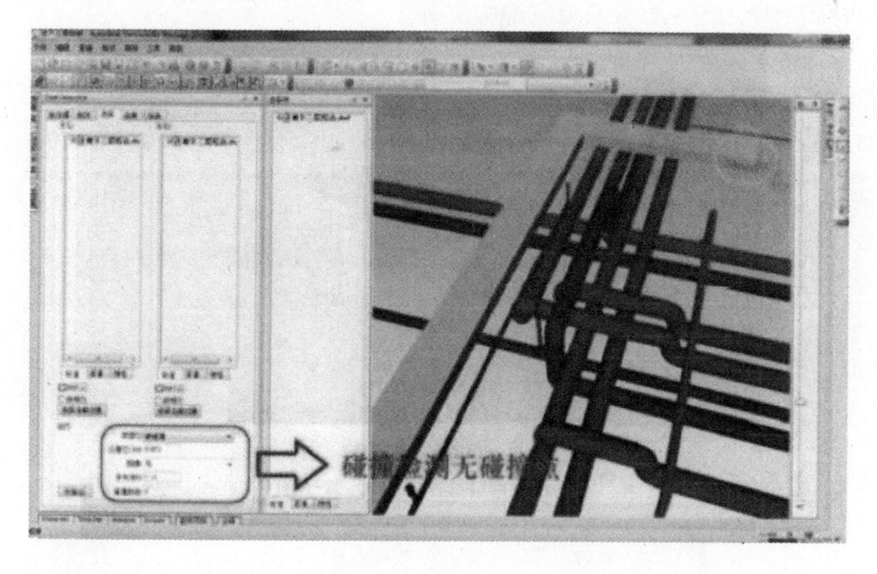

图 5-5　模拟管线安装顺序，查找潜在冲突

根据用三维建模软件 Revit 建立的 BIM 施工模型，构建合理的施工工序和材料进场管理，进而编制详细的施工进度计划，制订出施工方案，便于指导项目工程施工。图 5-6 所示为该项目的部分施工进度计划图。

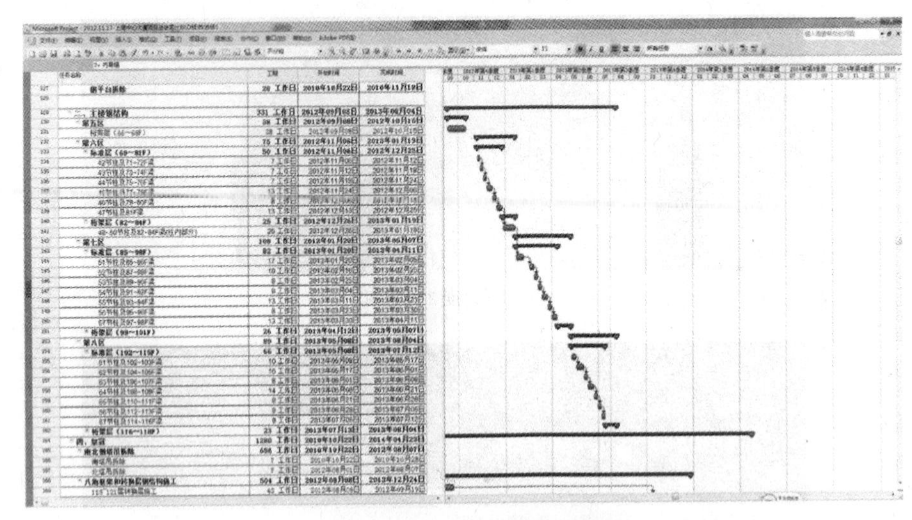

图 5-6　部分施工进度计划图

按照已制订的施工进度计划，再结合 Autodesk Navisworks 仿真优化工具来实现施工过程的三维模拟。通过三维的仿真模拟，可以提前发现并避免在实际施工中可能遇到的各种问题，如机电管线碰撞、构件安装错位等，以便指导现场施工和制订最佳施工方案，从整体上提高建筑的施工效率，确保施工质量，消除安全隐患，并有助于降低施工成本和减少时间消耗。图 5-7 所示为三维施工进度模拟结果示意图。

图 5-7　三维施工进度模拟结果示意图

例如，将某体育场 BIM 模型导入 Ansys 有限元分析软件的过程如图 5-8 所示，其有限元计算模型如图 5-9 所示，仿真计算结果如图 5-10 所示。

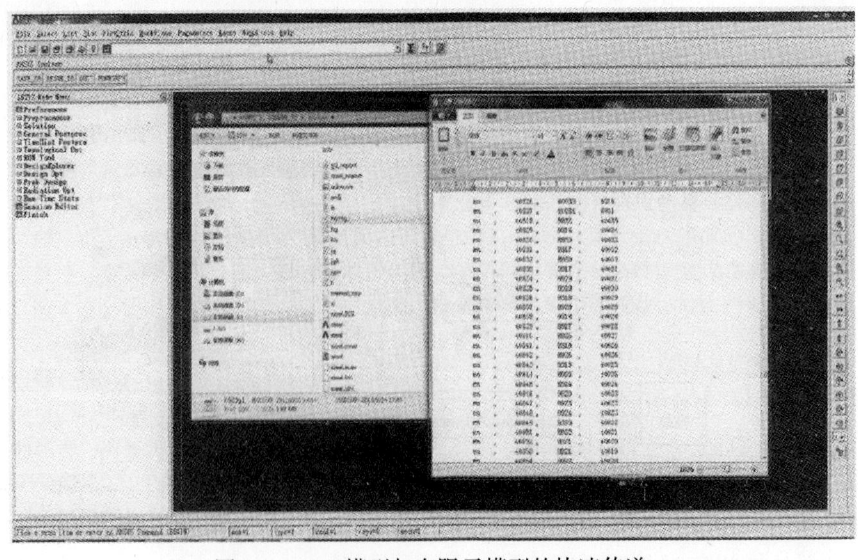

图 5-8　BIM 模型与有限元模型的快速传递

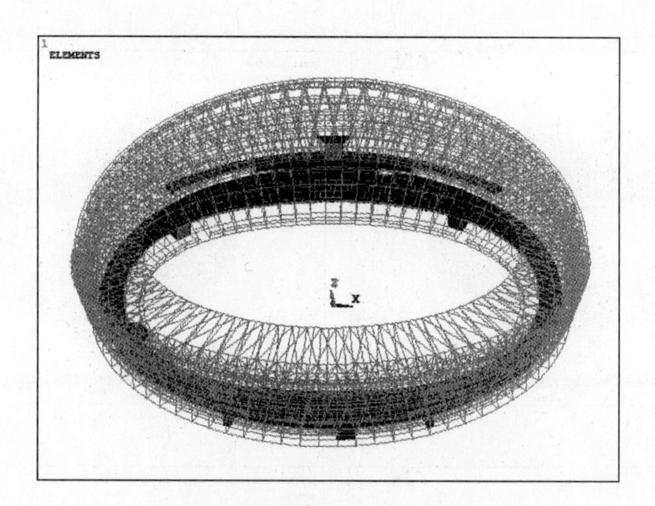

图 5-9　某体育场有限元计算模型

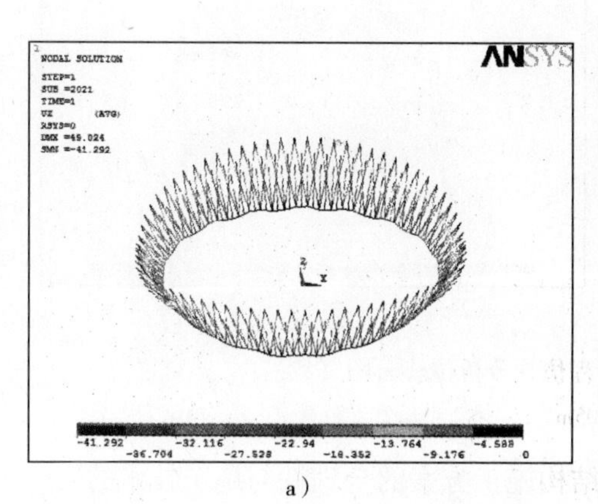

a）

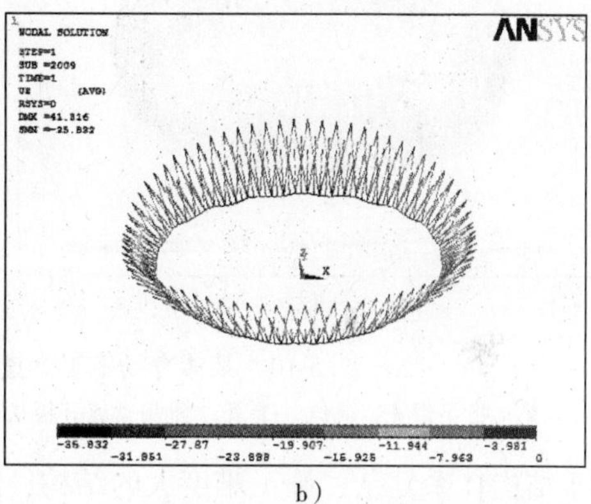

b）

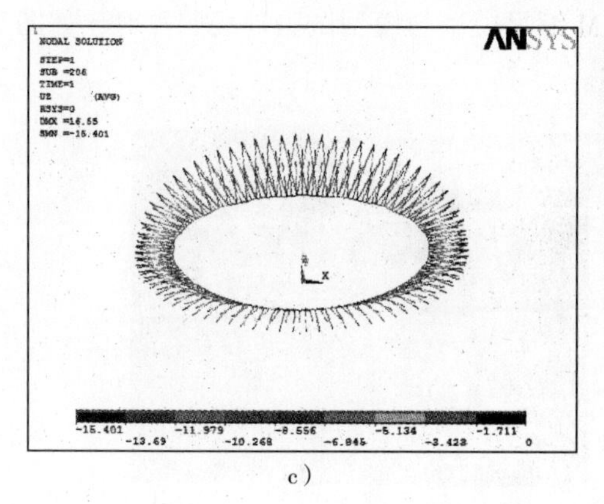

c）

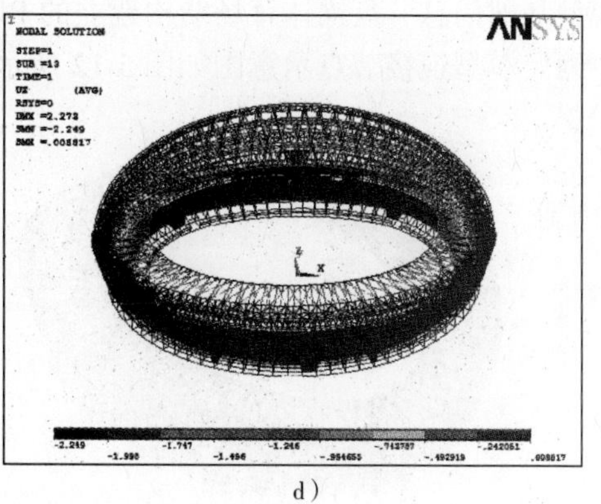

d）

图 5-10　某体育场施工全过程仿真分析位移云图

a）离地 0. 5m　b）离地 10m　c）离地 30m　d）销轴离耳板销轴孔 2. 0m

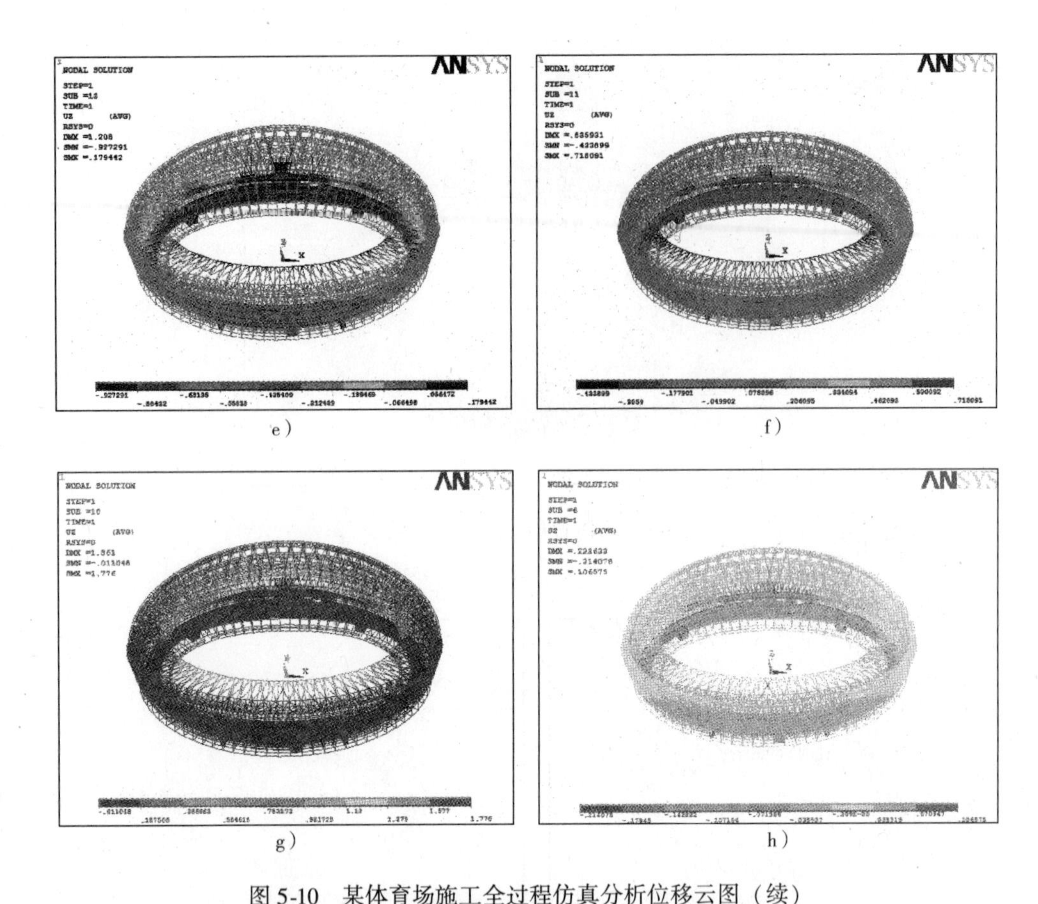

图 5-10　某体育场施工全过程仿真分析位移云图（续）

e）第 1 批吊索安装就位　f）第 2 批吊索离耳板 0.05m　g）第 2 批吊索安装就位　h）吊索安装就位

对于结构体系复杂、施工难度大的结构，结构施工方案的合理性与施工技术的安全可靠性都需要验证，为此利用 BIM 技术建立试验模型，对施工方案进行动态展示，从而为试验提供模型基础信息。盘锦体育场结构建立的 BIM 缩尺模型与模型试验现场照片对比如图5-11 所示，缩尺模型连接节点示意图如图 5-12 所示。

图 5-11　BIM 缩尺模型与模型试验现场照片对比图

长期以来，建筑工程中的事故时常发生。如何进行施工中的结构监测已成为国内外的前沿课题之一。对施工过程进行实时监测，特别是重要部位和关键工序，及时了解施工过程中结构的受力和运行状态。

图 5-12　盘锦体育场缩尺模型节点示意图

3. BIM 施工方案模拟应用案例

案例一　某基坑施工方案模拟

（1）概况

本案例施工任务是挖出一个长 60m、宽 20m、深度为 5.5m 的用作地下车库的基坑，施工时将分成 4 块区域分别由四台挖掘机进行开挖。

（2）施工仿真步骤

1）确定制作施工模拟的步骤。

①前期数据收集以及编制施工进度。

②建立 Revit 场地模型。

③设计施工机械模型。

④完成 4D 施工模拟制作。

2）前期数据收集以及编辑施工进度。

①前期所要收集的数据包括通过全站仪或者 GPS 测量出的场地地理坐标以及长方形基坑四周的高程点坐标。

②接下来要制定施工方案，见表 5-1。

表 5-1　施工进度安排表（括号内数字表示标高）

施工阶段	施工时间	施工任务	施工安排
1	8 月 16 日	第一层土方（25.5 ~ 26.5）	挖掘机 4 辆；卡车 8 辆；人员若干
2	8 月 17 日	第二层土方（24.4 ~ 25.5）	
3	8 月 18 日	第三层土方（23.3 ~ 24.4）	
4	8 月 19 日	第四层土方（22.2 ~ 23.3）	
5	8 月 20 日	第五层土方（21.1 ~ 22.2）	
6	8 月 21 日	第六层土方（20.0 ~ 21.1）	

3）建立场地模型。

①将全站仪或者 GPS 测量出的场地高程点坐标文件存为 txt 格式，之后将其导入 Revit 当中去，利用 Revit 中的场地选项建立场地表面模型。

②通过测量的坐标确定出基坑的位置并在二维平面图上标出，用“建筑地坪”命令创建出一个基坑模型，基坑模型效果如图 5-13 所示。

③通过 Revit 中的体量功能，创建各种施工车辆的模型，也可以到网络族库中下载得到。

挖掘机构件较复杂，可由 CAD 或 Inventor 制作之后以 DWG 文件格式导入到 Revit 中进行应用。同时，这些族文件需要通过场地构件的方式导入 Revit，否则这些施工车辆模型会产生不能与场地贴合的问题。

④建立土方模型。为了便于用 Navisworks 进行施工模拟，基坑内土方模型可以用楼板来建立，或者用内建模型，只需要将楼板（或体量）的材质调为土层即可。由实际土方挖运的顺序逆向建立土方模型，即从第六层开始，按照标高的顺序，填满每一层一直到第一层，在第一层的土方不要铺满，要随地面坡度适量增减，最后使楼板创建的土方量等于实际所挖土方量即可，这样可以表现出地形的高低变化趋势从而模拟场地的原始状态。在本案例中，兼顾工作量和仿真的真实性，即用若干块长度为 7.5m，宽度为 2.5m，厚度为 1.1m 的楼板块（土方）填满基坑。

同时，在创建土方模型期间，要对每块土方进行命名，命名时要考虑到的因素有：所在的工作区域、所在的层数以及挖运的顺序。图 5-14 中蓝色土方为 4 - 1 - 1 号土方即表示 4 号挖土机所工作的 4 区域的第 1 层挖运工作中的第一块土方。这样的命名工作可以使以后的 Navisworks 动画模拟处理起来更加方便快捷。

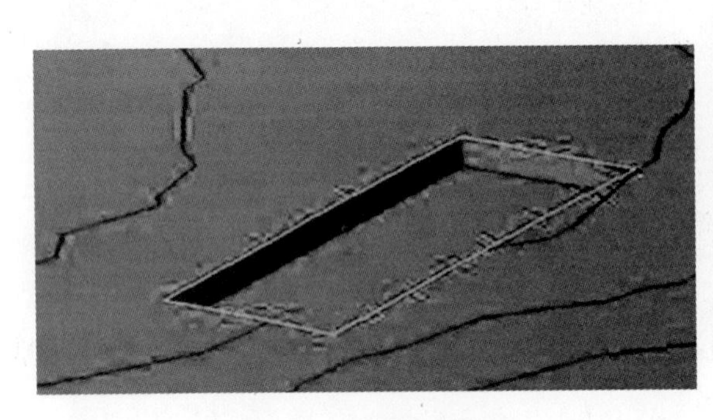

图 5-13 生成基坑模型

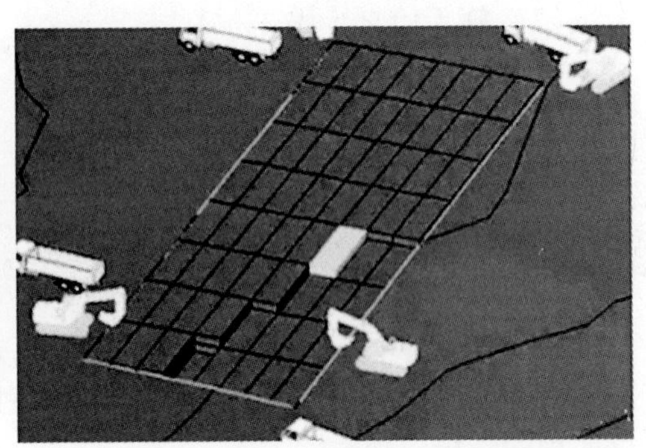

图 5-14 填充土方，完成基坑模型

（3）施工模拟动画的制作

1）Timeliner 处理。施工过程可视化模拟可以日、周、月为时间单位，按不同的时间间隔对施工进度进行正序模拟，形象地反映施工计划和实际进度。首先用 Microsoftproject 建立较为具体的土方挖运工作进度安排表，工作进度安排表需要细化到每一块土方，即每一块土方都要建立与自身相对应的任务，由于土方挖运的工期较短，所以每一块土方挖除的开始和结束时间都要精确到小时。并且土方的任务类型都是“拆除”。再通过 Navisworks 中的数据源选项将其导入到 Navisworks 中的 Timeliner。

2）Animation 设计。在 Animation 中创建动画，先后捕捉挖掘机、卡车等场地构件，用旋转、平移等命令，模拟出施工车辆工作的动画。制作 Animaton 的过程中需要统筹施工车辆调度，即如果卡车数量太少，挖掘机挖出的土方装满卡车以后，卡车要有一个运出土方的过程，没有另外的卡车及时补上的话，势必会造成挖掘机停工的现象，降低了工作效率。

由此可以设计出优化方案，即挖掘机挖土运送到卡车上，卡车装满之后将土方运走，另一辆卡车在前一辆卡车运土之前及时补上，同时还要注意避免运送土方的卡车数量过多造成施工道路拥挤的情况。通过这样的分析得出的车辆优化工作方案可以避免挖掘机暂时停工的现象，提高施工效率。设计动画的过程中要调度好各类车辆，在Animation中安排好时间分配，以实现效率的最大化。除此以外也可以制作视点动画以及漫游动画，后期处理时与施工车辆调度动画一起添加到Timeliner中，使制作出来的动画更具立体感、画面感与层次感，并且可以全方位地展示施工现场。

这样就制作完成了基坑挖运的施工模拟。最后，用Navisworks中的presenter渲染功能对场景进行渲染，再以AVI格式导出即可得到施工模拟的4D动画了。另外，导出动画的时候用presenter导出可以使动画的效果更具有真实感。

3）基于BIM施工仿真模拟的优势（见图5-15）。

①首先，三维可视化功能再加上时间维度，可以进行包括基坑工程在内任意施工形式的施工模拟。同时有效的协同工作，打破基坑设计、施工和监测之间的传统隔阂，实现多方无障碍的信息共享，让不同的团队可以共同工作，通过添加时间轴的4D变形动画可以准确判断基坑的变形趋势，让工程施工阶段的任意人群如施工方、监理方，甚至非工程行业出身的业主及领导都能掌握基坑工程实施的形式以及运作方式。

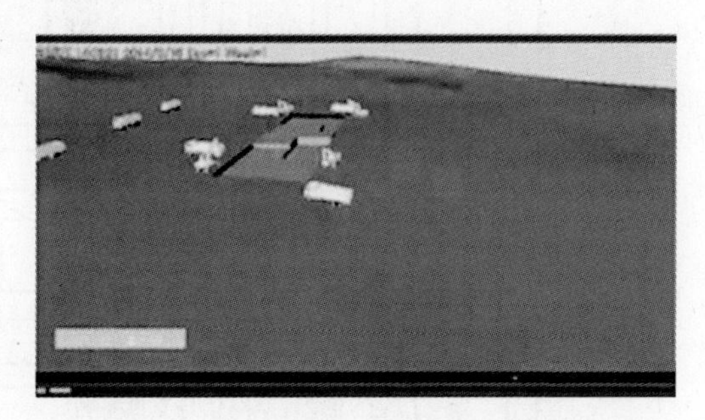

图5-15 施工模拟动画展示（阶段1）

通过输入实际施工计划与计划施工计划，可以直观快速地将施工计划与实际进展进行对比。这样将BIM技术与施工方案、施工模拟和现场视频监测相结合，减少建筑质量问题、安全问题。并且通过三维可视化沟通加强管理团队对成本、进度计划及质量的直观控制，提高工作效率，降低差错率，减少现场返工，节约投资，并给使用者带来新增价值。

②通过在Animation中对施工车辆工作时间、工作方式的设计，克服了以往做Navisworks动画的时候施工项目与施工机械相隔离的缺点，使Animation不仅仅停留在动画设计的功能上，更能用来分析施工现场，提高工作效率等，这样就能使案例中基坑挖运的整个过程更加具有可读性和真实性。

③同时，这一技术或平台在教学中也能体现优势，既能以案例教学的方法安排教学内容，又能借助BIM的完整性以及可视化等特点配合案例教学中各部分的内容，将传统教学内容中零散的知识以项目全生命周期为主线形成系统完整的教学安排，提高学生对建筑空间关系的认识，达到综合运用相关知识的能力。利用BIM，不仅生动形象，可互操作，提高课堂教学的效率，而且BIM提供的虚拟平台使学生能自主完成课程实践内容，提高学生动手能力，真正将理论和实践联系起来。

由于工期相对而言较短，模拟难度较大，因此基坑挖运通常是被制作者忽视的环节。但是在整个建筑施工过程中，基坑挖运的确是不可或缺的重要部分，在本案例建立Revit模型时，也可以添加进防沙板、活动屋等场地构件，或者应用Civil3D对场地进行更加细致的处理，这样还会使场地模型更加真实。另外，用Navisworks进行动画制作时，可以用统筹学的知识对施工车辆调度进行优化，甚至可以运用实际参数，运用相关理论计算施工车辆工作路线，制定细化到每一辆卡车与挖掘机的工作安排，进而可以进一步提高工作效率，体现了

BIM 信息一致化的特点，使项目更具有可靠性和可研究性。因此，做好基坑挖运的施工模拟，能更好地模拟出整个施工过程，使施工模拟更加完整真实，这也就是本项目的最大价值所在。

案例二　某基坑开挖模拟（见图 5-16）

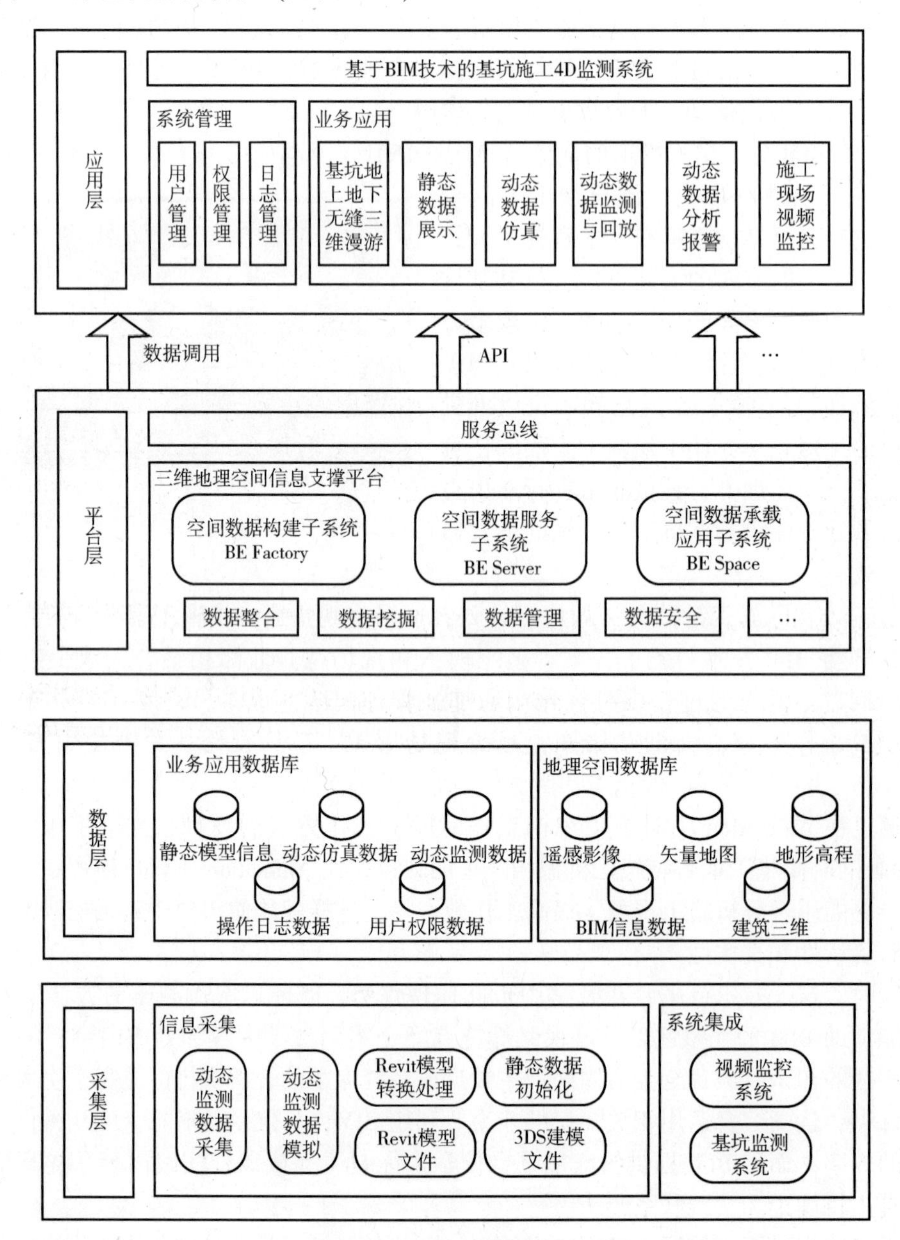

图 5-16　基坑 4D 施工监测系统总架构图

深基坑开挖不但要保证基坑自身的安全与稳定，而且要有效控制基坑周围地层移动以保护周边环境。一则由于地下 20m 深度内的地层多属于软弱的黏性土，土强度低，含水量高，有很大的流变性，在这类地层进行深基坑开挖和施工，极易产生较大的地层移动；再者由于城市中深基坑周边常碰到重要的市政设施（如地铁、隧道、管沟等）、浅基础民宅等，这些建筑大多是结构差、设施陈旧，对变形的反应较为敏感。

基坑工程的监测技术是指基坑在开挖施工过程中，用科学仪器、设备和手段对支护系统、周边环境（如土体、建筑物、道路、地下设施等）的位移、倾斜、沉降、应力、开裂、基底隆起以及地下水位的动态变化、土层孔隙水压力变化等进行综合监测。然后，根据开挖期间监测到的结构和土体变位等各种信息，对勘察、设计所预期的性状与监测结果及时比较，对原设计进行评价并判断施工方案的合理性，修正原设计的不足，预测下一段施工可能出现的新行为、新动态，为进行合理组织施工提供可靠的信息，对后续的开挖方案与开挖步骤提出建议，对施工过程中可能出现的险情进行及时的预报，当发现有异常情况时立即采取必要的工程措施，将问题抑制在萌芽状态，以确保基坑工程的安全施工。

基于 3D GIS 技术、BIM 技术、虚拟现实技术和基坑综合监控系统、三维有限元开挖模拟与分析技术以及基坑周边的地理空间信息，开发基于深基坑 4D 监测系统，提升基坑施工过程的可视化、精细化管理水平和工作效率，将安全隐患消灭在萌芽状态，杜绝安全事故的发生，为保障工程施工质量和施工进度提供技术支撑。

基于 BIM 技术的深基坑施工 4D 监控系统是与深基坑施工工况相结合的深基坑三维模型显示监测系统，通过计算机三维显示技术实现深基坑施工工况的参数化模拟，由三维图形能直观地表达出深基坑及其周边环境各监测点随施工工况变化的监测数据历时情况，体现了监测数据的时空效应，同时通过计算机互联网实现了深基坑监测数据的分布式管理，并能根据监测的数据计算预测下一步工程施工时深基坑及其周边环境的安全，极大地方便了各级管理与技术人员对监测数据的管理与分析，进而能较迅速与准确地判定与反馈深基坑的安全状态，指导深基坑施工。

采集层主要包括信息采集和系统集成。其中，动态监测数据是可以通过人工获取监测器采集来的数据录入到本系统中，也可以将在线监测系统通过网络接入本系统；静态模型数据可以通过平台维护管理员在系统初始化中导入，同时支持开发数据接口，导入已经完成电子化的数据；BIM 模型通过平台工具转换处理后导入到系统，3DS 模型可直接添加到系统，基坑监测系统和视频监控则是将第三方网络视频监控系统集成到本平台上。

数据层主要包括业务应用数据库和地理空间数据库两类。其中业务应用数据库包含系统管理和业务应用产生的各类数据：静态模型信息数据库，动态仿真数据库，动态监测数据库，操作日志数据库，用户权限数据库等；地理空间数据库包含构建整个数字地球三维场景的各类基础数据：遥感影像数据，矢量地图数据，地形高程模型数据，BIM 信息数据库，建筑三维数据库。

平台层即整个系统的三维地理空间信息支撑平台，包含：空间数据构建子系统，空间数据服务子系统和空间数据承载应用子系统。平台层通过各类地理空间数据的融合处理以及业务员数据的组织调用，在 3D 数字地球引擎软件的支撑下创建真实的深基坑施工状态仿真与监测平台。

应用层由系统管理模块、业务应用模块两部分构成。

系统管理模块主要包括用户管理、基于用户角色的访问权限管理、日志管理和查询等功能。

业务应用模块主要包括以下几部分：

基坑地上地下无缝三维漫游：通过鼠标拖拽和键盘操作，实现地面与地下的无缝自由三维浏览漫游。

静态数据展示：在三维场景中，通过拉框、圈选、点选、模糊查询、缓冲区查询等方式，对选取区域内模型的静态数据进行查询和定位。根据实际应用需要，提供距离量测、坐标和标高输出等辅助功能。

动态数据展示：可以通过录入窗口编辑指定模型的动态数据，通过模型的形状、位置、颜色的改变实时体现模型数据状态，通过拉框、圈选、点选、模糊查询、缓冲区查询等方式，对选取区域内模型的动态数据进行查询和定位；可沿时间轴展示上述信息发展的变化历程，可追溯任意历史时间点的信息数据并展示；根据实际应用需要，提供地面沉降量（体积）的统计、各类变形监测数据的二维曲线图等辅助功能；根据实际应用需要，展示地面、地下作业面的实时监控视频画面的相关信息。

动态报警功能：可以预设动态数据的状态值区间，如地面沉降 0 ~ 0.01cm 为正常，0.01 ~ 0.02cm 为轻微沉降，0.02 ~ 0.03cm 为严重沉降等，当动态数据达到非正常状态时，系统可通过改变动态数据相应模型的颜色，警告列表和及时定位的形式实现动态报警功能。

场景浏览漫游：二维地形和三维场景的浏览漫游；支持自定义和手动路径的浏览漫游，以及以第 1 人称视角和飞行视角进行浏览漫游；支持二维及三维状态的切换。

属性信息查询：支持以多种方式查询并展示地层信息，地下管线信息，地面道路、建筑等环境信息。

施工模拟仿真：在加载了各类静态信息的三维平台上，模拟建设进度、基坑结构变形（沉降和收敛）、周边地面沉降形态、管线变形沉降、周边重要建筑物的沉降倾斜等监测数据，并进行应用仿真。

施工动态监测：支持以多种方式查询并展示建设进度、结构变形（沉降和收敛）、周边地面沉降形态、管线变形沉降、周边重要建筑物的沉降倾斜等监测数据。

空间量测分析：提供距离量测、面积量测、高度量测、坐标获取和标高输出等辅助功能；根据实际应用需要，提供地面沉降量（体积）的统计、各类变形监测数据的二维曲线图等辅助功能。

实时视频监控：根据实际应用需要，接入展示地面、地下作业面的实时监控视频画面的相关信息等。

历史数据查询：可沿时间轴展示建设进度、结构变形（沉降和收敛）、周边地面沉降形态、管线变形沉降、周边重要建筑物的沉降倾斜等监测数据发展的变化历程，可追溯任意历史时间点的信息数据并展示。

监测分析报警：分析各类变形监测数据的发展规律，采用颜色或其他指示方式动态反映各类监测对象的预警状态（如蓝色、黄色、橙色、红色预警级别），当监测数据达到某一警戒值时，提供图形化报警功能。

基于 3D GIS、BIM 技术的施工优化与监测数据管理分析系统，将非常有利于保证深基坑项目的顺利实施，把基坑施工的风险减小到最低程度，从技术上保证方案的优化，对基坑的施工将起到关键性的作用，深基坑信息化施工也将近一步的提高。

案例三　某工程土建部分施工模拟展示（见图 5-17、图 5-18）

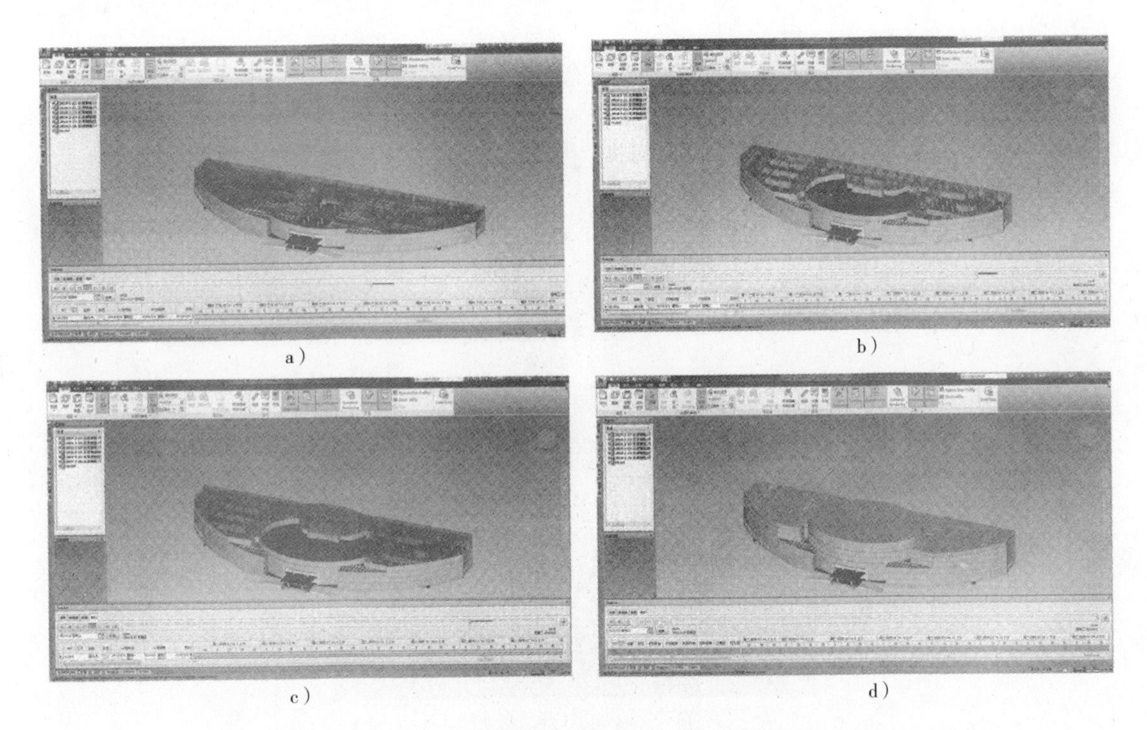

图 5-17　某工程土建部分施工模拟过程

a）二层施工前　b）二层施工后　c）顶层施工前　d）顶层施工完成

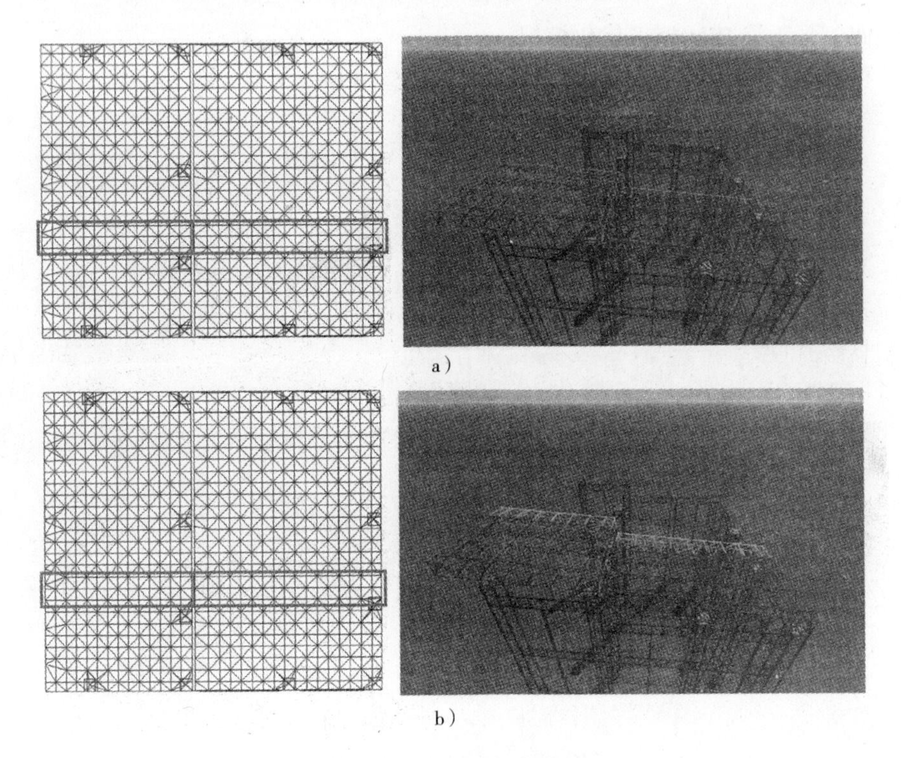

图 5-18　整体 BIM 模型

a）、b）图层顶网架高空拼装

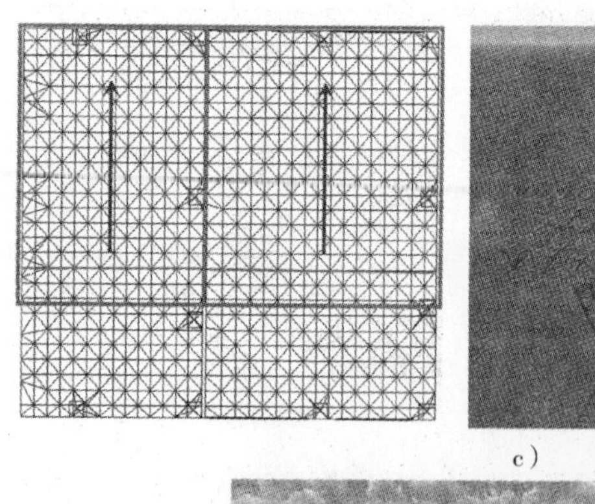
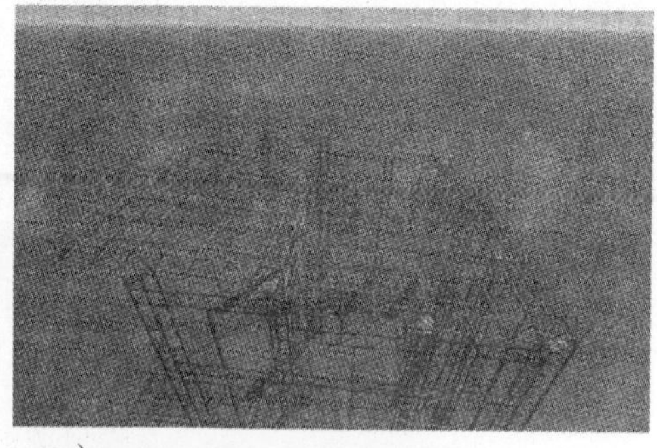

c）

d）

图 5-18 整体 BIM 模型（续）

c）图层顶网架高空拼装 d）整体安装完成

案例四 某工程 BIM 施工优化模拟

某工程基于 BIM 建筑施工优化模拟展示如图 5-19 所示。

a）

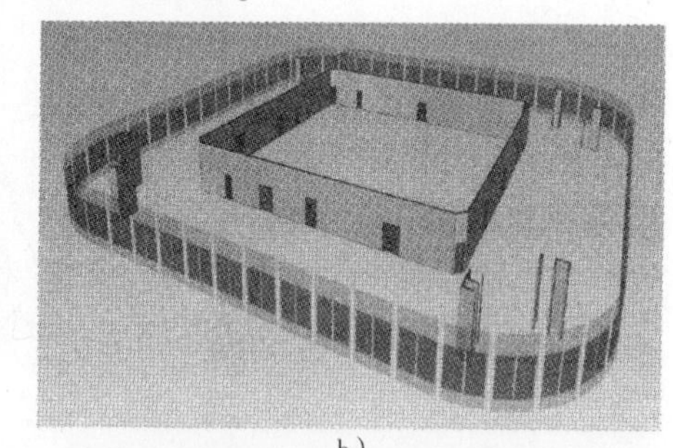

b）

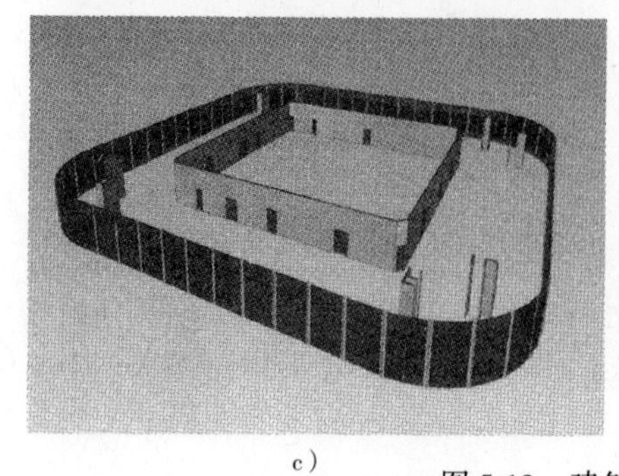

c）

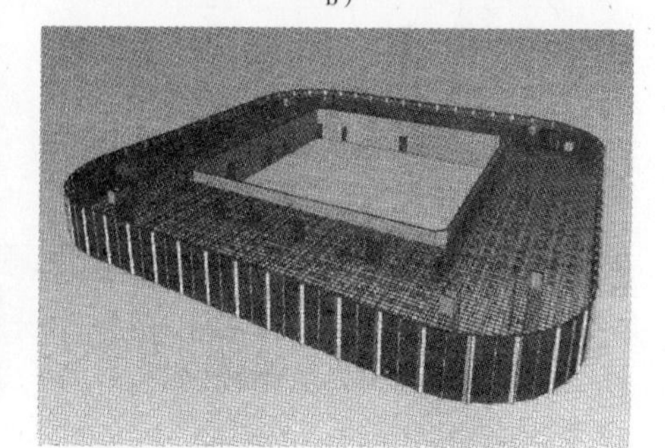

d）

图 5-19 建筑施工优化模拟

a）步骤 1 b）步骤 2 c）步骤 3 d）步骤 4

e）

f）

图 5-19　建筑施工优化模拟（续）

e）步骤 5　f）步骤 6

二、钢构件虚拟拼装

钢构件的虚拟拼装优势在于：

1）省去大块预拼装场地。

2）节省预拼装临时支撑措施。

3）降低劳动力使用。

4）减少加工周期。

这些优势都能够直接转化为成本的节约，以经济的形式直接回报加工企业，以工期节省的形式回报施工和建设单位。

要实现钢构件的虚拟拼装，首先要实现实物结构的虚拟化。所谓实物虚拟化就是要把真实的构件准确地转变成数字模型。这种工作依据构件的大小有各种不同的转变方法，目前直接可用的设备包括全站仪、三坐标检测仪、激光扫描仪等。

例如，某超高层工程中钢结构体积比较大，使用的是全站仪采集构件关键点数据，组合形成构件实体模型，如图 5-20 所示。

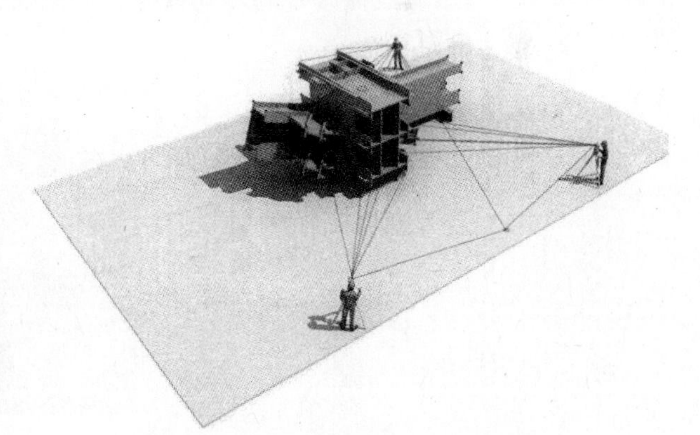

图 5-20　虚拟拼装前用全站仪采集数据

某钢网壳结构工程中，节点构件相对较小，使用三坐标检测仪进行数据采集，直接可在电脑中生成实物模型，如图 5-21 所示。

采集数据后就需要分析实物产品模型与设计模型之间的差距。由于检测坐标值与设计坐标值的参照坐标系互不相同，所以在比较前必须将两套坐标值转化到同一个坐标系下。

利用空间解析几何及线形代数的一些理论和方法，可以将检测坐标值转化到设计坐标值的参照坐标系下，使得转化后的检测坐标与设计坐标尽可能接近，也就使得节点的理论模型与实物的数字模型尽可能重合以便后续的数据比较，其基本思路如图 5-22 所示。

分别计算每个控制点是否在规定的偏差范围内，并在三维模型里逐个体现。通过这种方法，逐步用实物产品模型代替原有设计模型，形成实物模型组合，所有的不协调和问题就都

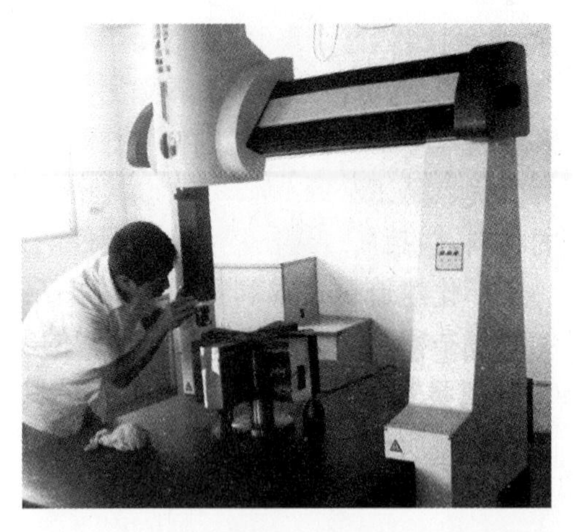

图 5-21　虚拟拼装前用三坐标检测仪采集数据

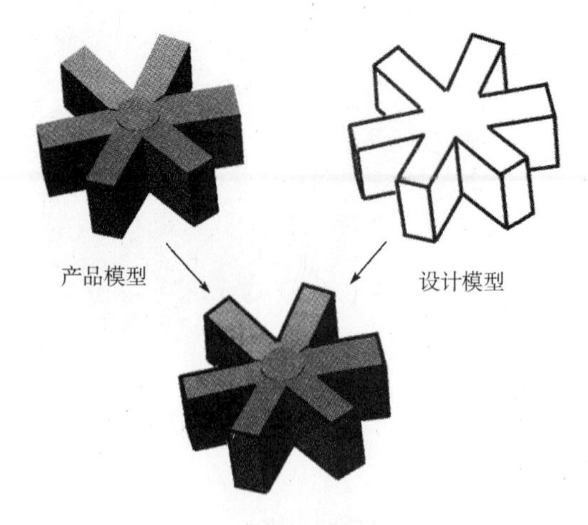

图 5-22　理论模型与实体数字模型互合

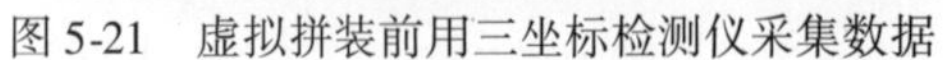

能够在模型中反映出来，也就代替了原来的预拼装工作。这里需要强调的是两种模型互合的过程中，必须使用“最优化”理论求解。因为构件拼装时，工人是会发挥主观能动性，调整构件到最合理的位置。

在虚拟拼装过程中，如果构件比较复杂，手动调整模型比较难调整到最合理的位置，容易发生误判。

又如，某工程采用 BIM 技术对网架安装过程进行模拟，过程如图 5-23 所示，图中左侧为二维 CAD 图示意施工过程，右侧为 BIM 三维动画模拟施工过程。显然基于 BIM 的施工模拟更加形象、易于理解。

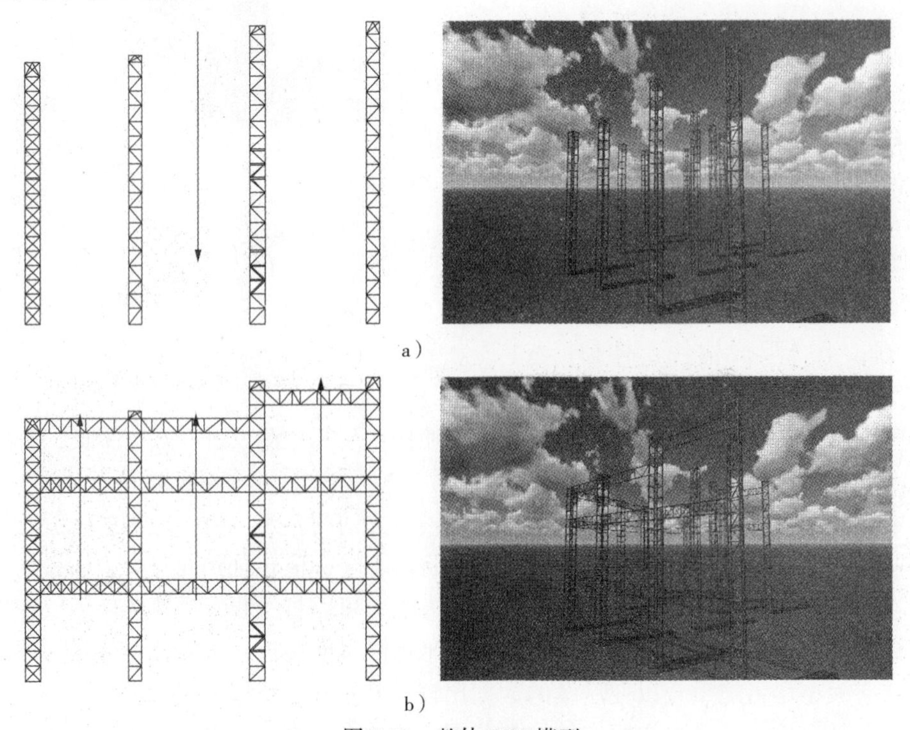

图 5-23　整体 BIM 模型

a）格构柱安装　b）格构柱附属构件安装 1

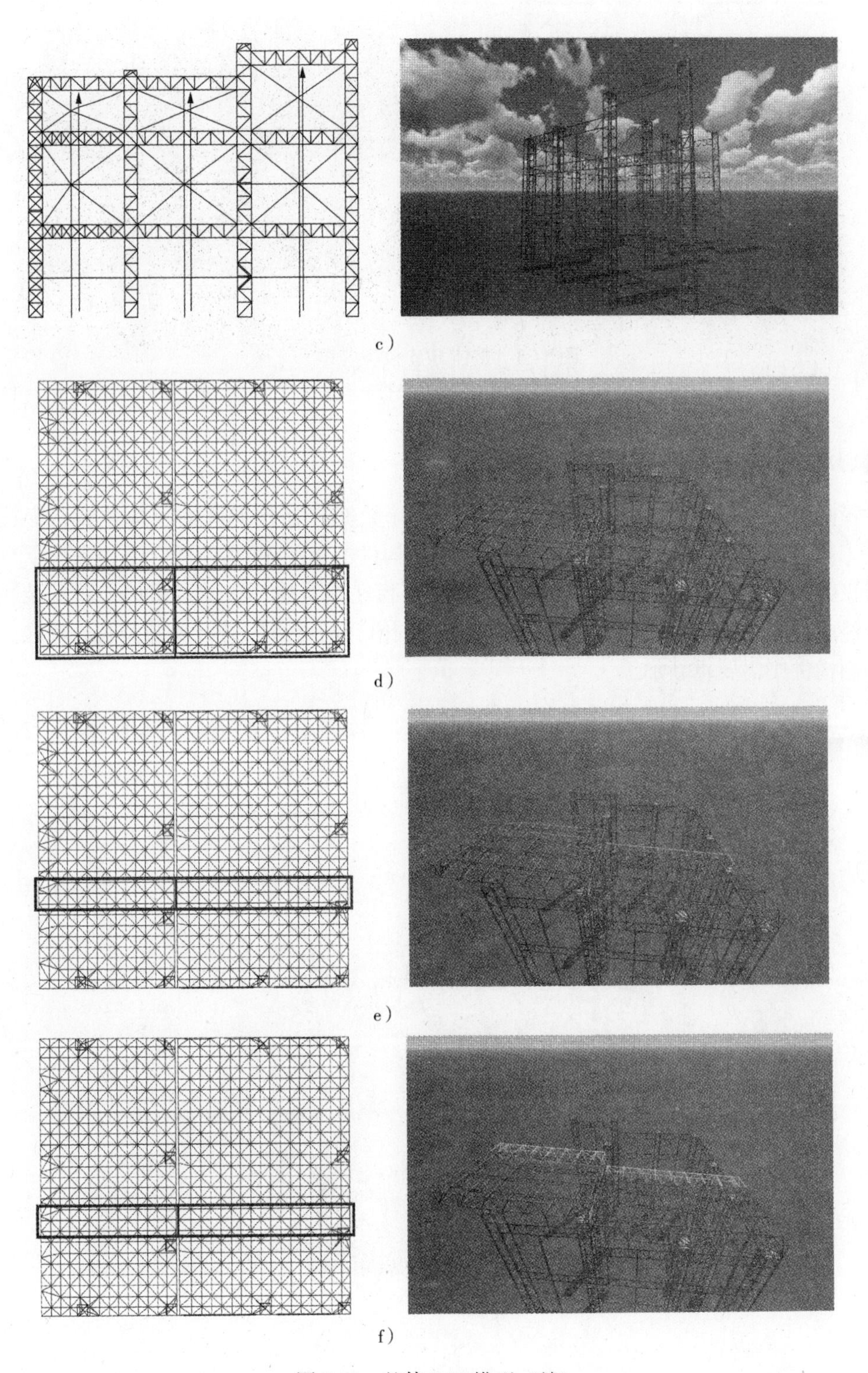

图 5-23　整体 BIM 模型（续）

c）格构柱附属构件安装 2　d）屋顶网架局部吊装　e）屋顶网架高空拼装 1　f）屋顶网架高空拼装 2

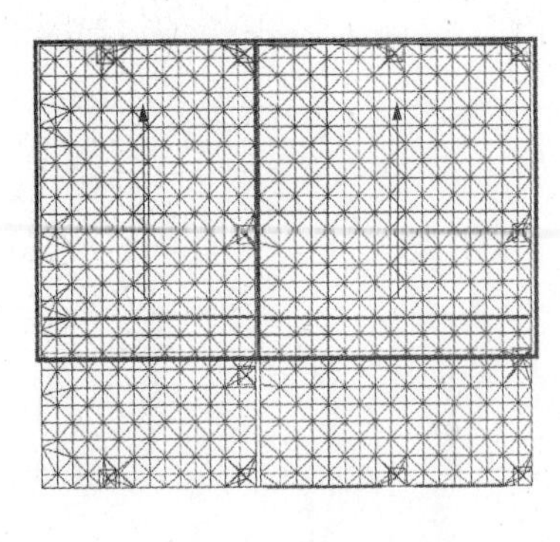
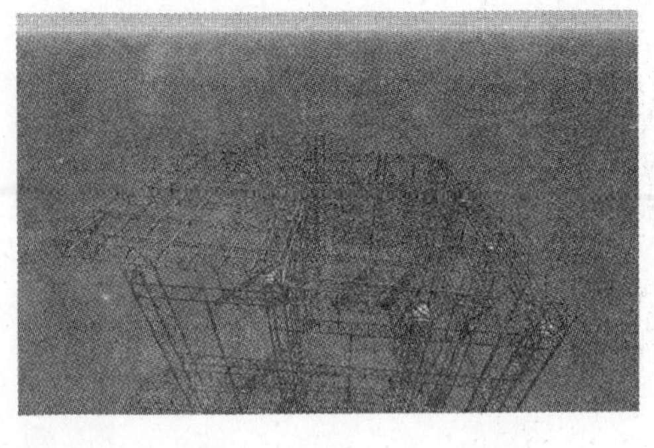

g)

图 5-23 整体 BIM 模型（续）
g）屋顶网架高空拼装 3

三、混凝土构件虚拟拼装

在预制混凝土构件生产完成后，其相关的实际数据（如预埋件的实际位置、窗框的实际位置等参数）需要反馈到 BIM 模型中，对预制构件的 BIM 模型进行修正，在出厂前，需要对修正的预制构件进行虚拟拼装（见图 5-24），旨在检查生产中的细微偏差对安装精度的影响，经虚拟拼装显示对安装精度影响在可控范围内，则可出厂进行现场安装，反之，不合格的预制构件则需要重新加工。

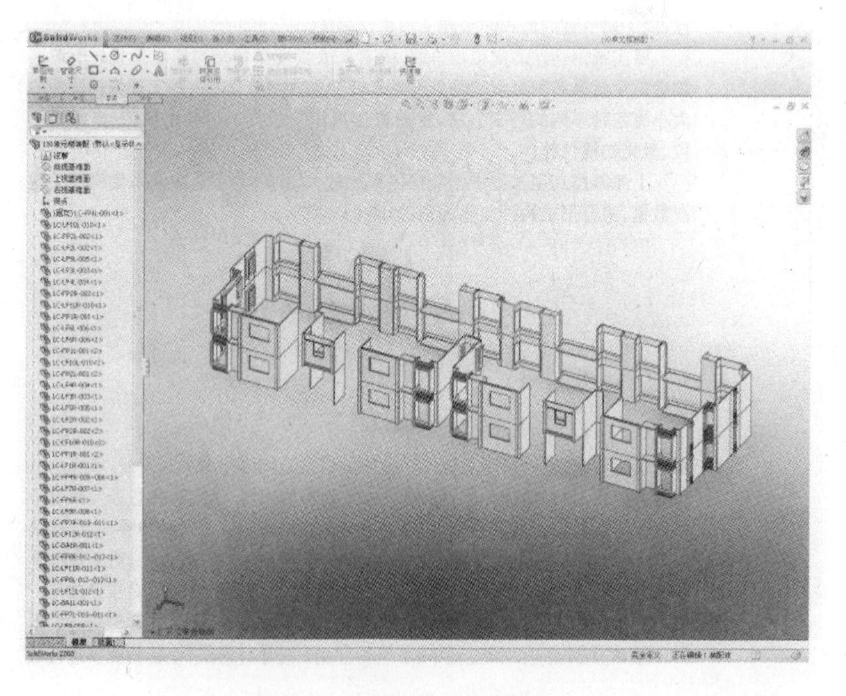

图 5-24 预制构件虚拟拼装

混凝土构件出厂前的预拼装和深化设计过程的预拼装不同，主要体现在：深化设计阶段的预拼装主要是检查深化设计的精度，其预拼装结果反馈到设计中对深化设计进行优化，可提高预制构件生产设计的水平，而出厂前的预拼装主要融合了生产中的实际偏差信息，其预拼装的结果反馈到实际生产中对生产过程工艺进行优化，同时对不合格的预制构件进行报废，可提高预制构架生产加工的精度和质量。

第二节　BIM 工程招标投标管理应用

BIM 技术的推广与应用，极大地促进了招投标管理的精细化程度和管理水平。在招投标过程中，招标方根据 BIM 模型可以编制准确的工程量清单，达到清单完整、快速算量、精确算量的目的，有效地避免漏项和错算等情况，最大程度地减少施工阶段因工程量问题而引起的纠纷。投标方根据 BIM 模型快速获取正确的工程量信息，与招标文件的工程量清单比较，可以制定更好的投标策略。

一、BIM 在招标控制中的应用

在招标控制环节，准确和全面的工程量清单是核心关键。而工程量计算是招投标阶段耗费时间和精力最多的重要工作。而 BIM 是一个富含工程信息的数据库，可以真实地提供工程最计算所需要的物理和空间信息。借助这些信息，计算机可以快速对各种构件进行统计分析，从而大大减少根据图样统计工程量带来的繁琐的人工操作和潜在错误，在效率和准确性上得到显著提高。

(1) 建立或复用设计阶段的 BIM 模型

在招投标阶段，各专业的 BIM 模型建立是 BIM 应用的重要基础工作。BIM 模型建立的质量和效率会影响后续应用的成效。模型的建立主要有三种途径：

①直接按照施工图重新建立 BIM 模型，这也是最基础、最常用的方式。

②如果可以得到二维施工图的 AutoCAD 格式的电子文件，利用软件提供的识图转图功能，将 dwg 格式的二维图转成 BIM 模型。

③复用和导入设计软件提供的 BIM 模型，生成 BIM 算量模型。这是从整个 BIM 流程来看最合理的方式，可以避免重新建模所带来的大量手工工作及可能产生的错误。

(2) 基于 BIM 的快速、精确算量

基于 BIM 算量可以大大提高工程量计算的效率。基于 BIM 的自动化算量方法将人们从手工繁琐的劳动中解放出来，节省更多时间和精力用于更有价值的工作，如询价、评估风险等，并可以利用节约的时间编制更精确的预算。

基于 BIM 算量提高了工程量计算的准确性。工程量计算是编制工程预算的基础，但计算过程非常繁琐，造价工程师容易因各种人为原因而导致很多的计算错误。BIM 模型是一个存储项目构件信息的数据库，可以为造价人员提供造价编制所需的项目构件信息，从而大大减少根据图样人工识别构件信息的工作量以及由此引起的潜在错误。因此，BIM 的自动化算量功能可以使工程量计算工作摆脱人为因素影响，得到更加客观的数据。

二、BIM 在投标过程中的应用

(1) 基于 BIM 的施工方案模拟

借助 BIM 手段可以直观地进行项目虚拟场景漫游，在虚拟现实中身临其境般地进行方案体验和论证。基于BIM模型，对施工组织设计方案进行论证，就施工中的重要环节进行可视化模拟分析，按时间进度进行施工安装方案的模拟和优化。对于一些重要的施工环节或采用新施工工艺的关键部位、施工现场平面布置等施工指导措施进行模拟和分析，以提高计划的可行性。在投标过程中，通过对施工方案的模拟，直观、形象地展示给甲方。

（2）基于BIM的4D进度模拟

建筑施工是一个高度动态和复杂的过程，当前建筑工程项目管理中经常用于表示进度计划的网络计划，由于专业性强、可视化程度低，无法清晰描述施工进度以及各种复杂关系，难以形象表达工程施工的动态变化过程。通过将BIM与施工进度计划相连接，将空间信息与时间信息整合在一个可视的4D（3D + Time）模型中，可以直观、精确地反映整个建筑的施工过程和虚拟形象进度。4D施工模拟技术可以在项目建造过程中合理制订施工计划、精确掌握施工进度、优化使用施工资源以及科学地进行场地布置，对整个工程的施工进度、资源和质量进行统一管理和控制，以缩短工期、降低成本、提高质量。此外借助4D模型，施工企业在工程项目投标中将获得竞标优势，BIM可以让业主直观地了解投标单位对投标项目主要施工的控制方法和施工安排是否均衡、总体计划是否基本合理等，从而对投标单位的施工经验和实力作出有效评估。

（3）基于BIM的资源优化与资金计划

利用BIM可以方便、快捷地进行施工进度模拟、资源优化以及预计产值和编制资金计划。通过进度计划与模型的关联，以及造价数据与进度关联，可以实现不同维度（空间、时间、流水段）的造价管理与分析。

将三维模型和进度计划相结合，模拟出每个施工进度计划任务对应所需的资金和资源，形成进度计划对应的资金和资源曲线，便于选择更加合理的进度安排。

通过对BIM模型的流水段划分，可以按照流水段自动关联快速计算出人工、材料、机械设备和资金等的资源需用量计划。所见即所得的方式，不但有助于投标单位制订合理的施工方案，还能形象地展示给甲方。

总之，BIM对于建设项目生命周期内的管理水平提升和生产效率提高具有不可比拟的优势。利用BIM技术可以提高招标投标的质量和效率，有力地保障工程量清单的全面和精确，促进投标报价的科学、合理，加强招投标管理的精细化水平，减少风险，进一步促进招标投标市场的规范化、市场化、标准化的发展。可以说BIM技术的全面应用，将为建筑行业的科技进步产生不可估量的影响，大大提高建筑工程的集成化程度和参建各方的工作效率。同时，也为建筑行业的发展带来巨大效益，使规划、设计、施工乃至整个项目全生命周期的质量和效益得到显著提高。

三、机电设备工程虚拟拼装

在机电工程项目中施工进度模拟优化主要利用Navisworks软件对整个施工机电设备进行虚拟拼装，方便现场管理人员及时对部分施工节点进行预演及虚拟拼装，并有效控制进度。

利用三维动画对计划方案进行虚拟拼装，更容易让人理解整个进度计划流程，对于不足的环节可加以修改完善，对于所提出的新方案可再次通过动画模拟进行优化，直至进度计划方案合理可行。表5-2是传统方式和基于BIM的虚拟拼装方式下进度掌控的比较。

表 5-2 传统方式与基于 BIM 的虚拟拼装方式下进度掌控比较

项目	传统方式	基于 BIM 的虚拟拼装方式
物资分配	粗略	精确
控制方式	通过关键节点控制	精确控制每项工作
现场情况	做了才知道	事前已规划好，仿真模拟现场情况
工作交叉	以人为判断为准	各专业按协调好的图样施工

传统施工方案的编排一般由手工完成，繁琐、复杂且不精确，在通过 BIM 软件平台模拟应用后，这项工作变得简单、易行。而且，通过基于 BIM 的 3D、4D 模型演示，管理者可以更科学、更合理地对重点、难点进行施工方案模拟预拼装及施工指导。施工方案的好坏对于控制整个施工工期的重要性不言而喻，BIM 的应用提高了专项施工方案的质量，使其更具有可建设性。

在机电设备项目中通过 BIM 软件平台，采用立体动画的方式，配合施工进度，可精确描述专项工程概况及施工场地情况，依据相关的法律法规和规范性文件、标准、图集、施工组织设计等模拟专项工程施工进度计划、劳动力计划、材料与设备计划等，找出专项施工方案的薄弱环节，有针对性地编制安全保障措施，使施工安全保证措施的制订更直观、更具有可操作性。某超高层项目，结合项目特点拟在施工前将不同的施工方案模拟出来，如钢结构吊装方案、大型设备吊装方案、机电管线虚拟拼装方案等，向该项目管理者和专家讨论组提供分专业、总体、专项等特色化演示服务，给予他们更为直观的感受，帮助确定更加合理的施工方案，为工程的顺利竣工提供保障，图 5-25 为某超高层项目板式交换器施工虚拟吊装方案。

通过 BIM 软件平台可把经过各方充分沟通和交流后建立的四维可视化虚拟拼装模型作为施工阶段工程实施的指导性文件。通过基于 BIM 的 3D 模型演示，管理者可以更科学、更合理地制订施工方案，直接体现施工的界面及顺序。例如，某大厦进行机电工程虚拟拼装方案模拟：

①联合支架及 C 形吊架现场安装，如图 5-26 所示。

图 5-25 某超高层项目建筑施工虚拟吊装图

图 5-26 某走道支架安装模拟

②桥架现场施工安装，如图 5-27 所示。

③各专业管道施工安装，管道通过添加卡箍固定喷淋主管进行安装，如图 5-28 所示。

④空调风管、排烟管道安装，如图 5-29 所示。

⑤吊顶安装，室内精装，如图 5-30 所示。

图 5-27　某走道桥架安装模拟

图 5-28　某走道水管干线安装模拟

图 5-29　某走道空调风管、排烟管道安装模拟

图 5-30　某管线吊顶精装模拟

总之，机电设备工程可视化虚拟拼装模型在施工阶段中可实现各专业均以四维可视化虚拟拼装模型为依据进行施工的组织和安排，清楚知道下一步工作内容，严格要求各施工单位按图施工，防止返工的情况发生。

借助 BIM 技术在施工进行前对方案进行模拟，可找寻出问题并给予优化，同时进一步加强施工管理对项目施工进行动态控制。当现场施工情况与模型有偏差时及时调整并采取相应的措施。通过将施工模型与企业实际施工情况不断地对比、调整，将改善企业施工控制能力，提高施工质量、确保施工安全。

四、幕墙工程虚拟拼装

1. 幕墙单元板块拼装流程

幕墙单元板块的拼装流程如图 5-31 所示。

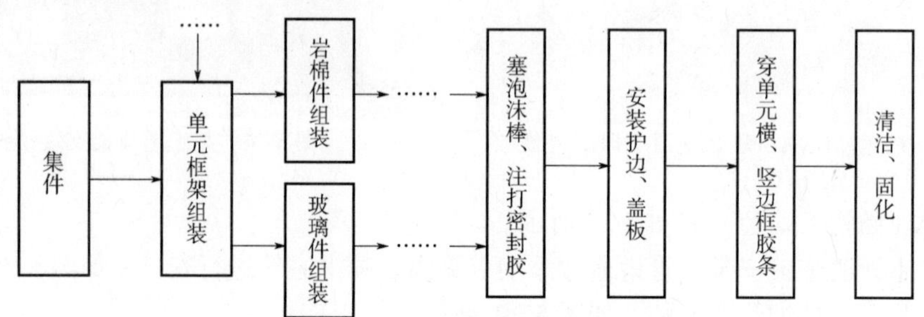

图 5-31　幕墙单元板块拼装流程图

一般情况下，幕墙加工厂在工厂内设置单元板块拼装流水作业线——“单元式幕墙生产线”对单元板块进行拼装。根据项目的需求不同，在幕墙深化设计阶段，应根据所设计的单元板块的特点，设计针对性的拼装工艺流程。拼装工艺流程的合理性对单元板块的品质往往有着决定性的影响。

选择一款合适的软件就可以达到事半功倍的效果。Inventor，Digital Project 等软件都能够胜任这样的工作。但是，相对来说，Inventor 使用成本更低，性价比较高。

2. 虚拟拼装

以某工程外幕墙 A1 系统标准单元板块为例，通过对不同方案的虚拟拼装，可以直观地分析方案合理性。同时，通过对不同拼装流程的模拟，可以大大提升单元板块拼装精度，并且缩短拼装周期。

通过 Inventor 对单元板块拼装流程的仿真分析，最终将整个外幕墙单元板块拼装流程从 121 步优化为 78 步。同时，根据仿真过程中存在的精度不高的隐患，针对性地设计了四种可调节特制安装平台，与流水线配套使用，确保拼装精确到位，如图 5-32 ~ 图 5-34 所示。

图 5-32　Invertor 虚拟拼装板块

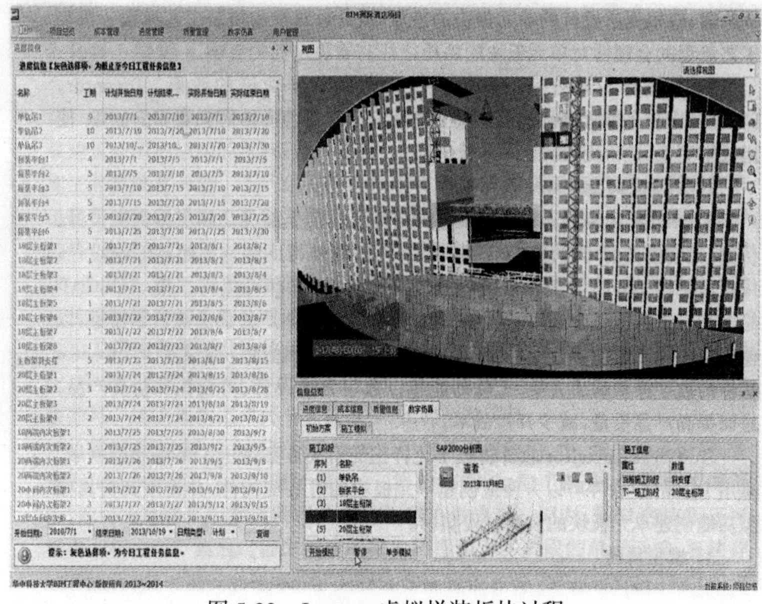

图 5-33　Invertor 虚拟拼装板块过程

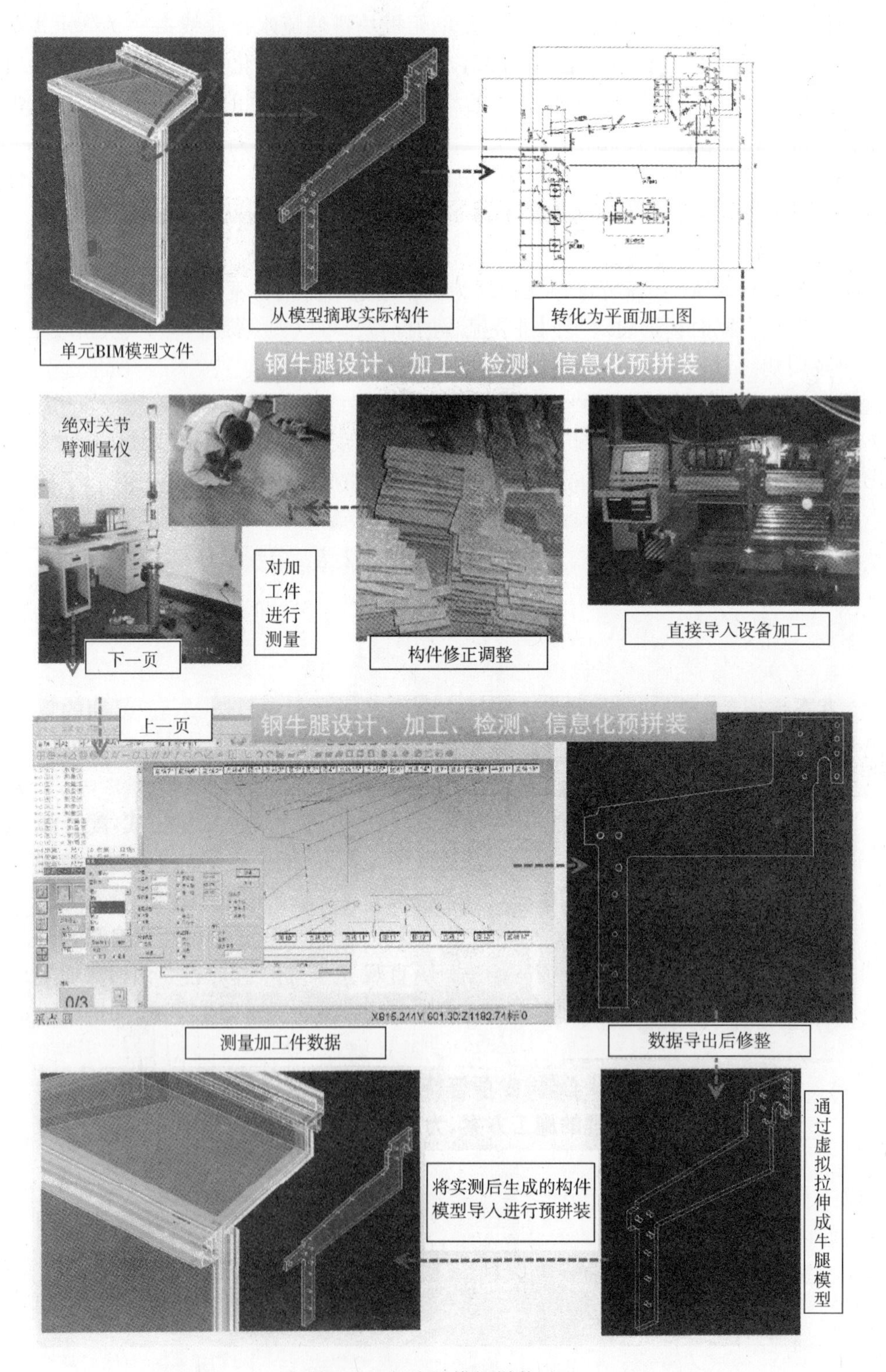

图5-34　钢牛腿模拟拼装过程

第三节　BIM 技术的施工场地布置及规划应用

一、施工场地布置的重要性

1. 促进安全文明施工

随着我国施工水平的不断提高，对安全文明施工的要求也越来越高。考核建筑施工企业的质量、安全、工期、成本四大指标，也称施工企业的第一系统目标的落脚点都在施工现场。加强施工现场布置的管理，在施工现场改善施工人员作业条件，消防事故隐患，落实事故隐患整改措施，防止事故伤害的发生，这是极为重要的。施工项目部一般通过对现场的安全警示牌、围挡、材料堆放等建立统一标准，形成可进行推广的企业基准及规范，推动安全文明施工的建设。在建筑施工中，保证建筑施工的安全是保护施工人员人身安全和财产安全的基础，也是保证建筑工程能够顺利完工的前提条件，建筑施工的安全问题已经成为当前社会的焦点话题，很多建筑安全事故在社会上引起了恶劣的影响，我国也出台了相应的管理条例，目的就是对我国建筑市场加强控制，保证建筑施工的质量和安全，所以在建筑施工的安全管理实际工作中，建筑施工企业和从业人员必须对此加以重视，实现企业经济效益的前提是保证工作人员的安全，继而提升施工企业的竞争力。基于 BIM 模型及搭建的各种临时设施，可以对施工场地进行布置，合理安排塔式起重机、库房、加工厂地和生活区，解决场地划分问题。

2. 保障施工计划的执行

对施工现场合理规划，是保障施工正常进行的需要。在施工过程中往往存在着材料乱堆乱放、机械设备安置位置妨碍施工的情况，为了进行下一步的施工必须将材料设备挪来挪去，影响施工的正常进行。施工场地布置要求在设计之初要考虑施工过程的材料以及机械设备的使用情况，合理地进行材料的堆放。通过确定最优路径等方法，为施工提供便利。

3. 有效控制现场成本支出

在施工过程中由于场地狭小等原因，会产生大量的二次搬运费，将成品和半成品通过小车或人力进行第二次或多次的转运会产生大量的二次搬运费用，增加了项目的成本支出。在施工场地布置的时候要结合施工进度，合理地对材料进行堆放。减少因为二次搬运而产生的费用，降低施工成本。

二、基于 BIM 的施工场地布置应用研究

1. 建立安全文明施工设施 BIM 构件库

借助 BIM 技术对施工场地的安全文明施工设施进行建模，并进行尺寸、材料等相关信息的标注，形成统一的安全文明施工设施库。施工现场常用的安全防护设施、加工棚、卸料平台防护、用电设施、施工通道等设施都可以通过 BIM 软件的族功能，建立各种施工设施的 BIM 族库，并且对于尺寸、材质等准确标注，为施工设施的制作提供数据支持。图 5-35 是施工现场钢筋加工棚，在保证结构稳定性情况下，对尺寸进行标注，在满足场地空间的情况下进行推广，形成企业统一标准。

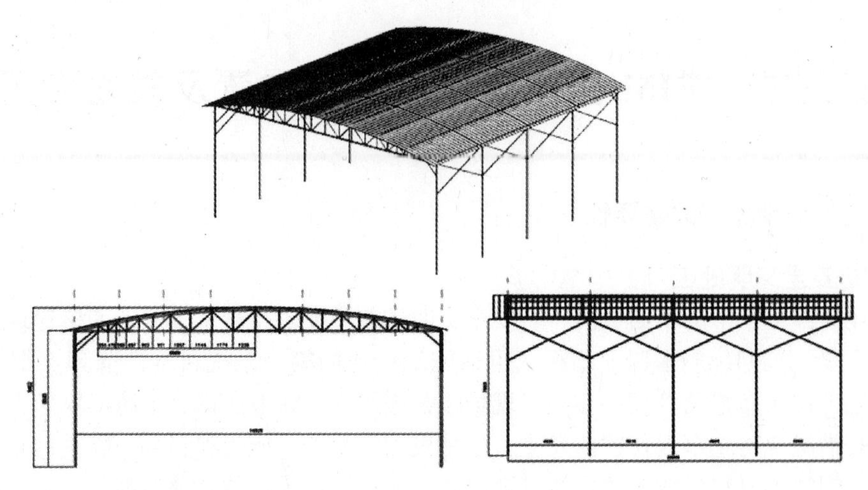

图 5-35 钢筋加工棚外观及尺寸标注

随着企业 BIM 族库的不断丰富，施工现场设施布置也会变得简单。将所有的族文件进行分类整理，建立如图 5-36 所示的 BIM 构件库，在进行施工现场的三维模型建立时，可以将构件随意拖进三维模型中，建立丰富的施工现场 BIM 模型，为施工现场布置提供可视化参照。

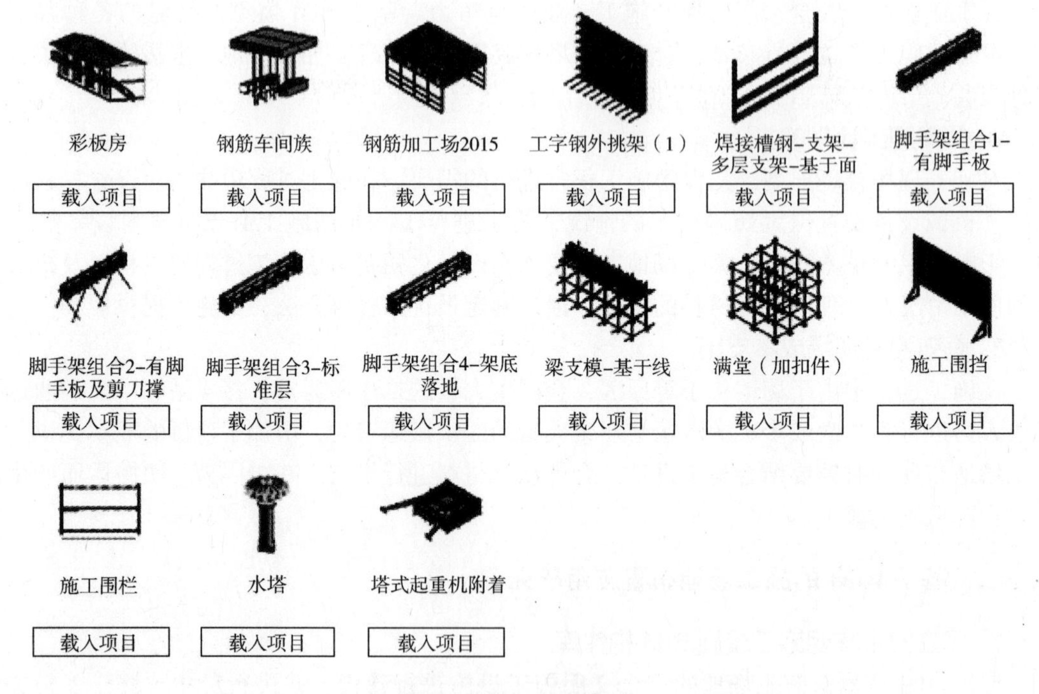

图 5-36 施工设施族库

2. 现场机械设备管理

在施工过程中会用到各种各样的重型施工机械，大型施工设备的进场和安置是施工场地布置的重要环节。传统的二维 CAD 施工平面设计只能二维显示出施工的作业半径，像塔式起重机的作业半径、起重机的使用范围等。基于 BIM 技术的三维施工机械布置则可以在更多的方面进行应用。

大型机械设备现场规则：

1）现场塔式起重机。现在利用 BIM 软件进行塔式起重机的参数化建模，并引入现场的模型进行分析，既可以 3D 的视角来观察塔式起重机的状态，又能方便地调整塔式起重机的姿态以判断临界状态，同时不影响现场施工，节约工期和能源。

通过修改模型里的参数数值，针对这四种情况分别将模型调整至塔式起重机的临界状态（见图 5-37），参考模型就可以指导塔式起重机安全运行。

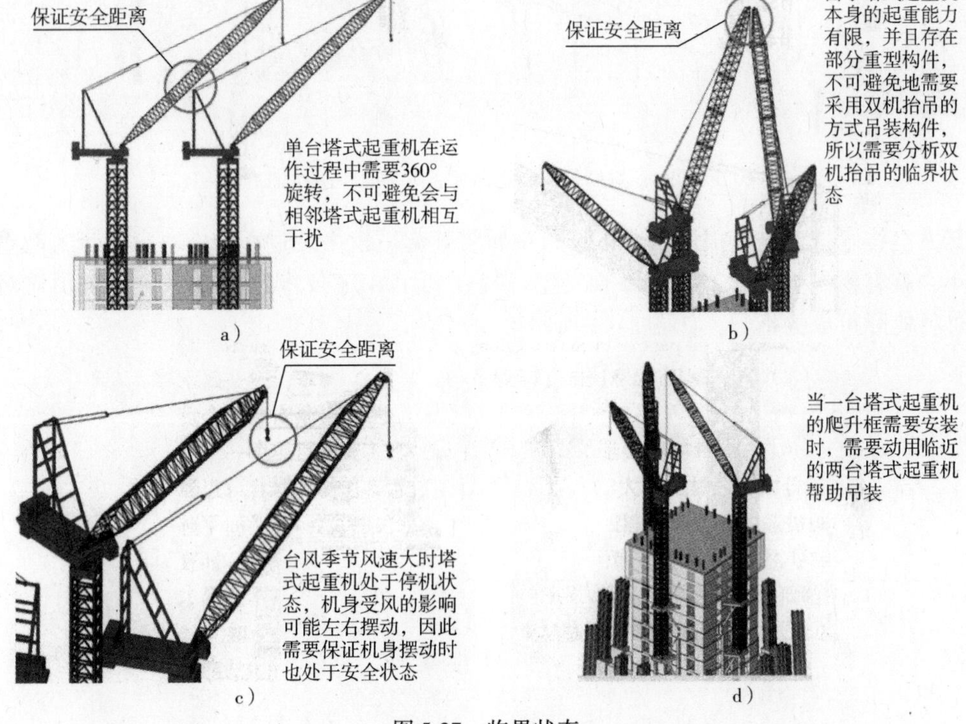

图 5-37　临界状态

a）情况一　b）情况二　c）情况三　d）情况四

2）机械设备现场规划。BIM 技术可将混凝土泵的水平排布直观表现出来，如图 5-38 所示。

对于超高层泵送，其中需要设置的缓冲层也可以基于 BIM 技术很方便地将其表达出来，如图 5-39 所示。

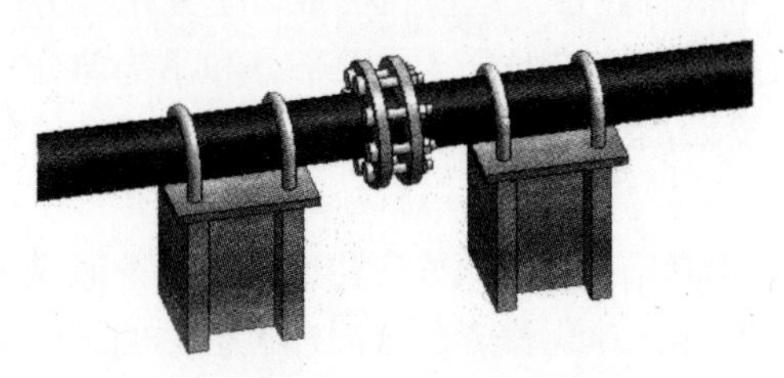

图 5-38　混凝土泵管的水平固定及连接

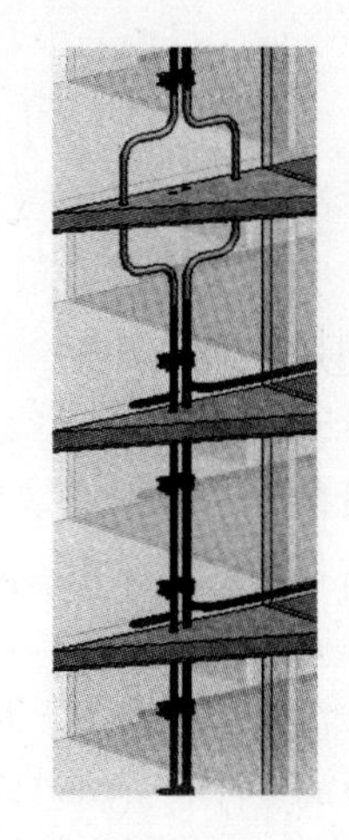

图 5-39　混凝土泵管的垂直固定及缓冲段的设置

3）起重机类。

①平面规划。在平面规划上，制订施工方案时往往要在平面图上推敲这些大型机械的合理布置方案。但是单一地看平面的 CAD 图纸和施工方案，很难发现一些施工过程中的问题，但是应用 BIM 技术就可以通过 3D 模型较直观地选择更合理的平面规划布置，如图 5-40 所示。

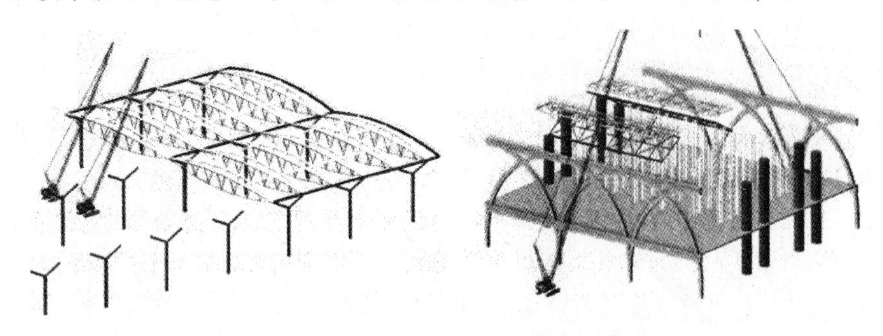

图 5-40　轮式起重机平面规划布置模型

②方案技术选型与模拟演示。以往采用履带式起重机吊装过程中，一旦履带式起重机仰角过小，就容易发生前倾，导致事故发生。现在利用 BIM 技术模拟施工，可以预先对吊装方案进行实际可靠的指导，如图 5-41 所示。

a）

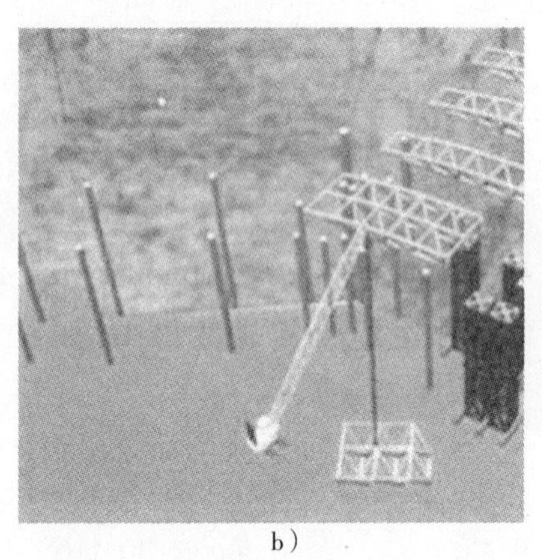

b）

图 5-41　履带式起重机模拟施工

a）履带式起重机仰角过小时模拟情况　b）履带式起重机仰角调整后模拟情况

③建模标准。建筑工程主要用到的大型机械设备包括轮式起重机、履带式起重机、塔式起重机等，这些机械建模时最关键的是参数的可设置性，因为不同的机械设备其控制参数是有差异的。例如，履带式起重机的主要技术控制参数为起重量、起重高度和半径。考虑到模拟施工对履带式起重机动作真实性的需要，一般可以将履带式起重机分成以下几个部分：履带部分、机身部分、驾驶室及机身回转部分、机身吊臂连接部分、吊臂部分和吊钩部分。

轮式起重机与履带式起重机有相似之处，主要增加了车身水平转角、整体转角、吊臂竖直平面转角等参数，如图 5-42 所示。

④协调。在施工过程中，往往因受到各种场外因素干扰，导致施工进度不可能按原先施工方案所制订的节点计划进行，经常需要根据现场实际情况来做修正，这同样也会影响到大型机械设备的进场时间和退场时间。以往没有 BIM 模拟施工的时候，对于这种进度变更情况，很难

a）　　　　　　b）　　　　　　c）

图 5-42　履带式起重机模型
a）水平转角　b）整体转角　c）吊臂竖直转角

及时调整机械设备的进出场时间，经常会发生各种调配不利的问题，造成不必要的等工。

现在，利用 BIM 技术的模拟施工应用可以很好地根据现场施工进度的调整，来同步调整大型设备进出场的时间节点，以此来提高调配的效率，节约成本。

3. 施工机械设备进场模拟

施工机械体积庞大，施工现场的既有设施、施工道路等可能会阻碍施工设备的进场。依托 BIM 技术，设置施工机械进场路径，找出施工机械在整个进场环节中碰撞点，再进行进场路径的重新规划或者碰撞位置的调整，确保施工设备在进场过程中不出现任何问题。

（1）施工机械的固定验算

施工企业对于施工机械的现场固定要求较高，像塔式起重机等设备在固定前都要进行施工受力验算，以确保在施工过程中能够保证塔式起重机稳定性。近几年塔式起重机事故频发，据统计，仅 2014 年全国共发生 78 起塔式起重机垮塌事故，造成大量的生命财产损失。借助 BIM 技术对施工现场的塔式起重机固定进行校验和检查，保证塔式起重机基座和固定件的施工质量，确保塔式起重机施工过程中的稳定性。

（2）成本控制

BIM 技术的优势在于其信息的可流转性，一个 BIM 模型不仅包含构件的三维样式，更重要的是其所涵盖的信息，包括尺寸、重量、材料类型以及材料生产厂家等。在使用 BIM 软件进行场地建模之后，可以将布置过程中所使用的施工机械设备数量、临电临水管线长度、场地硬化混凝土工程量等一系列的数据进行统计，形成可靠的工程量统计数据，为工程造价提供可靠依据。通过在软件中选择要进行统计的构件，设置要显示的字段等信息，输出工程量清单计算表，如图 5-43 所示。

图 5-43　三维平面布置模型

4. 碰撞检测

施工现场总平面布置模型中需要做碰撞检查的主要内容包括：

1）物料、机械堆放布置，进行相应的碰撞检查，检查施工机械设备之间是否有冲突、施工机械设备与材料堆放场地的距离是否合理。

2）道路的规划布置，检查所用的道路与施工道路尽量不交叉或者少交叉，以此保证施工现场的安全生产。

3）临时水电布置，避免与施工现场固定式的机械设备的布置发生冲突，也要避免施工机械，如吊臂等与高压线发生碰撞，应用 BIM 软件进行漫游和浏览，发现危险源并采取措施。

5. 现场人流管理

工作模式：

1）数字化表达。采用三维的模型展示，以 Revit、Navisworks 为模型建模、动画演示软件平台。这些模拟可能包括人流的疏散模拟，根据道路的交通要求、各种消防规范的安全系数对建筑物的要求等进行模拟。

工作采用总体协调的方式，即在全部专业合并后所整合的模型（包括建筑、结构、机电）中，使用 Navisworks 的漫游、动画模拟功能，按照规范要求、方案要求和具体工程要求，检验建筑物各处人员或者车辆的交通流向情况，并生成相关的影音、图片文件。

采用软件模拟，专业工程师在模拟过程中发现问题、记录问题、解决问题、重新修订方案和模型的过程管理。

2）模型要求。对于需要做人流模拟的模型，需要先定义模型的深度，模型的深度按照 LOD 100 ~ LOD 500 的程度来建模，具体与人流模拟的相关建模标准见表 5-3。

表 5-3 建模标准

深度等级	LOD 100	LOD 200	LOD 300	LOD 400	LOD 500
场地	表示	简单的场地布置。部分构件用体量表示	按图纸精确建模。景观、人物、植物、道路贴近真实	可以显示场地等高线	—
停车场	表示	按实际标示位置	停车位大小、位置都按照实际尺寸准确标示	—	—
各种指示标牌	表示	标示的轮廓大小与实际相符，只有主要的文字、图案等可识别的信息	精确的标示，文字、图案等信息比较精准，清晰可辨	各种标牌、标示、文字、图案都精确到位	增加材质信息，与实物一致
辅助指示箭头	不表示	不表示	不表示	道路、通道、楼梯等处有交通方向的示意箭头	—
尺寸标注	不表示	不表示	只在需要展示人流交通布局时，在有消防、安全需要的地方标注尺寸	—	—

（续）

深度等级	LOD 100	LOD 200	LOD 300	LOD 400	LOD 500
其他辅助设备	不表示	不表示	长、宽、高物理轮廓。表面材质颜色类型属性，材质，二维填充表示	物体建模，材质精确地表示	—
车辆、消防车等机动设备	不表示	按照设备或该车辆最高、最宽处的尺寸给予粗略的形状表示	比较精确的模型，具有制作模拟、渲染、展示的必备效果（如吊机的最长吊臂）	精确地建模	可输入机械设备、运输工具的相关信息

3）交通人流 4D 模拟要求。

①交通道路模拟。交通道路模拟结合 3D 场地、机械、设备模型进行现场场地的机械运输路线规划模拟。交通道路模拟可提供图形的模拟设计和视频，以及三维可视化工具的分析结果。

按照实际方案和规范要求（在模拟前的场地建模中，模型就已经按照相关规范要求与施工方案，做到符合要求的尺寸模式）利用 Navisworks 在整个场地、建筑物、临时设施、宿舍区、生活区、办公区模拟人员流向、人员疏散、车辆交通规划，并在实际施工中同步跟踪，科学地分析相关数据。

交通道路模拟中机械碰撞行为是最基本的行为，如道路宽度、建筑物高度、车辆本身的尺寸与周边建筑设备的影响、车辆的回转半径、转弯道路的半径模拟，都将作为模拟分析的要点，分析出交通运输的最佳状态，并同步修改模型内容。

②交通及人流模拟要求。使用 Revit 建模导出 . nwc 格式的图形文件，并导入 Navisworks 中进行模拟；Navisworks 三维动画视觉效果展示交通人流运动碰撞时的场景；按照相关规范要求、消防要求、建筑设计规范等，并按照施工方案指导模拟；构筑物区域分解功能，同时展示各区域的交通流向、人员逃生路径；准确确定在碰撞发生后需要修改处的正确尺寸。

4）实例式样。人流式样布置：在 3D 建筑中放置人流方向箭头，表示人流动向。设计最合理的线路，以 3D 的形式展示。

在模型中可以加入时间进度条以展现如下模拟：疏散模拟、感知时间、响应时间、道路宽度、依据建筑空间功能规划的最佳营建空间（包括建筑物高度、家具的摆放布置、设备的位置等），如图 5-44 所示。

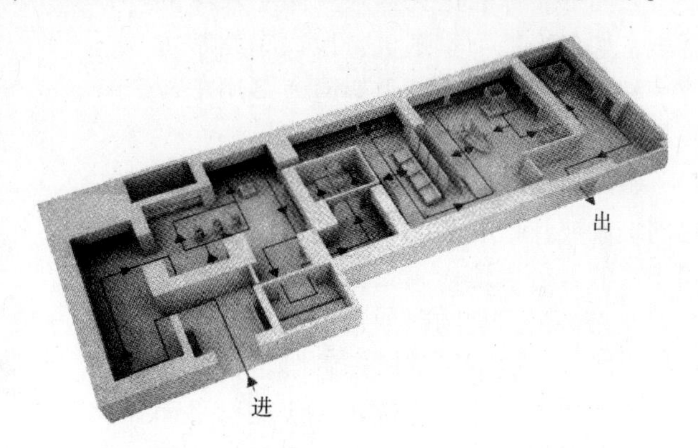

图 5-44　三维视图标示人流走向的示意模型

在场景中做真实的 3D 人流模拟，使用 Navisworks 的 3D 漫游和 4D 模拟来展示真实的人员在场景或者建筑物内的通行状况。也可用达到一定程度的机械设备模型，来模拟对道路或者相关消防的交通通行要求，如图 5-45 所示。

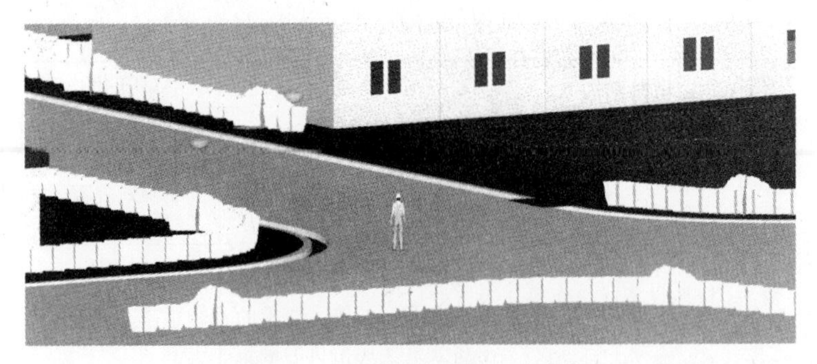

图 5-45　漫游模拟展示人流走向

在整合后的模型中进行结构、设备、周边环境和人流模拟的单独模拟，例如门窗高度、楼梯上雨篷、转弯角处的设备等，可能会对人流行走造成碰撞的模拟，都是必要的模拟作业，如图 5-46 所示。

图 5-46　漫游模拟展示人流与建筑物等的碰撞关系

5）竖向交通人流规划。基础施工阶段的交通规划主要是上下基坑和地下室的通道，并与平面通道接通。挖土阶段、基础施工时一般采用临时的上下基坑通道，有标准化工具式和临时性两种。标准化工具式多用于较深的基坑，如多层地下室基坑、地铁车站基坑等，临时性的坡道或脚手架通道多用于较浅的基坑。

临时上下基坑通道根据围护形式各不相同。放坡开挖的基坑一般采用斜坡形成踏步式的人行通道，满足上下行人员同时行走及人员搬运货物时的通道宽度。在坡度较大时，一般采用临时钢管脚手架搭设踏步式通道。通道设置位置一般在与平面人员安全通行的出入口处，以避开吊装回转半径之外为宜，否则应搭设安全防护棚。上下通道的两侧均应设置防护栏杆，坡道的坡度应满足舒适性与安全性要求，如图 5-47 所示。

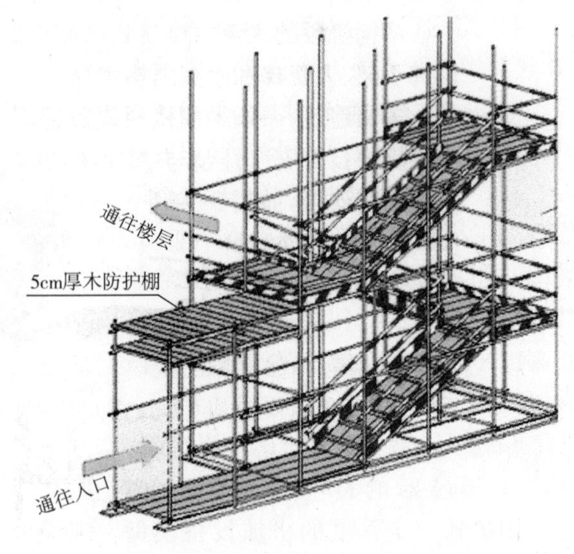

图 5-47　临时上下基坑施工人流通道模型

在采用支护围护的深基坑施工中，人行安全通道常采用脚手架搭设楼梯式的上下通道。在更深的基坑中常采用工具式的钢结构通道，常用于地铁车站基坑、超深基坑中。通道宽度为 1.0 ~ 1.1m，通行人员只能携带简易工具，不能搬运货物通行。通道采用与支护结构连接的固定方式，一般随基坑的开挖，由上向下逐段安装，如图 5-48 所示。

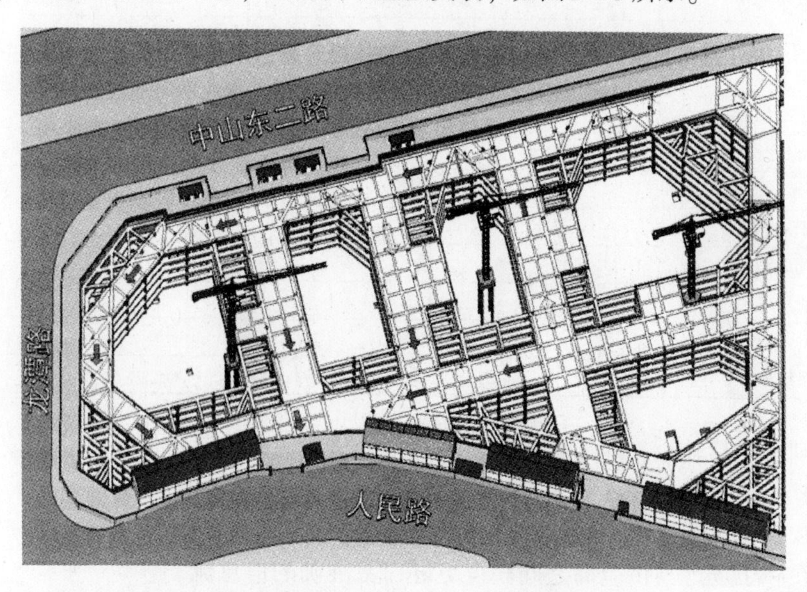

图 5-48　深基坑施工人流通道模型

6. BIM 及 RFID 技术的物流管理

BIM 技术首先能够起到很好的信息收集和管理功能，但是这些信息的收集一定要和现场密切结合才能发挥更大的作用，而物联网技术是一个很好的载体，它能够很好地将物体与网络信息关联，再与 BIM 技术进行信息对接，则 BIM 技术能真正地用于物流的管理与规划。

物联网技术的应用流程如图 5-49 所示。

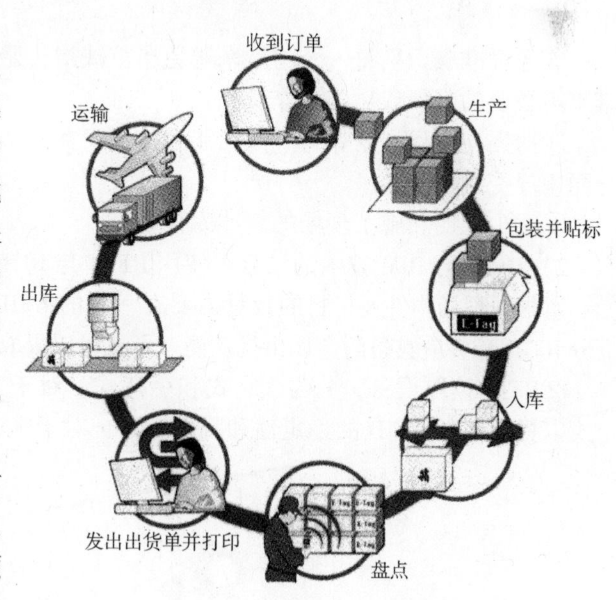

图 5-49　物联网技术的应用流程

目前在建筑领域可能涉及的编码方式有条形码、二维码以及 RFID 技术。RFID 技术，又称电子标签、无线射频识别，是一种通信技术，可通过无线电信号识别特定目标并读写相关数据，而无需识别系统与特定目标之间建立机械或光学接触。常用的有低频（125 ~ 134.2kHz）、高频（13.56MHz）、超高频、无源等技术。RFID 读写器也分移动式和固定式两种，目前 RFID 技术在物流、门禁系统、医疗、食品溯源方面都有应用。

二进制的条码识别是一种基于条空组合的二进制光电识别，广泛应用于各个领域。

条码识别与 RFID 技术从性能上来说各有优缺点，具体应根据项目的实际预算及复杂程度考虑采用不同的方案，其优缺点见表 5-4。

表 5-4　条码识别与 RFID 技术的性能对比

系统参数	RFID 技术	条码识别
信息量	大	小
标签成本	高	低
读写性能	读/写	只读
保密性	好	无
环境适应性	好	不好
识别速度	很高	低
读取距离	远	近
使用寿命	长	一次性
多标签识别	能	不能
系统成本	较高	较低

条码识别信息量较小，但如果均是文本信息的格式，基本已能满足普通的使用要求，且条码较为便宜。

1）RFID 技术主要可以用于物料及进度的管理。如：

①可以在施工场地与供应商之间获得更好、更准确的信息流。

②能够更加准确和及时地供货：将正确的物品以正确的时间和正确的顺序放置到正确的位置上。

③通过准确识别每一个物品来避免严重缺损，避免使用错误的物品或错误的交货顺序而带来不必要的麻烦或额外工作量。

④加强与项目规划保持一致的能力，从而在整个项目的过程中减少劳动力的成本并避免合同违规受到罚款。

⑤减少工厂和施工现场的缓冲库存量。

2）RFID 与 BIM 技术的结合。使用 RFID 与 BIM 技术进行结合需要配置如下软硬件：

①根据现场构件及材料的数量需要有一定的 RFID 芯片，同时考虑到土木工程的特殊性，部分 RFID 标签应具备防金属干扰功能。形式可以采取内置式或粘贴式，如图 5-50 所示。

②RFID 读取设备，分为固定式和手持式，对于工地大门或堆场位置口，可考虑安装固定式以提高读取 RFID 的稳定性和降低成本；对于施工现场可采取手持式，如图 5-51 所示。

图 5-50　部分 RFID 标签

图 5-51　手持式 RFID 读取设备

③针对项目的流程专门开发的 RFID 数据应用系统软件。

由于土建施工多数为现场绑扎钢筋，浇捣混凝土，故而 RFID 的应用应从材料进场开始管理。安装施工根据实际工程情况可以较多地采用工厂预制的形式，能够形成从生产到安装整个产业链的信息化管理，故而流程以及系统的设置应有不同。

3）土建施工流程：材料运至现场，进入仓库或者堆场前进行入库前贴 RFID 芯片工作，芯片应包括生产商、出厂日期、型号、构件安装位置、入库时间、验收情况的信息、责任人（需 1～2 人负责验收和堆场管理、处理数据）；材料进入仓库；工人来领材料，领取的材料扫描，同时数据库添加领料时间、领料人员、所领材料；混凝土浇筑时，再进行一次扫描，以确认构件最终完成，实现进度的控制。

4）安装施工流程：加工厂制造构件，在构件中加入 RFID 芯片，需加入相关信息：生产厂商、出厂日期、构件尺寸、构件所安装位置、责任人（需有 1～2 人与加工厂协调）；构件出场运输，进行实时跟踪；构件运至现场，进入仓库前进行入库前扫描，将构件中所包含的信息扫入数据库，同时添加入库时间、验收情况的信息、责任人（需 1～2 人负责验收和堆场管理、处理数据）；材料进入仓库；工人来领材料，领取的材料扫描，同时数据库添加领料时间，领料人员、领取的构件、预计安装完成时间（需 1～2 人负责记录数据）；构件安装完后，由工人确认将完成时间加入数据库（需 1 人记录、处理数据）。

例如某住宅产业化项目预制工程中也全面将 BIM 技术与 RFID 技术相结合，并贯穿于整个建筑物的多个阶段：设计阶段—PC 构件生产阶段—施工阶段。

在设计阶段，开发出具有唯一编码的 28 位 RFID 芯片代码，与构件本身代码一致，如图 5-52 所示。

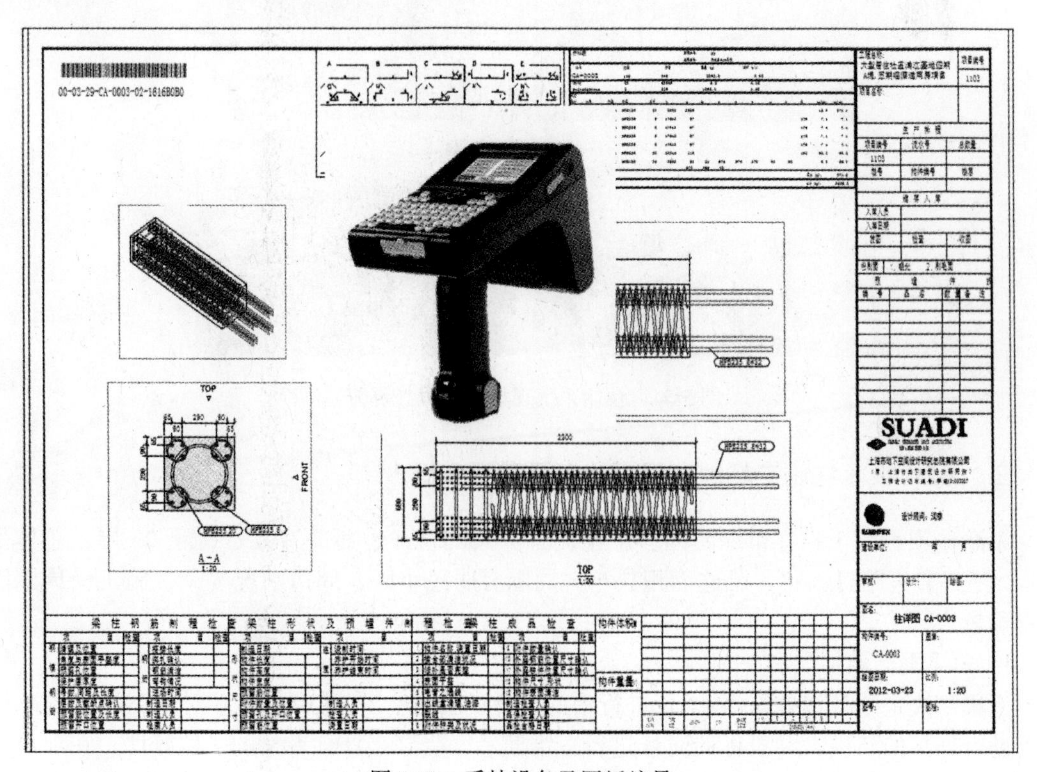

图 5-52　手持设备及图纸编号

在 PC 构件生产阶段，开发专门的 PC 构件状态管理平台，通过 RFID 芯片的扫描对 PC 构件生产的全过程进行监控，如图 5-53 所示。

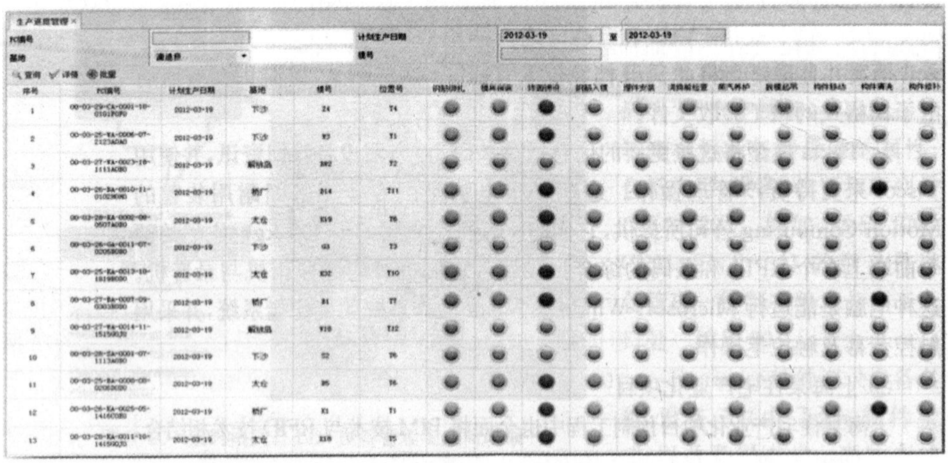

图 5-53　PC 构件状态管理平台

同时工人的质检、运输、进场、吊装等全过程都采用手持式 RFID 芯片扫描的方式来完成，并将相关的构件信息录入到管理平台中，完成全过程的监控，如图 5-54 所示。

图 5-54　预制系统现场作业图（部分）

三、BIM 技术在施工场地布置中的应用案例分析

某商业项目位于长春市绿园区，总建筑面积 108371m^2，地下 3 层，地上 23 层，总体呈 L 形。项目靠近皓月大路，临建面积狭小，周围有居民小区，周边情况复杂，施工受周围因素影响较大。

1. 总平面布置

工程部决定改变以往二维 CAD 进行平面设计的做法，采用 BIM 技术对施工场地的总体布置进行详尽的建模，在投标的时候进行三维演示，受到了评标专家的一致好评。在项目中标之后，根据前期建立的三维模型进行了精细化布置和材料提取，大大减少了工程技术人员的工作量，具体流程如图 5-55 所示。

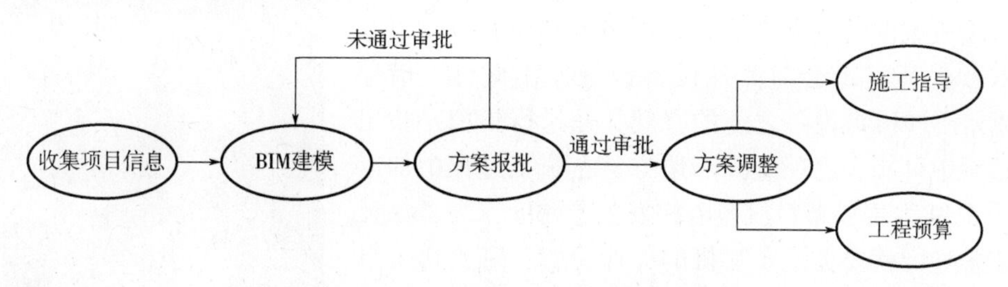

图 5-55　BIM 技术下的场地布置流程

经过公司技术部的反复论证，得到施工总平面布置 BIM 模型，如图 5-56 和图 5-57 所示。对于办公室、生活宿舍、材料堆放、材料加工、塔式起重机、电梯等施工设施的安置都有详细的布置。此外，还能实现三维效果图渲染、二维出图等功能，对于后期的安全文明施工宣传和项目施工材料留档等都有很大的帮助。

图 5-56　Naviworks 下的场地布置重要节点

2. 工程设施细部详图

将 BIM 模型建立完成之后，如果只是进行三维演示远远没有体现出 BIM 的价值。通过建立的 BIM 模型，将各部分构件进行提取，对施工材料等信息进行详细的标注，在进行施工场地布置的时候能够指导现场人员进行施工。图 5-58 是围墙墙身的详细构造，从图 5-58 右侧可以看出墙体的具体参数设置，包括墙身、基础、垫层以及下部基础的材料类型、高度、标高等信息，并且还可以对构件类型进行随意的添加、删减等以满足不同工程的需要。

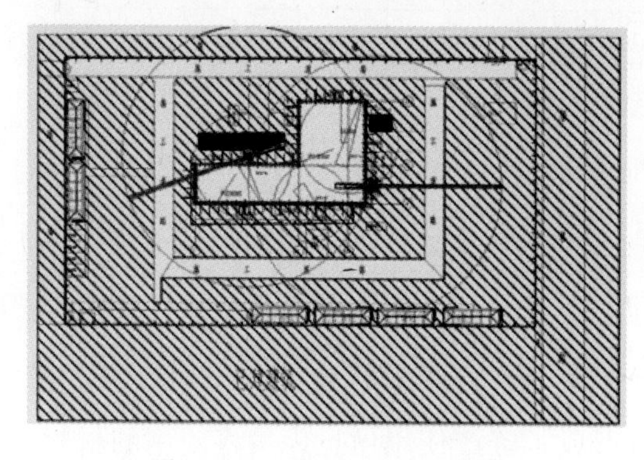

图 5-57　二维 CAD 平面出图

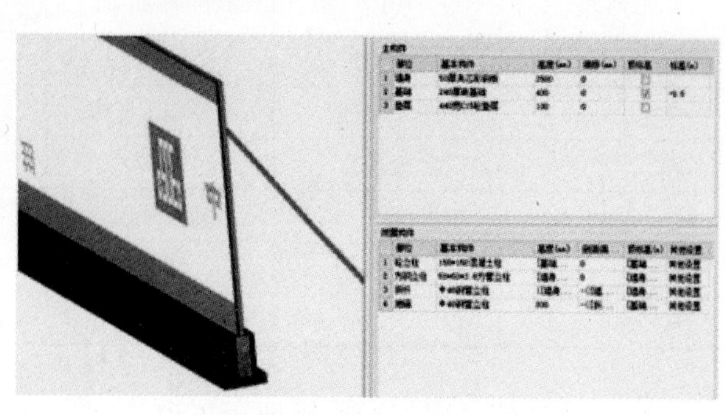

图 5-58　围墙墙身详细构造

3. 碰撞检测

在大型机械设备进场之后，必须规范其作业位置以及作业半径，保证其不会与其他设备设施发生碰撞。借助 BIM 技术对不同机械设备之间的空间关系进行模拟，找出在作业过程中可能会出现碰撞的地方，在施工过程中加以防护。图 5-59 为现场布料机与电梯发生了碰撞，为了保证施工的正常进行就要更换布料机的作业位置，避免再与电梯发生碰撞。

图 5-59 布料机与电梯发生碰撞

4. 施工组织设计审查

传统的施工组织设计与现场实际结合得不够紧密，方案中的设计难以付诸实践，各方在施工组织论证的时候由于缺乏三维图示等，往往各执一词，形成不了统一的意见。在应用 BIM 技术之后能够有效地避免上述问题。通过使用 BIM 模型，以可视化的方式协助业主和监理审核施组设计；在监理例会等场合快速理解现场情况，快速沟通。在 Navisworks 软件中，在关键部位增加视点，视点中可包含静态视点、动画、注释、测量等，如图 5-56 所示。在后期的施工检查过程中可以依照模型，严格要求施工单位将施工组织设计中的内容落实到位，在保证施工正常进行的前提下，也能展示公司的精神风貌，体现公司的品牌价值。

5. 施工场地布置工程量统计

BIM 软件的一大特点就是不仅仅是三维的立体表现，更重要的是信息的传递。在场地布置完整之后可以通过对模型进行工程量的统计，将各构件的数量以报表的形式统计出来，形成真实可靠的工程量报表，见表 5-5，方便后期进行造价控制。软件的建模规则是完全依据现行的工程量清单计价规则的，不会存在因为建模规则的问题而产生错算、漏算、多算的现象。

表 5-5 按栋号楼层构件汇总

序号	栋号	楼层	构件大类	构件小类	工程量	单位
1	施工	0	其他构件	木工加工棚	5	个
2	平面图		围墙	夹芯彩钢板围墙 1	572.917	m
3		地貌	场区地貌		35276.174	m^2
4		塔式起重机	1 号塔式起重机		2	个
5		大门	临时大门		2	个
6		安全围护	安全围护 1		117.905	m
7		施工电梯	1 号施工电梯		2	个
8		板房	板房		1467.878	m^2
9			毗邻建筑	多层建筑	10242.948	m^2
10			道路	250mm 厚施工道路 1	3462.197	m^2
11				250mm 厚施工道路 2	1078.502	m^2

使用 BIM 软件建立完成场地布置模型之后，就形成了资产使用信息库，将使用的材料设备等记录在案，进行资产管理，避免因施工现场人员混杂，设备使用情况统计不及时而造

成财产损失。

BIM 技术在工程场地布置方面的应用，通过对场地设施布置、安全文明施工、构件细部构造三维显示以及最后的工程量统计功能的展示中可以看出，BIM 技术在施工场地布置方面比传统的二维布置更为直观，也更为方便。随着 BIM 技术的应用越来越广泛，在场地布置方面的应用也会越来越广泛，BIM 软件也会越来越成熟。

几个场地布置如图 5-60 所示。

图 5-60　场地布置图

第四节　BIM 施工材料成本控制及应用

建筑信息模型（Building Information Modeling，BIM）对工程项目的信息化处理并为协同工作提供数据基础。在施工阶段，施工企业是整个工程处置的主体，其管理水平代表着最后工程的质量水平，整个材料系统管理的效率能够决定施工企业最后利润的高低。利用 BIM 技术对工程的材料进行管理，对工程施工过程中人、材、机的有效利用科学处置，施工企业的利润就能实现最大化。在 BIM 技术的框架下研发符合施工流程的材料管理软件工具是一种趋势。

BIM 将一个项目整个生命周期内的所有信息整合到一个模型中，通过数字信息仿真模拟建筑物所具有的真实信息。BIM 是数字技术在建筑工程中的直接应用，同时又是一种应用于设计、建造、管理的数字化方法。BIM 概念涉及的领域比较广，包含建筑物从规划、设计、施工到运营维护整个生命周期，每个领域都有与之相关的 BIM 软件工具。BIM 技术具有可视化、协调性、模拟性、优化性、可出图性等特征，如果建立以 BIM 应用为载体的项目信息化管理，可以提升项目生产效率、提高质量、缩短工期、降低建造成本。建筑施工单位对运用 BIM 技术、使用 BIM 软件进行工程施工管理方面还处于初级阶段，大部分还运用传统的技术手段、管理方法。基于 BIM 技术结合施工中建筑材料管理方面进行探讨，获取一套适合施工企业的 BIM 材料管理系统，通过具体应用，施工企业能够获取可观的经济效益，从而接受 BIM 技术，且为我国的施工企业高效管理、接轨国际提供帮助。

利用数据库技术对建筑信息、材料信息进行储存管理；利用 CAD 显示技术显示施工过程中的建筑工程，对承建工程进行三维可视化处理。同时添加时间参数，使得在 CAD 上显示的三维工程具有时间信息，即当前最新的4D 技术。数据库与 CAD 结合实现工程中所有构件信息管理及构件绘制交互管理。

在施工过程中，针对设计变更只需要修改变更的地方，所有相关信息自动同步更新；材料统计、工程进度可随时查看；方便施工单位对施工进度、工程成本进行管理控制。通过计划与实际工程材料的消耗进行对比，获取当前工程施工进度情况，科学地调整施工进度计划，即用 PDCA 循环管理流程对施工进行有效管理，节约建筑材料，提高施工效率，实现企业最大化的利润。

一、BIM 施工材料控制应用

1. 施工企业材料管理的意义

建筑工程施工成本构成中，建筑材料成本所占比例最大，占工程总成本的 60% ~70%。材料管理工作是施工项目管理工作中的重要内容。通过对材料管理工作的不断加深，可以使施工企业更进一步加强和完善对材料的管理，从而避免浪费，节约费用，降低成本，使施工企业获取更多利润。

2. 建筑材料管理现状

材料作为构成工程实体的生产要素，其管理的经济效益与整个建筑企业的经济效益关系极大。就建筑施工企业而言，材料管理工作的好坏体现在两个方面：一方面是材料损耗；另一方面则是材料采购、库存管理。

对企业资源的控制和利用，更好地协调供求，提高资源配置效率已经逐渐成为施工企业重要的管理方向。当前没有合适的管理机制适应所有施工企业的材料管理。传统方法需要大量人力、物力对材料库存进行管理，效率低下，经常事倍功半。随着计算机水平的发展也出现很多施工管理方面的软件，但大多功能繁杂、操作复杂，不利于推广使用。

3. BIM 技术材料管理应用

BIM 价值贯穿建筑全生命周期，建筑工程所有的参与方都有各自关心的问题需要解决。但是不同参与方关注的重点不同，基于每一环节上的每一个单位需求，整个建筑行业希望提前能有一个虚拟现实作为参考。BIM 恰恰就是实现虚拟现实的一个绝佳手段，它利用数字建模软件，把真实的建筑信息参数化、数字化后形成模型，以此为平台，从设计方、工程方到施工方，再到运维管理单位，都可以在整个建筑项目的全生命周期进行信息的对接和共享。BIM 的两大突出特点也可以为所有项目参与方提供直观的需求效果呈现：一是三维可视化；二是建筑载体与其背后所蕴含的信息高度结合。

施工单位最为关心的就是进度管理与材料管理，利用 BIM 技术，建立三维模型、管理材料信息及时间信息，就可以获取施工阶段的 BIM 应用，从而对整个施工过程的建筑材料进行有效管理。

（1）建筑模型创建

利用数据库存储建筑中各类构件信息，如墙、梁、板、柱等，包括材料信息、标高、尺寸等；输入工程进度信息：按时间进度设置工程施工进度（建筑楼层或建筑标高）；开发 CAD 显示软件工具，用以显示三维建筑：在软件界面对各类建筑构件信息进行交互修改。

（2）材料信息管理

材料库管理设计交互界面，对材料库中的材料进行分类、对各类材料信息进行管理：材料名称、材料工程量、进货时间等。对当前建筑各个阶段的材料信息输出：材料消耗表、资料需求表、进货表等。

4. 材料管理 BIM 模型创建

利用数据库管理软件和三维 CAD 显示软件对所需的材料管理建立三维建筑模型，用软件实现材料管理与施工进度协同。与时间信息结合实现 BIM 技术在施工材料管理中 4D 技术应用。

（1）软件模型

模型采用 SQLite 数据库，用于对所有数据进行管理，输入输出所有模型信息。图形显示以 Autodesk 公司的 AutoCAD 为平台。用 Autodesk 公司提供的开发包 ObjectARX 及编程语言 Visual C + + 进行 BIM 材料数据库、构件数据信息化及三维构件显示模型开发。在 AutoCAD 平台上编制相关功能函数及操作界面，以数据库信息为基础，交互获取数据显示构件到 CAD 平台上。通过使用开发的工具，进行人机交互操作，对材料库进行管理；绘制建筑中各个楼层的构件，并设定构件属性信息（尺寸、材料类别等）。操作界面如图 5-61 所示。

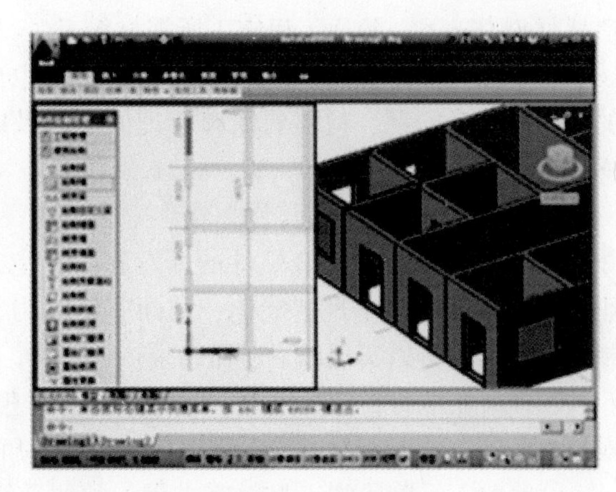

图 5-61　交互界面

①材料数据库。通过材料管理库界面对当前工程的所有建筑材料进行管理，包括对材料编号、材料分类、材料名称、材料进出库数量和时间、下一施工阶段所需材料量，随时查看材料情况，及时了解材料消耗、建材采购资金需求。

②楼层信息。设定楼层标高、标准层数、楼层名称等信息，便于绘制每层的墙、梁、板、柱等建筑构件。施工进度按楼层号进行时间设置时，将按施工楼层所需建材工程量进行材料供应准备。

③构件信息。建筑的基本构件包括基础、墙、梁、板、柱、门窗、屋面等。对构件设置尺寸、标高、材料等属性，绘制到图中，并把其所有信息保存到数据库中，CAD 作为显示工具及人机交互的界面。

④进度表。按时间进度设定施工进度情况，按时间点输入计划完成的建筑标高或建筑楼层数，设定各个施工阶段，便于查看、控制建筑材料的消耗情况。

⑤报表输出。根据工程施工进展，获取相应的材料统计表，包括已完工程材料汇总表、未完工程所需材料汇总表、下一施工阶段所需材料汇总表、计划与实际材料消耗量对比表等，便于施工企业随时了解工程进展。工程进度提前或是滞后，超支还是节约，及时对工程进度进行调整，避免资金投入或施工工期偏离计划过多，造成公司损失。

（2）操作流程

通过开发的软件利用，实现材料管理；在工程施工、材料管理、工程变更等各个方面进行协同处理。流程如图 5-62 所示，主要通过以下步骤达到科学管理材料的目的。

①管理材料库。输入材料信息，材料编码、类别、数量、获取材料日期。

②创建建筑模型。设定楼层信息；绘制墙、梁、板、柱等建筑构件，设定各个构件材料

类别、尺寸等信息。

③设定工程进度计划。按时间设定工程施工进度，按时间设定施工完成楼层或完成建筑标高。

④变更协调。输入变更信息，包括工程设计变更、施工进度变更等。

⑤输出所需材料信息表。按需要获取已完工程消耗材料表、下一阶段工程施工所需材料表。

⑥实际与计划比较。获取工程施工管理中出现的问题：进度问题、材料的库存管理问题，及时调整，避免巨大损失。

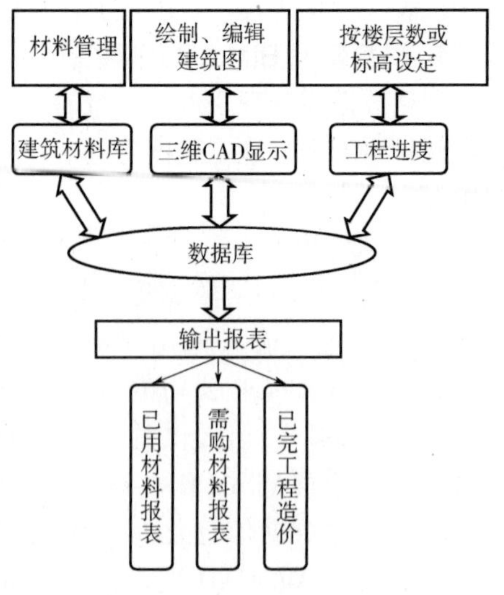

图 5-62 操作流程

（3）应用输出

基于 BIM 技术并结合软件的开发利用，施工企业的材料管理可以实现智能化，从而节约人力、控制成本，具体可以实现以下所需结果：

①即时获取材料消耗情况。随时根据需要获取某个时间点之前所有的材料消耗量，从而根据材料信息获取相对应的工程造价，及时了解资金消耗情况。

②获取下一阶段施工材料需求量，预测后续各个阶段的材料需求量，确保资金按时到位，保证按施工进度提供相应建筑材料。避免库存超量、浪费仓储空间、减少流动资金，从而盘活库存，实现材料适量供应。

③即时更新工程变更引起的材料变化，工程设计变更、施工组织设计变更等都会对材料管理产生巨大影响。采用 BIM 管理技术，随时把变更信息输入模型，所有材料信息自动更新，避免材料管理信息因变更不及时或更新不完全而造成损失。

通过对 BIM 技术应用到施工领域，利用数据库和 CAD 三维显示技术，把施工进度与建筑工程量信息结合起来，用时间表示施工材料需求情况，仿真施工过程中材料的利用，随时获取建筑材料消耗量及下一阶段材料需求量，使得施工企业进度上合理、成本上节约。从而在施工领域实现信息化技术的应用，把施工管理的技术水平提高到新的高度。

5. 安装材料 BIM 模型数据库

（1）安装材料 BIM 模型及控制

项目部拿到机电安装各专业施工蓝图后，由 BIM 项目经理组织各专业机电 BIM 工程师进行三维建模，并将各专业模型组合到一起，形成安装材料 BIM 模型数据库。该数据库以创建的 BIM 机电模型和全过程造价数据为基础，把原来分散在安装各专业手中的工程信息模型汇总到一起，形成一个汇总的项目级基础数据库。安装材料 BIM 模型数据库建立与应用流程如图 5-63 所示，数据库运用构成如图 5-64 所示。

图 5-63 安装材料 BIM 模型数据库建立与应用流程

（2）安装材料控制

材料的合理分类是材料管理的一项重要基础工作，安装材料 BIM 模型数据库的最大优势是包含材料的全部属性信息。在进行数据建模时，各专业建模人员对施工所使用的各种材料属性，按其需用量的大小、占用资金多少及重要程度进行“星级”分类，星级越高代表

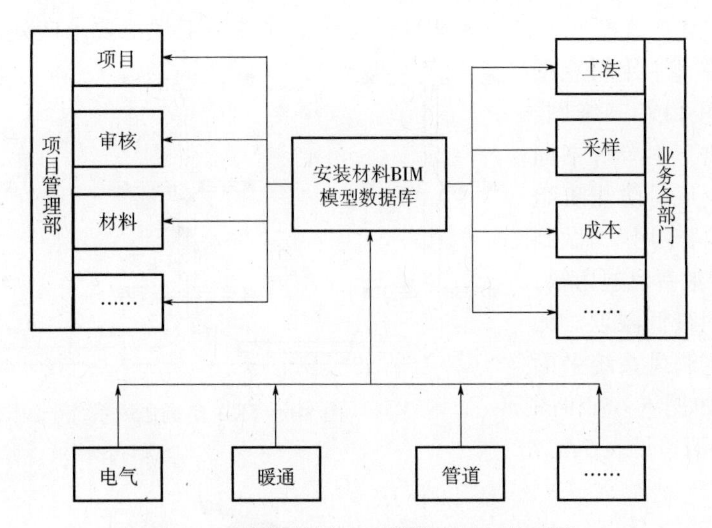

图 5-64　安装材料 BIM 数据库运用构成图

该材料需用量越大、占用资金越多。根据安装工程材料的特点，安装材料属性分类及管理原则见表 5-6，某工程根据该原则对 BIM 模型进行安装材料分类见表 5-7。

表 5-6　安装材料属性分类及管理原则

等级	安装材料	管理原则
★★★	需用量大、占用资金多、专用或备料难度大的材料	严格按照设计施工图及 BIM 机电模型，逐项进行认真仔细的审核，做到规格、型号、数量完全准确
★★	管道、阀门等通用主材	根据 BIM 模型提供的数据，精确控制材料及使用数量
★	资金占用少、需用量小、比较次要的辅助材料	采用一般常规的计算公式及预算定额含量确定

表 5-7　某工程 BIM 模型安装材料分类

构建信息	计算式	单位	工程量	等级
送风管 400×200	风管材质：普通钢管规格　400×200	m^2	31.14	★★
送风管 500×250	风管材质：普通钢管规格　500×250	m^2	12.68	★★
送风管 1000×400	风管材质：普通钢管规格　1000×400	m^2	8.95	★★
单层百叶风口 800×320	风口材质：铝合金	个	4	★★
单层百叶风口 630×400	风口材质：铝合金	个	1	★★
对开多叶调节阀	构件尺寸：800×400×210	个	3	★★
防火调节阀	构件尺寸：200×160×150	个	2	★★
风管法兰 25×3	角钢规格：30×3	m^2	78.26	★★★
排风机 PF-4	规格：DEF-I-100AI	台	1	★

（3）用料交底

BIM 与传统 CAD 相比，具有可视化的显著特点。设备、电气、管道、通风空调等安装专业三维建模并碰撞后，BIM 项目经理组织各专业 BIM 项目工程师进行综合优化，提前消除施工过程中各专业可能遇到的碰撞。项目核算员、材料员、施工员等管理人员应熟读施工图、透彻理解 BIM 三维模型、透彻理解设计意图，并按施工规范要求向施工班组进行技术交底，将 BIM 模型中用料意图灌输给班组，用 BIM 三维图、CAD 图或者表格下料单等书面形式做好用料交底，防止班组“长料短用、整料零用”，做到物尽其用，减少浪费及边角料，把材料消耗降到最低限度。无锡某项目 K-1 空调风系统平面图、三维模型如图 5-65 和图 5-66所示，下料清单见表 5-8。

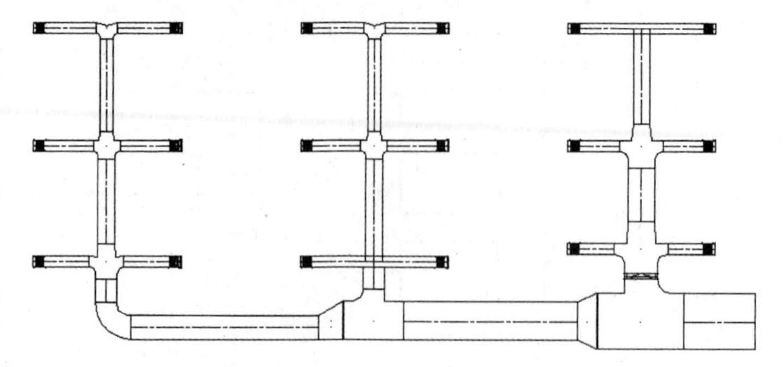

图 5-65 K-1 空调送风系统平面图

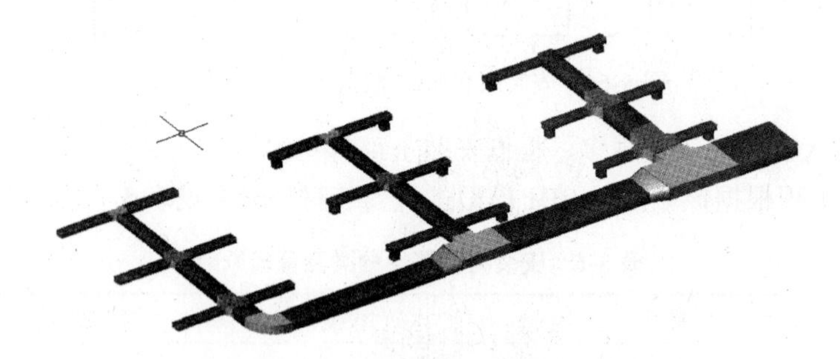

图 5-66 K-1 空调送风系统 BIM 三维图

表 5-8 K-1 空调送风系统直管段下料清单

风管规格	下料规格	数量/节	风管规格	下料规格	数量/节
2400×500	1160	19	1250×500	600	1
	750	1	1000×500	1160	2
2000×500	1000	1		600	1
1400×400	1160	8	900×500	1160	2
	300	1		800	1
900×400	1160	8	800×400	1160	10
	300	1		600	1
800×320	1000	1	400×200	1160	32
	500	1		1000	14
630×320	1160	4		800	18
	1000	3			
500×250	1160	21			
	1000	6			
	500	1			

（4）物资材料管理

施工现场材料的浪费、积压等现象司空见惯，安装材料的精细化管理一直是项目管理的难题。运用 BIM 模型，结合施工程序及工程形象进度周密安排材料采购计划，不仅能保证工期与施工的连续性，而且能用好用活流动资金、降低库存、减少材料二次搬运。同时，材料员根据工程实际进度，方便地提取施工各阶段材料用量，在下达施工任务书中，附上完成该项施工任务的限额领料单，作为发料部门的控制依据，实行对各班组限额发料，防止错发、多发、漏发等无计划用料，从源头上做到材料的有的放矢，减少施工班组对材料的浪费。某工程 K-1 送风系统部分规格材料申请清单如图 5-67 所示。

文件(F)　编辑(E)　查看(V)　工程量(Q)　输出(O)　帮助(H)

保存　另存　打印　预览　插入　删除　剪切　复制　粘贴　前进　后退　反查　写数　提取　收缩　展开　工具箱

全部
暖通

序号	构件信息	计算式	单位	工程量	备注
	暖通				
	风管\送风管				
1	送风管-500×250	风管材质:普通薄钢板 截面形状:矩形 风管壁厚H(mm):0.75 接口形式:法兰连接(咬口) 保温厚度δ(mm):25 管道规格:500×250	m2	12.05	管件信息: 内外弧弯头(90度弯头) 500×250(500×25(2只
2	送风管-800×800	风管材质:普通薄钢板 截面形状:矩形 风管壁厚H(mm):0.75 接口形式:法兰连接(咬口) 保温厚度δ(mm):25 管道规格:800×800	m2	2.30	管件信息: 大小头 (L=0.478229) 1只
3	送风管-2000×1250	风管材质:普通薄钢板 截面形状:矩形 风管壁厚H(mm):0.75 接口形式:法兰连接(咬口) 保温厚度δ(mm):25 管道规格:2000×1250	m2	14.89	管件信息: 天圆地方 (L=1.08819) 1只 天圆地方 (L=0.891857) 1只

图 5-67　材料申请清单

(5) 材料变更清单

工程设计变更和增加签证在项目施工中会经常发生。项目经理部在接收工程变更通知书执行前，应有因变更造成材料积压的处理意见，原则上要由业主收购；否则，如果处理不当就会造成材料积压，无端地增加材料成本。BIM 模型在动态维护工程中，可以即时地将变更图进行三维建模，将变更发生的材料、人工等费用准确、及时地计算出来，便于办理变更签证手续，保证工程变更签证的有效性。某工程二维设计变更图及 BIM 模型如图 5-68 所示，相应的变更工程量材料清单见表 5-9。

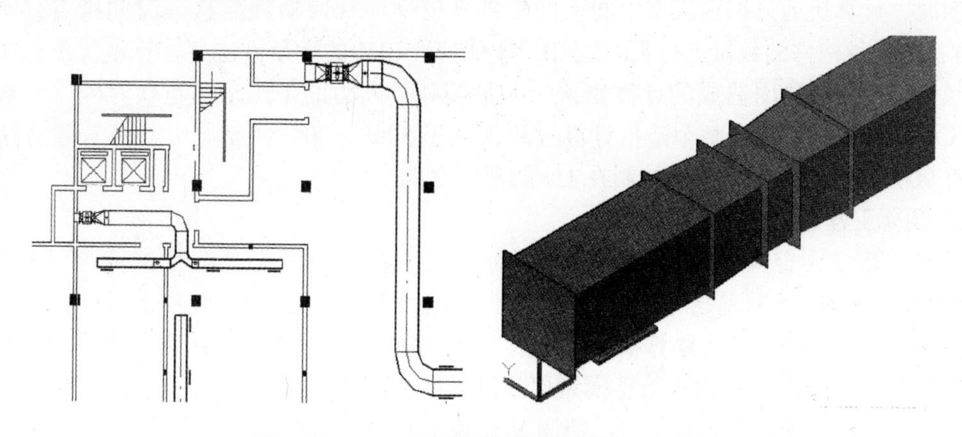

图 5-68　4～18 层排烟管道变更图及 BIM 模型

表 5-9 变更工程量材料清单

序号	构件信息	计算式	单位	工程量	控制等级
1	排风管-500×400	普通薄钢板风管：500×400	m^2	179.85	★★
2	板式排烟口-1250×500	防火排烟风口材质：铝合金	只	15.00	★★
3	风管防火阀	风管防火阀：500×400×220	台	15.00	★★
4	风法兰	风法兰规格：角钢 30×3	m	84.00	★
5	风管支架	构件类型：吊架单体质量/kg：1.2	只	45.00	★

二、BIM 施工成本控制应用

基于 BIM 技术，建立成本的 5D（3D 实体、时间、成本）关系数据库，以各 WBS 单位工程量人机料单价为主要数据进入成本 BIM 中，能够快速实行多维度（时间、空间、WBS）成本分析，从而对项目成本进行动态控制，其解决方案操作方法如下：

1）创建基于 BIM 的实际成本数据库。建立成本的 5D（3D 实体、时间、成本）关系数据库，让实际成本数据及时进入 5D 关系数据库，成本汇总、统计、拆分对应瞬间可得。以各 WBS 单位工程量人材机单价为主要数据进入实际成本 BIM。未有合同确定单价的项目，按预算价先进入。有实际成本数据后，及时按实际数据替换掉。

2）实际成本数据及时进入数据库。初始实际成本 BIM 中成本数据以采取合同价和企业定额消耗量为依据。随着进度进展，实际消耗量与定额消耗量会有差异，要及时调整。每月对实际消耗进行盘点，调整实际成本数据。化整为零，动态维护实际成本 BIM 模型，大幅减少一次性工作量，并有利于保证数据准确性。

3）快速实行多维度（时间、空间、WBS）成本分析。建立实际成本 BIM 模型，周期性（月、季）按时调整维护好该模型，统计分析工作就很轻松，软件强大的统计分析能力可轻松满足各种成本分析的需求。

1. 快速精确的成本核算

BIM 是一个强大的工程信息数据库。进行 BIM 建模所完成的模型中包含了二维图中所有位置长度等信息，并包含了二维图中不包含的材料等信息，而这些背后是强大的数据库支撑。因此，计算机通过识别模型中的不同构件及模型的几何物理信息（时间维度、空间维度等），对各种构件的数量进行汇总统计，这种基于 BIM 的算量方法，将算量工作大幅度简化，减少了因人为原因造成的计算错误，大量节约了人力的工作量和花费时间。有研究表明，工程量计算的时间在整个造价计算过程占到了 50% ~80%，而运用 BIM 算量方法会节约将近 90% 的时间，而误差也控制在 1% 的范围之内。

2. 预算工程量动态查询与统计

工程预算存在定额计价和清单计价两种模式。自《建设工程工程量清单计价规范》（GB 50500—2003）（目前已作废）发布以来，建设工程招标投标过程中清单计价方法成为主流。在清单计价模式下，预算项目往往基于建筑构件进行资源的组织和计价，与建筑构件存在良好对应关系，满足 BIM 信息模型以三维数字技术为基础的特征，故而应用 BIM 技术进行预算工程量统计具有很大优势：使用 BIM 模型来取代图纸，直接生成所需材料的名称、数量和尺寸等信息，而且这些信息将始终与设计保持一致。在设计出现变更时，该变更将自动反映到所有相关的材料明细表中，造价工程师使用的所有构件信息也会随之变化。

在基本信息模型的基础上增加工程预算信息，即形成了具有资源和成本信息的预算信息模型。预算信息模型包括建筑构件的清单项目类型、工程量清单，人力、材料、机械定额和费率等信息。通过此模型，系统能识别模型中的不同构件，并自动提取建筑构件的清单类型和工程量（如体积、质量、面积、长度等）等信息，自动计算建筑构件的资源用量及成本，用以指导实际材料物资的采购。

某工程采用 BIM 模型所显示的不同构件信息如图 5-69 所示。

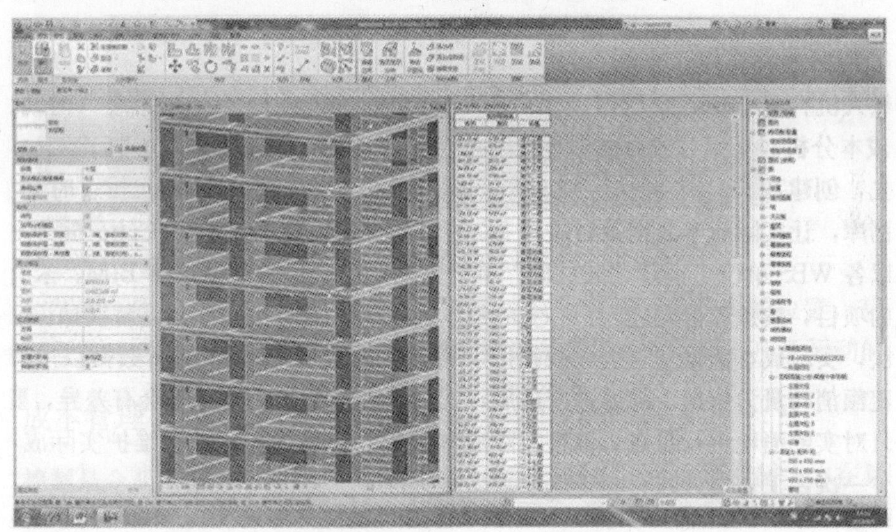

图 5-69　BIM 模型生成构件数据

某工程首层外框型钢柱钢筋用量统计如图 5-70 所示。

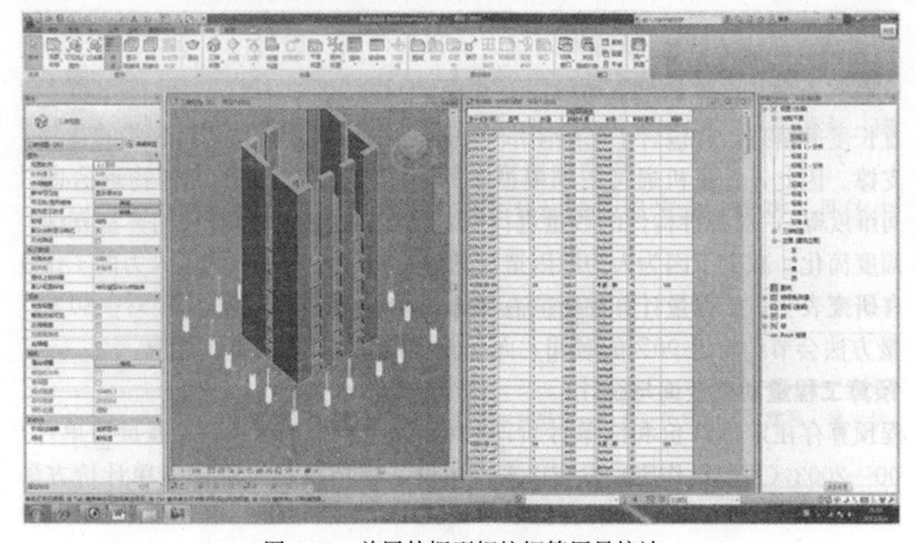

图 5-70　首层外框型钢柱钢筋用量统计

系统根据计划进度和实际进度信息，可以动态计算任意 WBS 节点任意时间段内每日计划工程量、计划工程量累计、每日实际工程量、实际工程量累计，帮助施工管理者实时掌握工程量的计划完工和实际完工情况。在分期结算过程中，每期实际工程量累计数据是结算的重要参考，系统动态计算实际工程量可以为施工阶段工程款结算提供数据支持。

另外，从 BIM 预算模型中提取相应部位的理论工程量，从进度模型中提取现场实际的人工、材料、机械工程量。通过将模型工程量、实际消耗、合同工程量进行短周期三量对比分析，能够及时掌握项目进展，快速发现并解决问题，根据分析结果为施工企业制订精确的人、机、材计划，大大减少了资源、物流和仓储环节的浪费，掌握成本分布情况，进行动态成本管理。某工程通过三量对比分析进行动态成本控制，如图 5-71 所示。

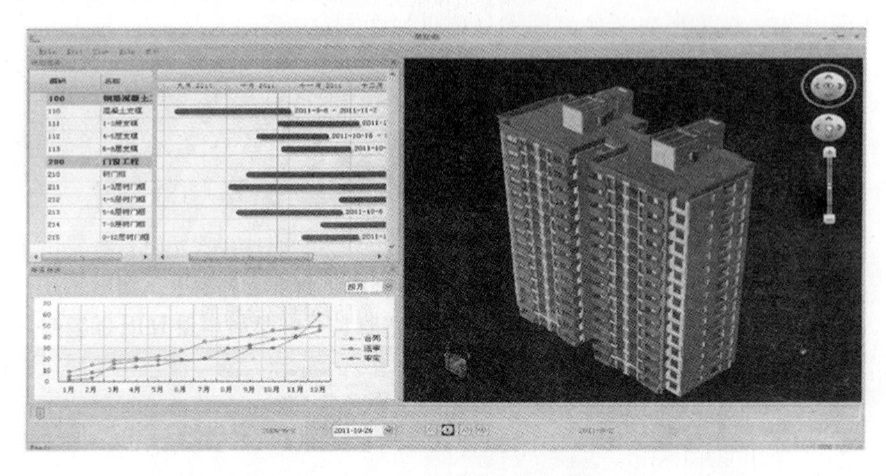

图 5-71　基于 BIM 的三量对比分析

3. 限额领料与进度款支付管理

限额领料制度一直很健全，但用于实际却难以实现，主要存在的问题有：材料采购计划数据无依据，采购计划由采购员决定，项目经理只能凭感觉签字；施工过程工期紧，领取材料数量无依据，用量上限无法控制；限额领料假流程，事后再补单据。那么，如何将材料的计划用量与实际用量进行分析对比呢？

BIM 的出现，为限额领料提供了技术和数据支撑。基于 BIM 软件，在管理多专业和多系统数据时，采用系统分类和构件类型等方式方便对整个项目数据进行管理，为视图显示和材料统计提供规则。例如，给水排水、电气、暖通专业可以根据设备的型号、外观及各种参数分别显示设备，方便计算材料用量，如图 5-72 所示。

图 5-72　暖通与给水排水、消防局部综合模型

例如，某工程指定材料用量统计如图 5-73 所示。

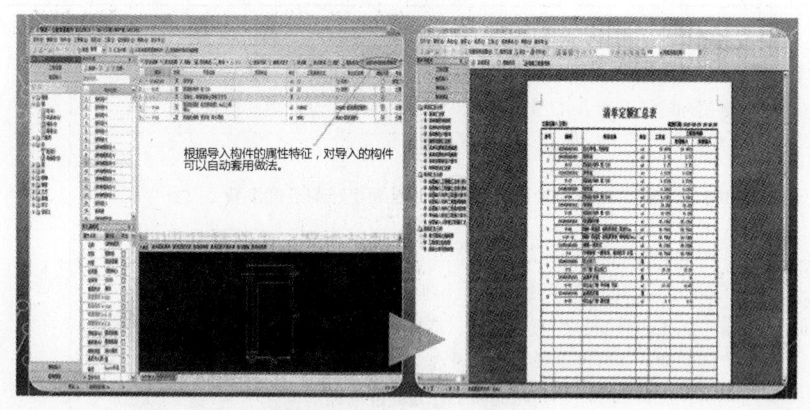

图 5-73　指定材料用量统计

传统模式下工程进度款申请和支付结算工作较为繁琐，基于 BIM 能够快速准确地统计出各类构件的数量，减少预算的工作量，且能形象、快速地完成工程量拆分和重新汇总，为工程进度款结算工作提供技术支持。

4. 以施工预算控制人力资源和物质资源的消耗

在施工开工以前，利用 BIM 软件建立模型，通过模型计算工程量，并按照企业定额或上级统一规定的施工预算，结合 BIM 模型，编制整个工程项目的施工预算，作为指导和管理施工的依据。对生产班组的任务安排，必须签收施工任务单和限额领料单，并向生产班组进行技术交底。要求生产班组根据实际完成的工程量和实耗人工、实耗材料做好原始记录，作为施工任务单和限额领料单结算的依据。任务完成后，根据回收的施工任务单和限额领料进行结算，并按照结算内容支付报酬（包括奖金）。为了便于任务完成后进行施工任务单和限额领料与施工预算的对比，要求在编制施工预算时对每一个分项工程工序名称进行编号，以便对号检索对比，分析节超。

5. 设计优化与变更成本管理、造价信息实施追踪

BIM 模型依靠强大的工程信息数据库，实现了二维施工图与材料、造价等各模块的有效整合与关联变动，使得实际变更和材料价格变动可以在 BIM 模型中进行实时更新。变更各环节之间的时间被缩短，效率提高，更加及时准确地将数据提交给工程各参与方，以便各方作出有效的应对和调整。

目前 BIM 的建造模拟职能已经发展到了 5D。5D 模型集三维建筑模型、施工组织方案、成本及造价等于一体，能实现对成本费用的实时模拟和核算，并为后续建设阶段的管理工作所利用，解决了阶段割裂和专业割裂的问题。BIM 通过信息化的终端和 BIM 数据后台将整个工程的造价相关信息顺畅地连通起来，从企业机的管理人员到每个数据的提供者都可以监测，保证了各种信息数据及时准确地调用、查询、核对。

第五节　BIM 施工进度控制应用

一、BIM 施工进度控制的优势

BIM 技术可以突破二维的限制，给项目进度控制带来不同的体验，主要体现见表 5-10。

表 5-10 BIM 技术在进度管理中的优势

<table>
<tr><th>管理效果</th><th>具体内容</th><th>主要应用措施</th></tr>
<tr><td>加快招标投标组织工作</td><td>利用基于 BIM 技术的算量软件系统，大大加快了计算速度和计算准确性，加快招标阶段的准备工作，同时提升了招标工程量清单的质量</td><td rowspan="9">（1）BIM 施工进度模拟
（2）BIM 施工安全与冲突分析系统
（3）BIM 建筑施工优化系统
（4）三维技术交底及安装指导
（5）移动终端现场管理</td></tr>
<tr><td>碰撞检测，减少变更和返工进度损失</td><td>BIM 技术强大的碰撞检查功能，十分有利于减少进度浪费</td></tr>
<tr><td>加快生产计划、采购计划编制</td><td>工程中经常因生产计划、采购计划编制缓慢影响了进度。急需的材料、设备不能按时进场，影响了工期，造成窝工损失很常见。BIM 改变了这一切，随时随地获取准确数据变得非常容易，生产计划、采购计划大大缩小了用时，加快了进度，同时提高了计划的准确性</td></tr>
<tr><td>提升项目决策效率</td><td>传统管理中决策依据不足、数据不充分，导致领导难以决策，有时甚至导致多方谈判长时间僵持，延误工程进展。BIM 形成工程项目的多维度结构化数据库，整理分析数据几乎可以实时实现，有效地解决了以上问题</td></tr>
<tr><td rowspan="3">提升全过程协同效率</td><td>基于 3D 的 BIM 沟通语言，简单易懂、可视化好、理解一致，大大加快了沟通效率，减少理解不一致的情况</td></tr>
<tr><td>基于互联网的 BIM 技术能够建立高效的协同平台，从而保障所有参建单位在授权的情况下，可随时随地获得项目最新、最准确、最完整的工程数据，从过去点对点传递信息转变为一对多传递信息，效率提升，图纸信息版本完全一致，从而减少传递时间的损失和版本不一致导致的施工失误</td></tr>
<tr><td>现场结合 BIM、移动智能终端拍照，大大提升了现场问题沟通效率</td></tr>
<tr><td>加快竣工交付资料准备</td><td>基于 BIM 的工程实施方法，过程中所有资料可方便地随时挂接到工程 BIM 数字模型中，竣工资料在竣工时既已形成。竣工 BIM 模型在运维阶段还将为业主方发挥巨大的作用</td></tr>
<tr><td>加快支付审核</td><td>业主方缓慢的支付审核往往引起承包商合作关系的恶化，甚至影响承包商的积极性。业主方利用 BIM 技术的数据能力，快速校核反馈承包商的付款申请单，则可以大大加快期中付款反馈机制，提升双方战略合作成果</td></tr>
</table>

二、BIM 施工进度控制流程

利用 BIM 技术对项目进行进度控制流程如图 5-74 所示。

三、BIM 施工进度控制功能

BIM 理论和技术的应用，有助于提升工程施工进度计划和控制的效率。一方面，支持总进度计划和项目实施中分阶段进度计划的编制，同时进行总、分进度计划之间的协调平衡，直观高效地管理有关工程施工进度的信息。

另一方面，支持管理者持续跟踪工程项目实际进度信息，将实际进度与计划进度在 BIM 条件下进行动态跟踪及可视化的模拟对比，进行工程进度趋势预测，为项目管理人员采取纠偏措施提供依据，实现项目进度的动态控制。

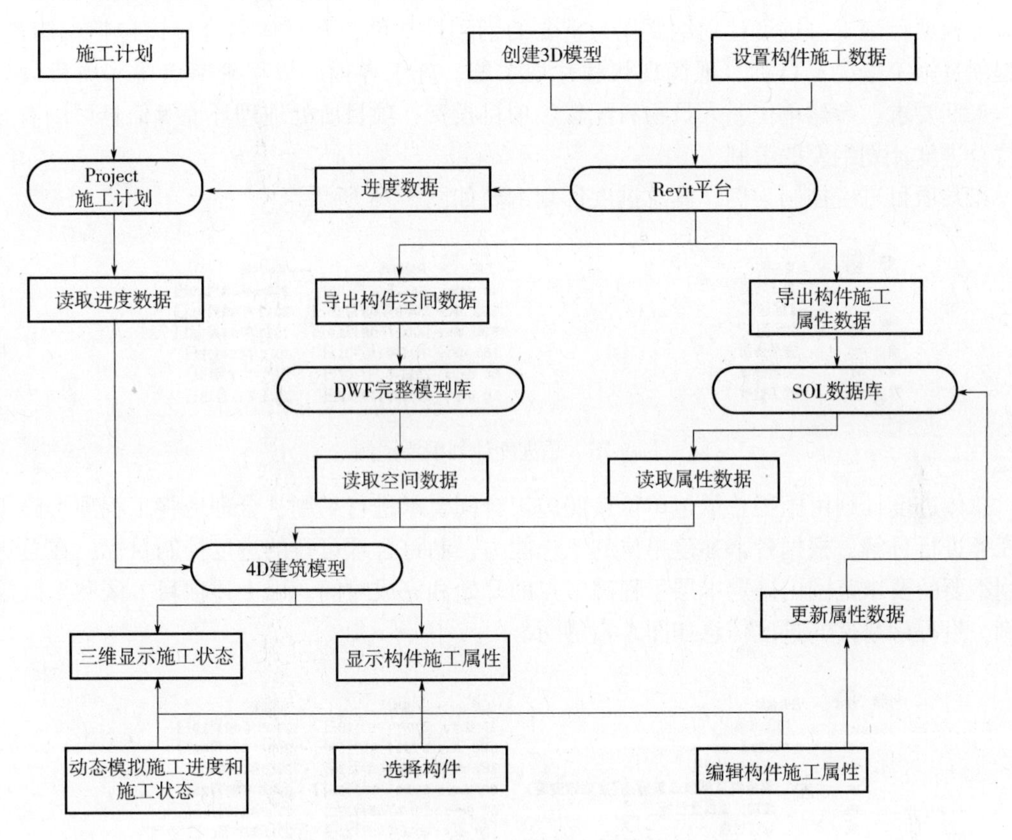

图 5-74　基于 BIM 的项目进行进度控制流程

基于 BIM 的工程项目进度控制功能设计如图 5-75 所示。

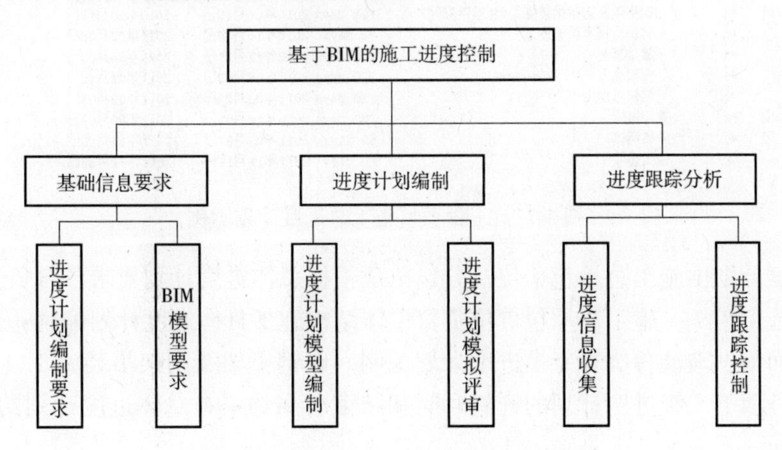

图 5-75　基于 BIM 的施工进度控制功能

四、BIM 施工进度控制计划要求

1. 进度计划编制要求

BIM 施工进度计划更加有利于现场施工人员准确了解和掌握工程进展。进度计划通常包含工程项目施工总进度计划纲要、总体进度计划、二级进度计划和每日进度计划四个层次。

工程项目施工总进度计划纲要作为重要的纲领性文件，其具体内容应该包括编制说明、工程项目施工概况及目标、现场现状和计划系统、施工界面、里程碑节点等。项目设计资料、工期要求、参建单位、人员物料配置、项目投资、项目所处地理环境等信息可以有效地支持总进度计划纲要的编制。

以某项目进度控制为例，其总进度计划纲要如图 5-76 所示。

任务名称	工期	开始时间	完成时间
施工准备	45 days	2009年06月18日	**2009年08月19日**
1区施工	**532 day**	**2009年08月19日**	**2011年09月01日**
2区施工	**535 day**	**2009年08月19日**	**2011年09月06日**
室外道排	180 days	2010年10月01日	2011年06月09日
安装调试	50 days	2011年09月07日	2011年11月15日
竣工验收	10 days	2011年11月16日	2011年11月29日

图 5-76　总进度计划纲要示例

总体进度计划由施工总承包单位按照施工合同要求进行编制，合理地将工程项目施工工作任务进行分解，根据各个参建单位的工作能力，制订合理可行的进度控制目标，在总进度计划纲要的要求范围内确定本层里程碑节点的开始和完成时间。以上述项目 1 区和 2 区施工为例，里程碑事件的进度信息如图 5-77 所示。

任务名称	工期	开始时间	完成时间
施工准备	45 days	2009年06月18日	**2009年08月19日**
1区施工	**532 day**	**2009年08月19日**	**2011年09月01日**
主体结构施工	186 days	2009年08月19日	2010年05月05日
钢桁架及网架吊装施工(含胎架安装)	**80 days**	**2010年05月06日**	**2010年08月25日**
装饰金属屋面板施工	60 days	2010年08月26日	2010年11月17日
玻璃幕墙	120 days	2010年09月23日	2011年03月09日
安装施工	220 days	2010年06月03日	2011年04月06日
精装修施工	126 days	2011年03月10日	2011年09月01日
2区施工	**535 day**	**2009年08月19日**	**2011年09月06日**
主体结构施工	190 days	2009年08月19日	2010年05月11日
钢桁架及网架吊装施工(含胎架安装)	115 days	2010年05月12日	2010年10月19日
装饰金属屋面板施工	80 days	2010年10月20日	2011年02月08日
玻璃幕墙	100 days	2010年11月17日	2011年04月05日
安装施工	220 days	2010年06月09日	2011年04月12日
精装修施工	120 days	2011年03月23日	2011年09月06日
室外道排	180 days	2010年10月01日	2011年06月09日
安装调试	50 days	2011年09月07日	2011年11月15日
竣工验收	10 days	2011年11月16日	2011年11月29日

图 5-77　工程项目施工总进度计划示例

二级进度计划由施工总承包单位及分包单位根据总体进度计划要求各自负责编制。以上述项目 1 区施工为例，施工总承包单位负责主体结构施工具体进度计划编制；分包单位负责钢桁架、屋面板、玻璃幕墙等专项进度计划编制。以钢桁架及网架吊装施工（含胎架安装）为例，该任务项下二级进度计划的开始时间和结束时间约束在总体进度计划的要求范围内，如图 5-78 所示。

每日进度计划是在二级进度计划基础上进行编制的，它体现了施工单位各专业每日的具体工作任务，目的是支持工程项目现场施工作业的每日进度控制，并且为 BIM 施工进度模拟提供详细的数据支持，以便实现更为精确的施工模拟和预演，真正实现现场施工过程的每日可控。

2. BIM 施工进度控制模型要求

BIM 模型是 BIM 施工进度控制实现的基础。BIM 模型的建立工作主要应在设计阶段，

任务模式	任务名称	工期	开始时间	完成时间
	施工准备	45 days	2009年06月18日	2009年08月19日
	1区施工	532 day	2009年08月19日	2011年09月01日
	主体结构施工	186 days	2009年08月19日	2010年05月05日
	钢桁架及网架吊装施工（含胎架安装）	80 days	2010年05月06日	2010年08月25日
	主桁架安装施工（含胎架安装）	30 days	2010年05月06日	2010年06月16日
	次桁架安装施工	10 days	2010年06月17日	2010年06月30日
	外网架（含胎架安装）	10 days	2010年07月01日	2010年07月14日
	内网架（含胎架安装）	15 days	2010年07月15日	2010年08月04日
	连接体网架（含胎架安装）	15 days	2010年08月05日	2010年08月25日
	夹层梁安装施工	50 days	2010年06月07日	2010年08月13日
	墙架安装施工	10 days	2010年07月12日	2010年07月24日
	屋面檩条及钢支撑安装施工	30 days	2010年07月15日	2010年08月25日
	装饰金属屋面板施工	60 days	2010年08月26日	2010年11月17日
	玻璃幕墙	120 days	2010年09月23日	2011年03月09日
	安装施工	220 days	2010年06月03日	2011年04月06日
	精装修施工	126 days	2011年03月10日	2011年09月01日

图 5-78　工程项目施工二级进度计划示例

由设计单位直接完成；也可以委托第三方根据设计单位提供的二维施工图进行建模，形成工程的 BIM 模型。

BIM 模型是工程项目的基本元素（如门、窗、楼等）物理特性和功能特性的数据集合，是一个系统、完整的数据库。如图 5-79 所示是采用 Autodesk 公司的建模工具 Revit 建立的工程项目 BIM 实体模型。

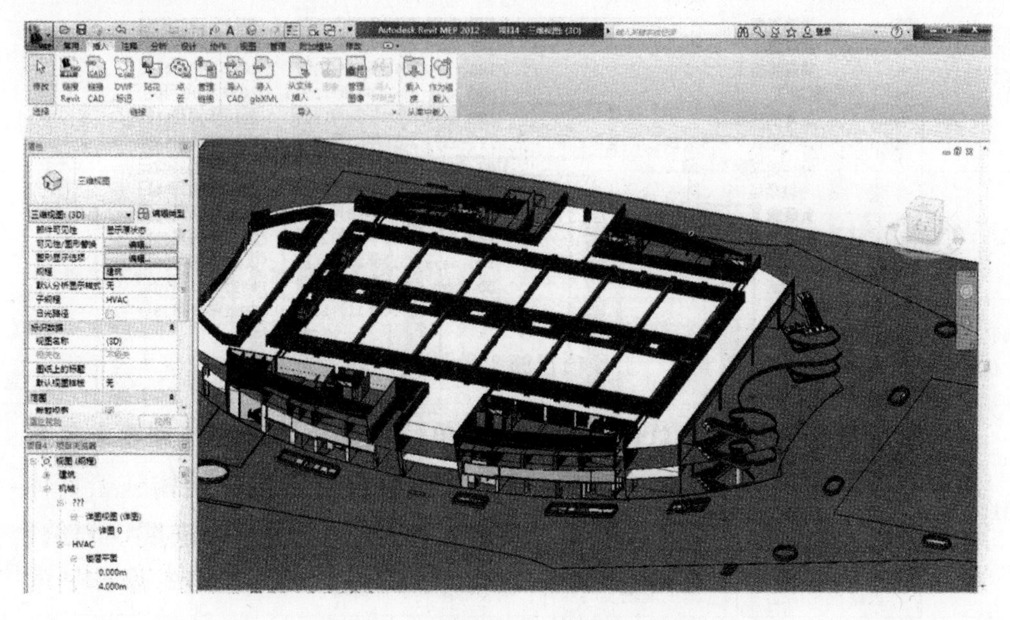

图 5-79　工程项目 BIM 实体模型示例

BIM 建模软件一般将模型元素分为模型图元、视图图元和标注图元，模型结构如图5-80所示。

上述信息模型的数据整合到一起就成为一个互动的“数据仓库”。模型图元是模型中的核心元素，是对建筑实体最直接的反映。基于 BIM 的工程项目施工进度管理涉及的主要模型图元信息见表 5-11。

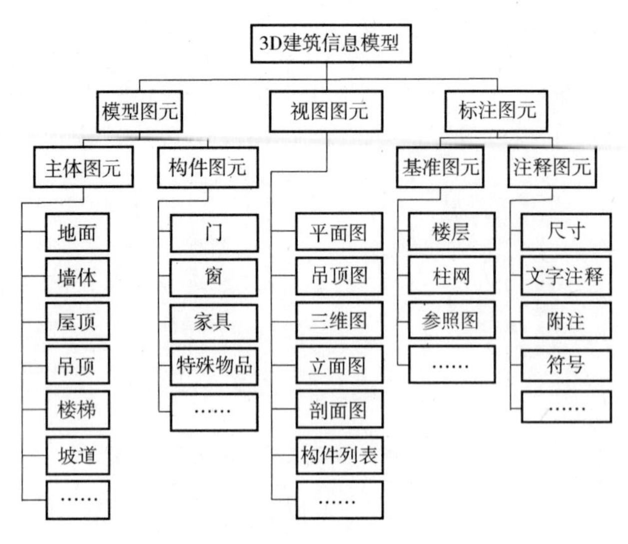

图 5-80 BIM 模型构成

表 5-11 基于 BIM 的施工进度管理涉及的主要模型图元信息

类别	具体分类	主要内容
建筑信息	场地信息	地理、景观、人物、植物、道路贴近真实信息
	墙门窗等建筑构件信息	构件尺寸（长度、宽度、高度、半径等） 砂浆等级、填充图案、建筑节点详图等 楼梯、电梯、顶棚、屋顶、家具等信息
	定位信息	各构件位置信息、轴网位置、标高信息等
结构信息	梁、板、柱	材料信息、分层做法、梁柱标识、楼板详图、附带节点详图（钢筋布置图）等
	梁柱节点	钢筋型号、连接方式、节点详图
	结构墙	材料信息、分层做法、墙身大样详图、孔口加固等节点详图（钢筋布置图）
水暖电管网信息	管道、机房、附件等	按着系统绘制支管线，管线有准确的标高、管径尺寸，添加保温、坡度等信息
	设备、仪表等	基本族、名称、符合标准的二维符号，相应的标高、具体几何尺寸、定位信息等
进度信息	施工进度计划	任务名称、计划开始时间、计划结束时间、资源需求等
	实际施工进度	任务名称、实际开始时间、实际结束时间、实际资源消耗等
	材料供应进度信息	材料生产信息、厂商信息、运输进场信息、施工安装日期、安装操作单位等
	进度控制信息	施工现场实时照片、图表等多媒体资料等
附属信息	技术信息	地理及市政资料，影响施工进度管理的相关政策、法规、规定，专题咨询报告，各类前期规划图、专业技术图、工程技术照片等
	规划设计信息	业主方签发的有关规划、设计的文件、函件、会议备忘录，设计单位提供的二维规划设计图、表、照片等
	单位及项目管理组织信息	项目整体组织结构信息，各参建方组织变动信息，各参建方资质信息，有关施工的会议纪要（进度相关），业主对项目启用目标的变更文件等
	进度控制信息	业主对施工进度的要求及进度计划文件，施工阶段里程碑及工程大事记，施工组织设计文件，施工过程进度变更资料等

五、BIM 施工进度计划

BIM 施工进度计划的第一步是建立 WBS 工作分解结构，一般通过相关软件或系统辅助完成。将 WBS 作业进度、资源等信息与 BIM 模型图元信息链接，即可实现 4D 进度计划，其中的关键是数据接口集成。基于 BIM 的施工进度计划编制流程如图 5-81 所示。

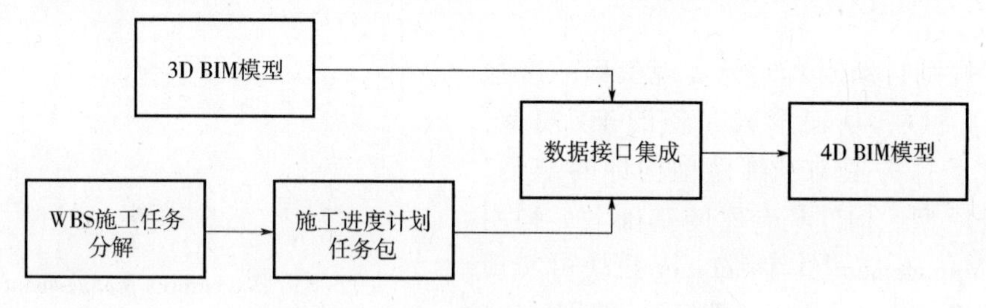

图 5-81　BIM 的施工进度计划编制流程

1. BIM 施工项目 4D 模型构建

BIM 施工项目 4D 模型构建可以采用多种软件工具来实现，以下是采用 Navisworks Management 和 Microsoft Project 软件工具组合进行施工项目 4D 模型构建方法的介绍。

首先在 Navisworks Management 中导入工程三维实体模型，然后进行 WBS 分解，并确定工作单元进度排程信息，这一过程可在 Microsoft Project 软件中完成，也可在 Navisworks Management 软件中完成（后文将以这两种方式分别为例进行阐述）。工作单元进度排程信息包括任务的名称、编码、计划开始时间、计划完成时间、工期以及相应的资源安排等。

为了实现三维模型与进度计划任务项的关联，同时简化工作量，需先将 Navisworks Management 中零散的构件进行归集，形成一个统一的构件集合，构件集合中的各构件拥有各自的三维信息。在基于 BIM 的进度计划中，构件集合作为最小的工作包，其名称与进度计划中的任务项名称应为一一对应关系。

1）在 Microsoft Project 中实现进度计划与三维模型的关联。在 Navisworks Management 软件中预留有与各类 WBS 文件的接口，如图 5-82 所示，通过 TimeLiner 模块将 WBS 进度计划导入 Navisworks Management 中，并通过规则进行关联，即在三维模型中附加时间信息，从而实现项目的 4D 模型构建。

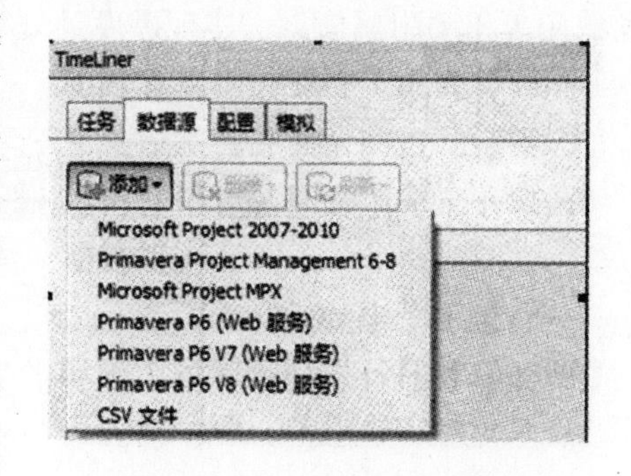

图 5-82　Navisworks Management 与 WBS 文件的接口

在导入 Microsoft Project 文件时，通过字段的选择来实现两个软件的结合。如图 5-83 所示，左侧为 Navisworks Management 中各构件的字段，而右侧为 Microsoft Project 外部字段，通过选择相应同步 ID（可以为工作名称或工作包 WBS 编码），将构件对应起来，并将三维信息和进度信息进行结合。

两者进行关联的基本操作为：将 Microsoft Project 项目通过 TimeLiner 模块中的数据源导入至 Navisworks Management 中，在导入过程中需要选择同步的 ID，然后根据关联规则自动将三维模型中的构件集合与进度计划中的信息进行关联。

2）直接在 Navisworks Management 中实现进度计划与三维模型的关联。Navisworks Management 自带多种实现进度计划与三维模型关联的方式，根据建模的习惯和项目特点可选择不同的方式实现，以下介绍两种较常规的方式。

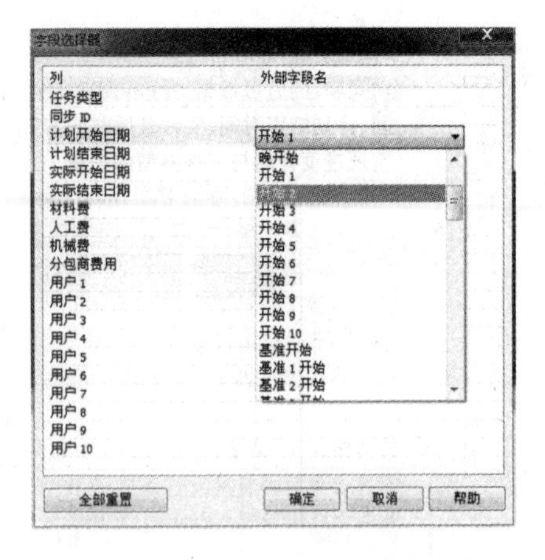

图 5-83　Navisworks Management 与 Microsoft Project 关联选择器

①使用规则自动附着。为实现工程进度与三维模型的关联，从而形成完整的 4D 模型，关键在于进度任务项与三维模型构件的链接。在导入三维模型、构件集合库的基础上，利用 Navisworks Management 的 TimeLiner 模块可实现构件集与进度任务项的自动附着，如图 5-84 所示。

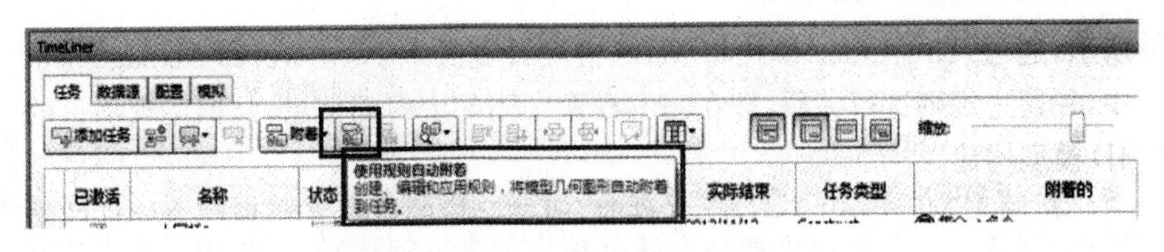

图 5-84　TimeLiner 中使用规则自动附着

基本操作为：使用 TimeLiner 中“使用规则自动附着”功能，选择规则“使用相同名称、匹配大小写将 TimeLiner 任务从列名称对应到选择集”，如图 5-85 所示，即可将三维模型中的构件集合与进度计划中的任务项信息进行自动关联，随后可根据工程进度输入任务项的 4 项基本时间信息（计划开始时间、计划结束时间、实际开始时间和实际结束时间）以及费用等相关附属信息，实现进度计划与三维模型的关联。

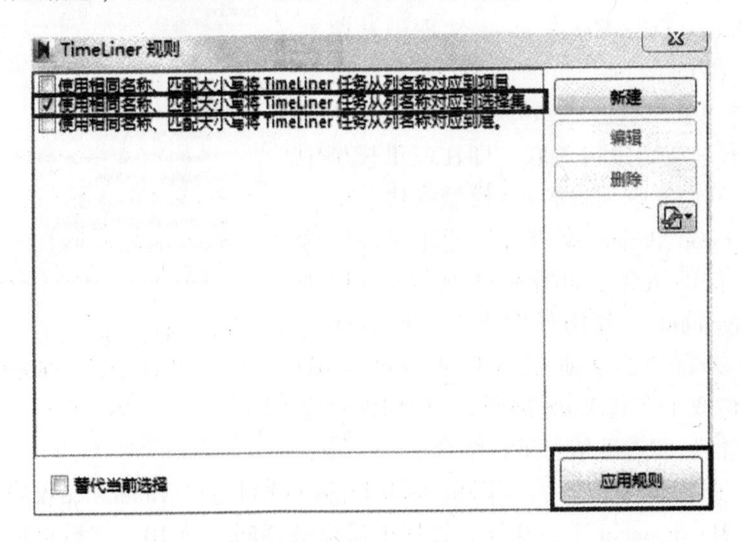

图 5-85　TimeLiner 中的规则

②逐一添加任务项。根据工程进展和变更，可随时进行进度任务项的调整，对任务项进行逐一添加，添加进度任务项的操作如图 5-86 所示。

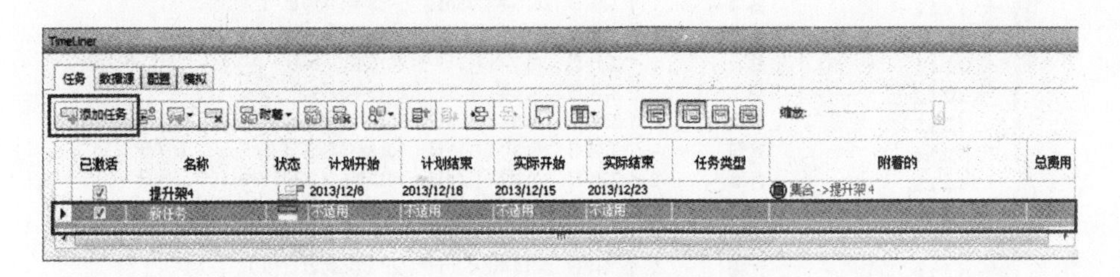

图 5-86　TimeLiner 模块中添加进度任务项

基本操作为：选择单一进度任务项，单击鼠标右键，选择“附着集合”，在已构建的构件集合库中选择该进度任务项下应完成构件集合名称，或可直接在集合窗口中选择相应集合，鼠标拖至对应任务项下，即可实现该任务项与构件集合的链接，如图 5-87 所示。

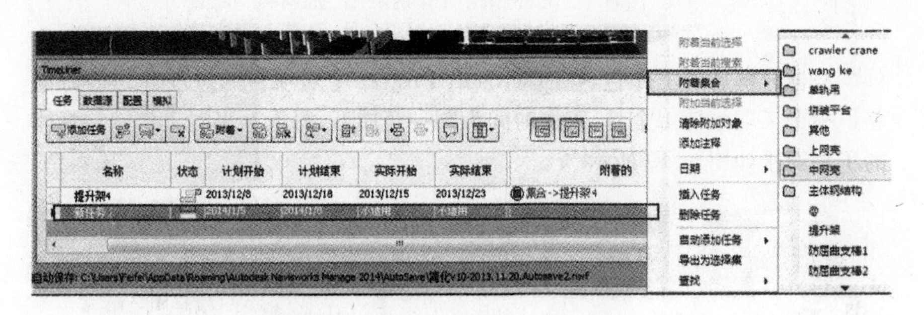

图 5-87　进度任务项与构件集合的链接

上述两种方法均可成功实现 4D 模型的构建，主要区别在于施工任务项与构件集合库进行关联的过程：

使用 Microsoft Project 和 Navisworks Management 中 TimeLiner 的自动附着规则进行施工进度计划的构建时，通过信息导入，可实现施工任务项与三维模型构件集合的自动链接，大大节省了工作时间，需要注意的是任务项名称与构件集合名称必须完全一致，否则将无法进行 4D 识别，进而无法完成两者的自动链接。

在 TimeLiner 中手工进行一项一项的进度链接时，过程复杂，但可根据实际施工过程随时进行任务项的调整，灵活性更高，任务项名称和构件集合名称也无须一致。使用者可根据项目的规模、复杂程度、模型特点和使用习惯选择适合的 4D 模型构建方法。

例如，某门房项目进度计划模型构建如图 5-88 ~ 图 5-95 所示。

2. BIM 的施工进度计划模拟

基于 BIM 的施工进度计划模拟可以分成两类：一类是基于任务层面；一类是基于操作层面。基于任务层面的 4D 施工进度计划模拟技术是通过三维实体模型和施工进度计划关联而来。这种模拟方式能够快速地实现对施工过程的模拟，但是其缺陷在于缺乏对例如起重机、脚手架等施工机械和临时工序及场地资源的关注；而基于操作层面的 4D 施工进度计划模拟则是通过对施工工序的详细模拟，使得项目管理人员能够观察到各种资源的交互使用情况，从而提高工程项目施工进度管理的精确度以及各个任务的协调性。

	WBS编码	任务模式	任务名称	工期	开始时间	完成时间	前置任务	资
1	1.1.1.1		柱基础	4 个工作日	2013年4月24日	2013年4月29日		
2	1.1.1.2		基础梁	1 个工作日	2013年4月30日	2013年4月30日	1	
3	1.1.1.3		底板	1 个工作日	2013年5月1日	2013年5月1日	2	
4	1.2.1.1		柱	3 个工作日	2013年5月2日	2013年5月6日	3	
5	1.2.1.2		梁	3 个工作日	2013年5月7日	2013年5月9日	4	
6	1.2.1.3		板	2 个工作日	2013年5月10日	2013年5月11日	5	
7	1.2.1.4		钢筋	4 个工作日	2013年5月11日	2013年5月15日	6FS-1 个工作日	
8	1.2.1.5		外墙	2 个工作日	2013年5月15日	2013年5月16日	7FS-1 个工作日	
9	1.2.1.6		内墙	1 个工作日	2013年5月17日	2013年5月17日	8	
10	1.2.1.7		地面	1 个工作日	2013年5月17日	2013年5月17日	8	
11	1.2.1.8		天棚	2 个工作日	2013年5月20日	2013年5月21日	10	
12	1.2.3.1		给排水	2 个工作日	2013年5月22日	2013年5月23日	11	
13	1.2.2.1		天棚抹灰	1 个工作日	2013年5月22日	2013年5月22日	11	
14	1.2.2.2		地面抹灰	1 个工作日	2013年5月23日	2013年5月23日	13	
15	1.2.2.3		踢脚	1 个工作日	2013年5月24日	2013年5月24日	14	
16	1.2.2.4		窗框	1 个工作日	2013年5月24日	2013年5月24日	14	
17	1.2.2.5		窗户	1 个工作日	2013年5月27日	2013年5月27日	16	
18	1.2.2.6		门	1 个工作日	2013年5月27日	2013年5月27日	16	
19	1.2.2.7		地板	3 个工作日	2013年5月28日	2013年5月30日	18	
20	1.2.2.8		墙裙	2 个工作日	2013年5月28日	2013年5月29日	18	
21	1.2.2.9		外墙喷漆	3 个工作日	2013年5月30日	2013年6月3日	20	

图 5-88 进度计划安排

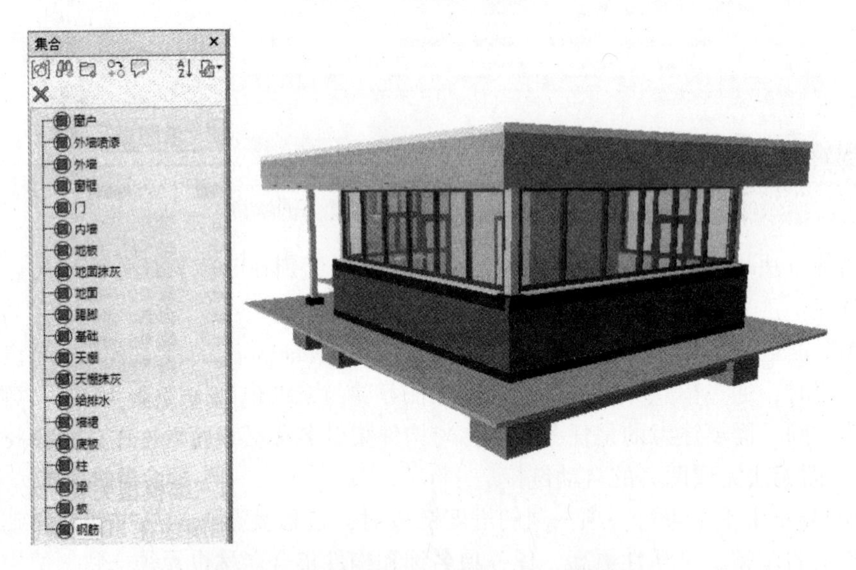

图 5-89 Navisworks Management 中构件集合

字段选择器

列	外部字段名
任务类型	
同步 ID	ID
计划开始日期	开始
计划结束日期	完成
实际开始日期	实际开始
实际结束日期	实际完成
材料费	

图 5-90 “字段选择器”窗口

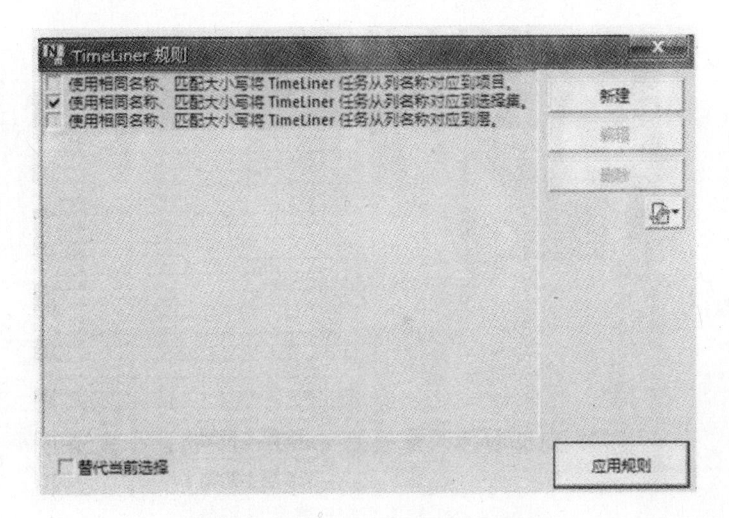

图 5-91　“TimeLiner 规则”对话框

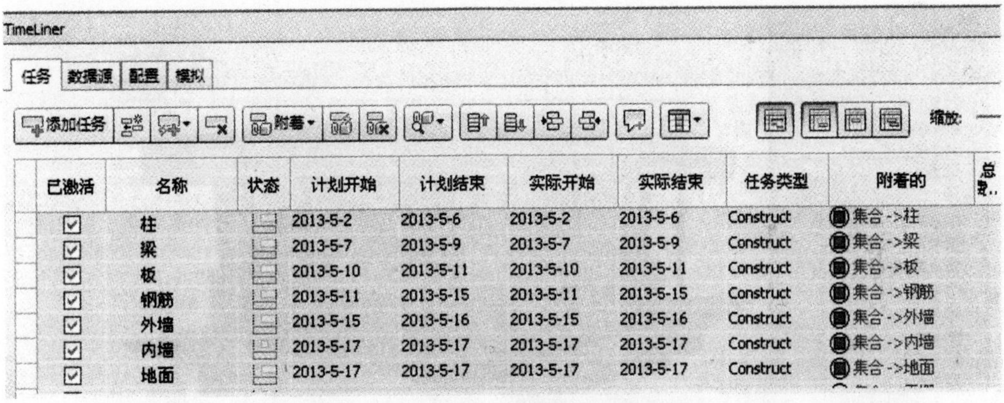

TimeLiner

任务　数据源　配置　模拟

添加任务　附着　缩放:

已激活	名称	状态	计划开始	计划结束	实际开始	实际结束	任务类型	附着的
☑	柱		2013-5-2	2013-5-6	2013-5-2	2013-5-6	Construct	集合->柱
☑	梁		2013-5-7	2013-5-9	2013-5-7	2013-5-9	Construct	集合->梁
☑	板		2013-5-10	2013-5-11	2013-5-10	2013-5-11	Construct	集合->板
☑	钢筋		2013-5-11	2013-5-15	2013-5-11	2013-5-15	Construct	集合->钢筋
☑	外墙		2013-5-15	2013-5-16	2013-5-15	2013-5-16	Construct	集合->外墙
☑	内墙		2013-5-17	2013-5-17	2013-5-17	2013-5-17	Construct	集合->内墙
☑	地面		2013-5-17	2013-5-17	2013-5-17	2013-5-17	Construct	集合->地面

图 5-92　四维构件选择集

图 5-93　构件集合库的建立

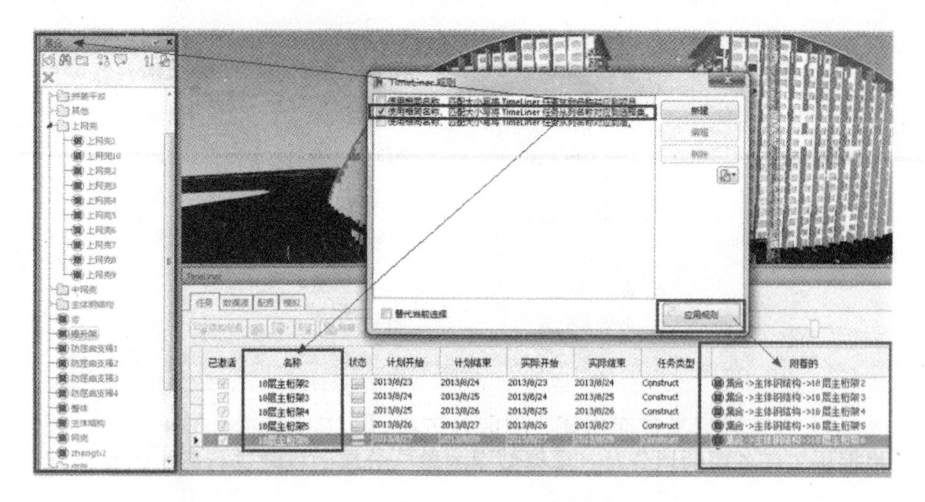

图 5-94 任务项与构件集合的关联

TimeLiner

任务 | 数据源 | 配置 | 模拟

已激活	名称	状态	计划开始	计划结束	实际开始	实际结束	任务类型	附着的
☑	单轨吊1		2013/8/8	2013/8/12	2013/8/8	2013/8/12	Construct	集合->单轨吊->单轨吊1
☑	单轨吊2		2013/8/12	2013/8/15	2013/8/12	2013/8/15	Construct	集合->单轨吊->单轨吊2
☑	单轨吊3		2013/8/15	2013/8/22	2013/8/15	2013/8/22	Construct	集合->单轨吊->单轨吊3
☑	拼装平台1		2013/8/8	2013/8/10	2013/8/8	2013/8/10	Construct	集合->拼装平台->拼装平台1
☑	拼装平台2		2013/8/10	2013/8/12	2013/8/10			->拼装平台->拼装平台
☑	拼装平台3		2013/8/12	2013/8/14	2013/8/12			->拼装平台->拼装平台
☑	拼装平台4		2013/8/14	2013/8/16	2013/8/14			->拼装平台->拼装平台
☑	拼装平台5		2013/8/16	2013/8/17	2013/8/16			->拼装平台->拼装平台
☑	拼装平台6		2013/8/17	2013/8/19	2013/8/18			->拼装平台->拼装平台
☑	18层主桁架1		2013/8/22	2013/8/23	2013/8/22			->主体钢结构->18层主
☑	18层主桁架2		2013/8/23	2013/8/24	2013/8/23			->主体钢结构->18层主
☑	18层主桁架3		2013/8/24	2013/8/25	2013/8/24			->主体钢结构->18层主
☑	18层主桁架4		2013/8/25	2013/8/26	2013/8/25			->主体钢结构->18层主
☑	18层主桁架5		2013/8/26	2013/8/27	2013/8/26			->主体钢结构->18层主
☑	18层主桁架6		2013/8/27	2013/8/28	2013/8/27	2013/ 8/28	Construct	集合->主体钢结构->18层主
☑	18层主桁架7		2013/8/28	2013/8/29	2013/8/28	2013/8/29	Construct	集合->主体钢结构->18层主

2013年8月

周日	周一	周二	周三	周四	周五	周六
28	29	30	31	1	2	3
4	5	6	7	8	9	10
11	12	13	14	15	16	17
18	19	20	21	22	23	24
25	26	27	28	29	30	31
1	2	3	4	5	6	7

今天: 2014/1/10

图 5-95 TimeLiner 中时间信息的输入

(1) 基于任务层面的 4D 施工进度计划模拟方法

在支持基于 BIM 的施工进度管理的软件工具环境下，可通过其中的模拟功能，对整个工程项目施工进度计划进行动态模拟。以上述门房工程为例，在 4D 施工进度计划模拟过程中，建筑构件随着时间的推进从无到有动态显示。当任务未开始时，建筑构件不显示；当任务已经开始但未完成时，显示为 90% 透明度的绿色（可在软件中自定义透明度和颜色）；当任务完成后就呈现出建筑构件本身的颜色，如图 5-96 所示。梁任务已开始但未完成，显示为 90% 透明度的绿色；柱子和基础部分已经完成，显示为实体本身的颜色。在模拟过程中发现任何问题，都可以在模型中直接进行修改。

如图 5-97 所示，软件界面上半部分为施工进度计划 4D 模拟，左上方为当前工作任务时间；下半部分为施工进度计划 3D 模拟操作界面，可以对施工进度计划 4D 模拟进行顺序执行、暂停执行和逆时执行等操作。顺时执行是将进度计划进展过程按时间轴动态顺序演示。逆时执行是将进度计划进展过程反向演示，由整个项目的完成逐渐演示到最初的基础施工。

暂停执行功能，可以辅助项目管理人员更加熟悉施工进度计划各个工序间的关系，并在工程项目施工进度出现偏差时，采用倒推的方式对施工进度计划进行分析，及时发现影响施工进度计划的关键因素，并及时进行修改。

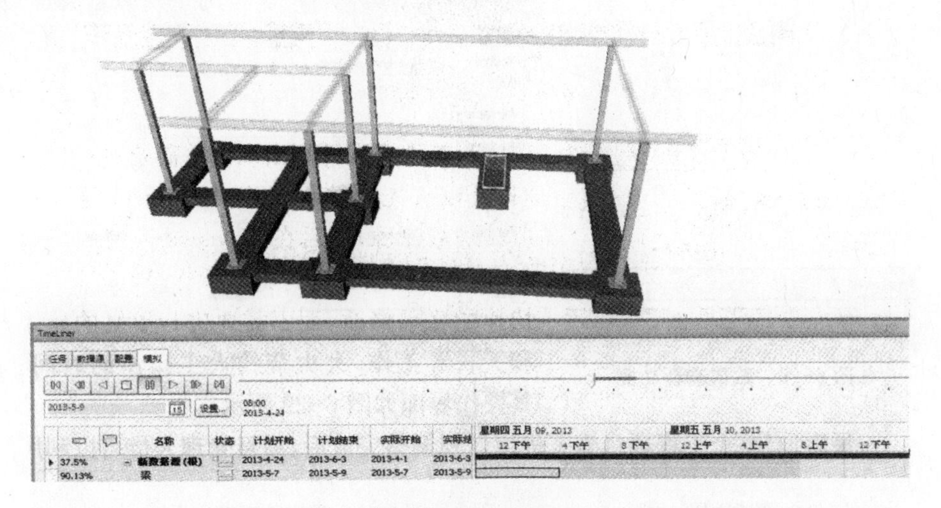

图 5-96　梁柱界面图

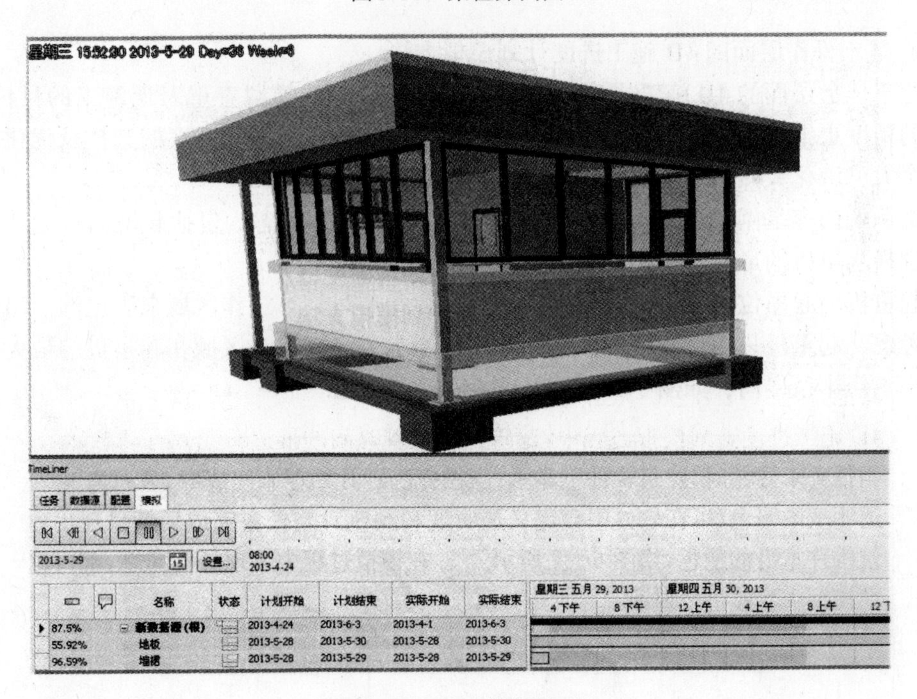

图 5-97　施工模拟界面

当施工进度计划出现偏差需要进行修改时，可以首先调整 Microsoft Project 施工进度计划数据源，然后在 Navisworks Management 中对数据源进行刷新操作，能够实现快速的联动修改，而不需要进行重复的导入和关联等工作，大大节省人工操作的时间。其操作界面如图 5-98 所示。

最后，当整个工程项目施工进度计划调整完成后，项目管理人员可以利用 TimeLiner 模块中的动态输出功能，将整个项目进展过程输出为动态视频，以更直观和通用的方式展示建设项目的施工全过程，如图 5-99 所示。

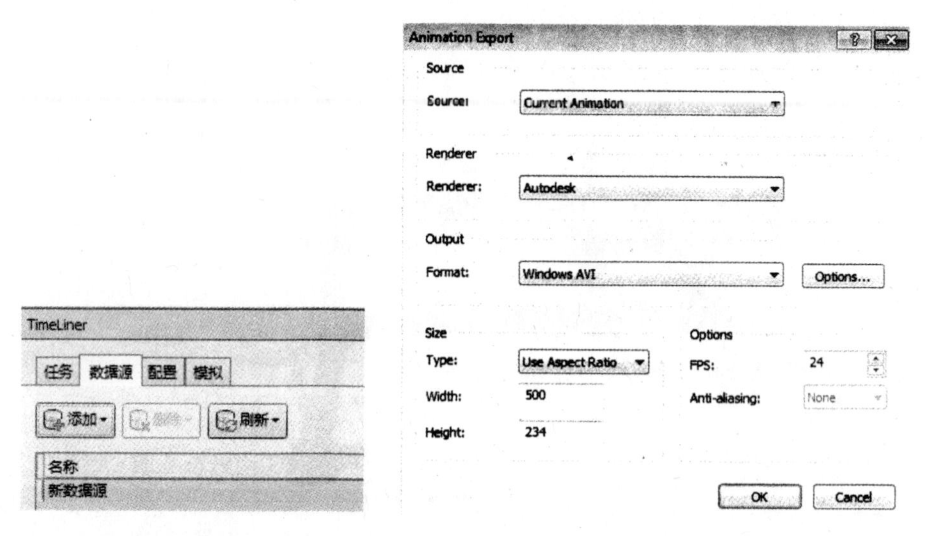

图 5-98　数据刷新功能　　　　图 5-99　进度动态输出界面

（2）基于操作层面的 4D 施工进度计划模拟方法

相比于任务层面的 4D 施工进度计划模拟，操作层面的模拟着重表现施工的具体过程。其模拟的精度更细，过程也更复杂，常用于对重要节点的施工具体方案的选择及优化。本节结合一个大型液化天然气（LNG）项目案例进行说明。

本案例的内容是阐述 4D 环境下，如何模拟起重机工作状态，包括起吊位置的选择，以及最终选择起重机的最优行驶路线。

①起重机的起吊位置定位。起重机的起吊位置是通过计算工作区域来决定的。出于安全角度的考虑，起重机只能在特定的区域内工作。通常来说，这个区域在起重机的最大工作半径和最小工作半径之内，如图 5-100 所示。

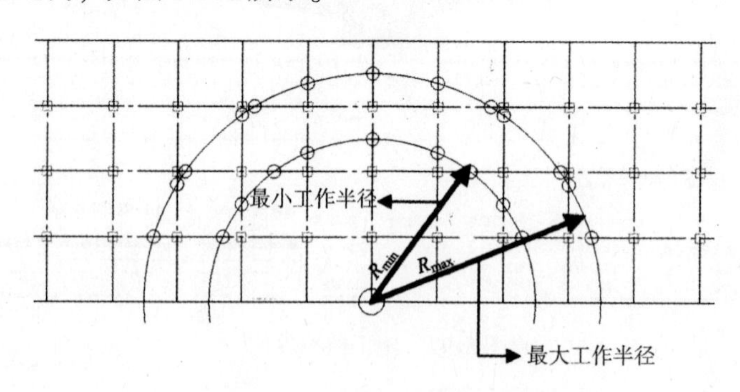

图 5-100　起重机工作半径示意图

以履带式起重机为例，如下式所示：

$$K_1 = \frac{M_S}{M_O} \geqslant 1.15$$

$$K_2 = \frac{M_S}{M_O} \geqslant 1.14$$

式中　M_S——固定力矩；

M_O——倾覆力矩；

K_1——在考虑所有荷载下的参数，包括起重机的起重荷载和施加在其上面的其他荷载；

K_2——在考虑起重机的起重荷载下的参数，在大多数的施工中，K_2 通常是被用作分析的对象，如下式所示：

$$K_2=\frac{M_S}{M_O}=\frac{G_1l_1+G_2+l_2+G_0l_0-G_3d}{Q\ (R-l_2)}\geqslant 1.4$$

式中　G_0——平衡重力；

G_1——起重机旋转部分的重力；

G_2——起重机不能旋转部分的重力；

G_3——起重机臂的重力；

Q——起重机的起吊荷载；

l_1——G_1 重心与支点 A 之间的距离（A 为吊杆一侧的起重机悬臂梁的支点）；

l_2——G_2 重心与支点 A 之间的距离；

d——G_3 重心与支点 A 之间的距离；

l_0——G_0 重心与支点 A 之间的距离；

R——工作半径。

因此，最大的工作半径可由下式计算得到：

$$R\leqslant\frac{G_1l_1+G_2l_2+G_0l_0-G_3d}{k_2Q}+l_2$$

而最小的工作半径则是由机械工作的安全指南决定的。图 5-100 便是一台起重机的起吊点的确定示意图。

②测算起重机的工作路径。如图 5-101 所示是施工现场的布置图。

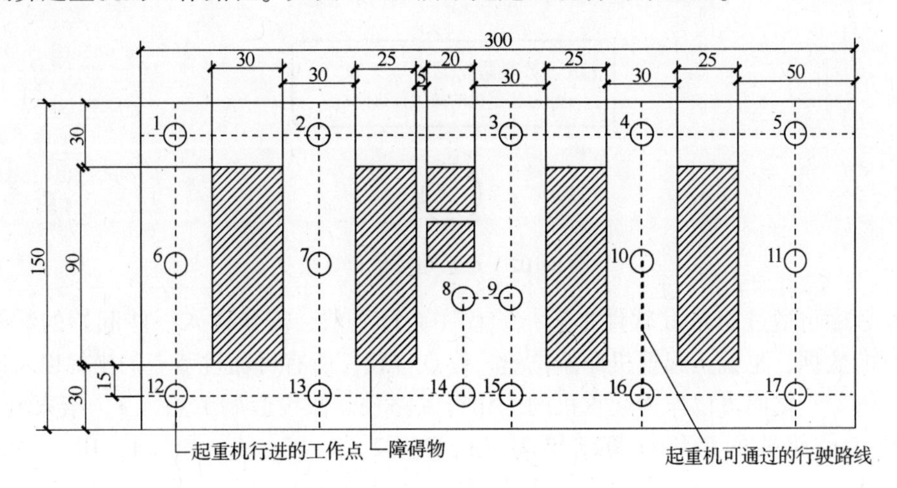

图 5-101　现场施工布置及机械路径示意图（单位：m）

图 5-101 中，阴影部分表示在施工现场的建筑模型，圆圈表示起重机行进的工作点，虚线表示可通过的行驶路线。

由于图中的每个点坐标都可以在 CAD 图上找到，因此可以计算出两个工作点之间的距离，用传统的最短路径流程算法可以得到一台起重机的工作路线，如图 5-102 所示。

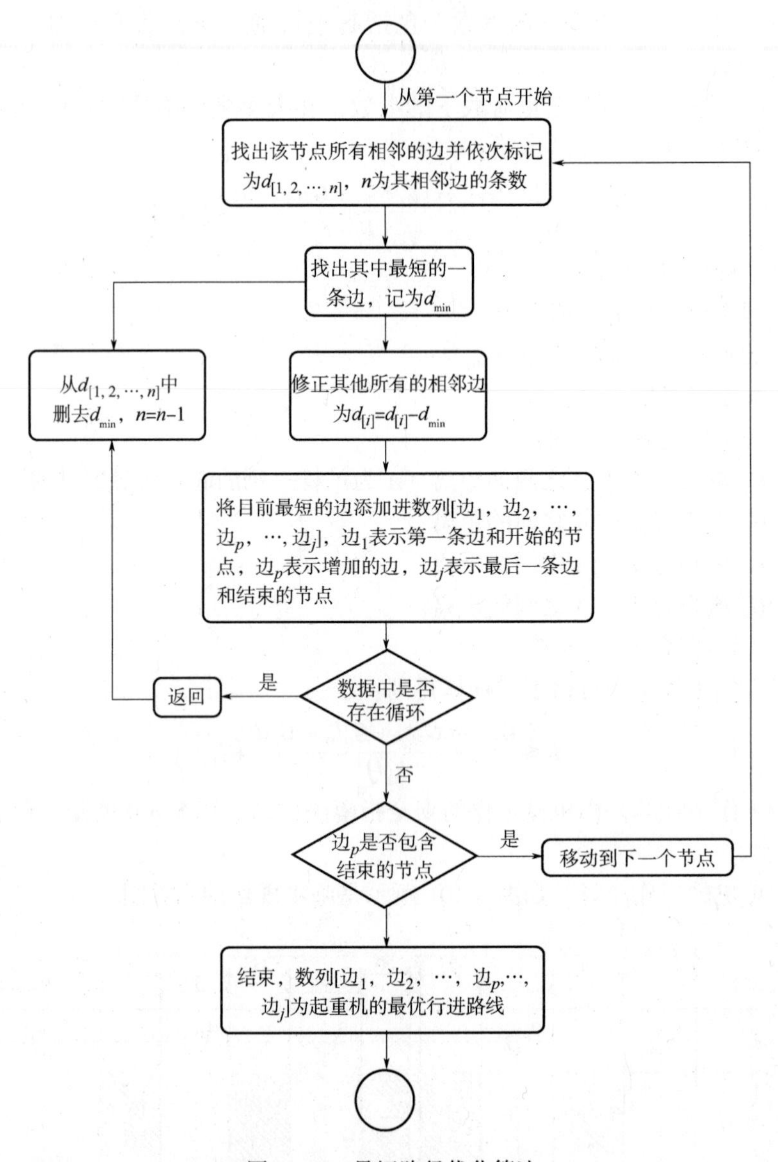

图 5-102　最短路径优化算法

这个程序可通过 Matlab 软件来运行。程序运行之前，需要输入一些起始的数据，包括起始节点的数据，也就是起重机原始位置、终点位置，所有可通过节点的坐标以及起重机初始位置，哪些点之间可以作为起重机的工作行驶路径。假设起始节点为 1，结束节点为 10，则起重机工作路线的最终计算结果为（1，2）(2，3)(3，4）和（4，10)，如图 5-103 所示。

假设现场有两种不同的起重机：轮式起重机和履带式起重机。对于某些路线，轮式起重机可以通过但是履带式起重机却不能通过。表 5-12 列出了两种起重机在计算路线时用到的基本数据。

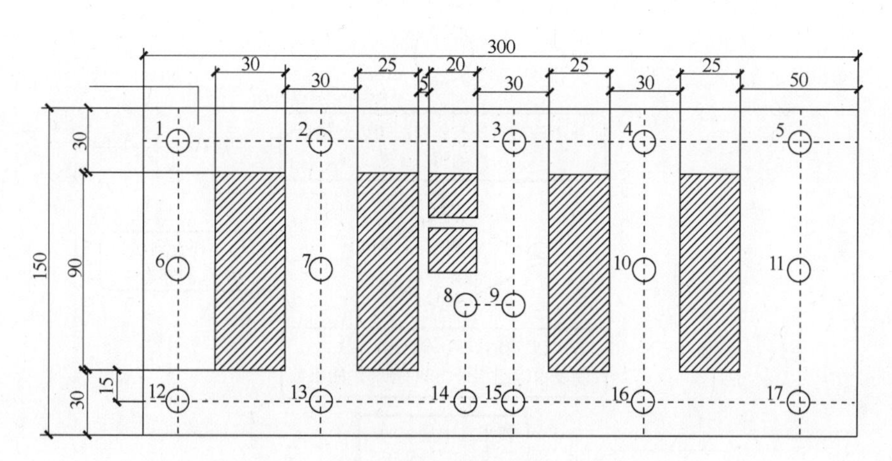

图 5-103　起重机最优路径示意图（单位：m）

表 5-12　起重机参数　　（单位：m）

起重机类型	履带式起重机	轮式起重机
长度	22	4.3
宽度	10	5.5
吊杆最大伸长长度	138	35.2

在实际的施工现场中，起重机工作时应根据准确的空间要求调整吊杆的角度，通常为 40°~60°。因为吊杆是在一个特定的计算角度工作的，所以必须要考虑到起重机吊杆所在的三维空间的限制，而且因为安全因素，还必须考虑移动的起重机和相邻建筑、工作人员和传送设备之间的距离。例如在图 5-104 和图 5-105 中，轮式起重机可以通过这条道路，但是履带式起重机却因为网格状吊杆过长而无法通过。

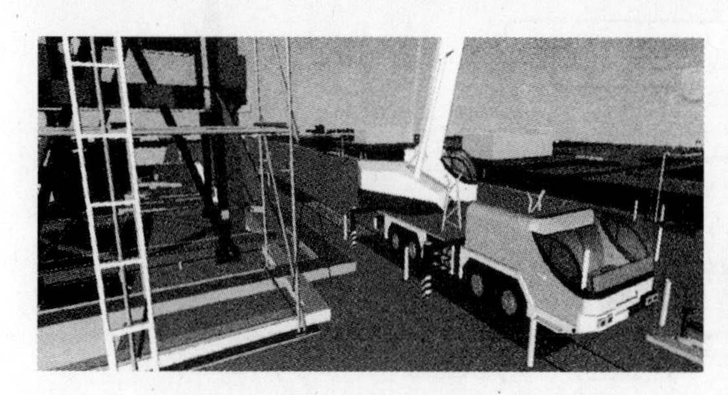

图 5-104　轮式起重机行驶空间示意图

图 5-105　履带式起重机行驶空间示意图

如果需要用履带式起重机来进行工作，则要重新考虑起重机的路线选择问题，为此，需要修改之前的路径选择优化算法，即添加检测路线是否可以通过起重机的判定。用数字 2 代表起重机臂长可以通过邻近模型，数字 0 则代表不能通过。对相应的流程图也作出一定的修改，如图 5-106 所示。

得到的最终优化的起重机工作路线如图 5-107 所示。

其计算结果的模拟路线如图 5-108 所示。

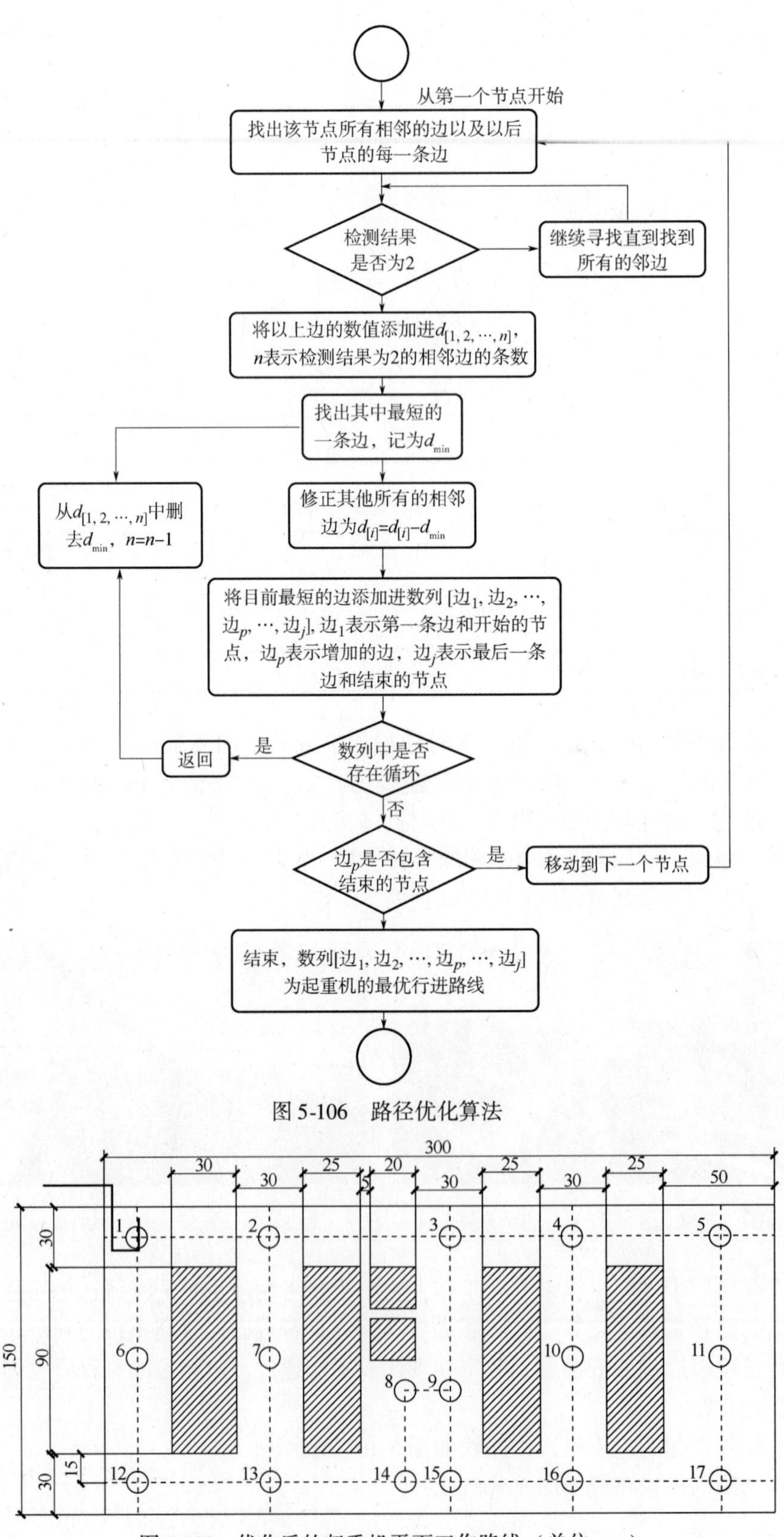

图 5-106　路径优化算法

图 5-107　优化后的起重机平面工作路线（单位：m）

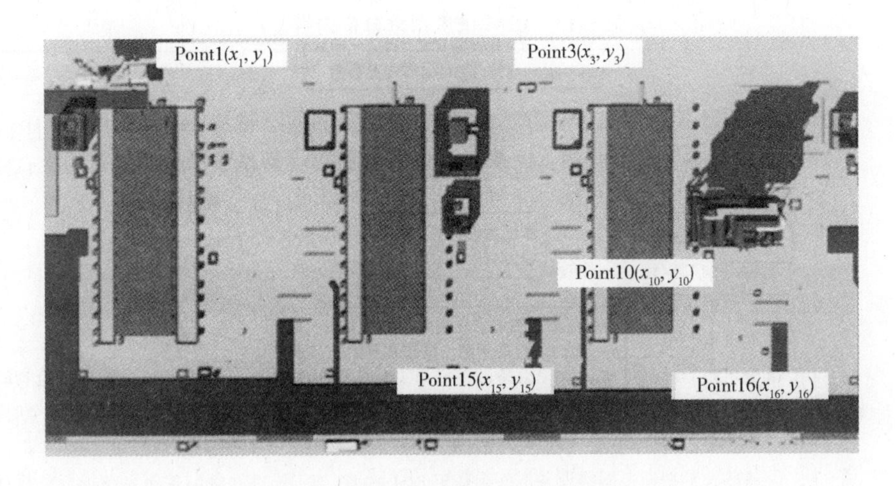

图 5-108　计算模拟路线示意图

此时，在 4D 环境下，根据计算结果，定义起重机的具体路径，即能够实现操作层面的 4D 进度演示，如图 5-109 所示。

图 5-109　三维路径示意图

六、BIM 施工进度跟踪分析

BIM 施工进度跟踪分析的特点包括实时分析、参数化表达和协同控制。通过应用基于 BIM 的 4D 施工进度跟踪与控制系统，可以在整个建筑项目的实施过程中实现施工现场与办公所在地之间进度管理信息的高度共享，最大化地利用进度管理信息平台收集信息，将决策信息的传递次数降到最低，保证所作决定立即执行，提高现场施工效率。

基于 BIM 的施工进度跟踪分析主要包括两个核心工作：首先，在建设项目现场和进度管理组织所在工作场所建立一个可以即时互动交流沟通的一体化进度信息采集平台，该平台主要支持现场监控、实时记录、动态更新实际进度等进度信息的采集工作；然后，基于该信息平台提供的数据和基于 BIM 的施工进度计划模型，通过基于 BIM 的 4D 施工进度跟踪与控制系统提供的丰富分析工具对施工进度进行跟踪分析与控制，见表 5-13。

表 5-13 BIM 进度跟踪分析内容

类别	内容
进度信息收集	构建一体化进度信息采集平台是实现基于 BIM 的施工进度跟踪分析的前提。在项目实施阶段，施工方、监理方等各参建方的进度管理人员利用多种采集手段对工程部位的进度信息进行更新，该平台支持的进度信息采集手段主要包括现场自动监控和人工更新 现场自动监控 现场自动监控包括利用视频监控、三维激光扫描等设备对关键工程或者关键工序进行实时进度采集，使进度管理主体不用到现场就能掌握第一手的进度管理资料 ①通过 GPS 定位或者现场测量定位的方式确定建设项目所在地准确坐标 ②确定现场部署的各种监控设备的控制节点坐标，在现场控制点不能完全覆盖建筑物时还需要增加临时监控点，在控制点上对工程实体采用视频监控、三维激光扫描等设备进行全时段录像、扫描工程实际完成情况，形成监控数据，如图 5-110 所示 ③将监控数据通过网络设备传回到基于 BIM 的 4D 施工进度跟踪与控制系统进行分析处理，为每一个控制点的关键时间节点生成阶段性的全景图形，并与 BIM 进度模型进行对比，计算工程实际完成情况，准确地衡量工程进度 人工更新 对于进度管理小组日常巡视的工程部位也可采用人工更新的手段对 BIM 进度模型进行更新。具体过程包括 ①进度管理小组携带智能手机、平板计算机等便携式设备进入日常巡视的工程部位 ②小组人员利用摄像设备对工程部位进行拍照或摄影，如图 5-111 所示，并与 BIM 进度管理模块中的 WBS 工序进行关联 ③小组人员利用便携式设备上的 BIM 进度管理模块接口对工程部位的形象进度完成百分比、实际完成时间、计算实际工期、实际消耗资源数量等进度信息进行更新，有时还需要调整工作分解结构、删除或添加作业、调整作业间逻辑关系等 通过整合各种进度信息采集方式实时上传的视频图片数据、三维激光扫描数据及人工表单数据等，施工进度管理人员可以对目前进度情况作出判断并进行进度更新。项目进展过程中，更新进度很重要，实际工期可能与原定估算工期不同，工作一开始作业顺序也可能更改。此外，还可能需要添加新作业和删除不必要的作业。因此，定期更新进度是进度跟踪与控制的前提
进度跟踪与控制	在项目实施阶段，在更新进度信息的同时，还需要持续跟踪项目进展、对比计划与实际进度、分析进度信息、发现偏差和问题，通过采取相应的控制措施解决已出现的问题，并预防潜在问题以维护目标计划。基于 BIM 的进度管理体系从不同层次提供多种分析方法以实现项目进度的全方位分析 BIM 施工进度管理系统提供项目表格、横道图、网络图、进度曲线、四维模型、资源曲线与直方图等多种跟踪视图。项目表格以表格形式显示项目数据；项目横道图以水平“横道图”格式显示项目数据；项目横道图、直方图以栏位和“横道图”格式显示项目信息，以剖析表或直方图格式显示时间分摊项目数据；四维视图以三维模型的形式动态显示建筑物建造过程；资源分析视图以栏位和“横道图”格式显示资源、项目使用信息，以剖析表或直方图格式显示时间分摊资源分配数据 关于计划进度与实际进度的对比，一般综合利用横道图对比、进度曲线对比、模型对比完成。基于 BIM 的 4D 施工进度跟踪与控制系统可同时显示三种视图，实现计划进度与实际进度间的对比，如图 5-112 所示 可以通过设置视图的颜色实现计划进度与实际进度的对比。另外，通过项目计划进度模型、实际进度模型、现场状况间的对比，可以清晰地看到建筑物的“成长”过程，发现建造过程中的进度偏差和其他问题，如图 5-113 所示

（续）

类别	内容
进度跟踪与控制	所有跟踪视图都可用于检查项目，首先进行综合的检查，然后根据工作分解结构、阶段、特定WBS数据元素来进行更详细的检查。还可以使用过滤与分组等功能，以自定义要包含在跟踪视图中的信息的格式与层次口引。根据计划进度和实际进度信息，可以动态计算和比较任意WBS节点任意时间段内计划工程量和实际工程量，如图5-114所示 进度情况分析主要包括里程碑控制点影响分析、关键路径分析以及计划进度与实际进度的对比分析。通过查看里程碑计划以及关键路径，并结合作业实际完成时间，可以查看并预测项目进度是否按照计划时间完成。关键路径分析，可以利用系统中横道视图或者网络视图进行 为了避免进度偏差对项目整体进度目标带来的不利影响，需要不断地调整项目的局部目标，并再次启动进度计划的编制、模拟和跟踪，如需改动进度计划则可以通过进度管理平台发出，由现场投影或者大屏幕显示器的方式将计算机处理之后的可视化的模拟施工视频、各种辅助理解图片和视频播放给现场施工班组，现场的施工班组按照确定的纠偏措施动态地调整施工方案，对下一步的进度计划进行现场编排，实现管理效率的最大化 综上所述，通过利用BIM技术对施工进度进行闭环反馈控制，可以最大程度地使项目总体进度与总体计划趋于一致

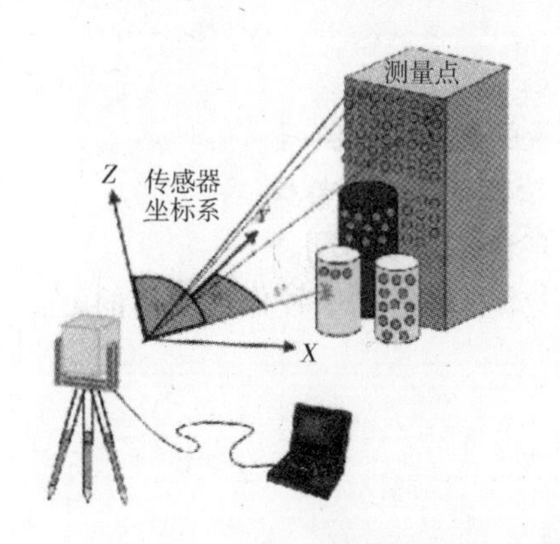

图 5-110　三维激光扫描原理及效果

图 5-111　进度管理人员人工采集更新

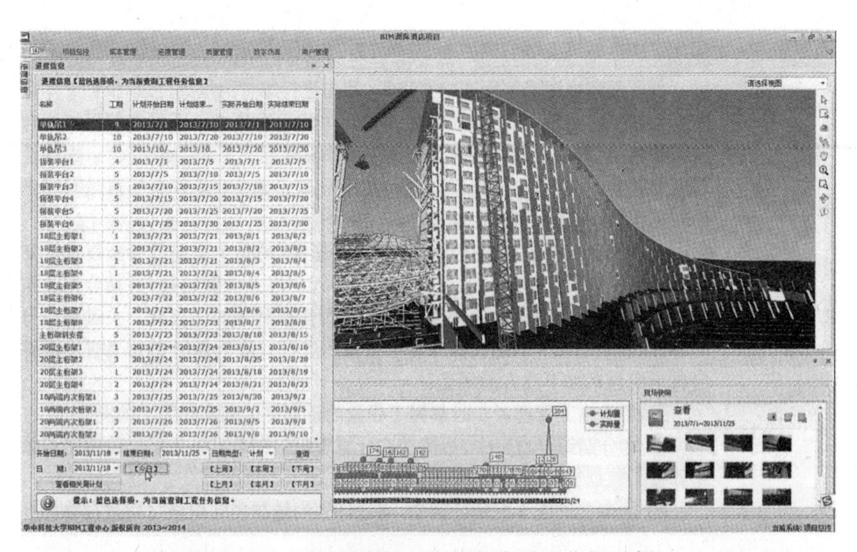

图 5-112　工程项目施工进度跟踪对比分析示例一

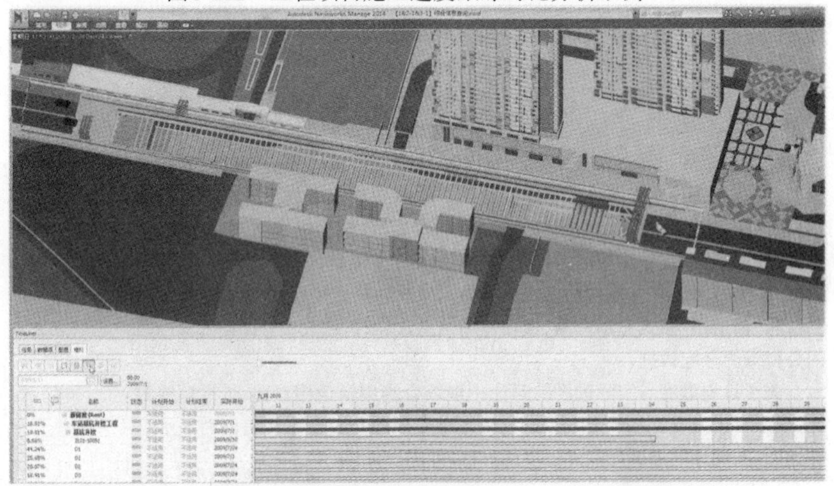

图 5-113　工程项目施工进度跟踪对比分析示例二

图 5-114　4D 进度可视化跟踪视图

第六节 BIM 施工造价控制

一、BIM 施工造价控制的流程

对施工企业来讲，工程造价管理业务涵盖了整个施工项目全生命周期，因此，BIM 在造价控制中的应用也将涉及不同的项目阶段、不同的项目参与方和不同的 BIM 应用点三个维度的多个方面，复杂程度可想而知。所以，如果想保证 BIM 在工程造价管理中的顺利应用和实施，仅仅完成孤立的单个 BIM 任务是无法实现 BIM 效益最大化的，这就需要 BIM 各应用之间按照一定的流程进行集成应用，集成程度是影响整个建设项目 BIM 技术应用效益的重要因素。

BIM 集成应用需要遵循一定的流程，流程包括以下三部分的内容。第一是流程活动和任务，每一个任务的典型形态如图 5-115 所示。第二是任务的输入和输出，完整的 BIM 项目都是由一系列任务按照一定流程组成的，每一个任务的输入都有两个来源：其一是该任务前置任务的输出，其二是该任务责任方的人工输入，人工输入就是完成这个任务所增加的信息。第三是交换信息，也就是每个任务具体输入和输出的信息内容是什么，每一个任务都会在上一个任务节点输出的信息中，根据当前 BIM 应用要求，获取所需要的部分信息，并加入新的造价信息，最终形成完整的造价信息模型。因此，统一的 BIM 模型平台是 BIM 集成应用和实施的基础。图 5-116 是 BIM 在工程造价管理中的流程框架。

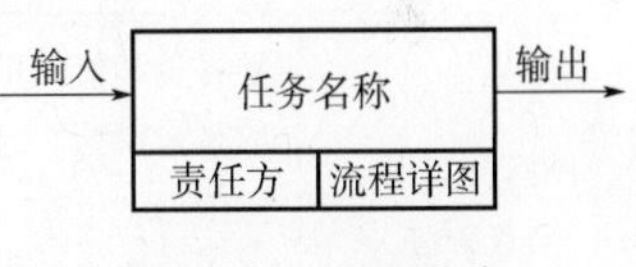

图 5-115 流程节点

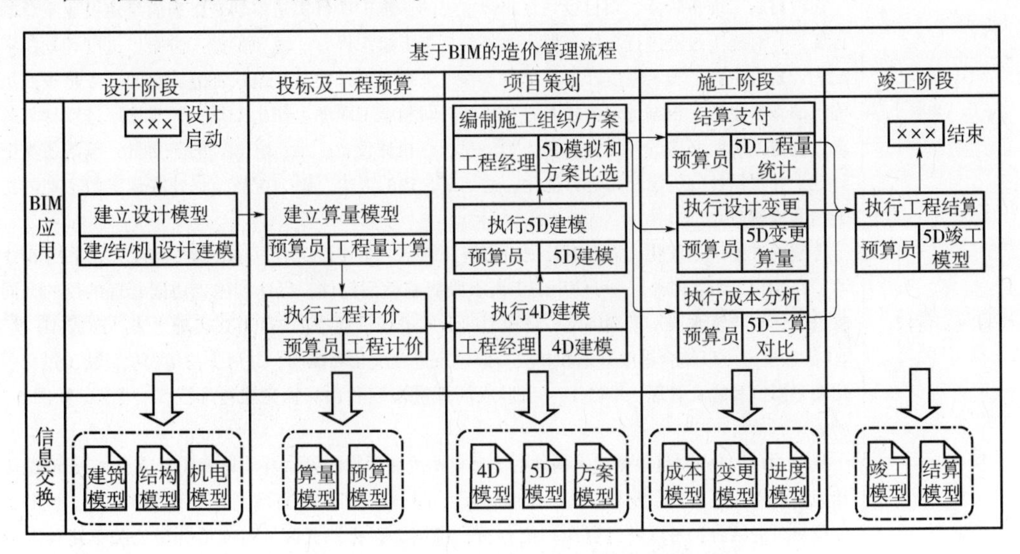

图 5-116 BIM 在工程造价管理中的流程框架

二、BIM 施工造价控制主要内容

BIM 施工造价控制主要内容见表 5-14。

表 5-14　BIM 施工造价控制主要内容

类别	内容
设计阶段	在设计阶段，施工企业还没有参与进来，但是设计阶段是 BIM 应用的基础，本阶段会产生施工所需要的 BIM 基本三维信息模型。基本信息模型是实施 BIM 的基础，它包括所有不同 BIM 应用子模型共同的基础信息，这些信息可用于项目整个生命周期，也是基于 BIM 的工程造价管理的核心基本信息模型。本阶段模型包含以构件实体为基本单元的建筑对象的几何尺寸、空间位置以及和各构件实体之间的关系信息，以及工程项目类型、名称、用途、建设单位等项目的基本工程信息。根据设计专业不同，输出的模型信息可以分为建筑模型、结构模型、机电模型等
投标及工程预算阶段	在投标阶段，由于业主单位招标时间紧，准确地进行工程量计算和工程计价成为困扰施工单位的两大难题。特别是工程量计算，一般工程很难做到为保证清单工程量的精确而进行反复核实，只能对重点单位工程或重要分部工程进行审核，避免误差。在本阶段使用 BIM 技术，在设计模型的基础上，搭建三维算量模型，可以快速准确地计算工程量，并通过计价软件进行合理组价，自动将量和价的信息与模型绑定，为后面造价管理工作提供基础。同时，在中标后，针对投标建立的算量模型，结合市场价、企业定额等，可进一步编制工程预算，为项目目标成本和成本控制提供依据 本阶段将输出算量模型和预算模型。他们是在设计提供的基本信息模型上增加工程预算信息，形成具有造价信息和工程量信息的子信息模型。工程预算存在定额计价和清单计价两种模式，对于使用较多的清单计价而言，预算信息模型包括建筑构件的清单项目以及相应的人、材、机资源信息和相应费率等。通过此模型，系统能识别并自动提取建筑构件的清单类型和工程量（如体积、质量、面积或长度等）等信息，自动计算建筑构件的资源用量及造价信息，为施工过程的计量支付、变更等提供基础信息的依据
项目策划阶段	在项目施工准备阶段，项目策划是非常重要的，施工项目实施策划是指为满足建设业主总的目标要求，对施工过程进行总体策划，主要包括施工组织设计、重要的施工方案、进度计划、资源配套计划等内容。施工进度计划是单位工程施工组织设计的重要组成部分，它的任务是按照组织施工的基本原则，根据选定的施工方案，在时间和施工顺序上作出安排，同时按照进度计划的要求，确定施工所必需的各类资源（人力、材料、机械设备、水、电等）的需要量，编制各类配套计划，并根据计划资源配比进行优化，达到最合理的人力、财力配置，保证在规定的工期内提供合格的建筑产品 传统的进度计划优化，需要对计划进行资源绑定，工作量巨大，修改调整难度大。采用 BIM 技术，在 3D 模型的基础上，可使用施工流水段切割模型构件，以达到施工协同管理的目的，同时将进度计划与流水段、模型绑定，将模型的形成过程以动态的 3D 方式表现出来，形成 4D 模型。4D 信息模型可以结合进度计划和相关资源进行进度优化和控制，并可支持工程项目施工过程可视化动态模拟和施工管理。结合上一步形成的算量模型和预算模型最终形成 5D 模型，如图 5-117 所示。 基于 5D 信息模型可根据建筑构件的类型自动关联预算信息，自动计算任意节点 WBS 或施工段相关实体构件工程量以及相应施工进度的人力、材料、机械等资源消耗量和预算成本。同时，将资源与时间结合，可以进行资源平衡分析，将核心和稀缺资源尽可能地分配给关键路径上的任务，充分利用非关键路径上的浮动时间来灵活调整各个资源的使用。在以后的实际施工过程中，利用 BIM 5D 进行工程量完成情况、资源计划和实际消耗等多方面的统计分析，能够在施工过程中进行施工资源动态管理和成本实时监控

（续）

类别	内容
施工阶段	施工阶段的造价管理和控制主要包括进度计量、工程款支付、变更管理和成本管理。施工单位可以利用在前期形成的 BIM 5D 模型，及时准确编制各类资源配套计划。例如，在对物资的管理过程中，合理、准确、及时地提交物资采购计划是十分重要的，通过 BIM 模型与造价信息进行关联，可以根据计划完成情况，准确得到相应的材料需用计划。在现场材料管理过程中，利用 BIM 技术可以及时快速获得不同部位的工程量信息，有利于材料管理人员进行有效的限额领料控制 同时，按照工程进展情况，形成动态的进度模型，不仅可以与计划进行对比，还可以自动分解出报告期的已完成进度计划项，并进一步得到已完工工程量，及时准确进行进度款申报，同时可以完成对分包支付的控制。在设计变更发生时，利用三维模型技术，直接修改算量模型，修改记录将会被 BIM 平台记录，形成变更模型，自动计算变更工程量。最后，根据工程实际运行情况，BIM 平台集成项目管理系统，自动收集模型相关的分包结算、材料出库、机械结算等数据，形成实际成本，利用 BIM 5D 模型按照时间、工序、流水段等不同纬度进行工程造价管理，并通过多算对比达到成本控制和核算的目的，最终形成成本模型
竣工阶段	工程造价管理的最后阶段就是工程结算。工程结算需要依据经过多次设计变更形成的竣工图，除此之外，还需要在施工过程中形成的洽商签证、工程计量、价差调整、暂估价认价等单据，依据多而繁琐，造成结算工作时间长、任务重。利用 BIM 5D 技术，集成项目管理系统，可将众多的过程记录集成在 BIM 模型上，使得单据具备量、价和时间属性，不仅能够在工程施工过程中及时查询，而且在工程结算的时候，BIM 系统将会对模型上所有的结算信息进行汇总，形成结算模型，并以规范的格式输出及保存，由此缩短工程结算的时间，降低结算工作的工作量

三、BIM 施工预算

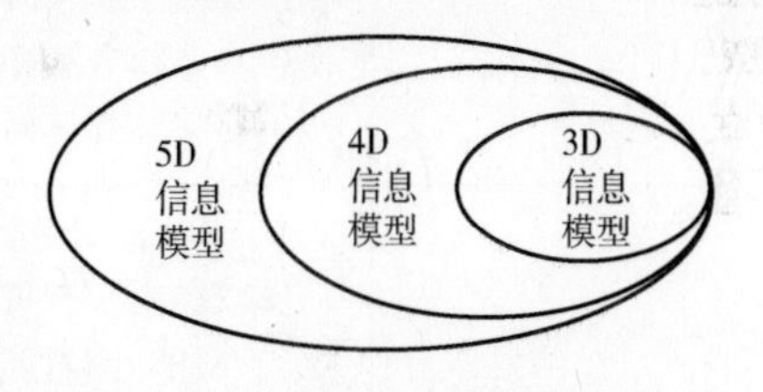

图 5-117　5D 模型组成

对于建筑施工企业来说，工程预算是必不可少的工作，提高其效率和准确性对提高项目经济效益、降低成本至关重要。预算工作形成的工程预算价格是工程造价管理的核心对象，也是工程建设项目管理的核心控制指标之一。因此，提供准确、高效、合理的工程价格信息很重要。工程价格的产生主要包括了两个要素：工程量和价格。准确计算这两个要素的工作就是工程量计算和工程计价。

BIM 是一个包含丰富数据面向对象的具有智能化和参数化特点的建筑设施的数字化表示，BIM 中的构件信息是可运算的信息，借助这些信息计算机可以自动识别模型中的不同构件，并根据模型内嵌的几何和物理信息对各种构件的数量进行统计。正是因为 BIM 的这种特性，使得基于 BIM 的工程量计算具有更高的准确性、快捷性和扩展性。

BIM 工程量计算见表 5-15。

表 5-15　BIM 工程量计算

类别	内容
基于三维模型的工程量计算	BIM 应用强调信息互用，它是协调和合作的前提和基础，BIM 信息互用是指在项目建设过程中各参与方之间、各应用系统之间对项目模型信息能够交换和共享。三维模型是基于 BIM 进行工程量计算的基础，从 BIM 应用和实施的基本要求来讲，工程量计算所需要的模型应该是直接复用设计阶段各专业模型。然而，在目前的实际工作中，专业设计对模型的要求和依据的规范等与造价对 BIM 模型的要求不同，同时，设计时也不会把造价管理需要的完整信息放到设计 BIM 模型中去，设计阶段模型与实际工程造价管理所需模型存在差异。这主要包括

（续）

类别	内容
基于三维模型的工程量计算	①工程量计算工作所需要的数据在设计模型中没有体现，例如，设计模型没有内外脚手架搭设设计 ②某些设计简化表示的构件在算量模型中没有体现 ③算量模型需要区分做法而设计模型不需要，例如，内外墙设计在设计模型中不区分 ④设计 BIM 模型软件与工程量计算软件计算方式有差异，例如，在设计 BIM 模型构件之间的交汇处，默认的几何扣减处理方式与工程量计算规则所要求的扣减方式是不一样的 造价人员有必要在设计模型的基础上建立算量模型，一般有两种实施方法：其一是按照设计图或模型在工程量计算软件中重新建模；其二是从工程量计算软件中直接导入设计模型数据。对于二维图而言，市场流行的 BIM 工程量计算软件已经能够实现从电子 CAD 文件直接导入的功能，并基于导入的二维 CAD 图建立三维模型。对于三维设计软件，随着 IFC 标准的逐步推广，三维设计软件可以导出基于 IFC 标准的模型，兼容 IFC 标准的 BIM 工程量计算软件可以直接导入，造价工程师基于模型增加工程量计算和工程计价需要的专门信息，最终形成算量模型。图 5-118 所示为设计模型向算量模型的转换 从目前实际应用来看，在基于 BIM 工程量计算的实际工作过程中，由于设计包括建筑、结构、机电等多个专业，会产生不同的设计模型或图纸，这导致了工程量计算工作也会产生不同专业的算量模型，包括建筑模型、钢筋模型、机电模型等。不同的模型在具体工程量计算时是可以分开进行的，最终可以基于统一 IFC 标准和 BIM 图形平台进行合成，形成完整的算量模型，支持后续的造价管理工作。例如，钢筋算量模型可以用于钢筋下料时钢筋的断料和加工，便于现场钢筋施工时钢筋的排放和绑扎。总之，算量模型是基于 BIM 的工程造价管理的基础。图 5-119 所示为不同专业设计模型通过模型服务器上传后基于统一的规则进行集成，图中左侧的构件列表显示不同专业的模型构件，选择相应构件，图中则显示该构件模型图
工程量自动计算	基于 BIM 的工程量计算主要包含两层含义 ①建筑实体工程量计算自动化，并且是准确的。BIM 模型是参数化的，各类的构件被赋予了尺寸、型号、材料等约束参数，同时模型中对于某一构件的构成信息和空间、位置信息都精确记录，模型中的每一个构件都与显示中实际物体一一对应，其中所包含的信息是可以直接用来计算的。因此，计算机可以在 BIM 模型中根据构件本身的属性进行快速识别分类，工程量统计的准确率和速度都得到很大的提高。以墙体的计算为例，计算机可以自动识别软件中墙体的属性，根据模型中有关该墙体的类型和组分信息统计出该段墙体的数量，并对相同的构件进行自动归类。因此，当需要制作墙体明细表或计算墙体数量时，计算机会自动对它进行统计。图 5-120 所示为土建工程量自动计算结果 ②内置计算规则保证了工程量计算的合规性和准确性。模型参数化除了包含构件自身属性之外，还包括支撑工程量计算的基础性规则，这主要包括构件计算规则、扣减规则、清单及定额规则。构件计算除包含通用的计算规则之外，还包含不同类型构件和地区性的计算规则。通过内置规则，系统自动计算构件的实体工程量。不同构件相交需要根据扣减规则自动计算工程量，在得到实体工作量的基础之上，模型丰富的参数信息可以生成项目特征，根据特征属性自动套取清单项和生成清单项目特征等。在清单统计模式下可同时按清单规则、定额规则平行扣减，并自动套取清单和定额做法。同时，建筑构件的三维呈现也便于工程预算时工程量的对量和核算
关联构件的扣减计算	工程量计算工作中，相关联构件工程量扣减计算一直是耗时繁琐的工作。首先，构件本身相交部分的尺寸数据计算相对困难，如果构件是异型的，计算就更加复杂。传统的计算是基于二维电子图，图纸仅标识了构件自身的尺寸，而没有与相关联构件在空间的关系和交叠数据。人工处理关联部分的尺寸数据，识别和计算工作繁琐，很难做到完整和准确，容易因为纰漏或疏

（续）

类别	内容
关联构件的扣减计算	忽造成计算错误。其次，在我国当前的工程量计算体系中，工程量计算是有规则的，同时，各省或地区的计算规则也不尽相同。例如，混凝土过梁伸入墙内部分工程量不扣，但构造柱、独立柱、单梁、连续梁等伸入墙体的工程量要扣除。除建筑工程量之外，还包括相交部分的钢筋、装饰等具体怎么计算，这些都需要按照各地的计算规则来确定 BIM 模型中每一个构件除了记录自身尺寸、大小、形状等属性之外，在空间上还包括了与之相关联或相交的构件的位置信息，这些空间信息详细记录了构件之间的关联情况。这样，BIM 工程量计算软件就可以得到各构件相交的完整数据。同时，BIM 工程量计算软件通过集成各地计算规则库，规则库描述构件之间的扣减关系、计算法则，软件可以根据构件关联或相交部分的尺寸和空间关系数据智能化匹配计算规则，准确计算扣减工程量。图 5-121 所示为集水坑关联扣减计算
异型构件的计算	在实际工程中，经常遇到复杂的异型建筑造型及节点钢筋，造价人员往往需要花费大量的时间来处理。同时，异型构件与其他构件的关联和相交部分的形状更加不可确定，这无疑给工程量计算增加了难度。传统的计算需要对构件进行切割分块，然后根据公式计算，这必然花费大量的时间。同时，切割也造成了异型构件工程量计算准确性降低，特别是一些较小的不规则构件交叉部分的工程量无法计算，只能通过相似体进行近似估算 BIM 工程量计算软件从两方面解决了异型构件的工程量计算。首先，软件对于异型构件工程量计算更加准确。BIM 模型详细记录了异型构件的几何尺寸和空间信息，通过内置的数学方法，例如布尔计算和微积分，能够将模型切割分块趋于最小化，计算结果非常精确 其次，软件对于异型构件工程量计算更加全面完整。异型构件一般都会与其他构件产生关联和交叠，这些相交的部分不仅很多，而且形状更加异常。算量软件可以精确计算这部分的工程量，并根据自定义扣减规则进行总工程量计算。同时，构件空间信息的完整性决定了软件不会遗漏掉任何细小的交叉部位的工程量，使得计算工程十分完整，进而保证了总工程量的准确性。图 5-122 所示为异型螺旋楼梯的土建工程量计算

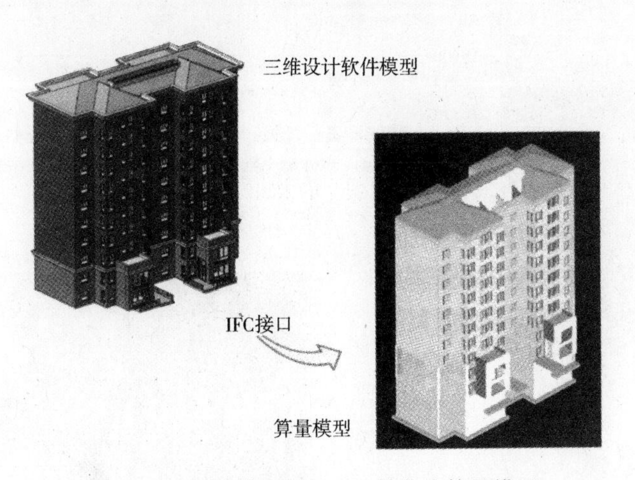

图 5-118　设计模型通过 IFC 转化为算量模型

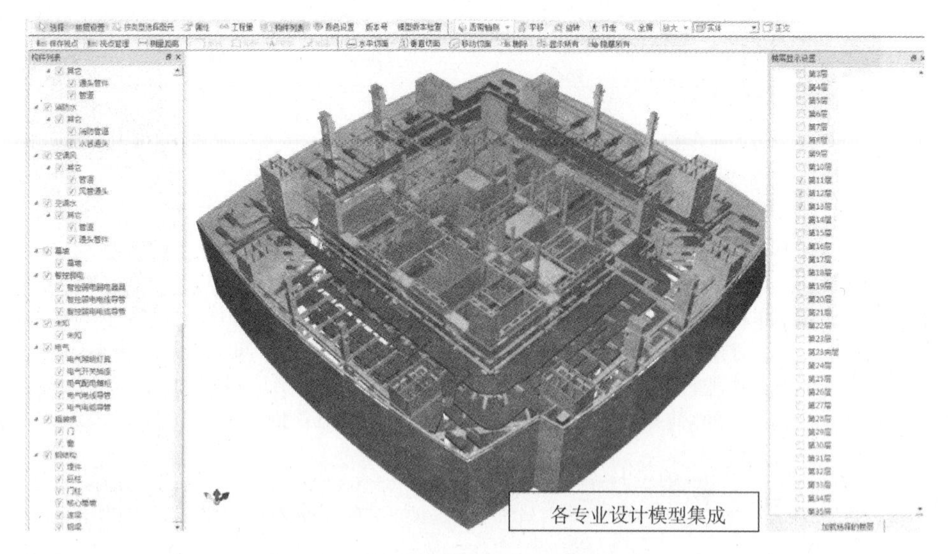

图 5-119　不同专业设计模型合并

图 5-120　土建工程量自动计算

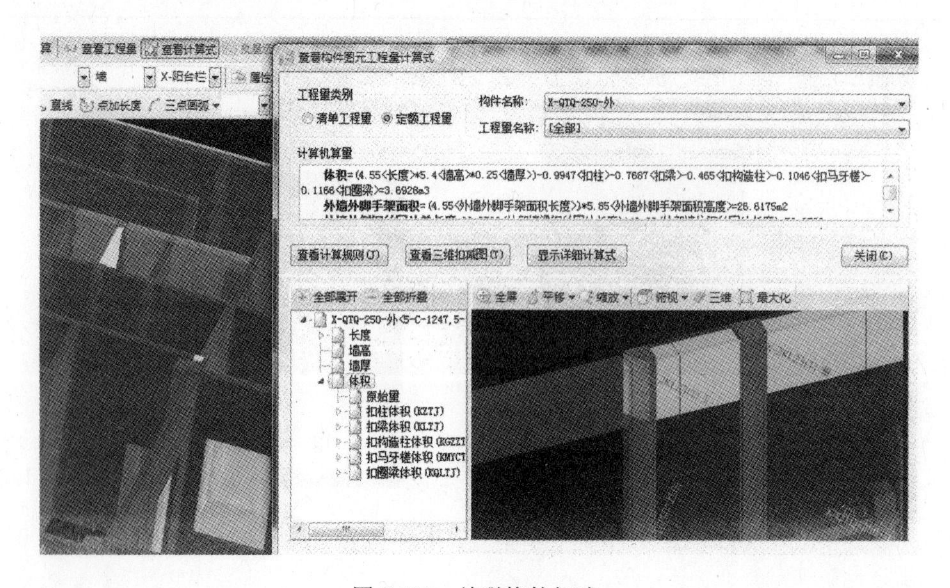

图 5-121　关联构件扣减

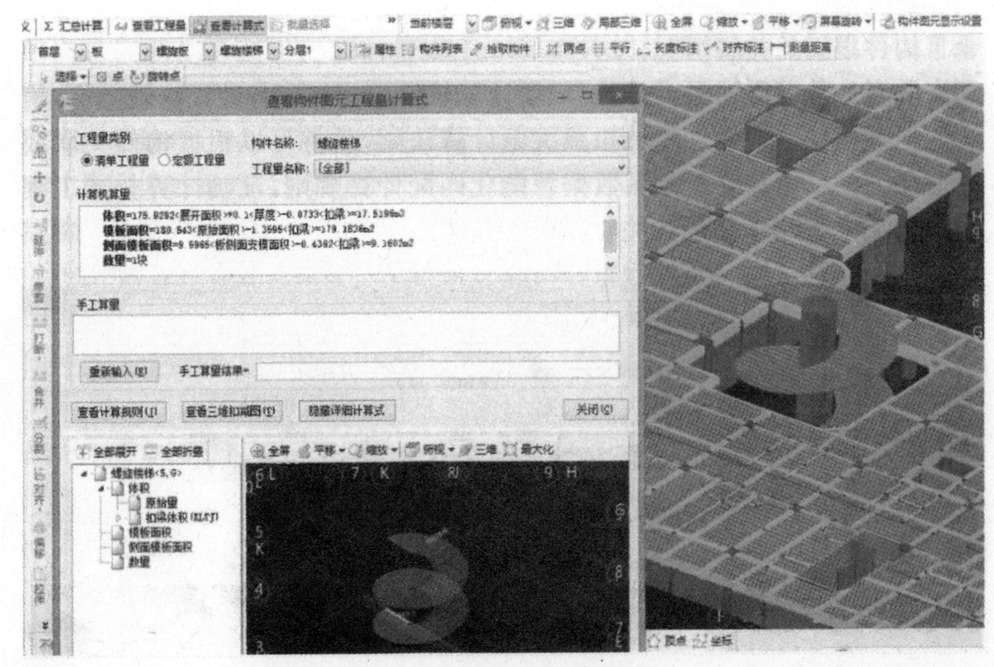

图 5-122　异型构件工程量计算

四、BIM 施工计价

随着计算机技术的发展，建筑工程预算软件得到了迅速发展和广泛应用。尽管如此，目前工程造价人员仍需要花费大量时间来进行工程预算工作，这主要有几个方面的原因：第一，清单组价工作量很大。清单项目单价水平主要是由清单的项目特征决定的，实质上就是构件属性信息与清单项目特征的匹配问题。在组价时，预算人员需要花费大量精力进行定额匹配工作。第二，设计变更等修改造成造价工作反复较多。由于我国实际的工程往往存在图纸不完整情况，修改频繁，由此产生新的工程量计算结果必须重新组价，并手工与之前的计价文件进行合并，无法做到直接合并，造成计价工作的重复和工作量增加。第三，预算信息与后续的进度计划、资源计划、结算支付、变更签证等业务割裂，无法形成联动效应，需要人工进行反复查询修改，效率不高。

基于 BIM 的工程量计算软件形成了算量模型，并基于模型进行精确算量，算量结果可以直接导入 BIM 计价软件进行组价，组价结果自动与模型进行关联，最终形成预算模型。预算模型可以进一步关联 4D 进度模型，最终形成 BIM 5D 模型，并基于 BIM 5D 进行造价全过程的管理。BIM 计价见表 5-16。

表 5-16　BIM 计价内容

类别	内容
基于模型的工程量计算和计价一体化	目前，市场上的工程量计算软件和计价软件功能是分离的，算量软件只负责计算工程量，对设计图中提供的构件信息输入完后，不能传递至计价软件中来，在计价软件中还需重新输入清单项目特征，这样会大大降低工作效率，出错几率也提高了。基于 BIM 的工程工程量计算软件和计价软件实现计价算量一体化，通过 BIM 算量软件进行工程量计算。同时，通过算

（续）

类别	内容
基于模型的工程量计算和计价一体化	量模型丰富的参数信息，软件自动抽取项目特征，并与招标的清单项目特征进行匹配，形成模型与清单关联。在工程量计算完成之后，在组价过程中，BIM 造价软件根据项目特征可以与预算定额进行匹配，实现自动组价功能，或依据历史工程积累的相似清单项目综合单价进行匹配，实现快速组价功能。图 5-123 所示为计价工作与三维模型关联，图左下部为清单，方便编制
造价调整更加快捷	在投标或施工过程中，经常会遇到因为错误或某些需求而发生图纸修改、设计变更，往往需要进行工程量的重新计算和修改，目前的工程量计算软件和计价软件割裂导致变更工程量结果无法导入原始计价文件，需要利用计价软件人工填入变更调整，而且系统不会记录发生的变化。基于 BIM 的计价和工程量计算软件的工作全部基于三维模型，当发生设计修改时，仅需要修改模型，系统将会自动形成新的模型版本，按照原算量规则计算变更工程量，同时根据模型关联的清单定额和组价规则修改造价数据。修改记录将会记录在相应模型上，支撑以后的造价管理工作
深化设计、降低额外费用产生	在建筑物某些局部会涉及众多的专业，特别是在一些管线复杂的地方，如果不进行综合管线的深化设计和施工模拟，极有可能造成返工，增加额外的施工成本。使用专业的 BIM 碰撞检查和施工模拟软件对所创建的建筑、结构、机电等 BIM 模型进行分析检查，可提前发现设计中存在的问题，并根据检查分析结果，直接用 BIM 算量软件的建模功能对模型进行调整，并及时更正相应的造价数据，有利于降低施工时修改带来的额外成本。图 5-124 所示为三维模型进行碰撞检查，非常便捷、直观
BIM 5D 辅助造价全过程管理	工程进度计划在实际应用之中可以与三维模型关联形成 4D 模型（三维模型 + 进度计划），同时，将预算模型与 BIM 4D 模型集成，在进度模型的基础上增加造价信息，就形成了 BIM 5D 模型。基于 BIM 5D 可以辅助造价全过程的管理 ①在预算分析优化过程中，可以进行不平衡报价分析。招标投标是一个博弈过程，如何制订合理科学的不平衡报价方案，提高结算价和结算利润是预算编制工作的重点。例如，BIM 5D 可以实现工程实际进度模拟，在模拟过程中，可以非常形象地了解相应清单完成的先后顺序，这样可以利用资金收入的时间先后提高较早完成的清单项目的单价 ②在施工方案设计前期，BIM 5D 技术有助于对施工方案设计的详细分析和优化，能协助制定出合理而经济的施工组织流程，这对成本分析、资源优化、工作协调等工作非常有益 ③在施工阶段，BIM 5D 还可以动态地显示出整个工程的施工进度，指导材料计划、资金计划等精确及时下达，并进行已完成工程量和消耗材料量的分析对比，及时地发现施工漏洞，从而尽最大可能采取措施，控制成本，提高项目的经济效益。图 5-125 所示为工程预算与 BIM 4D 集成后形成的 BIM 5D 模型。5D 模型是基于 BIM 进行造价管理的基础

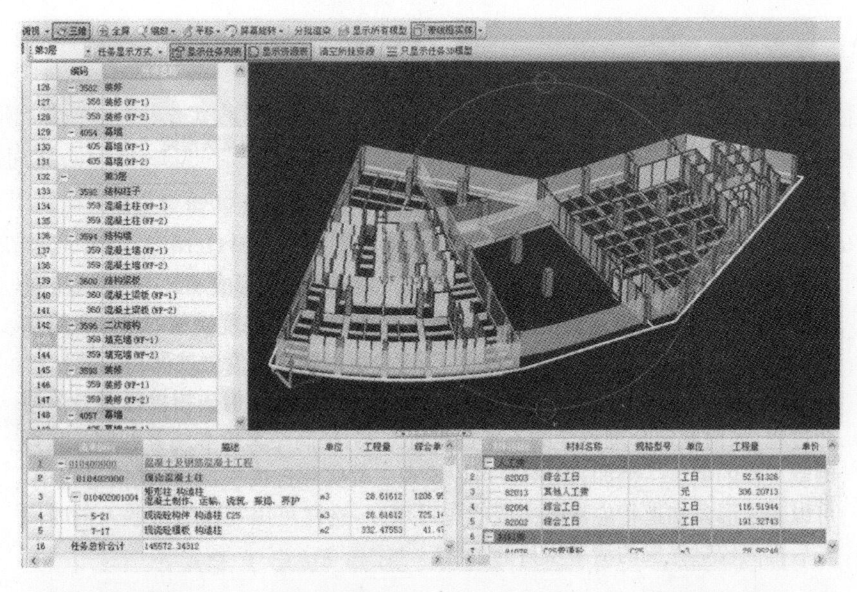

图 5-123　基于模型的计价

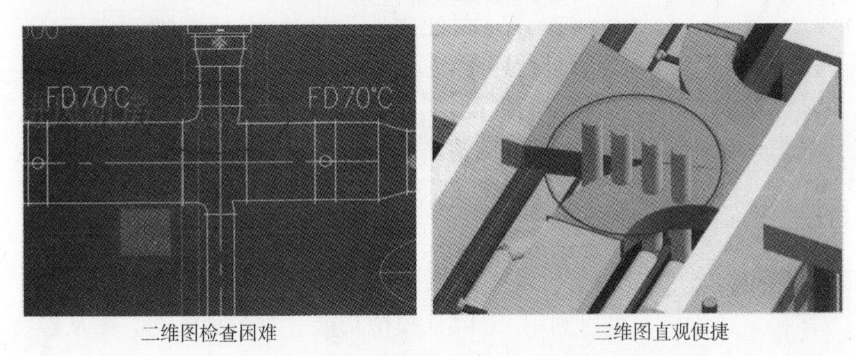

二维图检查困难　　　　三维图直观便捷

图 5-124　碰撞检查

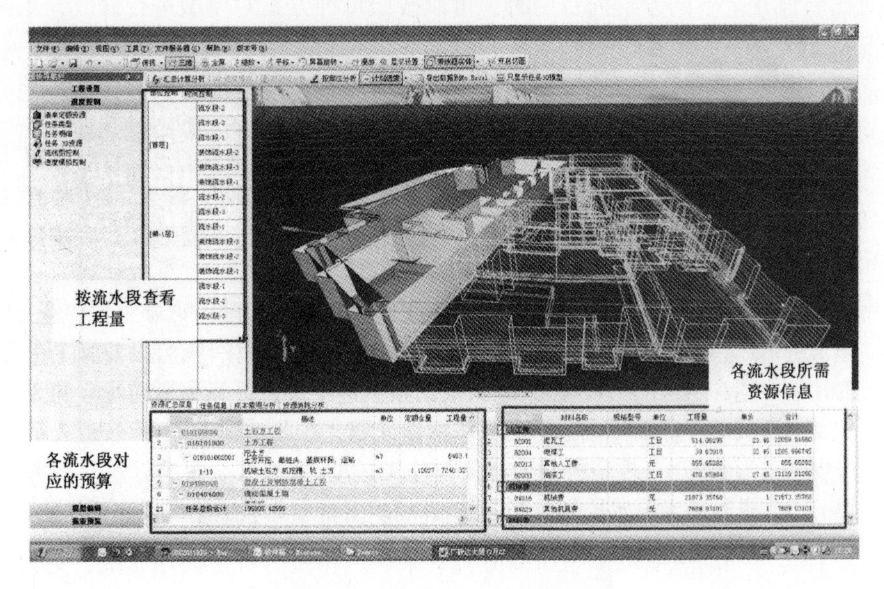

图 5-125　基于 BIM 5D 的造价管理

五、BIM 5D 模拟与方案优化

3D 信息模型与预算模型、进度计划集成扩展成为 BIM 5D 模型，如图 5-126 所示，BIM 5D 模型包括了建筑构件信息、进度信息、WBS 划分信息、预算信息以及它们之间的关联关系。基于 5D 施工信息模型可以自动计算任意时间段、任意 WBS 节点或任意施工流水段的工程量以及相对施工进度的人力、材料、机械消耗量和预算成本，进行工程量计划完成、资源计划平衡和方案造价优化等多方面施工 5D 动态模拟和优化工作。

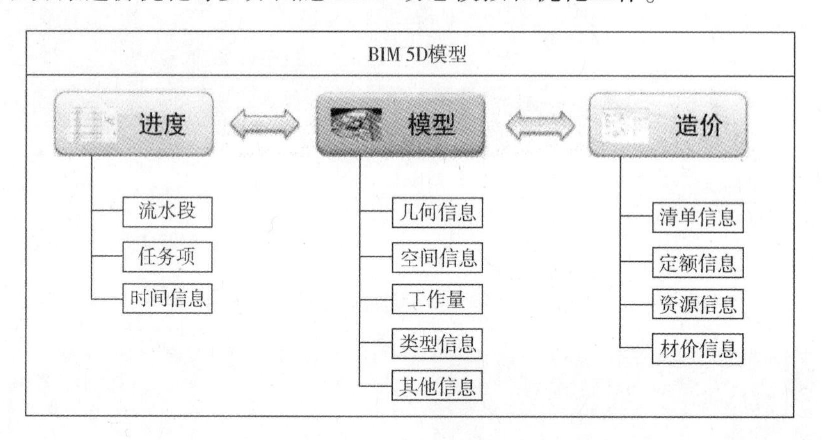

图 5-126　BIM 5D 模型

六、BIM 造价优化

1. 施工方案的造价分析及优化

在施工方案确定过程中，可以利用 BIM 5D 模拟功能，对各种施工方案从经济上进行对比评价，可以做到及时修改和计算，方便快捷。BIM 算量模型绑定了工程量和造价信息，当我们需要对比验证几个不同方案的费用时，可以按照每种方案对模型进行修改，系统将会根据修改情况自动统计变更工程量，同时按照智能化的构件项目特征匹配定额进行快速组价，得到造价信息。这样可以快速得到每个方案的费用，可采用价值最低的方案为备选方案。例如，某框架结构的框架柱内的竖向钢筋连接，从技术上来讲，可以采用电渣压力焊、帮条焊和搭接焊三种方案，根据方案的不同，修改模型和做法，自动得到用量和造价信息，一目了然。除此之外，还可以集成考虑工期和成本，运用价值工程分析法来优选方案。

2. 优化资金使用计划

正确编制资金使用计划和及时进行投资偏差分析，在工程造价管理工作中处于重要而独特的地位。资金使用计划的科学合理编制，可以更加明确施工阶段工程造价的目标值，使工程造价的控制有据可依，方便资金筹措和协调，提高资金的利用率和周转率。同时，有利于工程人员对未来项目资金的使用情况和进度控制进行预测。

利用 BIM 技术在编制资金使用计划上也有较大优势，BIM 5D 模型整合了建筑模型时间维度以及造价信息，同时根据资源计划在时间轴上形成了资金的使用计划。系统通过模型自动模拟建设过程，进而动态展示施工所需分包、采购、租赁等资金需用状况，更为直观地体现建设资金的动态投入过程。根据资金投入曲线可以直观地看到资金需要量的分布情况，如果资金分布不平衡或不均匀，可以采用资源计划优化方法进行优化，进而优化资金计划，避免资金在一段时间内过于紧张，而在另外一段时间内被闲置。图 5-127 所示为优化后的资金计划。

资源需要量计划

表　打印

资金需要量计划表

2004年06月 至 2005年10月

编号	使用时间	合计	人工费	材料费	机械费	设备费	其它直接费	间接费	备注
1	2004年6月	903.3	506.04	0	397.25	0	0	0	
2	2004年7月	2800.22	1568.73	0	1231.49	0	0	0	
3	2004年8月	2800.22	1568.73	0	1231.49	0	0	0	
4	2004年9月	1759.62	1044.56	0	715.06	0	0	0	
5	2004年10月	345.36	345.36	0	0	0	0	0	
6	2004年11月	28162.82	7084.09	20896.01	182.73	0	0	0	
7	2004年12月	55569.62	14867.41	40314.21	388.01	0	0	0	
8	2005年1月	174029.64	29709.23	138601.69	5718.72	0	0	0	
9	2005年2月	305230.22	44557.33	247287.89	13385.01	0	0	0	
10	2005年3月	340079.62	56763.09	267073.12	16243.41	0	0	0	
11	2005年4月	314945.7	50401.21	248684.54	15859.94	0	0	0	
12	2005年5月	301158.07	44399.65	242441.31	14317.11	0	0	0	
13	2005年6月	114640.19	11987.59	98287.48	4365.12	0	0	0	
14	2005年7月	15538.17	1146.72	13746.7	644.75	0	0	0	
15	2005年8月	3364.23	2558.65	805.07	.51	0	0	0	
16	2005年9月	21788.84	4008.76	17531.17	248.92	0	0	0	
17	2005年10月	6380.48	1003.41	5190.38	186.69	0	0	0	
18									
19	总计	1689496.33	273520.56	1340859.58	75116.2	0	0	0	

第1页

图 5-127　资金需求计划

资金计划是施工过程中资金申请和审批的依据，可以把资金计划作为造价控制的手段，在工程施工过程中定期地进行实际收入和实际支出对比分析，发现其中的偏差，并分析偏差产生的原因，采取有效措施加以控制，以保证资金控制目标的实现。

七、BIM 造价过程控制

建筑业一直被认为是能耗高、利润低、管理粗放的行业，特别是施工阶段，建筑工程浪费一直居高不下，造成工程项目建造成本增加，利润减少。对于建筑施工企业来讲，应该不断提高项目精益化管理水平，改进整个项目交付过程，在为业主提供满意的产品与服务的同时，以最小的人力、设备、资金、材料、时间和空间等资源投入，创造出更多的价值。因此，施工阶段需要严格按照设计图、施工组织设计、施工方案、成本计划等的要求，将造价管理工作重点集中在如何有效地控制浪费、增加利润上来。

利用 BIM 5D 技术可以有效地提高施工阶段的造价控制能力和管理精细化水平。图5-128 所示为 BIM 5D 造价过程控制的流程。在前期进行基于 BIM 的精确工程量计算、计价工作之后，基于 BIM 模型进行施工模拟，不断优化方案，提高计划的合理性，提高资源利用率，这样可减少在施工阶段可能存在的错误损失和返工的可能性，减少潜在的经济损失。施工阶段，基于 BIM 5D 模型，可精确且及时地生成材料采购计划、劳动力入场计划和资金需用计划等，借助 BIM 模型中材料数据库信息，严格按照合同控制材料的用量，确定合理的材料价格，发挥“限额领料”的真正效用。同时，基于三维模型，自动进行变更工程量计算和计价、工程计量和结算，相应变更和计量记录自动保存，方便查询；并能够实时把握工程成本信息，实现成本的动态管理，通过成本多算对比提高成本分析能力。

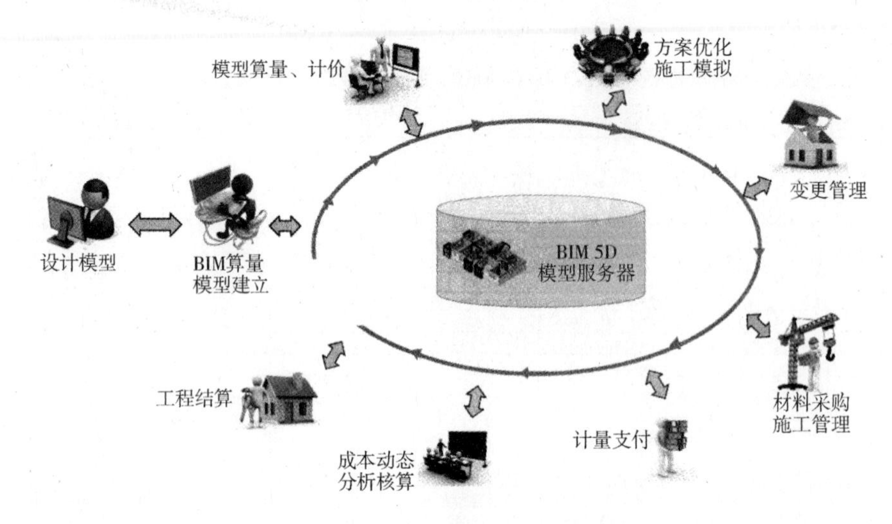

图 5-128　BIM 的造价过程控制

八、BIM 变更管理

1. 工程变更管理及其存在问题

工程变更管理贯穿于工程实施的全过程，工程变更是编制竣工图、编制施工结算的重要依据，对施工企业来讲，变更也是项目开源的重要手段，对于项目二次经营具有重要意义，工程变更在伴随着工程造价调整过程中，成为甲乙双方利益博弈的焦点。在传统方式中，工程变更产生的变更图需要进行工程量重新计算，并经过三方认可，才能作为最终工程造价结算的依据。目前，一个项目所涉及的工程变更数量众多，在实际管理工作中存在以下很多问题：

①工程变更预算编制压力大，如果编制不及时，将会延误最佳索赔时间。

②针对单个变更单的工程变更工程量产生漏项或少算，造成收入降低。

③当前的变更多采用纸质形式，特别是变更图，一般是变更部位的二维图，无变化前后对比，不形象也不直观，结算时虽然有签字，但是容易导致双方扯皮，索赔难度增加。

④工程历时长，变更资料众多，如果管理不善容易造成遗忘，追溯和查询繁琐。

2. 基于 BIM 的变更管理内容

利用 BIM 技术可以对工程变更进行有效管理，主要包括几个方面内容：

①利用 BIM 模型可以准确及时地进行变更工程量的统计。当发生设计变更时，施工单位按照变更图，直接对算量模型进行修改，BIM 5D 系统将会自动统计变更后的工程量。同时，软件计算也可弥补手算时不容易算清的关于构件之间影响工程量的问题，提高变更工程量的准确性和合理性，并生成变更量表。由于模型集成了造价信息，用户可以设置变更造价的计算方式，选择是重新组价还是实物量组价。软件系统将自动计算变更工程量和变更造价，并形成输出记录表，如图 5-129 所示。

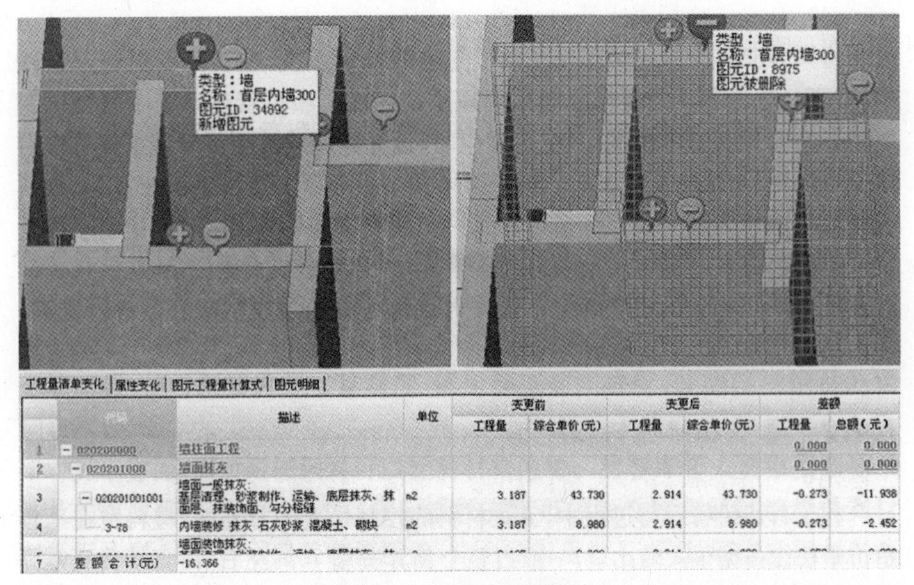

图 5-129　变更工程量统计

②BIM 5D 集成了模型、造价、进度信息，有利于对变更产生的其他业务变化进行管理。首先是模型的可视化功能，可以三维显示变更，并给出变更前后的图形变化，对于变更的合理性一目了然，同时，也有利于日后的结算工作。如图 5-130 所示，蓝色标识为变更前，红色标识为变更后，变更前后的变化内容清晰呈现出来。其次，使用模型来取代图纸进行变更工程量计算和计价，模型所需材料的名称、数量和尺寸都自动在系统中生成，而且这些信息将始终与设计保持一致，在出现设计变更时，如某个构件尺寸缩小，该变更将自动反映到所有相关的材料明细表中，造价工程师使用的材料名称、数量和尺寸也会随之变化，因此，除了可以及时对计划进行调整之外，还可以及时显示变更可能导致的项目造价变化情况，掌握实际造价是否超出预算造价。

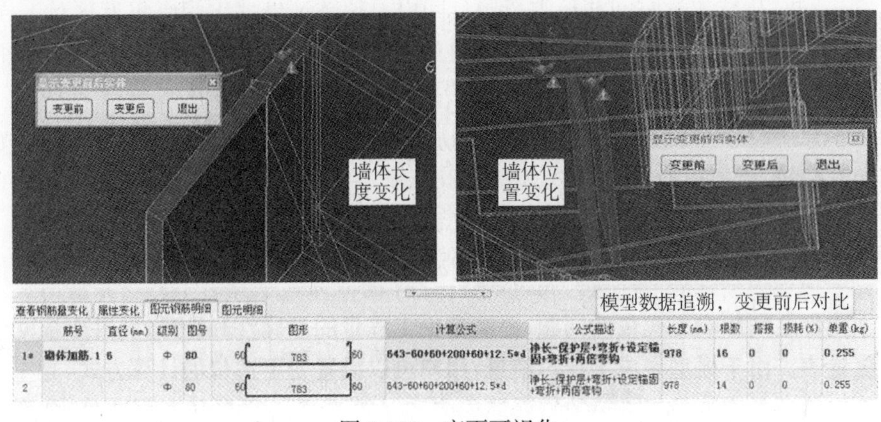

图 5-130　变更可视化

③BIM 5D 集成项目管理（PM）可提升变更过程管理水平。BIM 强调集成和协同，BIM 5D 为变更管理提供了先进的技术手段，在实际变更管理过程中，变更过程的管理需要依靠项目管理系统完成。项目管理系统一般提供变更的日常管理和专业协同，当变更发生时，设计经理通过项目管理系统可以启动变更流程，形成变更申请，上传至 BIM 模型服务器。造

价工程师在 BIM 5D 系统中根据申请内容完成工程量计算、计价、资料准备等工作，相关变更工程量表和计价信息按照流程转给项目经理审批，并自动形成变更记录。这些过程都通过变更单与相关的模型绑定，任何时点都可以通过 BIM 模型服务器进行查询，方便结算工作，如图 5-131 所示。

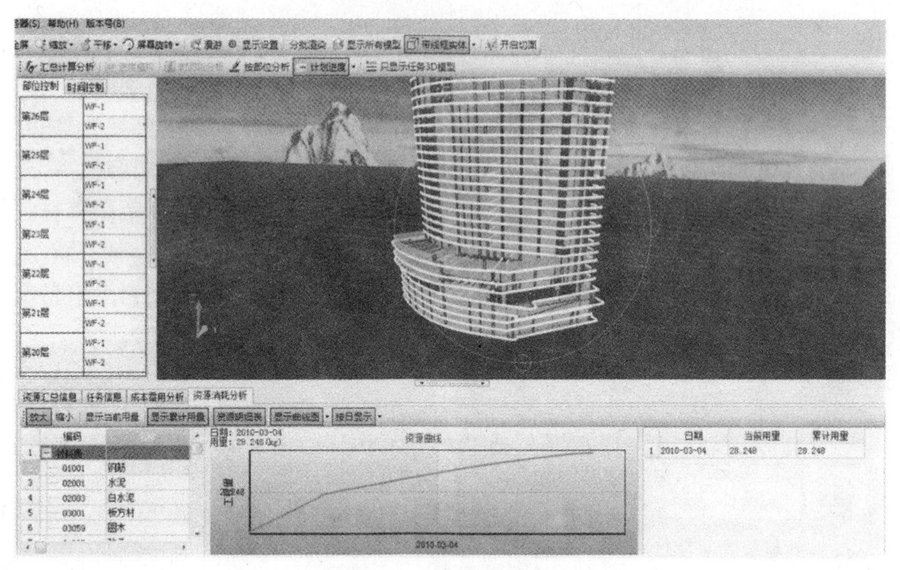

图 5-131　材料用量统计

九、BIM 计量支付

在传统管理模式下，施工总承包企业根据施工实际进度完成情况分阶段进行工程款的接收；同时，也需要按照工程款接收情况和分包工程完成情况，进行分包工程款的支付。这两项工作都要依据准确的工程量统计数据。一方面，施工总包方需要每月向发包方提交已完工程量的报告，同时花费大量时间和精力按照合同以及招标文件要求与发包方核对工程量所提交的报告；另一方面还需要核实分包方申报的工程量是否合规。计量工作频繁往往使得效率和准确性难以得到保障。

BIM 技术在工程计量计算工作中得到应用后，则完全改变了上述工作状况。首先，由于 BIM 实体构件模型与时间维度相关联，利用 BIM 模型的参数化特点，按照所需条件筛选工程信息，计算机即可自动完成已完工构件的工程量统计，并汇总形成已完工程量表。造价工程师在 BIM 平台上根据已完工程量，补充其他价差调整等信息，可快速准确地统计这一时段的造价信息，并通过项目管理平台及时办理工程进度款支付申请。

从另一个角度看，分包单位按月度也需要进行分包工程计量支付工作，总承包单位可以基于 BIM 5D 平台进行分包工程量核实。BIM 5D 在实体模型上集成了任务信息和施工流水段信息，各分包工程与施工流水段是对应的，这样系统就能清晰识别各分包的工程，进一步识别已完成工程量，降低了审核工作的难度。如果能将分包单位纳入统一的 BIM 5D 系统，这样，分包方也可以直接基于系统平台进行分包报量，提高工作效率。

最后，这些计量支付单据和相应数据都会自动记录在 BIM 5D 系统中，并关联在一定的模型下，方便以后的查询、结算、统计汇总工作。图 5-132 所示为 BIM 5D 系统与合同管理系统协同，完成进度计量和支付的过程。BIM 5D 系统及时、准确地提供了计量单中量的信息。

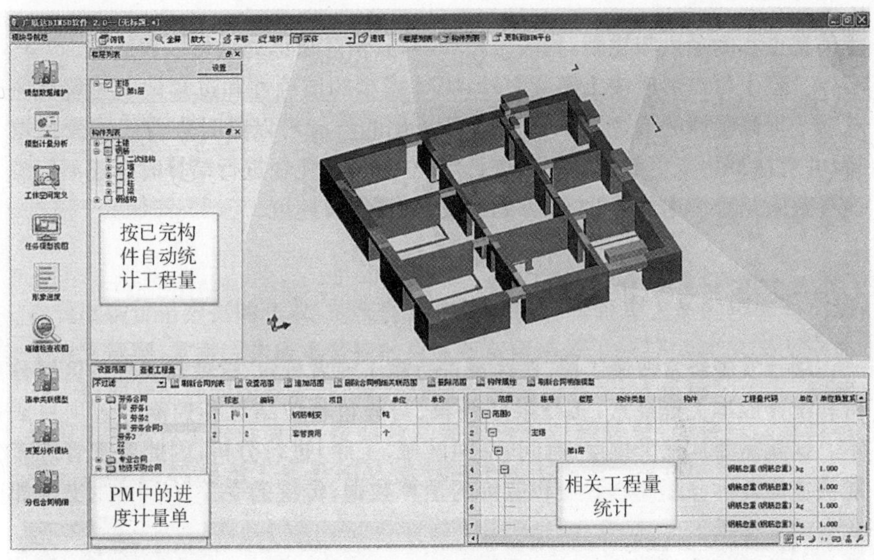

图 5-132　基于 BIM 的进度计量

十、BIM 结算管理

虽然结算工作是造价管理最后一个环节，但是结算所涉及的业务内容覆盖了整个建造过程，包括从合同签订一直到竣工的关于设计、预算、施工生产和造价管理等的信息。结算工作存在以下几个难点：

①依据多。结算涉及合同报价文件，施工过程中形成的签证、变更、暂估材料认价等各种相关业务依据和资料，以及工程会议纪要等相关文件。特别是变更签证，一般项目变更率在 20% 以上，施工过程中与业主、分包方、监理方、供应商等产生的结算单据数量也超过百张，甚至上千张。

②计算多。施工过程中的结算工作涉及月度、季度造价汇总计算，报送、审核、复审造价计算，以及项目部、公司、甲方等不同纬度的造价统计计算。

③汇总累。结算时除了需要编制各种汇总表，还需要编制设计变更、工程洽商、工程签证等分类汇总表，以及分类材料（钢筋、商品混凝土）分期价差调整明细表。

④管理难。结算工作涉及成百上千的计价文件、变更单、会议纪要的管理，业务量和数据量大造成结算管理难度大，变更、签证等业务参与方多和步骤多也造成结算工作困难。

BIM 技术和 5D 协同管理的引入，有助于改变工程结算工作的被动状况。BIM 模型的参数化设计特点，使得各个建筑构件不仅具有几何属性，而且还被赋予了物理属性，如空间关系、地理信息、工程量数据、成本信息、材料详细清单信息以及项目进度信息等。特别是随着施工阶段推进，BIM 模型数据库也不断修改完善，模型相关的合同、设计变更、现场签证、计量支付、甲供材料等信息不断录入与更新，到竣工结算时，其信息量已完全可以表达竣工工程实体。除了可以形成竣工模型之外，BIM 模型的准确性和过程记录完备性还有助于提高结算的效率，同时，BIM 可视化的功能可以随时查看三维变更模型，并直接调用变更前后的模型进行对比分析，避免在进行结算时描述不清楚而导致索赔难度增加，减少双方的扯皮，加快结算速度。

第六章　BIM 施工应用案例

案例一　BIM 技术在风管和水管预制安装中的应用

1. 基于 BIM 的风管预制加工

（1）熟悉设计图（见图 6-1）

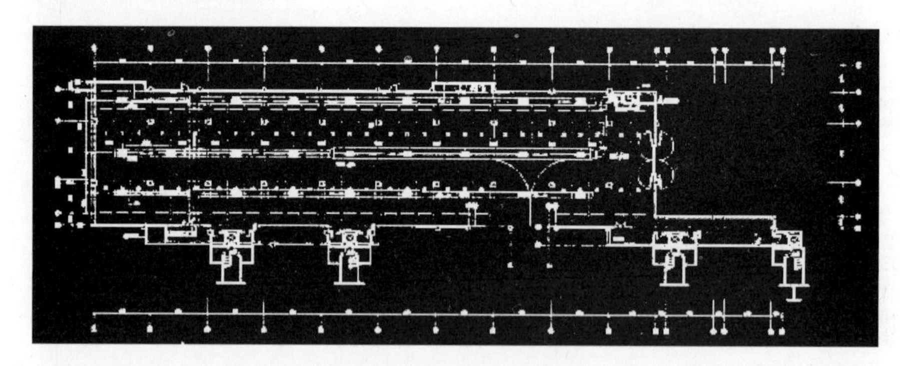

图 6-1　BIM 风管设计图

（2）现场测量校对建筑结构模型（见图 6-2）

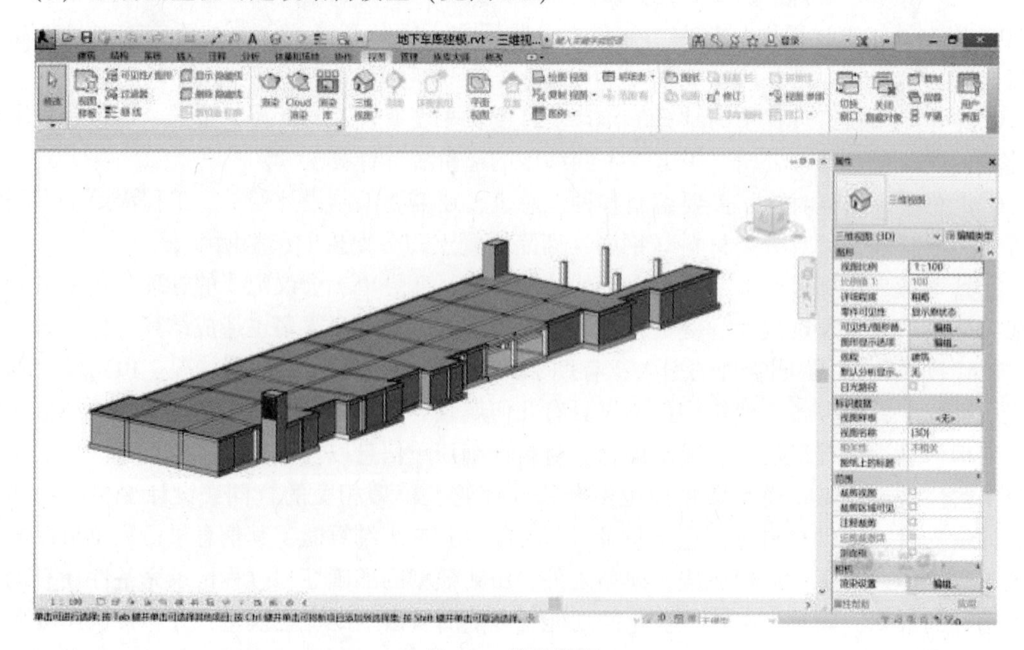

图 6-2　结构模型

(3) 搭建 MEP 各专业 BIM 模型（见图 6-3）

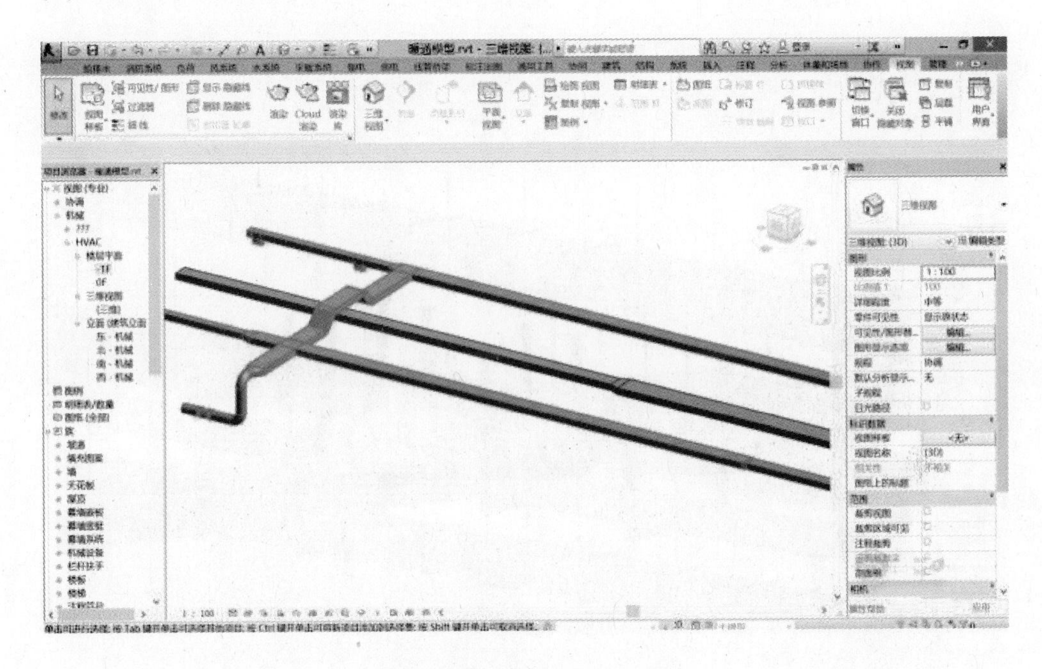

图 6-3　MEP 各专业 BIM 模型

(4) 管线碰撞检查与调整、优化（见图 6-4）

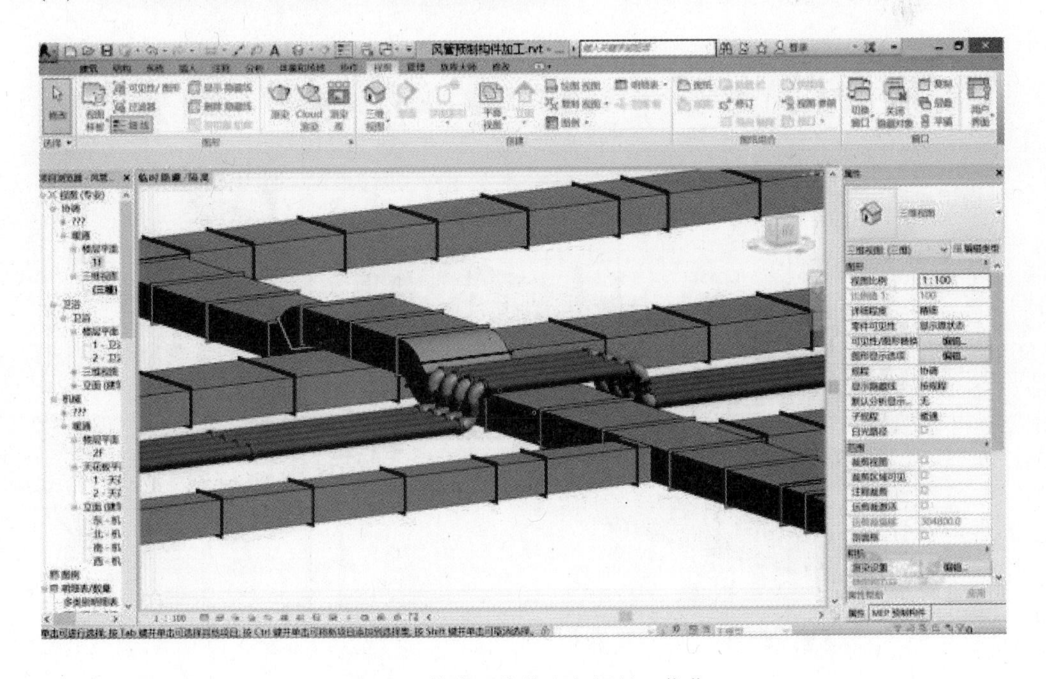

图 6-4　管线碰撞检查与调整、优化

（5）添加支吊架构件（见图 6-5）

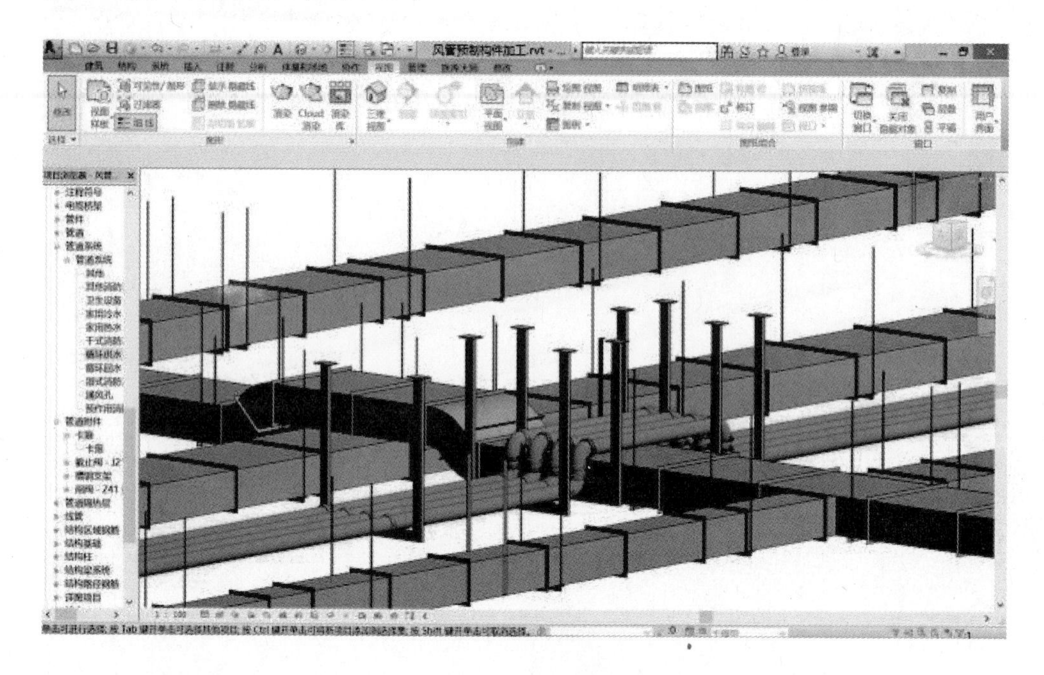

图 6-5　支吊架构件

（6）分解构件加工图（见图 6-6）

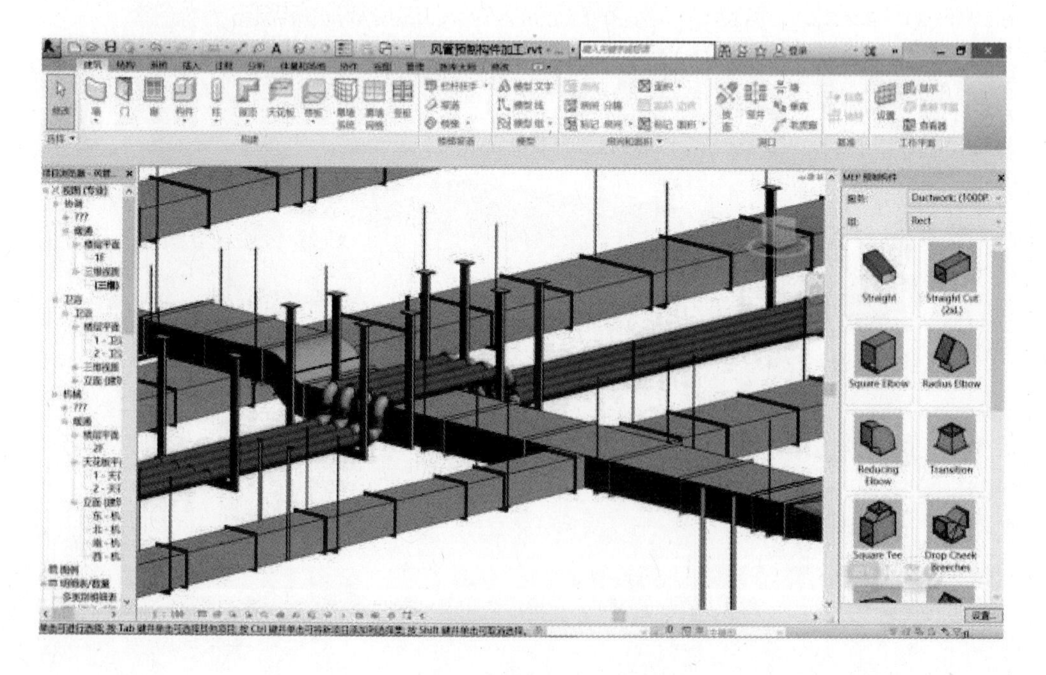

图 6-6　分解构件加工图

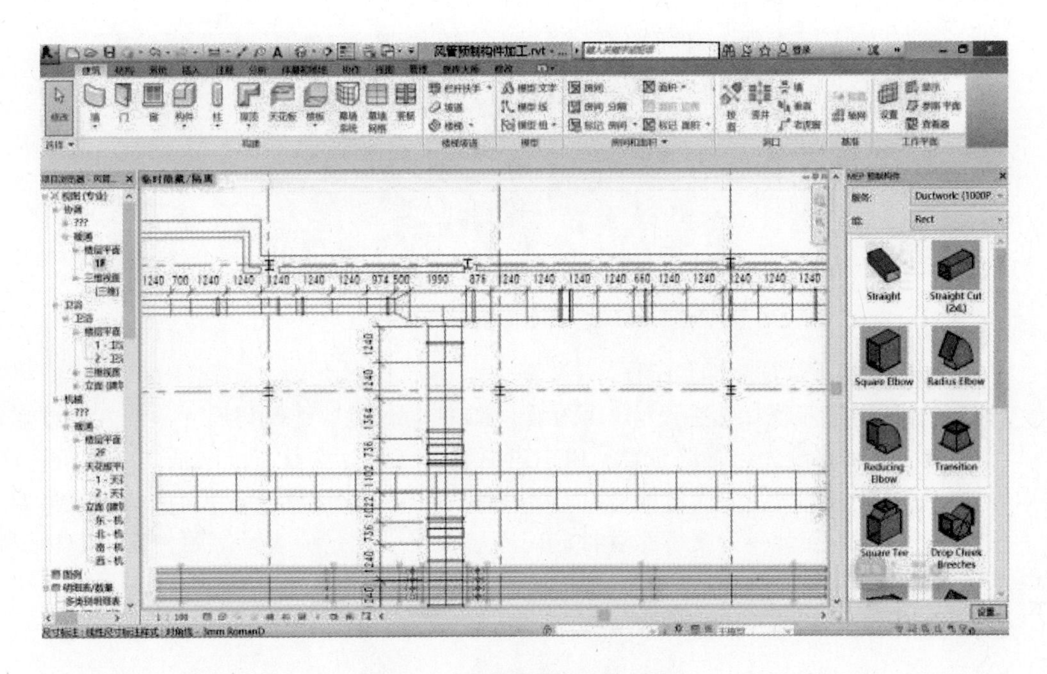

图6-6 分解构件加工图（续）

（7）出构件加工清单（见图6-7）

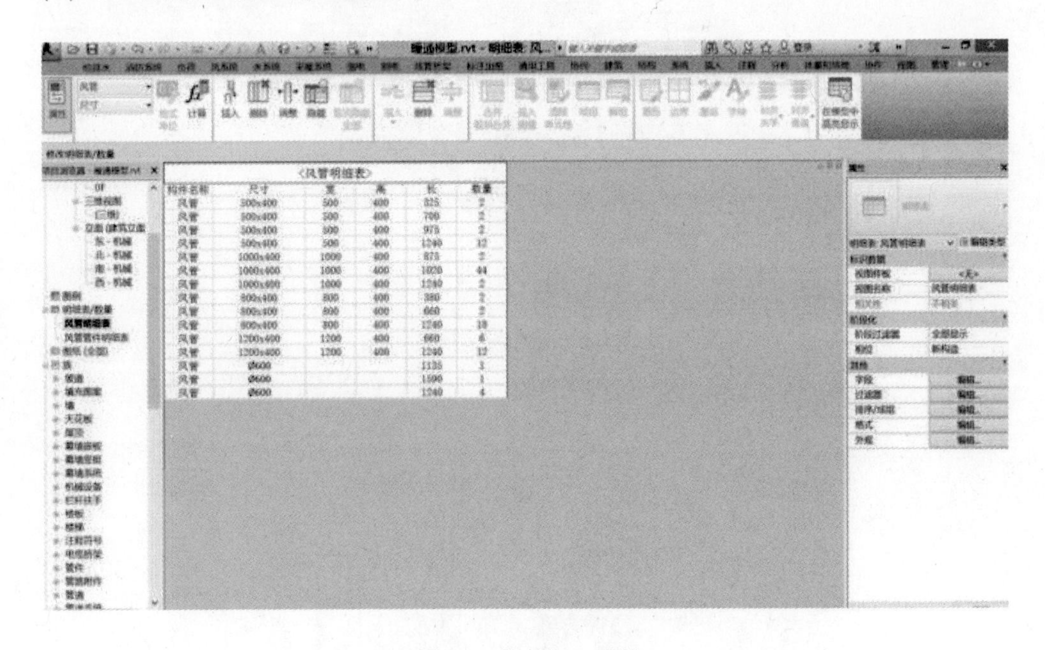

〈风管明细表〉

构件名称	尺寸	宽	高	长	数量
风管	500x400	500	400	325	2
风管	500x400	500	400	700	2
风管	500x400	500	400	975	2
风管	500x400	500	400	1240	12
风管	1000x400	1000	400	875	2
风管	1000x400	1000	400	1020	44
风管	1000x400	1000	400	1240	2
风管	800x400	800	400	380	2
风管	800x400	800	400	660	2
风管	800x400	800	400	1240	18
风管	1200x400	1200	400	660	6
风管	1200x400	1200	400	1240	12
风管	Ø600			1135	1
风管	Ø600			1590	1
风管	Ø600			1240	4

图6-7 构件加工清单

（8）预制后的现场组装（见图6-8）

图 6-8 预制后现场组装

2. 基于 BIM 的水管预制加工流程

管路安装的施工流程：熟悉设计 2D 图纸→3D 测量仪提取建筑物尺寸→录入修改建筑 3D 模型数据→BIM 建模优化管路布置→BIM 建模成图（设计调整二维图纸）→拆分模型、提取管件数据、分解图编制→交付预制加工厂→到货验收→现场放样→泵体安装→支吊架安装→主管路管件阀门安装→分支管路管件阀门安装→管件固定→表计等附件安装→标识粘贴→水压试验→检查验收→资料整理。

（1）地下室制冷机房模型（见图 6-9）

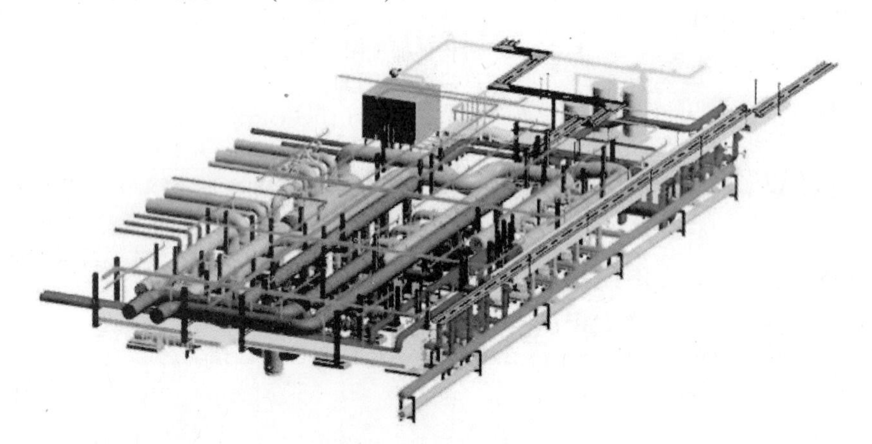

图 6-9 制冷机房模型

（2）地下室消防机房模型（见图 6-10）

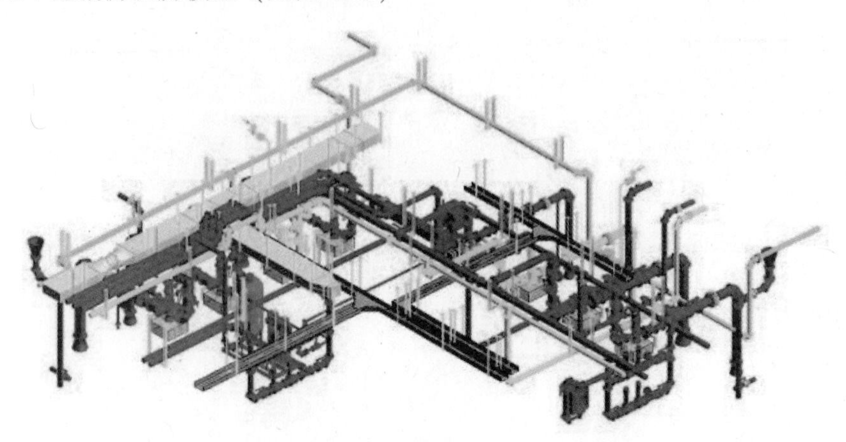

图 6-10 消防机房模型

（3）BIM 模型 3D 漫游检查（见图 6-11）

图 6-11 BIM 模型 3D 漫游检查

（4）BIM 模型分解图（见图 6-12）

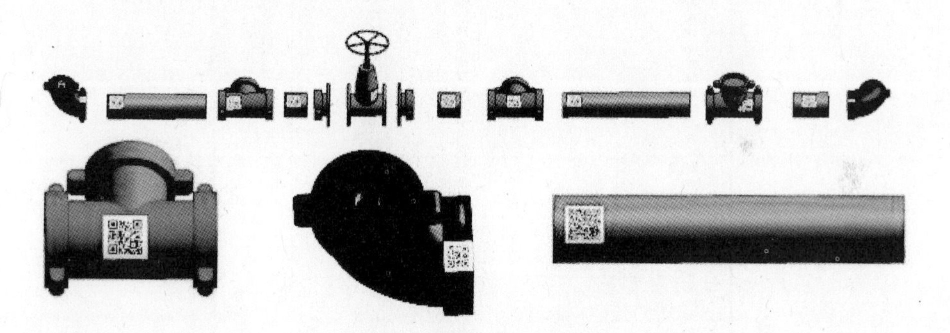

图 6-12 BIM 模型分解

（5）生成材料明细表并交付工厂（见图 6-13～图 6-14）

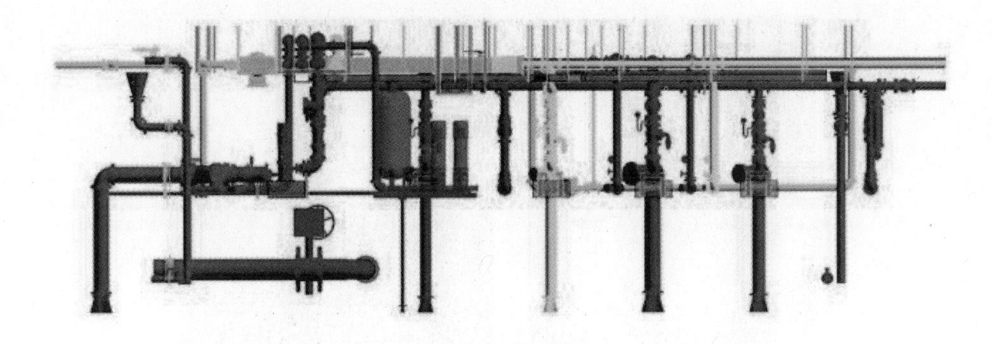

图 6-13 成型

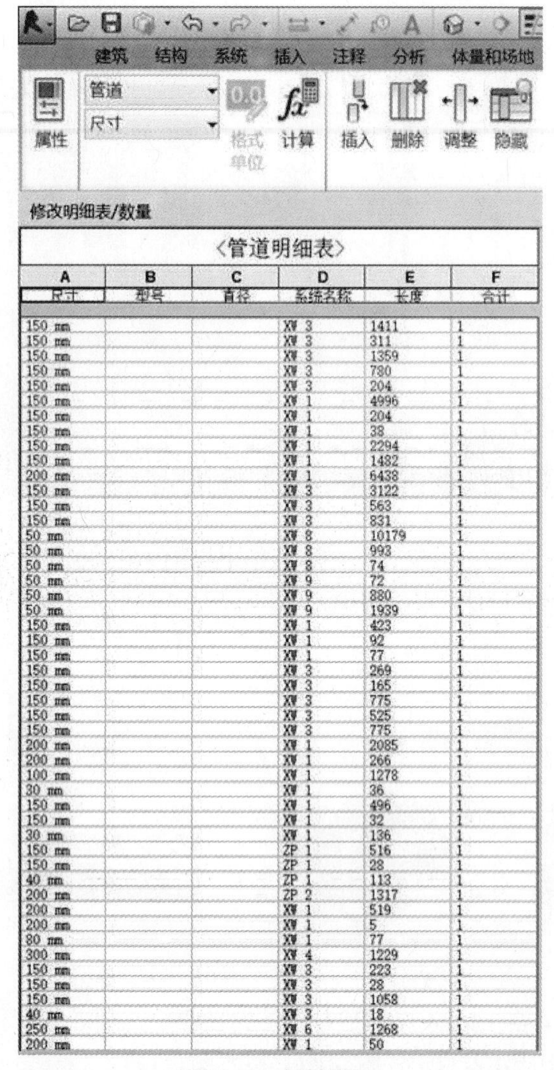

〈管道明细表〉

A	B	C	D	E	F
尺寸	型号	直径	系统名称	长度	合计
150 mm			XW 3	1411	1
150 mm			XW 3	311	1
150 mm			XW 3	1359	1
150 mm			XW 3	780	1
150 mm			XW 3	204	1
150 mm			XW 1	4996	1
150 mm			XW 1	204	1
150 mm			XW 1	38	1
150 mm			XW 1	2294	1
150 mm			XW 1	1482	1
200 mm			XW 1	6438	1
150 mm			XW 3	3122	1
150 mm			XW 3	563	1
150 mm			XW 3	831	1
50 mm			XW 8	10179	1
50 mm			XW 8	993	1
50 mm			XW 8	74	1
50 mm			XW 9	72	1
50 mm			XW 9	880	1
50 mm			XW 9	1939	1
150 mm			XW 1	423	1
150 mm			XW 1	92	1
150 mm			XW 1	77	1
150 mm			XW 3	269	1
150 mm			XW 3	165	1
150 mm			XW 3	775	1
150 mm			XW 3	525	1
150 mm			XW 3	775	1
200 mm			XW 1	2085	1
200 mm			XW 1	266	1
100 mm			XW 1	1278	1
30 mm			XW 1	36	1
150 mm			XW 1	496	1
150 mm			XW 1	32	1
30 mm			XW 1	136	1
150 mm			ZP 1	516	1
150 mm			ZP 1	28	1
40 mm			ZP 1	113	1
200 mm			ZP 2	1317	1
200 mm			XW 1	519	1
200 mm			XW 1	5	1
80 mm			XW 1	77	1
300 mm			XW 4	1229	1
150 mm			XW 3	223	1
150 mm			XW 3	28	1
150 mm			XW 3	1058	1
40 mm			XW 3	18	1
250 mm			XW 6	1268	1
200 mm			XW 1	50	1

图 6-14　材料明细

（6）工厂预制后的现场安装（见图 6-15）

图 6-15　预制后现场安装

案例二　BIM 幕墙项目应用案例

BIM 不仅是一类软件，更是一种新的思维方式。幕墙行业的发展趋势是信息化程度更高、更加透明化，未来的设计趋势将由二维走向三维，达到一个新的阶段。相信随着我国幕墙行业的日趋成熟以及人们对建筑美学的更高追求，BIM 软件的应用将成为主流，应用的空间将更大，前景不可限量。

目前 BIM 技术在我国的建筑行业已遍地开花，建筑生产的各个环节都开始对 BIM 技术进行不断的探索与应用。在传统的土建、机电、管综等应用中摸索出了价值，很多规模企业甚至已经通过项目实践以及经验积累，形成了卓有成效的内部标准。

1. 别墅

基于幕墙产品厂家的工艺尺寸完成的设计模型，最大程度保证了虚拟建造与真实呈现之间的绝对准确（见图 6-16）。

图 6-16　别墅

无论是现场安装的误差，还是生产过程中的细小误差，更或者主体结构施工过程中的不确定性，这些设计施工过程中各种误差，都会对设计和施工造成不利影响，而应用 BIM 技术，正好让设计更加的直观、准确，误差问题迎刃而解，如图 6-17 所示。

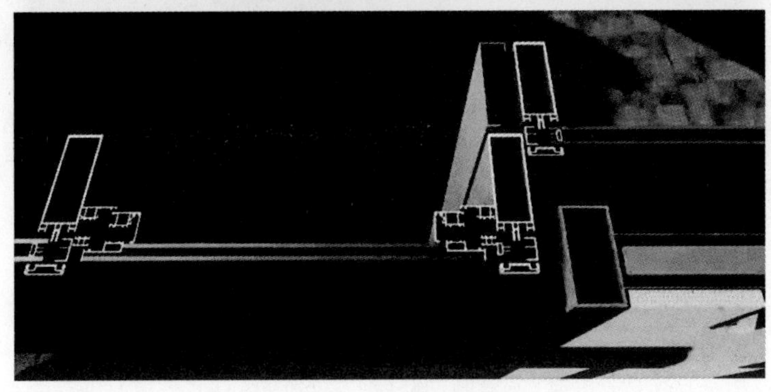

图 6-17　虚拟建造过程

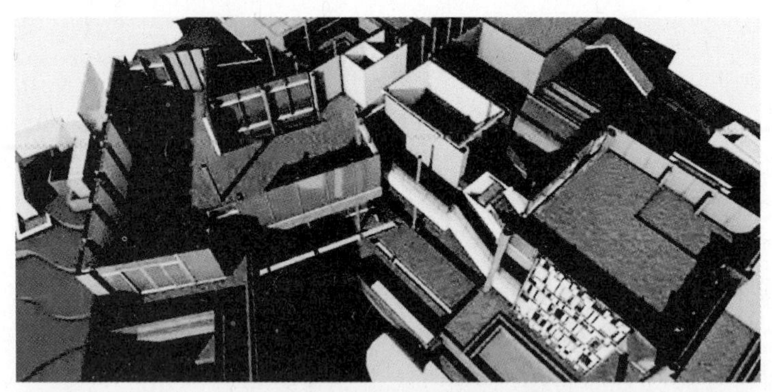

图 6-17　虚拟建造过程（续）

精准的结构、建筑模型是幕墙设计的前提，建筑的整体品质就体现在对所有细节一丝不苟的处理当中。

2. 某广场项目（见图 6-18）

幕墙依附于建筑业，但它具有天生的机械制造工业基因。大量城市综合体和超高层建筑的不断涌现，这些都给幕墙技术提供了极大的发挥空间。

图 6-18　广场项目（1）

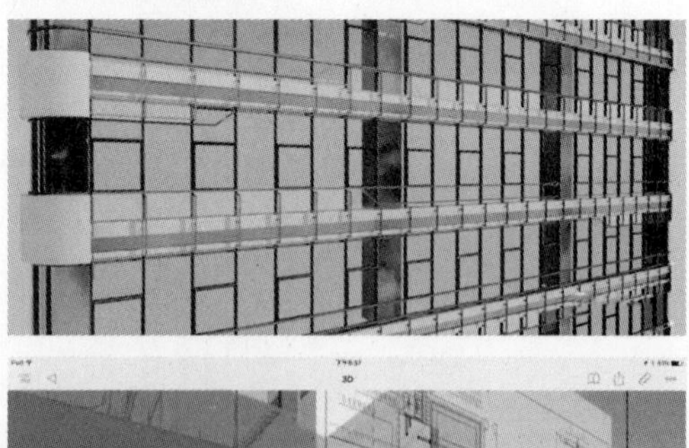

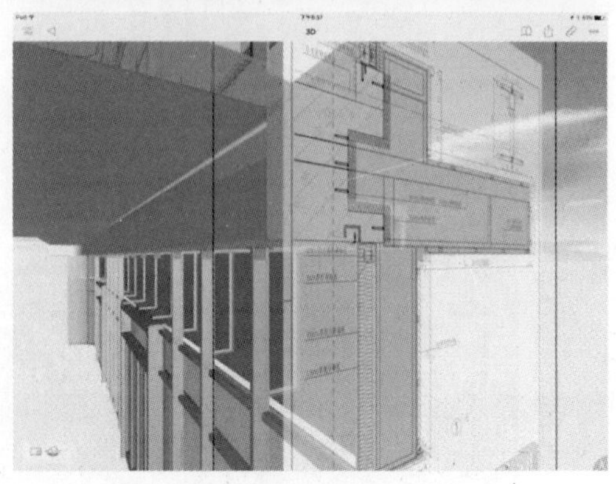

图 6-18　广场项目（2）

幕墙施工设计图基于模型生成，保证了二维图纸绝对准确的同时，很大程度上提高了设计过程的整体效率。

传统的虚拟模型无法承载更多的设计信息用于建造安装。设计信息除了幕墙的几何尺寸、所用的材料，还包括幕墙的抗风压强度、抗震、气密、水密、变形、施工工艺、传热系数等多种信息。这些信息的确定，为建筑概预算、下料加工以及现场安装、后期运维管理等工作提供了基础。

BIM 技术在幕墙方面应用的案例相对较少，而且 BIM 技术现处于起步阶段，随着时间的推移，BIM 技术在我国的幕墙应用终有一天会有突破的飞跃，实现设计、加工制作、安装施工和运行维护各个阶段运用软件的使用整合。

图 6-18　广场项目（3）

案例三　某大厦应用案例

1. 项目特点

位于某高新技术产业开发区的大厦结构高度达 596. 5m，并运用 BIM 技术实现了成本节约、管理提升、标准建设。

（1）596. 5m：我国结构第一高楼

某大厦结构高度为 596. 5m。所谓结构高度，不包括建筑附属物如天线、刚架、塔冠等，是指钢筋混凝土楼板的高度，即屋面高度。此大厦结构高度仅次于哈利法塔（钢筋混凝土剪力墙体系最高处为 601m）。

（2）120m：房建领域桩基长度我国之最

近 600m 的超高层建筑，常规设计规范和经验数据已经没有直接参考价值，为确保整个设计的科学性和安全性，设计院特设计了桩基直径为 120m 的 4 根超长桩试桩，2 根 100m、2 根 120m）和 10 根 100m 长锚桩。施工过程中，天津 117 项目团队根据过程数据和成桩检测数据是否满足设计要求来调整工程桩的设计参数，以满足 117 大厦结构受力的安全要求。120m 长桩是国内房建领域最长桩基。通过一系列技术攻关，试桩取得圆满成功，直接节省建造成本 5. 64 万元，取得工期效益 5400 万元，共计节约工程成本 5405. 64 万元。

（3）210t：单根最重防屈曲钢支撑重量我国之最

超高层摩天大楼的防屈曲变形支撑作为抗侧力构件，辅助 4 根世界最大的巨型钢柱，可为大厦整体结构提供强大的抗侧刚度和承载力。当大风和地震出现，大厦受到巨大冲击时，防屈曲支撑不会弯曲变形，只会出现短距离位移，使大厦抗震性能成倍增加。天津 117 大厦防屈曲支撑是由芯材和套筒两部分组成的双层箱体结构，安装在第一道环带桁架下方，共设 8 根，单根长度约 48m、重 210t，为国内超高层领域防屈曲钢支撑之最。在国内其他超高层建筑均未使用过防屈曲支撑的情况下，117 大厦的超大防屈曲支撑可谓首屈一指。

（4）84.7万m^2：摩天大楼建筑面积世界之最

此大厦建筑面积84.7万m^2，是世界超高层中建筑面积最大的。在全球知名摩天大楼中，广州周大福金融中心（东塔）建筑面积50.8万m^2，深圳平安国际金融中心建筑面积约46万m^2，上海中心大厦建筑面积约41万m^2，上海环球金融中心建筑面积约38.1万m^2，台北101大厦建筑面积35.7万m^2，武汉中心总建筑面积约32万m^2，哈利法塔建筑面积约31万m^2。

（5）6.5万m^3：民用超高层建筑底板混凝土方量世界之最

2011年12月29日晚，经过连续82小时作业，117大厦项目一次性浇筑完成6.5万m^3大底板混凝土，创造民用超高层建筑大体积底板混凝土世界之最。6.5万m^3 C50P8高强混凝土一次性顺利浇筑成功。施工中，项目团队编制的《6.5万方高标号超厚超大体积混凝土综合施工技术研究与应用》荣获2013年度我国施工企业管理协会科学技术奖科技创新二等奖，为项目减少直接建造成本351.25万元，取得工期效益600万元，共计节约工程成本951.25万元。

（6）500.61m：通道塔高度世界之最

通道塔即单独建设于117大厦东侧的“钢塔”，其标准层平台尺寸为5m×9m，一侧与主楼附着，其余三面共附着5部双笼施工电梯，共计10部梯笼，实现了快速垂直运输。117大厦通道塔自2014年1月1日开始搭建，边使用边与主体结构同步“成长”，2015年7月8日完成所有安装工作，最终定格在101层，500.61m的总高度成为全球最高通道塔。

（7）597.45m：单井道运行高度世界之最

此大厦设计安装的85部垂直电梯，刷新了哈利法塔保持的单体建筑56部垂直电梯数世界纪录。其中，编号为TF-3和TF-4的两部电梯，设置在单井道中，从负一层（-9.9m）可直达位于587.55m的大厦顶层。597.45m的单井道运行高度一举超越哈利法塔504m的运行高度，创造了单井道运行高度世界之最。此大厦单井道垂直电梯最快运行速度达7m/s，仅需85s即可由地面直抵大厦顶层观景台。

（8）3.0MPa：超高层建筑水管压力世界之最

此大厦空调水系统采用分区供回水设计方案，办公高区及酒店区域经过两次换热将空调水供至系统末端，其中部分立管垂直高度达239m、系统压力达到中承压3.0MPa。2015年5月13日，117大厦地下室制冷机房管道3.0MPa压力试验一次性通过，创超高层建筑水管压力世界之最。

（9）564m：室内游泳池高度世界之最

此大厦内设有甲级国际水平的办公楼及六星级酒店。94~104层的六星级酒店将引进迪拜帆船酒店的建造标准；大厦在115层即564m处将设有豪华游泳池，将成为世界最高的室内泳池。资料显示，上海环球金融中心曾拥有世界最高游泳池，位于大厦的85层，高度为366m。

（10）579m：观景平台高度世界之最

此大厦将在116层的夹层处设置世界最高的观光厅，观光厅在钻石造型内部，高度为579m，它将打破由上海环球金融中心于2009年创造的474m“世界最高观光厅”吉尼斯世界纪录，成为世界最高观光厅。相关资料显示，广州电视塔观景台高488.8m；上海世贸中心大厦观景平台在100层，高474m；世界第一高楼哈利法塔观光台位于124层，高

452.1m；世界第一高塔东京天空树的最高观景平台高 451.2m；高度在 579m 的大厦观光台，中建三局刷新了人类眺望世界的新高度，如图 6-19 所示。

图 6-19　某大厦项目

2. 大厦的 BIM 应用成果

超高层建筑都离不开 BIM，此大厦当然也不例外，运用 BIM 技术实现了成本节约、管理提升、标准建设。

（1）BIM 应用平台

通过 GBIMS 施工管理系统应用（GBIMS 广联达目前针对特殊的大型项目定制开发的 BIM 项目管理系统），打造此项目 BIM 数据中心与协同应用平台，实现全专业模型信息及业务信息集成，多部门多岗位协同应用，为项目精细化管理提供支撑。

（2）协同平台

广联云作为项目 BIM 团队数据管理、任务发布和信息共享的数据平台。一方面满足常见的文档协同、各种 BIM 模型及工程资料的直接上传下载；另一方面通过软件接口实现跨平台、跨软件的数据协同，通过广联云将现场数据等集成到广联达的 BIM 5D 软件和广联达 BIM 项目管理平台 GBIMS 软件。

（3）进度管理

开发插件，将 ProjectServer 与 BIM 平台数据打通，通过 ProjectServer 进行计划编制预审核流程的控制，同时通过 BIM 平台进行实际进度的管理。

（4）标准规范

制定了一系列完善的建模标准及工作规范：统一数据交互标准，统一各专业建模规范，统一 BIM 工作规范、流程和制度，统一 BIM 成果交付标准。

（5）基于 BIM 三维算量

项目开展了超高层项目深化设计模型三维算量课题研究，通过开发 Revit 导出 GFC 插件，将土建模型导入到广联达图形算量软件 GCL 中，避免二次建模。

（6）图纸管理

通过项目自定义编码，将图纸信息和模型进行关联，通过单击模型，可查看相对应的施工图，包括图纸各版本的查询和下载，以及相应的图纸修改单、设计变更洽商单等相应附件信息。

案例四　某会展中心 BIM 建设应用案例

1. 项目特点

某会展中心室内展览面积 40 万 m^2，室外展览面积 10 万 m^2，整个综合体的建筑面积达到 147 万 m^2，是世界上最大综合体项目，首次实现大面积展厅“无柱化”办展效果。总承包项目部引入 BIM 技术，为工程主体结构进行建模，然后把各专业建好的模型与总包建好的主体结构模型进行合模，有效地修正模型，解决施工矛盾，消除隐患，避免了返工、修整。

2. 会展中心施工

（1）施工体量大

集团共承建 13 个展览馆，单个展厅占地面积就相当于 4 个标准足球场。钢结构屋面施工达到 26 万 m^2、幕墙 17 万 m^2、1 万 V 变电所 47 个、强弱电机房 407 个、空调机房 295 间、电梯 268 部。基坑土方：约 93 万 m^3；混凝土：50 多万 m^3；钢筋：14 万 t；钢构件：近 9 万 t；幕墙：32.7 万 m^2；金属屋面：34 万 m^2。可谓工程浩大。

（2）施工工期极紧

虽说整个工期为 655 个日历天，要到 2014 年底竣工，但是 2014 年 6 月 30 日 A 馆、B 馆要投入使用，从 2013 年 2 月 28 日进场，2013 年 3 月 15 日拿到图纸，实际施工时间仅 15 个月。只有常规工期的 40% 的时间。用项目常务副总经理梅新文的话说：“这是‘极限’工期。”

（3）施工组织难度大

该项目周边环境复杂：地铁线东西向贯穿整个施工区域，小展厅 F3、商业中心 E1 和 E2 均位于地铁上方，施工期间需确保地铁线的正常运营和车流、人流通畅。钢结构、幕墙、屋面、机电安装、内装饰等界面相互关系复杂，总协调颇具难度。

（4）施工要求高

本工程的质量总体目标为确保获上海市“白玉兰奖”，力争获“鲁班奖”、我国“三星级绿色建筑设计标识证书”、我国“三星级绿色建筑评价标识证书”。同时力争无重大设备和人身伤亡责任事故，创市级安全示范工地，创市级文明工地。

3. 施工大突破

完成 93 万 m^3 的土方开挖，50 多万 m^3 混凝土浇捣，9 万 t 钢结构制作吊装，6 万 t 钢管的高支模排架的搭设，全面完成土建结构工程，全面完成钢结构工程，完成 80% 机电设备安装。

4. BIM 团队精细建模，工程整体施工巧夺天工

此中心工程是综合体工程，建筑结构复杂，有土建结构工程、钢结构工程、幕墙工程、屋面工程、机电设备安装工程、装潢装饰工程等。为了加强整个施工的精细化管理，总承包项目部引入 BIM 技术。总承包项目部成立 BIM 工作室，为工程主体结构进行建模。然后把各专业建好的模型与总包建好的主体结构模型进行合模。通过合模发现模型之间的硬碰撞和软碰撞，所谓硬碰撞就是模型与模型之间有冲突，不能通过，造成无法施工；软碰撞就是模

型与模型没有硬碰撞，但是模型与模型之间位置小或者不设当，无操作空间，影响正常施工。对这两种碰撞进行及时、有效地修正，解决施工矛盾，消除隐患，避免了返工、修整。

此项目部采取样板施工，从施工界面实际划分、施工的先后顺序入手，重点利用 BIM 技术进行桁架内、主要机房等区域机电管线的深化设计和综合布置，并通过机电管线工厂化预制加快机电系统施工、验收及投入使用的流程。同时，项目部以 BIM 模型为基础实现施工的全面预制化。经 BIM 软件对机电工程的各专业管线位置综合布置后，将各系统管道的布置位置、走向、型号、规格、长度、特殊附件尺寸等，以深化设计加工详图的形式送至制造厂进行加工、编号，再运送到施工现场组装。

案例五　某地区的生活垃圾发电厂 BIM 建设应用案例

1. 项目特点

某再生能源利用中心是目前为止最大的项目，应用 BIM 技术使其在设计过程中节约了 9 个月的时间，并且通过对模型的深化设计，节约成本数百万，实现了节能减排、绿色环保的成效，响应了国家号召，真正实现了老港再生能源利用中心的存在价值。

2. BIM 应用过程

（1）软件选择

该项目选择了广联达 MagiCAD for AutoCAD 作为机电专业 BIM 软件，并建立 BIM 小组，主要从事 BIM 设计工作。随后，广联达 MagiCAD 的软件培训师对小组人员进行了为期 3 天的专业 MagiCAD 软件操作培训，考虑到将来涉及的项目对机电安装、工艺设备等设计有较高要求，不仅要解决管线碰撞、管线综合排布等 BIM 常规问题，还需要进行专业的水力计算，对系统运行进行模拟校核，在完成 BIM 模型的前提下还需要出施工图。所以软件培训师不仅对我们进行了基础建模和配合机电设计应用的培训，更重要的是向我们介绍 MagiCAD 模型中丰富的机电设备管件信息，可以用来进行设备选型、系统校核等深度应用。这些高效和专业化的功能都可以帮助我们在将来的 BIM 设计项目中提高工作效率。

（2）项目应用

①三维建模。在项目前期，BIM 小组采用 MagiCAD 进行 BIM 三维设计，设计能够做到直观和高效。建模初期，按照图纸要求，依据专业分为暖通、电气、给水排水、热机等小组，先进行专业间的初步综合，排定各专业的标高范围，然后利用 MagiCAD 分别进行建模，最后用 MagiCAD 协同工作的方式将模型整合并进行模型检查。

在三维建模过程中，由于行业不同，其相应设备都有其自身特点，且其体量都比较大，普通的三维产品库都缺乏此类设备。MagiCAD 软件所包含的产品库，其中拥有数百万种产品构件。在该项目中，可通过在 MagiCAD 产品库中搜索项目所需的产品，将其插入三维模型中，从而如实反映实际设备布置和管线排布情况，以保证在密集空间内，既完成选定设备布置，又能综合考虑空间及设计要求。

②碰撞检测。碰撞检测的顺序一般为：在单专业内进行碰撞检测，调整本专业内的碰撞错误；然后进行机电综合模型碰撞检测，调整机电专业内的碰撞问题；最后是机电与建筑之间的碰撞检测，解决机电与建筑结构之间的碰撞问题。在 MagiCAD 软件中，可通过内部碰撞、外部参照碰撞和与 AutoCAD 实体碰撞的选项，一键获得检测报告，然后可根据碰撞检

测结果对原设计进行综合管线调整，并进行人工审核，从而得到修改意见，极大地提升了BIM 小组的模型质量。

③解决主要问题。得到碰撞检测结果后，便可得出碰撞检测报告。BIM 小组针对碰撞检测报告进行小组讨论、人工审核，得到汇总结果。由于模型中大小管道交叉，尤其是水专业的管道，更是如此，绝大多数碰撞检查的功能是“眉毛胡子一把抓”，这样做的结果就是调整时没有重点可言，往往是调整了一堆小管道的碰撞后，发现还有一根大管道的碰撞没有解决。MagiCAD 的碰撞检测提供了水系统管径过滤的功能，可以借助该功能，对碰撞位置按重要性进行分级，第一时间抓住主要矛盾，解决主要问题。

④系统调试。当 BIM 小组完成综合管线调整后，便可在该 BIM 模型的基础上进行系统调试，以校核模型中的设备是否能够按照设计方案正常运行。此时可通过 MagiCAD 中的计算功能，利用模型中的真实产品构件，进行系统的运行工况模拟，从而获得准确的设备工作状态点（如阀门开度等），从而进一步对系统方案进行优化，在传统深化设计的基础上，达到绿色节能的效果。

3. 应用成效

在老港再生能源利用中心项目中，BIM 小组付出了很大的艰辛，所幸其效果还是非常显著的。在 MagiCAD 软件的帮助下，此项目在设计过程中节约了 9 个月的时间，并且通过对模型的深化设计，节约成本数百万，实现了节能减排、绿色环保的成效，响应了国家号召，BIM 应用实现了老港再生能源利用中心的存在价值。

案例六　BIM 技术商业综合中心国际项目施工应用

某国际项目以 BIM 技术在该项目施工中应用的技术路线，为 BIM 技术在商业综合中心项目施工中的应用提供有益的借鉴。

BIM 技术给施工企业的信息化管理带来强大的数据支撑和技术支撑，突破以往传统管理技术手段的瓶颈。BIM 是一个丰富的数据信息库，信息涵盖了从项目全生命周期的数据与信息，可以有效发现专业间冲突，避免返工；通过查询 BIM 中的数据信息，可以精确制订资源计划，有效减少浪费；通过实时的两算对比，有效管控成本，助力商业综合中心项目实现精细化管理。

1. 项目概况

此国际项目位于未央路与凤城七路十字西南角，总建筑面积约 75000m^2；主楼为高端办公写字楼，裙楼为时尚商业广场，商业广场内部为开放式内天井，平台为圆弧造型且层次错落有致，造型独特新颖，建成后将成为该区域集商业、办公为一体的地标性建筑，如图 6-20 所示。

图 6-20　项目效果图

2. BIM 应用背景

（1）项目重难点

①裙楼的敞开式内天井造型导致现场模板搭设难度大。

②临设场地狭小。本项目位于繁华地段，占地面积小，现场安全通道及活动板房基本坐落于钢管脚手架所搭设的架体之上。

③施工工期紧。本工程施工期间处于防治雾霾的重要时期，又是典型的“三边工程”，图纸不完善，导致项目施工工期面临严峻挑战。

（2）应用背景

①创新项目管理模式适应企业发展需要、以科技创新提升市场竞争力。

②完善和改进项目管理方式，运用基于云技术的 BIM 平台进行共享虚拟施工，进行项目施工管理，各岗位的人员都能通过相应的客户端获取模型信息，协助管理决策。

③通过 BIM 模型，实现工程设计及施工方案零差错，项目交底可视化，制订施工各阶段详细材料计划，避免材料浪费，提升项目及企业精细化管理水平。

3. BIM 应用点

（1）图纸问题整理（见图 6-21）

设计图纸问题及处理

序号	图纸编号	发现的问题	设计答复
25	结施 30 结施 40	二层梁结构平面图中 2/G-H 轴交 1-2 轴范围内的一道梁未注明名称及截面尺寸，请明确	详 B 版图纸
26	结施 30 结施 40	二层梁平面图中，6-7 轴交 G-2/G 次梁 L-6c 配筋信心未给，请明确	详 B 版图纸
27	结施 30 结施 40	二层梁平面图中，7-1/7 轴交 2/A-1/C 次梁 L-7a（1A）跨数可能错误，请明确	详 B 版图纸
28	结施 30 结施 40	二层梁平面图中，7-1/7 轴交 2/A-1/C 范围内 L-7b 标注跨数为一跨一端悬挑，但实际平面图中梁为一跨两端悬挑，以何为准，请明确	详 B 版图纸
29	结施 48	二层板配筋平面图中，4 轴交 2/A-B 轴中支座钢筋 C8@190 未给出深入板内尺寸，请明确	详 B 版图纸
30	结施 19	三层墙柱配筋平面图中，KZ-8 平面图尺寸 750×800 与柱钢筋详图中截面尺寸 900×900 不同，以何为准，请明确	详 B 版图纸
31	结施 31 结施 41	三层梁配筋平面图中，1-3 轴交 F 轴范围内 KL-F1（2A）梁集中标注未注明，请明确	详 B 版图纸
32	结施 31 结施 41	三层梁配筋平面图中 1-3 轴交 E 轴范围内 KL-F1（2A）梁集中标注未注明，请明确	详 B 版图纸
33	结施 40	二层梁配筋平面图中 1-3 轴交 E 轴范围内 KL-F1（2A）梁集中标注未注明，请明确	详 B 版图纸
34	结施 31 结施 41	三层梁配筋平面图中，1 轴外 ED 轴范围内 L-1a 梁集中标注未注明，请明确	详 B 版图纸
35	结施 31 结施 41	三层梁平面图中，3-4 轴交 G-H 轴 L-3f 在图中实际跨数为 1A，而集中标注处却为 1 跨，以何为准，请明确	按一端悬挑布置
36	结施 31 结施 41	三层梁平面图中，3-4 轴交 G-H 轴 L-3f 在图中梁集中标注未注明，请明确	详 B 版图纸
37	结施 31 结施 41	三层梁平面图中，4 轴交 F-G 范围内 KL-4B（1B）未注明梁下部配筋，请明确	暂未配筋
38	结施 31 结施 41	三层梁平面图中，6-7 轴交 G-H 轴 L-6a 图中实际跨数为 1A，而集中标注处却为 1 跨，请明确	暂按 1A 布置

图 6-21　图纸问题

（2）工程成本管控（见图 6-22）

一、对比分析

1. 通过对比分析，混凝土 BIM 模型总量较现场实际使用总量 64.98m³，偏差率为 2.91%，详见汇总表（单位:）

序号	构建类别	实际工程量	BIM 工程量	量差	偏差率	备注
1	墙柱	881	875.01	-5.99	-0.006%	
2	梁板	1248	1278.71	30.71	2.40%	
3	基础	41	81.26	40.26	49.54&	
合计		2170	2234.98	64.98	2.91%	

2. 施工段 A 区混凝土 BIM 工程量交现场实际使用量多 0.05m³，偏差率为 0.02%，施工段 B 区混凝土 BIM 工程量较现场实际使用量多 30.75m³，偏差率为 6.20%，施工段 C 区混凝土 BIM 工程量较现场实际使用量多 6.08m³，偏差率为 0.47%，施工段 D 区混凝土 BIM 工程量较现场实际使用量多 40.3m³，偏差率为 49.54%，详见明细表如下（单位：m³）。

施工段	楼层	构建类别	混凝土类别	BIM 工程量	实际工程量	量差	量偏差率
施工段 A	-1 层	外侧剪力墙	C45P8	56.29	73.00	16.71	29.69%
	-1 层	框架柱	C45P8	9.75	0	-9.75	100.0%
	-1 层	框架柱	C45	9.03	18.00	8.97	99.34%
	-1 层	梁	C40	29.72	0	-29.72	100.0%
	-1 层	顶板	C40P8	172.26	106.00	13.74	7.934%
		楼层小计		277.05	277.00	-0.05	0.02%
		施工段小计		277.05	277.00	-0.05	0.02%
施工段 B	-1 层	外侧剪力墙、柱	C45P8	60.76	72.5	11.74	19.32%
	-1 层	框架柱、剪力墙	C45	93.07	83	-10.07	10.82%
	-1 层	顶板	C40P8	345.4	332	-13.6	3.94%
	-1 层	梁板	C40	103.02	93	-10.02	9.72%
		楼层小计		591.25	560.50	-30.75	6.20%
		施工段小计		591.25	560.50	-30.75	6.20%
施工段 C	-2 层	剪力墙	C55P8	0	166	166	0.00%
	-3 层	剪力墙	C45P8	169.3	0	-169.3	100.0%
	-3 层	剪力墙	C45	56.55	0	-56.55	100.0%
	-3 层	剪力墙、框架柱	C55	276.05	483.5	207.45	71.92%
	-3 层	框架柱	C45	132.54	0	132.54	100.0%
	-3 层	框架柱	C45P8	17.71	0	-17.71	100.0%
	-3 层	顶梁板	C40	628.11	637.00	8.89	1.42%
		楼层小计		1285.4	1291.50		
		施工段小计		1285.4	1291.50	6.08	0.47%
施工段 D	基础	垫层	C15	81.26	41.00		49.54%
		施工段小计		81.26	41.00	-40.3	49.54%
		合计		2234.98	2170.00	-88	2.91%

二、差量说明

1. 施工段 A 的 -1 层主体，剪力墙工程量量差为 16.71m³，框架柱工程量量差为 0.78 顶梁板工程量量差为 15.98m³，平均差异百分比为 0.02%，在正常偏差范围之内，其中 BIM 模型中框架柱 C45P8 和 C45 两个混凝土标号，而实际浇筑过程中，框架柱全部浇筑为 C45，框架梁为 C40 和 C40P8 两个混凝土标号，而实际浇筑过程中框架梁全部浇筑为 C40P8。

2. 施工段 B 的 -1 层主体剪力墙及框架柱工程量为 7.13m³，顶梁板工程量为 23.62m³，平均差异百分比为 6.20%。

3. 施工段 C 的 -3 层主体剪力墙及框架柱工程量量差为 2.81m³，顶梁板工程量量差为 8.89m³，平均工程量差异百分比为 0.47%，其中 C 区主楼南侧和东侧混凝土标号设计变更，在实际浇筑时，按主楼的混凝土标号进行浇筑，同时应做变更办理。

4. 施工段 D 段基础垫层工程量量差为 41m³，平均差异百分比为 49.54%，由于浇筑 A、B 区垫层混凝土时一同将部分 D 区垫层浇筑，所以造成此次分析的工程量较大。

因此，需要和现场施工人员进行量差原因沟通，查明是否为现场施工问题或是现场工程量统计问题导致。

三、优化建议

图 6-22 两算对比

（3）工程资料管理（见图 6-23）

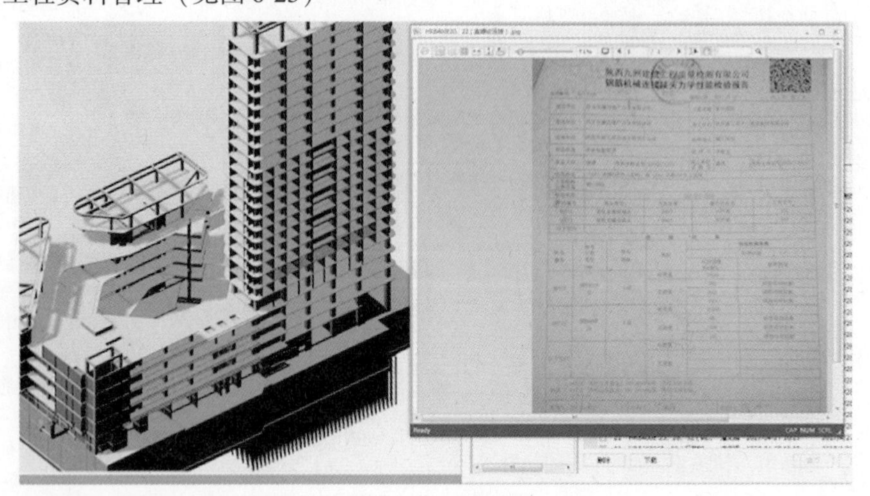

图 6-23 资料管理

(4) 技术方案模拟（见图6-24）

图6-24 临边防护模拟

(5) 钢筋下料复核（见图6-25）

钢筋断料明细表									
序号	规格	每件根数	简图	搭接说明	断料尺寸/cm	总根数	总长/m	总重/kg	备注
3	Φ25	1	449		449	1	4.490	17.3	面筋/7~8(1)
4	Φ25	11	799		799	11	87.890	338.6	底筋/7~8(4/7)
5	Φ25	1	322		322	1	3.220	12.4	支座钢筋/8(1)
6	Φ25	7	271		271	7	18.970	73.0	支座钢筋/8(0/5/2)
7	Φ12	6	763		763	6	45.780	40.6	腰筋/7~8(6)
8	Φ10	23	36 75		239	23	54.970	33.9	箍筋@100
9	Φ10	23	20 75		208	23	47.840	29.5	箍筋@100
10	Φ8	36	38		49	36	17.640	6.9	拉筋@200
构件小计(kg):628.1 (Φ8:6.9) (Φ10:63.4) (Φ12:40.6) (Φ25:517.2)									
构件名称:KL-B2(6)_9-14外/B-C 构件件数:1件									
1	Φ25	1	450 900 725 900 477 400 186 539 ∠14, ∠-14, 308 37	 平螺纹连接 平螺纹连接 平螺纹连接 平螺纹连接 平螺纹连接 平螺纹连接	450 900 725 900 876 724 341	1 1 1 1 1 1 1	4.500 9.000 7.250 9.000 8.760 7.240 3.410	17.3 34.6 27.9 34.6 33.7 27.8 13.1	面筋/9/B~14/1/B(1)
2	Φ25	1	555 600	 平螺纹连接	555 600	1 1	5.550 6.000	21.3 23.1	面筋/9~10(1)

图6-25 钢筋断料明细表

（6）施工场布置模拟（见图 6-26）

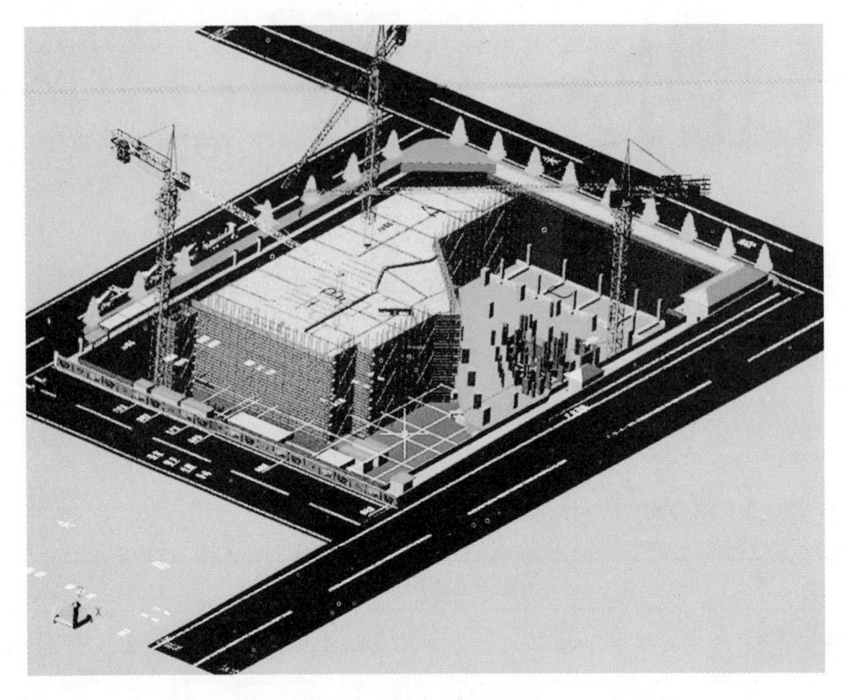

图 6-26　施工场布置模拟

（7）现场协作管理（见图 6-27）

图 6-27　协作管理

（8）安装碰撞检查（见图 6-28）

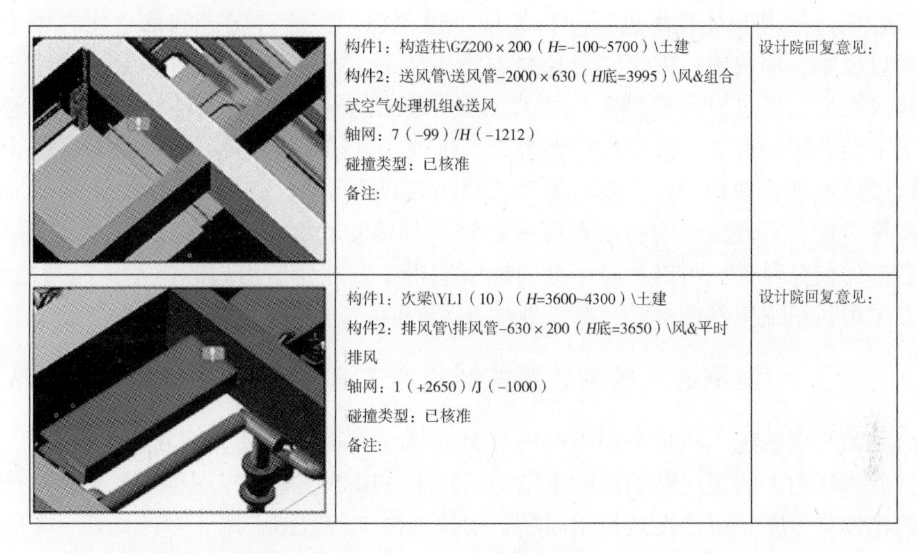

	构件1：构造柱\GZ200 × 200（H=-100~5700）\土建 构件2：送风管\送风管-2000 × 630（H底=3995）\风&组合式空气处理机组&送风 轴网：7（-99）/H（-1212） 碰撞类型：已核准 备注:	设计院回复意见：
	构件1：次梁\YL1（10）（H=3600~4300）\土建 构件2：排风管\排风管-630 × 200（H底=3650）\风&平时排风 轴网：1（+2650）/J（-1000） 碰撞类型：已核准 备注:	设计院回复意见：

图 6-28　地下室碰撞节选

（9）管线综合调整（见图 6-29）

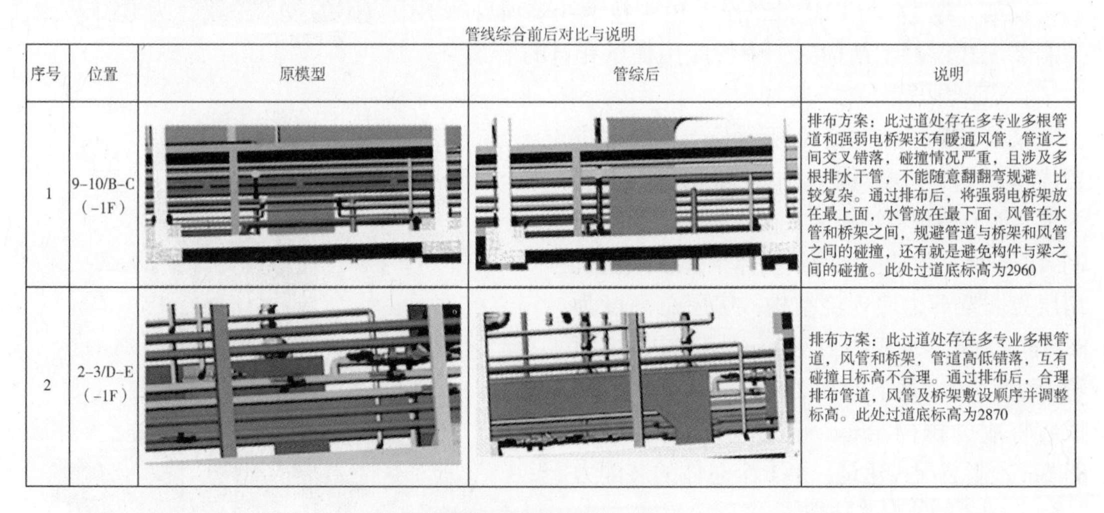

管线综合前后对比与说明

序号	位置	原模型	管综后	说明
1	9-10/B-C（-1F）			排布方案：此过道处存在多专业多根管道和强弱电桥架还有暖通风管，管道之间交叉错落，碰撞情况严重，且涉及多根排水干管，不能随意翻翻弯规避，比较复杂。通过排布后，将强弱电桥架放在最上面，水管放在最下面，风管在水管和桥架之间，规避管道与桥架和风管之间的碰撞，还有就是避免构件与梁之间的碰撞。此处过道底标高为2960
2	2-3/D-E（-1F）			排布方案：此过道处存在多专业多根管道，风管和桥架，管道高低错落，互有碰撞且标高不合理。通过排布后，合理排布管道，风管及桥架敷设顺序并调整标高。此处过道底标高为2870

图 6-29　管综报告节选

4. BIM 应用价值

通过应用 BIM 技术，为此国际项目带来的效益主要体现在以下两个方面：

（1）工作效率提升

①编制材料计划，复核实际用量。

②减少沟通成本。

③工程资料管理。

（2）工期材料节约

项目通过 BIM 技术辅助现场管理，成效显著，在工期和材料等方面为项目管理提供了很大的便利。例如，在主体施工阶段，图纸问题复核发现 230 个图纸问题，节约材料约

300000 万，节约工期 10 天。

此国际项目采用 BIM 技术进行项目管理全过程控制，通过先进的信息化管理手段，有效控制项目成本，加快项目进度，避免材料浪费，而 BIM 技术的应用基础就是建立可视化的三维建筑模型，通过三维模型可以更直观更形象反映工程，发现设计中的错误和不合理处，施工中结合时间进度，可以虚拟整个施工过程，合理安排进度计划，此外在整个施工过程中，可以跟成本管理相结合，项目管理人员可以随时随地从 BIM 模型中调用所需要的数据进行多算对比，实现施工中的动态成本管控。基于互联网平台的 BIM 技术，使得公司总部与项目部的信息对称，可以及时、准确地下达指令，减少了沟通的成本，提升协同效率，大幅提升了项目精细化管理水平，为企业创造了价值。

案例七　预制装配式结构施工 BIM 应用案例

国内越来越多的施工项目都积极应用 BIM 技术，尤其是在超大型复杂工程、三边工程、工期紧且成本压力大的现浇钢筋混凝土结构工程中，BIM 技术的应用越来越突显其价值，它能更快消化设计方案，更快发现技术问题，更快理出工程数据，用于生产计划、备料、控制进度等。

BIM 技术在预制装配式混凝土结构（PC 建筑）中的应用还尚属试验阶段，现以工程为例，详细介绍 PC 与 BIM 的结合。BIM 技术在该项目施工中应用的技术路线，为 BIM 技术在预制装配式混凝土结构施工中的应用提供有益的借鉴。

1. 工程概况

某项目位于如图 6-30 所示位置，地理位置优越。主楼 4 层结构平面以下及裙房1 ~2 层为框架剪力墙现浇结构，主楼 4 ~24 层为全预制装配整体式框架剪力墙结构体系，25 层及机房层为框架剪力墙现浇结构，房屋总高度为 88.7m。总建筑面积约 21266.1m^2，其中地上面积 18605.6m^2，地下面积 2659.5m^2。该项目建成后将成为国内第 1 个达到建筑高度达到 88.6m 预制装配式建筑，第 1 个总体的装配力达到了 80% 的装配式结构。

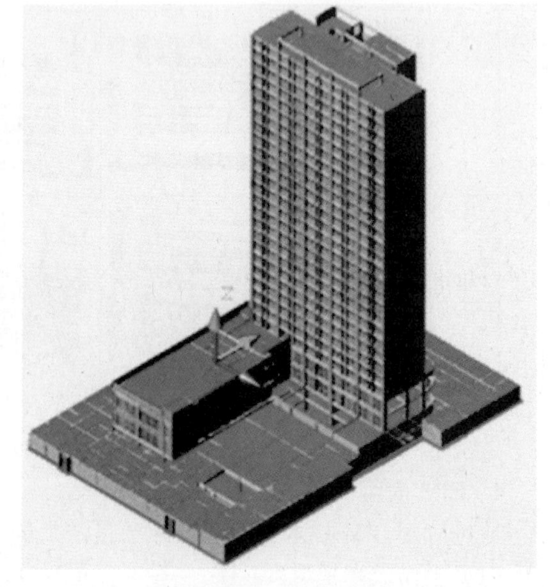

图 6-30　某项目 BIM 模型

对于 4 ~24 层全预制装配整体式框架剪力墙结构部分，柱子从 4 层开始，梁从 5 层顶开始，楼板从 5 层顶开始，楼梯从 4 层开始，阳台栏板、空调板从 4 层开始到 24 层为 PC 化。剪力墙、现浇框架柱外立面采用混凝土预制挂板作为现浇墙柱外模板，从 4 ~24 层实施，柱子和梁的接合部采用在柱头部现浇，梁钢筋锚固采用键槽连接。楼板采用半 PC 化的叠合楼板，梁采用半 PC 化的叠合梁。

2. BIM 技术在预制装配式混凝土结构施工运用中的必要性

（1）PC 项目的难点

PC 项目专业分包多，包括土建、机电安装（含电气、给水排水、消防、弱电、暖通）、装饰等专业，各专业工序交替施工，协调难度大，总承包管理范围广而复杂。如何有效推动总承包管理朝着更精细化、信息化的施工主流模式，是本工程的一大难点。

此 PC 项目施工协同难度大，是本工程又一大难点。PC 项目的施工比常规传统的建筑需协同的专业和环节更多，施工单位应具备较强的图纸深化能力，PC 构件工厂的深化设计要考虑的因素是方方面面的，不仅要考虑到给水排水、电气、消防、弱电、暖通等相关专业的管线综合优化后的正确预埋，而且还要考虑构件施工时为方便施工而预埋的预埋件，如吊装预埋件、楼层临边围护用于与钢管立柱焊接的钢板等。连塔式起重机、施工人货梯等的附墙预埋件都要考虑到构件图中具体的位置，任何一个环节的出错和遗漏，都会给现场的吊装和施工带来“毁灭性打击”，所以，PC 项目的施工须充分协调构件生产环节和施工环节。

（2）BIM 技术的特点

BIM 技术将常规的二维表达转为三维可视模型，各专业的人员可通过清晰的三维模型正确有效地理解设计的意图，协助各方及时、高效地决策；采用 BIM 的项目，各专业间、各工作成员间都在一个三维协同环境中共同工作，深化设计、修改可以实现联动更新，这种无中介及时的沟通方式，很大程度避免因人为沟通不及时而带来的设计错漏；通过 BIM 可以模拟真实的建造过程和施工场景，并可通过此过程预先发现可能存在的问题，从而确定合理的施工方案来指导施工。

（3）BIM 技术与 PC 项目施工的互补性

正是因为 BIM 技术有协调性、可视化、模拟性等特点，为此项目各专业图纸的整合、构件图的深化、安装管道的综合排布提供有利的技术支撑，通过 BIM 技术模拟性，我们甚至可以模拟 PC 构件吊装施工场景，找到可能存在的问题，并对技术方案进行可视化交底。由于 BIM 技术特点和 PC 项目特点有良好的互补性，在此 PC 项目中应用 BIM 技术具备先天优势。

3. BIM 技术应用内容及技术路线

（1）利用 BIM 进行各专业间信息的检测

以往的工程项目之所以有那么多的风险，就是因为工程项目各专业信息零碎化，形成一个个的信息孤岛，信息无法整合和共享，各专业缺少一种共同的交互平台，造成信息流失和传递失误。BIM 技术的产生有望改变这一局面，建筑施工司空见惯的“错漏碰缺”和“设计变更”所增加的建造成本、社会成本都可以通过 BIM 技术得到有效的改善。由于建筑、结构和安装之间共享同一模型信息，检查和解决各专业间存在的冲突更加直观和容易。在 4 ~ 25 层 PC 标准层中，通过整合土建、给水排水、电气、消防、弱电各专业模型，标准层初步碰撞成果共计 83 处。每处碰撞点均有三维图形显示、碰撞位置、碰撞管线和设备名称以及对应图纸位置处，如 PC 预制框梁与消防喷淋管的碰撞如图 6-31 所示。

图 6-31　PC 预制框梁与消防喷淋管的碰撞

通过图 6-31 这个活动碰撞信息，在深化该预制框架梁 YKL3（1）-1 时，就可在具体位置（相对尺寸和标高）标出该预制梁的预留管洞的尺寸，这样深化后生产的预制框架梁运到现场就可吊装成型，而不需要再在预制梁上进行开洞。

可以想象一下，如果一个 PC 项目存在大量的类似于以上这种碰撞结果，而单纯靠技术人员的空间想象能力去发现这些碰撞结果，势必会造成遗漏，如果在施工时才发现，则需返工、修改、开洞，会延误工期，无端增加成本，其损失不可估量。BIM 技术可以综合建筑、结构、安装各专业间信息进行检测，帮助我们及早发现问题，防患于未然。

（2）基于 BIM 的造价管理

在成本管理方面，此项目将相应的施工定额标准以编码的形式定制到 BIM 模型上，由系统对工程量进行自动算量，可以精确计算出工程成本。工程量的精准计算对于业主、承包商、材料商、工程管理以及建筑造价等都是十分重要的基础性数据，用软件建模精准计算工程量的前提是所建 BIM 模型的精准，BIM 建模精准算出的工程量不仅远比手工计算要精确而且可以自动形成电子文档进行交换共享、远程传递和永久存档。精准的工程量计算是此项目最关键的要素，它是该项目进行造价测算、工程招标、商务谈判、劳务合同签订、进度款支付等一切造价管理活动的基础。

施工企业精细化管理很难实现的根本原因在于海量的工程数据无法快速准确获取以支持资源计划，致使经验主义盛行，造成成本的浪费。此项目正是由于应用 BIM 技术而快速获取大量的工程基础数据，为此项目部制订精确材料计划提供有效的支撑，大大减少了资源、物流和仓储环节的浪费，为实现该项目限额领料、消耗控制提供技术支撑。

（3）BIM 技术能优化管线综合排布

在此项目标准层中整合土建、给水排水、电气、消防、弱电各专业模型而得到的初步碰撞成果，为安装单位的管线综合排布提供了依据。传统的管线综合设计是以二维的形式确定三维的管线关系，技术上存在很多不足，实际施工效果表现不佳，应用鲁班 BIM 技术后，优势具体体现在以下几个方面：

①此项目各专业建模并协调优化，三维模型可在任意位置剖切大样及轴测图，观察并调整该处管线的标高及碰撞情况。走廊位置剖面如图 6-32 所示。

②项目管线综合后确定各楼层吊顶高度，配合精装修工作的展开。

③项目 BIM 模型管线综合后还可以进行实时漫游、重要节点观察批注等。通过 BIMWorks 可以实现工程内部漫游检查设计合理性，可根据实际工程的需要，任意设定行走路线，也可用键盘进行操作，实现设备动态碰撞对结构内部设备、管线的查看更加方便直观。

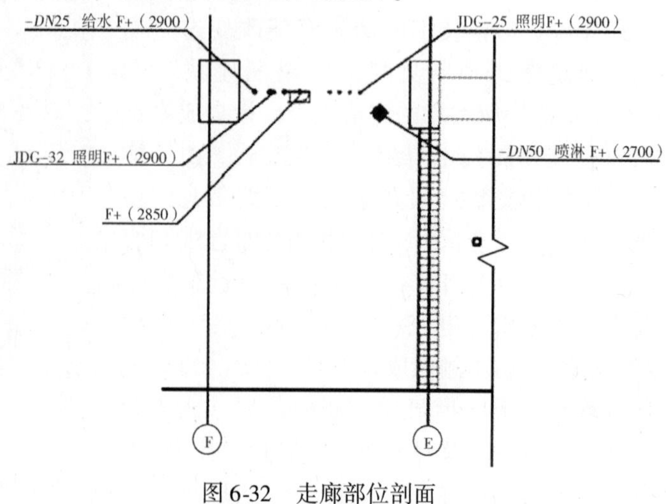

图 6-32 走廊部位剖面

④项目 BIM 模型已集成了各种设备管线的信息数据，因此还可以对设备管线进行较为精确的

列表统计。

(4) BIM 技术在 PC 构件图纸深化中的应用

应用 BIM 技术在 PC 结构专业前期建模中把预留洞口作为重要的工作之一，PC 结构不同于传统的现浇钢筋混凝土结构，传统现浇混凝土结构浇筑成型后，对于安装管道穿结构的洞口可根据需要开槽、开洞。但 PC 构件则不能成型后任意开洞、开槽，PC 构件所有预留洞必须在 PC 构件图中清楚、准确地表现出来，以便 PC 工厂制作构件的精准，PC 构件运至现场后，吊装即可。如果 PC 构件吊装成型后，发现预留洞没开，将给施工带来很大的障碍。

所以，PC 构件制作的严谨性牵涉与机电专业的密切配合，各专业技术人员必须根据模型进行安装管线与 PC 构件预留洞口之间的校核工作，找出问题点，提交设计单位进行修改，出具精确的 PC 构件图，把施工中可能出现的问题消灭在 BIM 模型中。

(5) 基于 BIM 的 PC 构件吊装施工模拟

根据 PC 吊装方案，制作 PC 构件吊装施工模拟，在真实施工开始之前优化合理的施工方案，在 PC 项目中，以一个标准层 6 天的吊装施工循环为重点，施工模拟动画准确地、形象地表达了一个施工标准层的施工工艺流程，该施工模拟动画可作为实际施工的指导，有利于现场技术人员对整个工序有个清楚的把握；另外，也在模拟过程中发现一些问题，有利于在现场施工前对施工方案进行及时的调整；同时，该施工模拟动画也可作为宣传企业文化的一个平台。

本案例以预制装配式混凝土结构项目为例，首先介绍了预制装配式混凝土结构的难点和 BIM 技术的特点，进而论述了 BIM 技术和预制装配式混凝土结构有良好的互补性，在 PC 项目中应用 BIM 技术具备先天优势；然后，详细介绍了 BIM 技术在该项目应用的技术路线，从应用 BIM 技术进行各专业间信息的检测、基于 BIM 技术的造价管理、BIM 技术优化管线综合排布、BIM 技术在 PC 构件图纸深化中的应用、基于 BIM 的 PC 构件吊装施工模拟五大方面进行展开，为同类工程项目应用 BIM 技术提供了借鉴。

案例八　某大厦项目施工阶段 BIM 应用

BIM 是以工程三维模型为载体，系统性集成、分析、处理各项相关信息，并通过数字信息仿真技术进行建筑物所具有信息的真实模拟。近年来，随着计算机技术的高速发展，BIM 技术在工程领域的应用也得到不断深化。企业通过 BIM 技术改变传统施工方式，能够有效地提升工程质量、节约工程成本、深化项目的精细化管理程度。

1. 项目背景

某工程项目，工程地块面积 10043m^2，容积率不大于 1.86，绿化率不小于 22%。建筑物地上 6 层，地下 2 层，建筑总高 24m。总建筑面积 30504m^2，其中地上 18578m^2，地下 11926m^2。建成后，主要用于公司办公及软件研发，可容纳 1200 人办公。

2. BIM 应用内容

(1) 总体应用情况概述

该项目 BIM 应用内容包括三维方案设计选型、建筑能耗分析、碰撞检查、BIM 5D 应用、基于 BIM 的进度管理、基于 BIM 的合同成本管理等。在大厦的建设管理过程中，施工方和业主都积极探索了 BIM 技术的应用模式、应用点来辅助项目管理的进行。本文将重点从如何借助 BIM 5D 软件辅助进行工程项目整体施工管理的方面加以介绍。

（2）项目 BIM 模型的创建

BIM 模型是应用 BIM 的基础，该项目采用 Revit Architecture/Structural/MEP 软件创建工程项目的土建、机电专业模型，采用三维场地 GSL 软件创建场布模型，如图 6-33 所示。

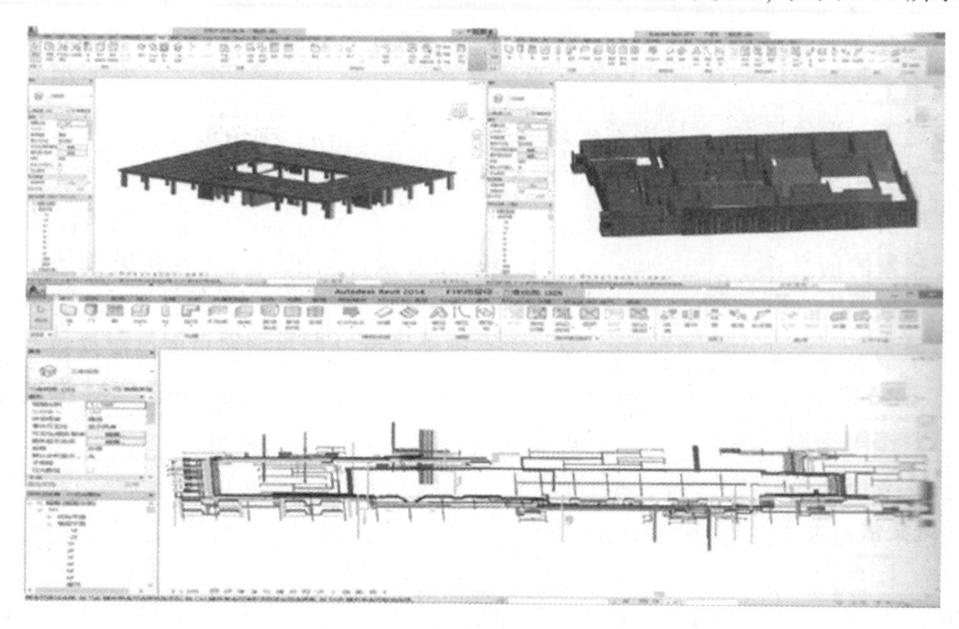

图 6-33　结构、建筑、机电模型

（3）模型集成浏览

BIM 5D 软件可以集成土建、钢筋、机电、场地等全专业模型用于进行 BIM 应用。项目将 BIM 前期建立的土建、机电模型及场布 BIM 模型导入到 BIM 5D 软件中，完成各 BIM 模型的集成工作，如图 6-34、图 6-35 所示。项目可以对 BIM 模型中的模型信息进行快速查询。

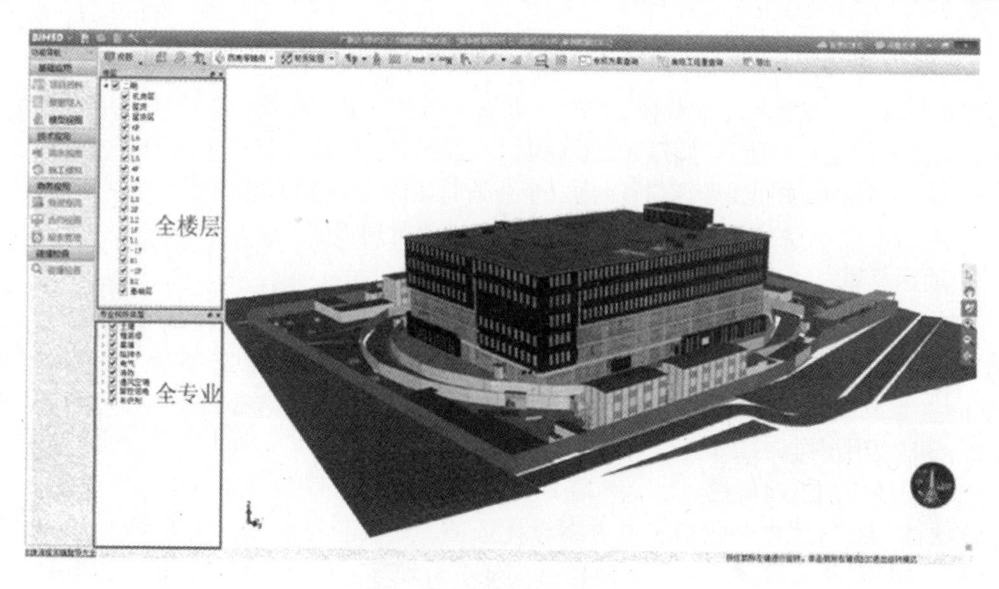

图 6-34　全专业模型集成

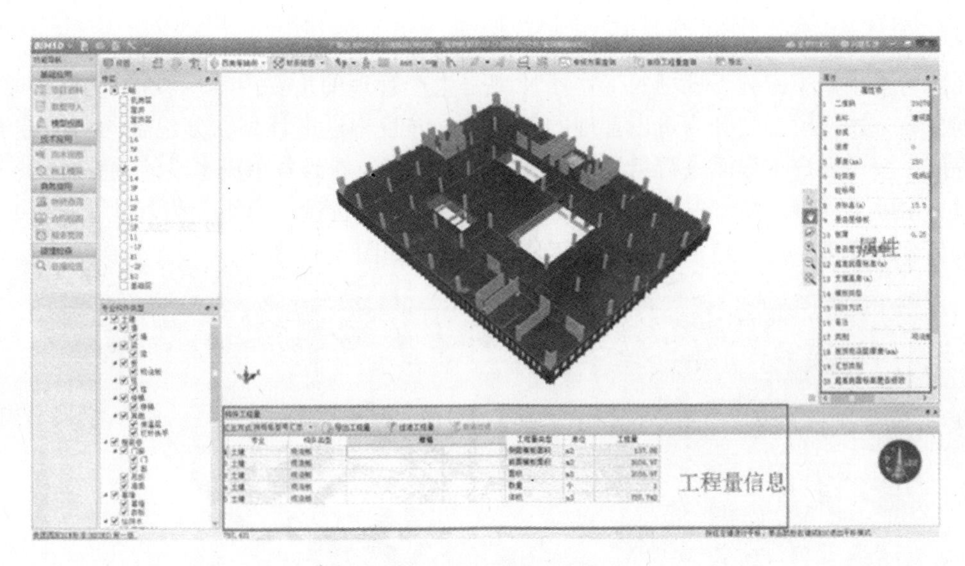

图 6-35　模型信息查看

（4）基于 BIM 的碰撞检查

各个专业之间，如结构与水暖电等专业之间的碰撞是一个传统二维设计难以解决的问题，往往在实际施工时才发现管线碰撞、施工空间不足等问题，造成大量变更、返工，费时、费力。

项目基于 BIM 技术进行多专业协同及碰撞检测很好地解决了这个问题。将集成后的模型导入广联达 GMC 软件进行碰撞检查，检查出集成后的各专业模型的碰撞问题，除了能发现结构与机电、机电与机电等各个专业之间的各类碰撞，还能发现门窗开启、楼梯碰头、保温层空间检查等建筑特有软碰撞。在施工前快速、全面、准确地检查出设计图中的错误、遗漏及各专业间的碰撞问题。通过分析，找出多达 9000 处的碰撞问题，对于碰撞位置，可以通过 GMC 软件直接定位，返回模型进行修改，从而减少施工中的返工，提高建筑质量，节约成本，如图 6-36 所示。

图 6-36　基于 BIM 的碰撞检查

（5）流水段管理

在计划安排中规避施工现场的工作面冲突是生产管理的重要内容。BIM 5D 中，通过流水段划分等方式将模型划分为可以管理的工作面，并且将进度计划、分包合同、甲方清单、图纸等信息按照客户工作面进行组织及管理，可以清晰地看到各个流水段的进度时间、钢筋工程量、构件工程量、质量安全、清单工程量、所需的物资量、定额劳动力量等，帮助生产管理人员合理安排生产计划，提前规避工作面冲突，如图 6-37 所示。

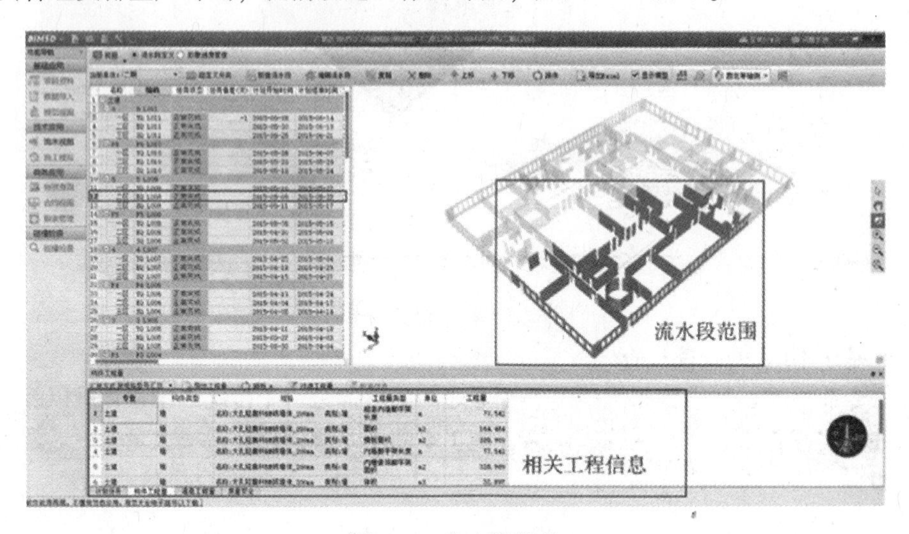

图 6-37　流水段管理

（6）项目物资管理

BIM 模型上记载了模型的定额资源，如混凝土、钢筋、模板等用量，项目现场人员可以按照楼层、流水段、时间、专业类别统计所需的资源量，在做项目总控物资计划、月备料计划和日提量计划、节点限额前应用 BIM 5D 软件，快速提取对应的物资量，作为物资需用计划、节点限额的重要参考，提交相应部门审核，将物资管控的水平提高到楼层、流水段级别，如图 6-38 所示。

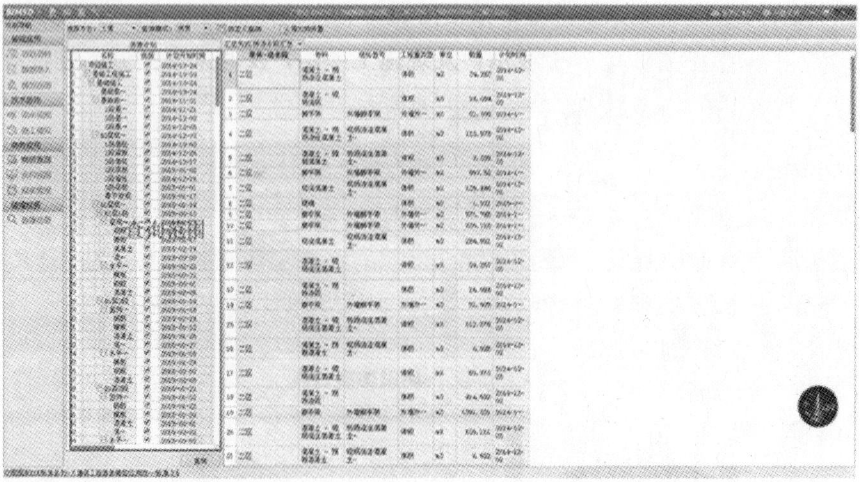

图 6-38　项目物资管理

（7）工程量集成及过程计量

项目利用 BIM 5D 软件集成土建、机电、场布模型，并以 BIM 集成模型为载体，对施工过程中的进度、合同、成本、工艺、质量、安全、图纸、材料、劳动力等信息进行集成管理，使集成后的 BIM 模型中的每一个构件都具备了应有的物理信息和功能特性数据。

以土建专业为例，在施工过程中可以从进度计划、楼层、流水段类型、专业构件类型多个角度，查询所需的工程量，为施工的技术方案优化、生产备料等多个环节及时提供准确的工程量，如图 6-39 所示。

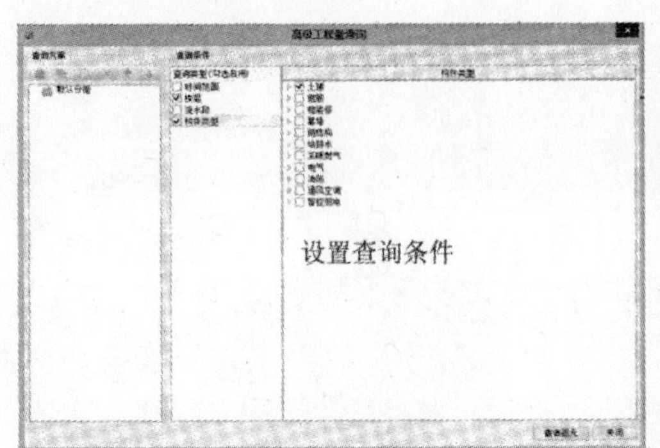

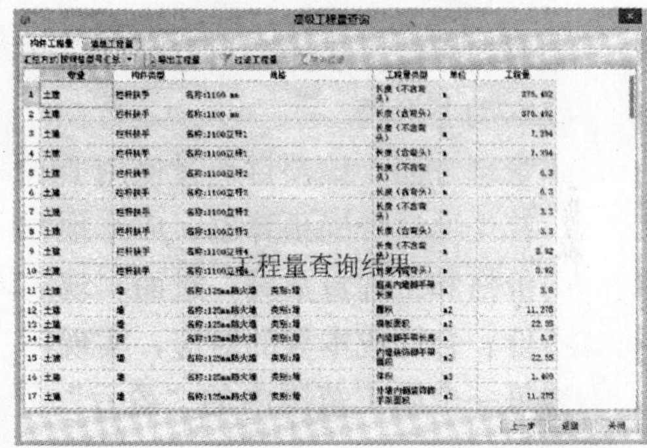

图 6-39　工程量集成及过程计量

（8）施工动态模拟

该项目在完成施工进度计划编制后，将进度计划（project 文件）导入到 BIM 5D 软件中。通过任务项与模型构件相关联，赋予模型中每个构件进度信息。导入项目预算文件，通过清单匹配功能或手动套用清单，赋予模型中每个构件预算的量、价属性。项目人员完成模型构件与进度、成本关联后，即可通过模型获取准确的进度范围、位置、工程量等信息。

①进度模拟。项目人员利用 BIM 5D 软件中的进度模拟功能，根据实际需要，选择施工过程中任一时间段进行施工模拟。对于施工进度的提前或延迟，软件会以不同颜色予以显示（颜色可调整），并在设置不同的视口同时对项目进行多角度的进度模拟，为项目的进度管控提供参考。

在工程施工中，项目利用进度模拟使全体参建人员很快地理解进度计划的重要节点；同时通过进度计划实体模型的对应表示，发现施工差距，及时采取措施，进行纠偏调整，如图 6-40 所示。

②资金与资源曲线。在进度模拟过程中，项目利用 BIM 5D 软件提供动态的资金曲线、资源曲线图表（支持曲线图与柱形图两种方式），并可以按月、周、日（粒度）分别显示各个时间节点的资金、资源累计值和当前值。项目管理人员通过资金与资源曲线，了解施工过程中不同时间的资金与资源使用情况，为项目资金计划和物资采购计划提供参考，如图6-41所示。

（9）成本动态管理

在成本管理方面，该项目通过使用 BIM 5D 软件有效地提高了成本核算和成本分析的工作效率。首先通过合同预算书、成本预算书与模型的自动关联，实现以模型为载体，集成各构件的价格和工程量数据，进而实现工程成本的快速结算。通过对各施工范围内工程量、构件单价、合计成本等的对应，实现项目实际成本与预算成本、合同成本的快速核算对比，掌握每一个施工范围内的“盈亏”“节超”情况，为项目成本控制提供数据支撑，如图6-42所示。

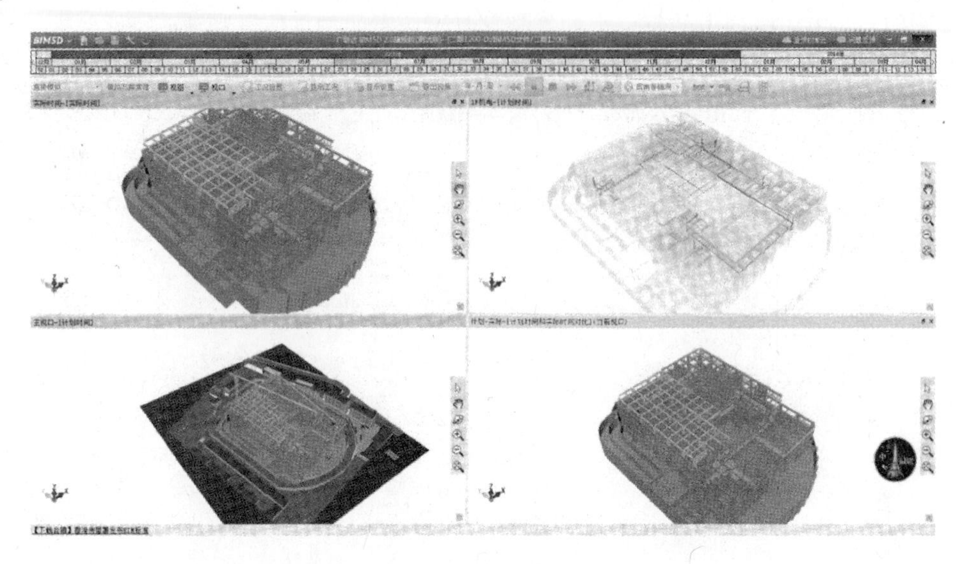

图6-40　进度模拟

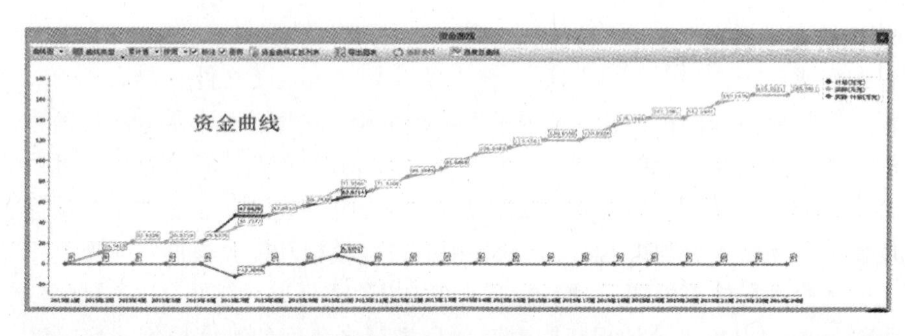

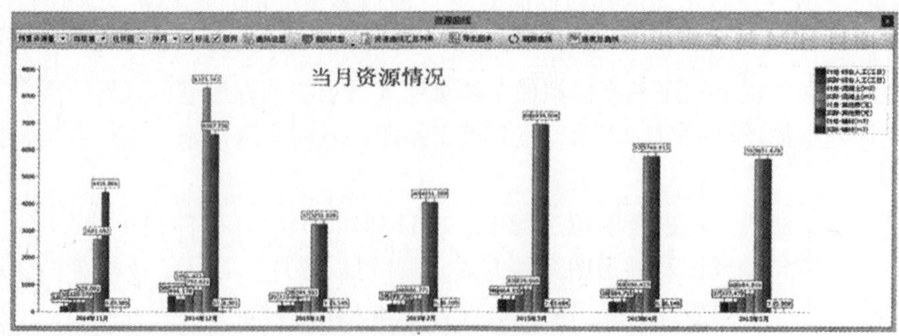

图6-41　资金与资源曲线

3. BIM组织及实施流程

（1）团队的组成

该项目的BIM实施，由建设方牵头，组织设计、施工、监理、绿色咨询多方共同使用BIM技术，并聘请了BIM咨询团队进一步保障和指导BIM技术在项目全过程的应用。

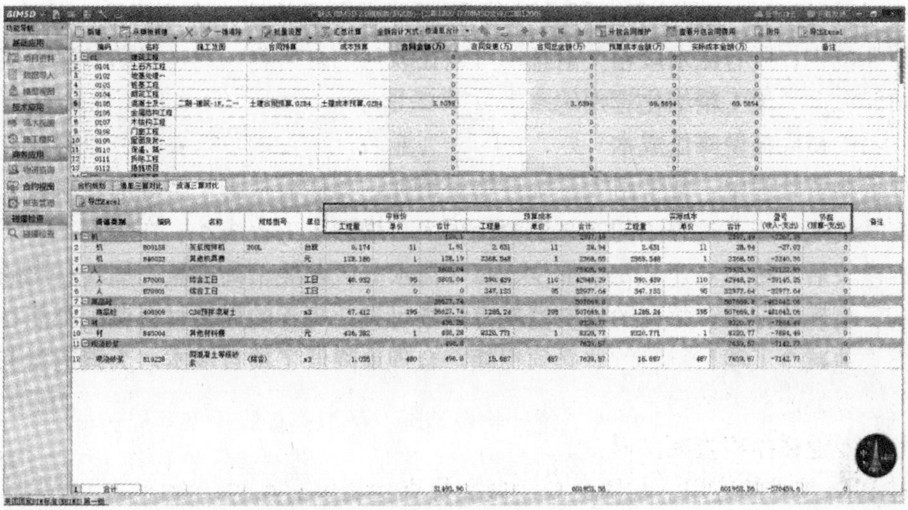

	编码	名称	施工范围	合同预算	成本预算	合同金额(万)	合同变更(万)	合同总金额(万)	预算成本金额(万)	实际成本金额(万)	备注
1	01	建筑工程				0		0	0	0	
2	0101	土石方工程				0		0	0	0	
3	0102	地基处理…				0		0	0	0	
4	0103	桩基工程				0		0	0	0	
5	0104	砌筑工程				0		0	0	0	
6	0105	混凝土及…	二期-建筑-1F,二…	土建合同预算.GZB4	土建成本预算.GZB4	3.6398		3.6398	69.5694	69.5694	
7	0106	金属结构工程				0		0	0	0	
8	0107	木结构工程				0		0	0	0	
9	0108	门窗工程				0		0	0	0	
10	0109	屋面及防…				0		0	0	0	
11	0110	保温、隔…				0		0	0	0	
12	0111	拆除工程				0		0	0	0	
13	0112	措施项目				0		0	0	0	

	资源类型	编码	名称	规格型号	单位	中标价			预算成本			实际成本			盈亏(收入-支出)	节超(预算-支出)	备注
						工程量	单价	合计	工程量	单价	合计	工程量	单价	合计			
1	机							130.1			2397.49			2397.49	-2267.39	0	
2	机	800158	灰浆搅拌机	200L	台班	0.174	11	1.91	2.631	11	28.94	2.631	11	28.94	-27.03	0	
3	机	840023	其他机具费		元	128.180	1	128.19	2368.548	1	2368.55	2368.548	1	2368.55	-2240.36	0	
4	人							3803.04			75925.93			75925.93	-72122.89	0	
5	人	870001	综合工日		工日	40.032	95	3803.04	390.439	110	42948.29	390.439	110	42948.29	-39145.25	0	
6	人	870003	综合工日		工日	0	0	0	347.133	95	32977.64	347.133	95	32977.64	-32977.64	0	
7	商品砼							26627.74			507669.8			507669.8	-481042.06	0	
8	商品砼	400009	C30预拌混凝土		m3	67.412	395	26627.74	1285.24	395	507669.8	1285.24	395	507669.8	-481042.06	0	
9	材							436.28			8320.77			8320.77	-7884.49	0	
10	材	845004	其他材料费		元	436.282	1	436.28	8320.771	1	8320.77	8320.771	1	8320.77	-7884.49	0	
11	砌浇砂浆							496.8			7639.57			7639.57	-7142.77	0	
12	砌浇砂浆	810238	混凝土等级砂浆	(综合)	m3	1.035	480	496.8	15.687	487	7639.57	15.687	487	7639.57	-7142.77	0	
1	合计							31490.36			601963.38			601963.38	-570454.[illegible]	0	

图 6-42　成本动态管理

（2）实施流程

从实施流程上，项目组按照以下四个步骤循序渐进地推进：

①准备工作：成立 BIM 工作小组，制订实施目标与计划。

②BIM 需求分析：需求调研与分析。

③制定标准与规范：建模标准、应用规范、技术标准。

④应用与持续优化：产品培训、应用上线、维护与升级。

同时，配套了组织保障、标准保障、制度保障、资金保障四方面的支持。

4. 主要应用难点及解决方法

（1）参建各方之间存在博弈

BIM 技术提供了一个集成管理与协同工作环境，一个完善的信息模型，能够连接建设项目生命期不同阶段的数据、过程和资源，是对工程对象的完整描述，可被建设项目各方普遍使用。BIM 技术虽然很好，但是各参与方往往出于各自的利益考虑，不愿提供 BIM 模型、不愿精确透明，无形中为 BIM 技术的推广制造了障碍。为此该项目在招标投标阶段就明确要求各投标单位具备 BIM 技术应用能力，不但要在项目上使用 BIM 技术还要提供 BIM 模型数据。

（2）BIM 模型和工程数据的准确性有待提高

基于 BIM 技术辅助进行工程项目管理，虽然可以提供更加直观高效的管理手段，但是如果所依据的数据不够准确，就无法真正做到利用 BIM 技术指导现场施工作业。为此项目在展开 BIM 应用前对工程 BIM 需求进行分析，确定建模精细化标准及工程进度计划等相关数据的精度规范，保证后期 BIM 应用过程中所提供的数据满足指导现场施工需要。

5. BIM 技术应用价值及成效

（1）精细化进度管控缩短工期

在本项目 BIM 技术应用中，将进度与 BIM 模型深度结合，项目应用人员每周的进度计划都是在 BIM 5D 软件中做计划管理、施工协调等工作。以往，管理人员每周都需要耗费一天的时间，做计划的分解排布，根据计划提取相应工程量等工作，现在只需要在 BIM 5D 软件中单击鼠标，轻松地管理计划，节约了工程师的宝贵时间。同时，通过施工模拟，可以实时合理利用现场资源，缩短总工期，保障了对业主工期的承诺。

（2）流水段合理划分提升施工精细化管理

在以往项目中，流水段管理都是通过工程部区域负责人的方式来管理现场的流水进度、流水提量、流水计划管理等工作，即使专人负责，也很难做到管理到位，总是因为前期备量不足、工序交叉等原因造成流水施工不顺畅。在应用 BIM 5D 软件后，按现场实际将模型按流水段划分，划分后，现场提量、核量非常方便快捷，全项目流水施工的工作不需要专人负责，所有流水段相关信息都可以在软件中提取到，通过提前备量、流水施工模拟等功能提升了施工精细化管理的水平。

（3）物资精确提量降低成本

在项目物资管理中，常常由人工统计物资消耗，类似模板脚手架等周转材料无法做到现场的实时调配，施工过程中的非必要消耗很大，增加了工程成本。在应用 BIM 5D 软件物资查询模块后，每个专业、每个部位、每个流水分区都能精确查量，周转材料的进出场时间也有了精确的记录，每周的物资消耗都清晰可见，每天的周转材料调配都能在软件中查询，极大地减少了项目材料的非必须损耗，合理地降低了项目成本，为以后类似项目的投入提供了可靠的参考依据。

（4）全专业碰撞检查减少返工

通过 BIM 技术的应用，利用全专业碰撞检查实现事前控制，设计变更大大减少，变更结算的费用仅占合同金额的 6.8%，整个项目相比传统管理模式，约减少设计变更 40%，并且整个施工过程实现零返工。

BIM 技术有效贯穿了该项目的整个施工过程，更好地帮助项目的完成，缩短了项目周期，确保了项目质量，降低了项目成本。该项目 BIM 的全面应用备受瞩目，建设期间接待了业内专业人士上百次的参观，并荣获首届工程建设 BIM 应用大赛一等奖。

案例九　某项目 BIM 应用案例

EPC 是指总承包商按照合同约定，完成工程设计、设备材料采购、施工、试运行等服务工作，实现设计、采购、施工各阶段工作合理交叉与紧密配合，并对工程的安全、质量、进度、造价全面负责。EPC 总承包模式是当前国际工程中被普遍采用的承包模式，也是我国政府和现行《中华人民共和国建筑法》积极倡导、推广的一种承包模式。

本案例项目利用 BIMSpace 一站式 BIM 设计解决方案和 iTWO 施工管理解决方案，实现 BIM 模型信息从设计阶段到施工阶段的传递，同时，将项目信息与企业信息管理系统对接，形成了一套基于 BIM 的 EPC 解决方案。通过该项目，帮助学员理清基于 BIM 的工程总承包业务板块之间的协作关系，提高总包项目协作和管理水平，优化项目范围、进度、成本等管理过程，逐步实现业务精细化管理，搭建一个规范、整合的流程框架。

1. 项目背景及 BIM 应用目标

EPC 总承包模式具有以下三个方面的基本优势：

1）强调和充分发挥设计在整个工程建设过程中的主导作用。对设计在整个工程建设过程中的主导作用的强调和发挥，有利于工程项目建设整体方案的不断优化。

2）有效克服设计、采购、施工相互制约和相互脱节的矛盾，有利于设计、采购、施工各阶段工作的合理衔接，有效地实现建设项目的进度、成本和质量控制符合建设工程承包合同约定，确保获得较好的投资效益。

3）建设工程质量责任主体明确，有利于追究工程质量责任和确定工程质量责任的承担人。

但是在传统工作模式下，在项目不同阶段及各个子系统之间，如设计、算量、计价、招标投标、客户数据等系统无法实现信息互通，形成了一个个信息孤岛。同时，各子系统也不能很好地与原来的财务系统相融合，无法给企业现金流的分析带来帮助，不能更好地配合企业长远发展，如图 6-43 所示。

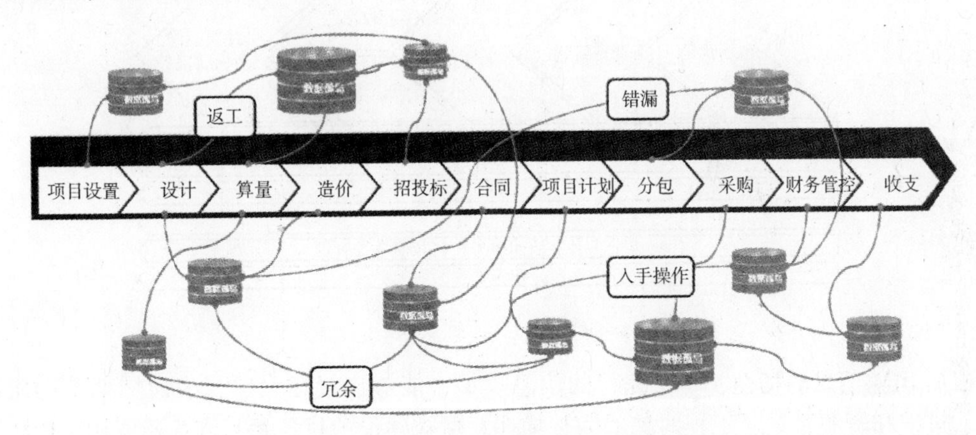

图 6-43　传统建造流程的信息孤岛

BIM 技术允许用户创建建筑信息模型可以导致协调更好的信息和可计算信息的产生。在设计阶段早期，该信息可用于形成更好的决策，这时这些决策既不费代价又具有很强的影响力。此外，严格的建筑信息模型可以减少异议和错误发生的可能性，这样可减少对设计意图的误解。建筑信息模型的可计算性形成了分析的基础，来帮助进行决策。

在项目生命周期的其他阶段使用 BIM 技术管理和共享信息同样可以减少信息的流失并且改善参与方之间的沟通。BIM 技术不仅关注单个的任务，而且把整个过程集成在一起。在整个项目生命周期里，它协助把许多参与方的工作最优化。

由此可以看出，BIM 技术的应用将在项目的集成化设计、高效率施工配合、信息化管理和可持续建设等方面有重要的意义和价值。

该案例项目结构采用框架剪力墙，地下 4 层，地上 20 层，分为南北两栋塔楼，塔楼间过渡采用中庭连廊，外墙采用铝板、陶板和高透玻璃幕墙，整体通透。

通过该案例，旨在探索利用 BIM 技术，打通设计、施工阶段的信息传递，同时理清公司工程总承包业务板块之间的协作关系，优化总包项目协作和管理水平，优化项目范围、进度、成本等管理过程，逐步实现业务精细化管理，搭建一个规范、整合的流程框架。

2. BIM 系统整体顶层设计思路

BIM 系统整体顶层设计是利用系统思想优化公司业务战略和运营模式的。

系统思想是一般系统论的认识基础，是对系统的本质属性（包括整体性、关联性、层次性、统一性）的根本认识。系统思想的核心问题是如何根据系统的本质属性使系统最优化。系统科学中，有一条很重要的原理，就是系统结构和系统环境以及它们之间的关联关系，决定了系统的整体性和功能。也就是说，系统整体性与功能是内部系统结构与外部系统环境综合集成的结果，也就是复杂性研究中所说的涌现（Emergence）。涌现过程是新的功能和结构产生的过程，是新质产生的过程，而这一过程是活的主体相互作用的产物。

应用 BIM 技术进行顶层设计，可以从起点避免信息孤岛，为跨阶段、跨业务的数据共享和协同提供蓝图，为合理安排业务流程提供科学依据。

基于对本企业总承包业务战略和运营模式的理解，对公司 6 个核心流程模块和 6 个支持流程模块进行了重新梳理和设计，如图 6-44 所示。

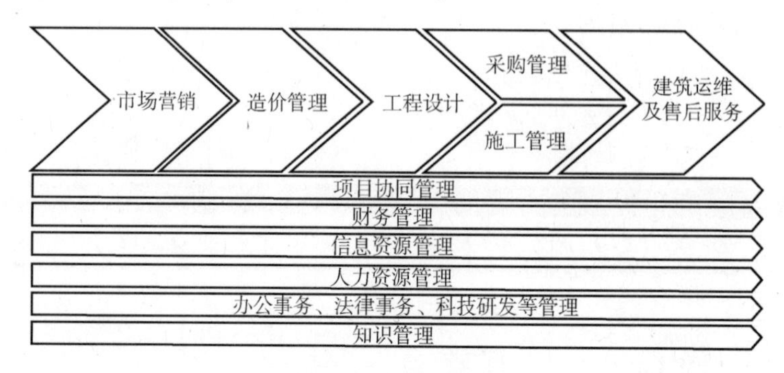

图 6-44　流程模块

根据 BIM 信息的特性，一个完善的信息模型，能够连接建设项目生命周期不同阶段的数据、过程和资源，是对工程对象的完整描述，可被建设项目各参与方普遍使用。BIM 具有单一工程数据源，可解决分布式、异构工程数据之间的一致性和全局共享问题，支持建设项目生命周期中动态的工程信息创建、管理和共享。利用 BIM 信息的优势，将 PMBOK 的九大知识体系作为流程切入点，融入总包项目管理经验，优化总包项目管理的过程和要素，根据设计结果，总承包业务总体流程框架如图 6-45 所示。

3. 软件环境支撑

根据顶层设计，为了实现基于 BIM 技术的总承包业务总体流程框架，对于设计、施工软件以及信息交互方面都提出了新的要求。

经过多方调研，最后选择鸿业公司基于 BIM 的 EPC（二整体解决方案）在设计阶段采用鸿业 BIMSpace 软件，施工阶段采用 iTWO 软件，同时项目信息可以与企业现有 ERP 及综合管理信息管理系统进行集成和完成交互，形成基于 BIM 的（BIMSpace + iTWO）EPC 解决方案。

设计阶段使用的鸿业 BIMSpace 软件包括以下功能：

①涵盖建筑、给水排水、暖通空调、电气的全专业 BIM 设计建模软件。

②可以进行基于 BIM 的能耗分析、日照分析、CFD 和节能计算。

③符合各专业国家设计规范和制图标准。

④包含族及族库管理、建模出图标准和项目设计信息管理支撑平台。

⑤设计模型信息可以完整传递到施工阶段。

施工阶段采用的 iTWO 软件主要包括以下模块：

①BIM 3D 模型无损导入，进行全专业冲突检测，完成模型优化。

②根据三维模型进行工程量计算和成本估算。

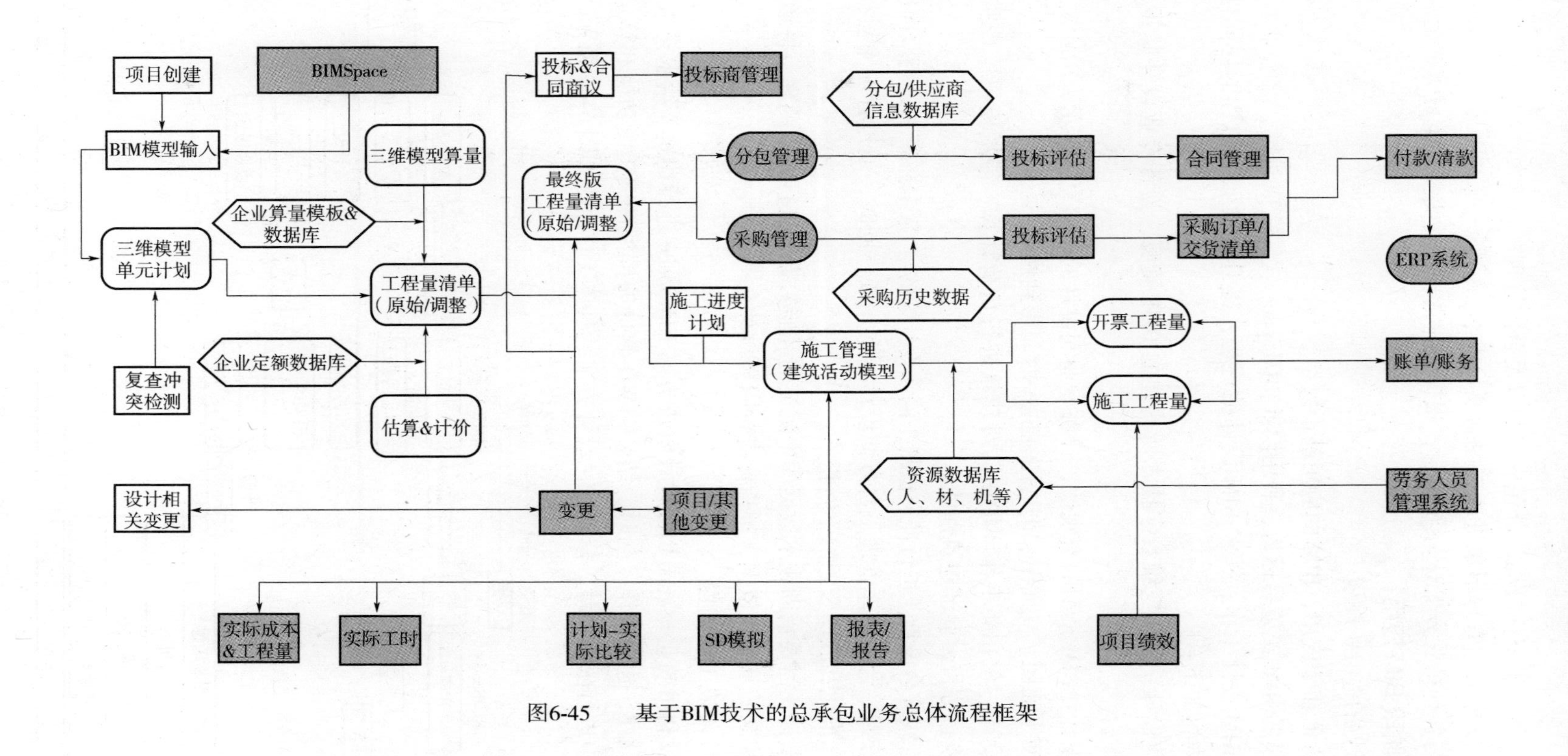

图6-45　基于BIM技术的总承包业务总体流程框架

③可以进行电子招标投标、分包、采购以及合同管理。

④进行5D模拟，管理形象进度，控制项目成本。

⑤能够与各种第三方ERP系统整合；根据企业管理层的需要，生成需要的总控报表。

4. 设计阶段BIM应用

（1）设计阶段BIM规划

BIM的价值在于应用，BIM的应用基于模型。

设计阶段的BIM实施目标为，利用鸿业BIMSpace软件完成建筑、给水排水、暖通、电气各专业的RIM设计工作，探索BIM设计的流程，提升BIM设计过程的协同性和高效性。其主要实施内容如下：

①可视化设计：基于三维数字技术所构建的BIM模型，为各专业设计师提供了直观的可视化设计平台。

②协同设计：BIM模型的直观性，让各专业间设计的碰撞直观显示，BIM模型的“三方联动”特质使平面图、立面图、剖面图在同一时间得到修改。

③绿色设计：在BIM工作环境中，对建筑进行负荷计算、能耗模拟、日照分析、CFD分析等环节模拟分析，验证建筑性能。

④三维管线综合设计：进行冲突检测，消除设计中的“错漏碰缺”，进行竖向净空优化。

⑤族库管理平台：族库管理平台方便设计师调用族，同时，通过管理流程和权限设置，保证族库的标准化和族库资源的不断积累。

⑥限额设计：需要借助成本数据库中沉淀的经验数据，进行成本测算，将形成的目标成本作为项目控制的基线，依据含量指标进行限额设计。

（2）设计阶段工作流程

设计阶段利用鸿业一站式BIM设计解决方案BIMSpace进行建筑、给水排水、暖通、电气各专业的设计、建模工作。同时，结合iTWO软件的模型冲突检测功能和算量计价模块，在设计过程中进行限额设计、修改优化设计方案。具体工作流程如图6-46所示。

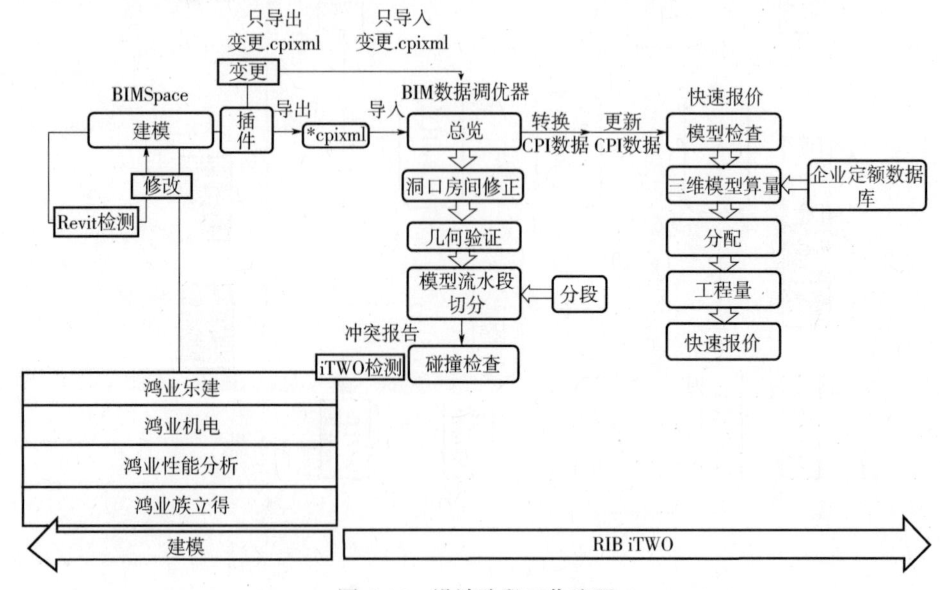

图6-46 设计阶段工作流程

（3）设计阶段建模规则

考虑到与 iTWO 软件的算量模块对接，iTWO 模型规则按照清单算量规则，鸿业编制了《鸿业 iTWO 建模规范》，规范部分目录如图 6-47 所示。根据规范建立的模型，导入 iTWO 软件中可以快速进行三维算量和计价。

目　录

图 6-47　建模规范部分目录

（4）基于 BIM 的工程设计

1）准备工作。

①建立标准。建模标准的制定关系着设计阶段的团队协同，也关系着施工和运维阶段的平台协同和多维应用。其基本内容包括：文件夹组织结构标准化，视图命名标准化，构件命名标准化。

利用鸿业 BIMSpace 中的项目管理模块，在新建项目的时候，会对项目目录进行默认配置。默认的项目目录配置按照工作进程、共享、发布、存档、接收、资源进行第一级划分，并且按照导则的配置，设定好了相应的子目录。后续备份、归档、提资等操作，都默认依据这个目录配置。

②建立环境。建立创建 BIM 模型的初始环境，其主要内容包括：定制样板文件，管理项目族库。

资源管理实现对 BIM 建模过程中需要用到的模型样板文件、视图样板、图框图签进行归类管理。通过资源管理可以规范建模过程中用到的标准数据，实现统一风格，集中管理。主界面如图 6-48 所示。

同时鸿业的族立得提供族的分类管理、快速检索、布置、导入导出、族库升级等功能。利用内置的本地化族 3000 余种，10000 多个类型，实现族库管理标准化、自建族成果管理和快速建模。软件界面如图 6-49 所示。

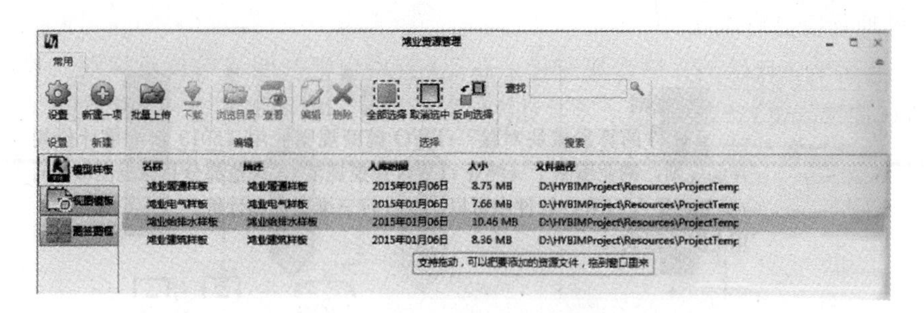

图 6-48　鸿业资源管理软件界面

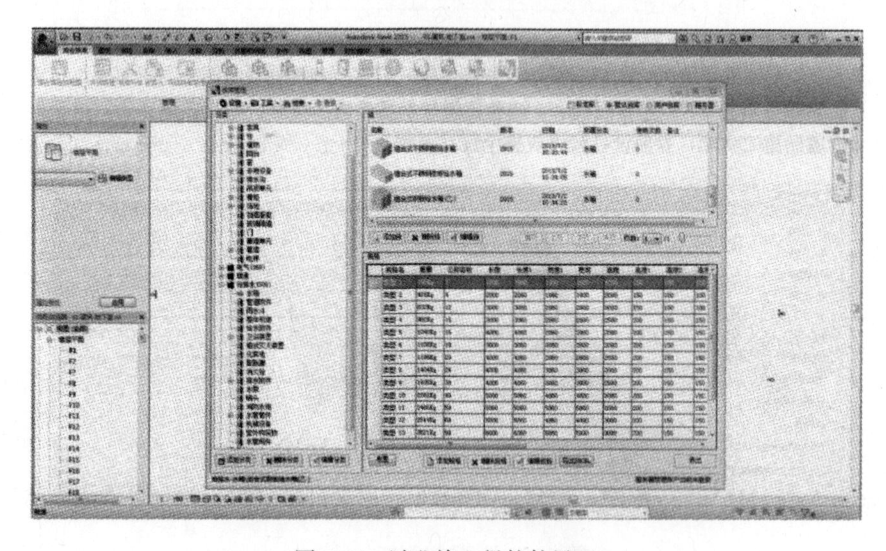

图 6-49　鸿业族立得软件界面

③建立协同。BIM 是以团队的集中作业方式在三维模式下的建模，其工作模式必须考虑同专业以及不同专业之间的协同方式。建立协同的内容包括：拆分模型、划分工作集以及创建中心文件。

2）建筑设计。利用 Revit 平台的优势，借助鸿业 BIMSpace 中的乐建软件，进行可视化、协同设计。

鸿业乐建软件根据国内的建筑设计习惯，在 Revit 平台上对整个设计流程进行了优化，同时将国内的标准图集和制图规范与软件功能结合，让设计师的模型和图纸能够符合出图要求。这样，减少了设计师学习 BIM 设计的学习周期，同时也提高了设计效率。

考虑到建筑模型在施工阶段的应用，鸿业乐建软件中还提供了构件之间剪切关系的命令，方便施工阶段的工程量计算。

3）机电设计。由于 Revit 平台在本地化方面的不足，比如模型的二维显示、水力计算等均不满足国内的规范要求，致使国内大部分机电专业的 BIM 设计还停留在进行管线综合、净空检测等空间关系的调整上，并没有进行真正的 BIM 设计。

本工程决定使用在 Revit 平台上进行二次开发的鸿业 BIMSpace 的机电软件进行设计。该软件针对水暖电专业的设计，从建模、分析到出图做了大量的本地化工作，可以更方便、智能地对给水排水系统、消火栓及喷淋系统、空调风系统、空调水系统、采暖系统、强弱电系统进行设计和智能化的建模工作，帮助用户理顺协同设计流程，融合多专业协同工作需求，实现真正的 BIM 设计。

下面从喷淋和暖通系统两个方面帮助学员理解利用鸿业 BIMSpace 进行机电设计的过程。

①喷淋系统设计。在绘制喷淋系统时，用户只需指定危险等级，软件自动根据规范调整布置间距，布置界面如图 6-50 所示。布置完成后，鸿业还提供了批量连接喷淋、根据规范自动调整管径和管道标注的功能，方便设计师完成整个设计流程。

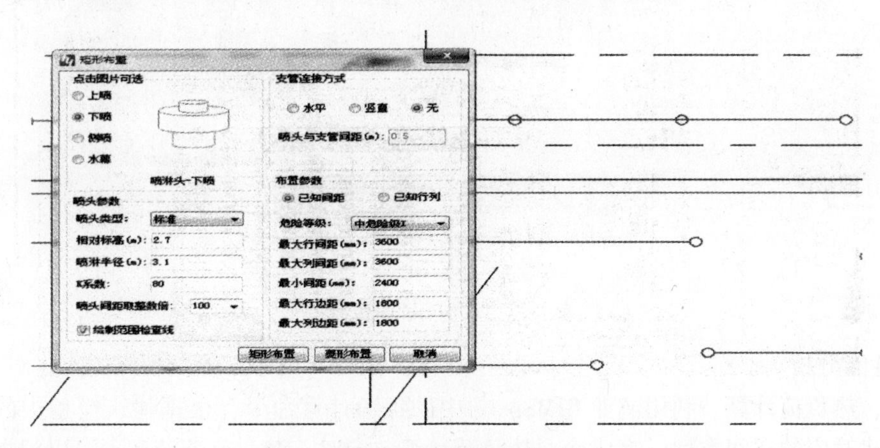

图 6-50　喷淋布置命令

②暖通系统设计。在绘制暖通系统时，利用鸿业 BIMSpace 机电软件中的风系统、水系统和采暖系统模块，可以方便、快速地完成设备布置、末端连接等工作。同时，鸿业 BIMSpace 中的水力计算功能，可以直接提取模型信息，进行水力计算，最后将计算结果自动赋回到模型中。水力计算的界面如图 6-51 所示。

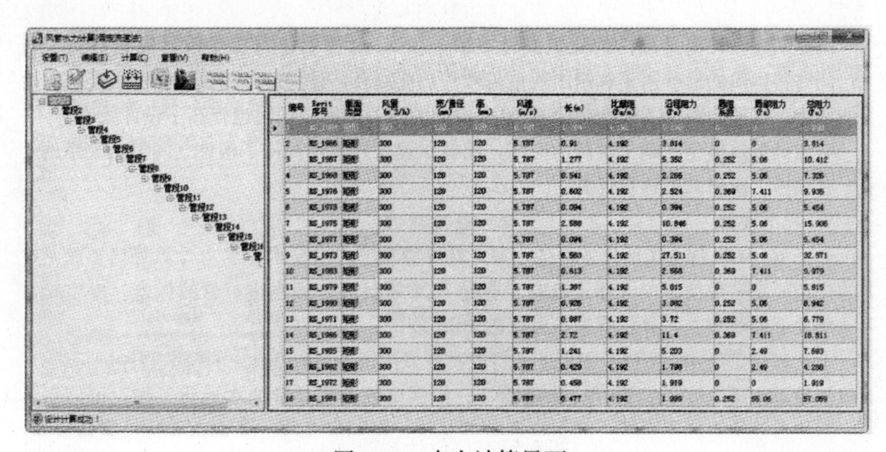

图 6-51　水力计算界面

4）深化设计。基于 BIM 模型，可在保证检修空间和施工空间的前提下，综合考虑管道种类、管道标高、管道管径等具体问题，精确定位并优化管道路由，协助专业设计师完成综合管线深化设计。

由于该工程应用的 BIM 设计工具不只 Revit 平台，幕墙设计利用 Catia，传统的碰撞检测软件不能满足要求。于是，该工程将全专业模型导入 iTWO 软件中进行碰撞检查和施工可行性验证，根据 iTWO 生成的冲突检测结果，调整优化模型。iTWO 软件的模型检测界面如图 6-52 所示。

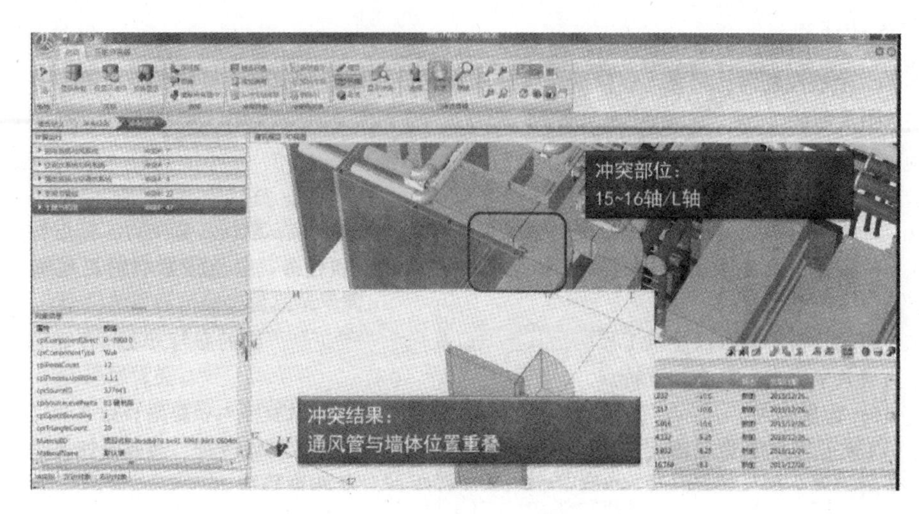

图6-52　iTWO碰撞检测

5）性能分析。

①冷、热负荷计算。利用鸿业BIMSpace中的负荷计算命令，根据建筑模型中的房间名称自动创建对应的空间类型，完成冷、热负荷计算。同时，鸿业负荷计算还可以根据用户定义直接出冷、热负荷计算书。负荷计算的界面如图6-53所示。

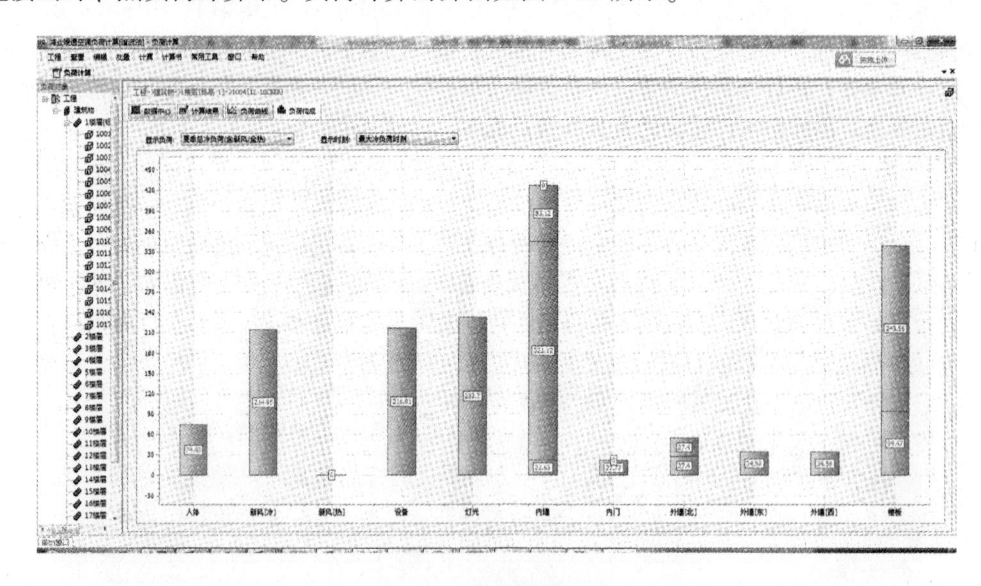

图6-53　负荷计算界面

②全年负荷计算和能耗分析。利用鸿业全年负荷计算及能耗分析软件（HYEP）进行全年负荷计算和能耗分析。HYEP是以EnergyPlus（V8.2）为计算核心，可以对建筑物及其空调系统进行全年负荷计算和能耗分析的软件。具体应用如下：

a. 全年8760h逐时负荷计算，生成报表及曲线。

b. 生成建筑能耗报表，包括空调系统、办公电器、照明系统等各项能耗逐时值、统计值、能耗结构柱状图、饼状图。

c. 生成能耗对比报表，包括两个系统的逐月分项能耗对比值、总能耗对比值、对比柱状图及曲线。

5. 施工阶段 BIM 应用

（1）施工阶段 BIM 应用规划

工程项目实施过程参与单位多，组织关系和合同关系复杂。建设工程项目实施过程参与单位多就会产生大量的信息交流和组织协调的问题和任务，会直接影响项目实施的成败。

通过分析不同阶段建筑工程的信息流可以发现，建筑工程不同的参与方之间存在信息交换与共享需求，具有如下特点。

1）数量庞大。工程信息的信息量巨大，包括建筑设计、结构设计、给水排水设计、暖通设计、结构分析、能耗分析、各种技术文档、工程合同等信息。这些信息随着工程的进展呈递增趋势。

2）类型复杂。工程项目实施过程中产生的信息可以分为两类，一类是结构化的信息，这些信息可以存储在数据库中便于管理。另一类是非结构化或半结构化信息，包括投标文件、设计文件、声音、图片等多媒体文件。

3）信息源多，存储分散。建设工程的参与方众多，每个参与方都将根据自己的角色产生信息。这些可以来自投资方、开发方、设计方、施工方、供货方以及项目使用期的管理方，并且这些项目参与方分布在各地，因此由其产生的信息具有信息源多、存储分散的特点。

4）动态性。工程项目中的信息和其他应用环境中的信息一样，都有一个完整的信息生命周期，加上工程项目实施过程中大量的不确定因素的存在，工程项目的信息始终处于动态变化中。

基于建筑工程施工的以上特点，希望利用 BIM 技术建立的中央数据库，对这些信息进行有效管理和集成，实现信息的高效利用，避免数据冗余和冲突。最后，该项目在施工阶段选择利用 iTWO 软件进行基于数据库的数字化工程管理。

iTWO 软件的工作流程如图 6-54 所示。

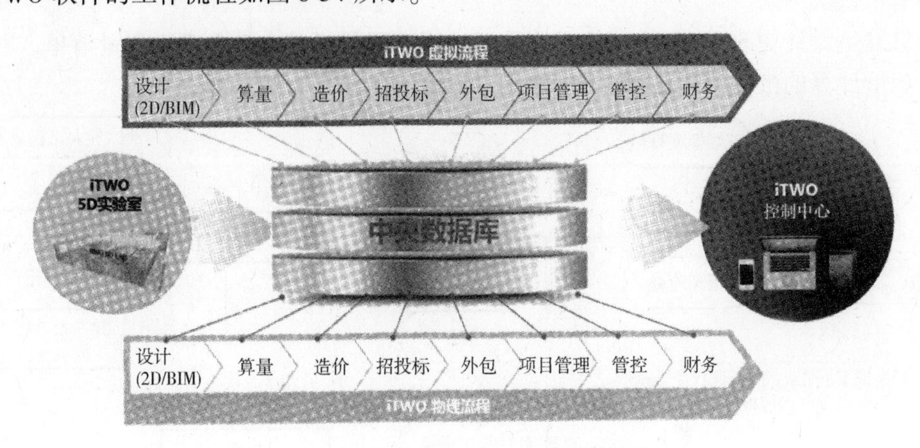

图 6-54　iTWO 软件的工作流程

施工阶段主要应用点如下：

①可施工性验证。在施工阶段，对设计模型进行全面的施工可行性验证，基于模型进行可视化分析，通过软件自动计算及检查，减少施工可行性验证的时间，提高整体工作效率和

质量。

②工程量计算可视化。

③工程计价可视化。

④招标投标、分包管理及采购。

⑤5D 模拟。

⑥现场管控。

(2) 设计模型导入与优化

通过与建筑、结构和机电（MEP）模型整合，iTWO 可以进行跨标准的碰撞检测。iTWO 中的碰撞检测并不限定于某一种类型或某一个特定的 BIM 设计工具，现在能够与目前流行的大部分 BIM 设计工具整合，如 Revit、Tekla、ArchiCAD、Allplan、Catia 等。

本项目，设计阶段主要用 BIMSpace 软件，可以将模型数据无损导入 iTWO 进行模型施工可行性验证和优化。

iTWO 在施工可行性验证中相对于传统验证的优势体现在以下几个方面：

①审查时间减少 50%。

②审查量提高 50%。

③提高检查精度。

④自动计算以及检查。

⑤提高整体工作效率以及质量。

(3) 工程量计算

在 iTWO 软件中，算量模块包括两个部分，工程量清单模块和三维模型算量模块。

工程量清单模块支持多种方式的工程量清单输入，用户自定义工程量清单结构，以及预定义和用户定义的定量计算方程式。

三维模型算量模块能快速、精确地从 BIM 模型计算工程量，并且能够通过对比计算结果和模型来核实结果。

如果发生设计更改，iTWO 能够迅速重新计算工程量以及自动更新工程量清单。

工程量计算的工作流程如图 6-55 所示。

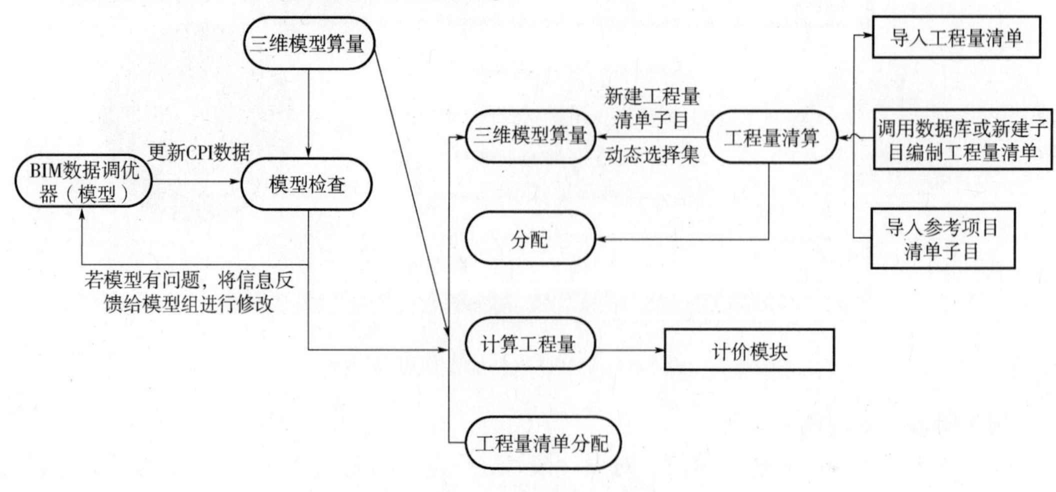

图 6-55　工程量计算流程

经过项目实践，为了更好地进行基于 BIM 的工程量计算，在工程量清单编制中，应该注意以下几个问题：

①对于主体项目工程，建议按常规原始清单进行编制，对于装饰工程或精装修工程建议按房间进行编制为宜。

②对于非主体工程即措施项目清单，建议进行按项分解编制，好处是对于施工管理模块便于施工计划均摊挂接，便于总控对比分析及成本控制。

③对于管理费等费用，建议放入综合单价组价进行编制或单独列项进行编制，好处是便于总控对比分析及报表输出，需与成本部门、财务部门沟通后确定管理模型。

工程量清单编制完成后，三维模型算量功能可以将工程量清单子目与三维模型进行关联，同时可以根据各个需求对每个工程量清单子目灵活地编辑计算公式，不仅可以根据直观的图形与说明进行公式的选择，还可以根据需要选择对应的算量基准，算量公式涵括基准，构件的几何形状、大小、尺寸和工程属性。

（4）成本估算

使用 iTWO 软件进行成本估算，通过将工程量清单项目与三维的 BIM 模型元素关联，估算的项目将在模型上直观地显现出来。iTWO 使用成本代码计算直接成本。成本代码能存储在主项目中作为历史数据，以供新项目用作参考数据。一旦出现设计变更，iTWO 能够快速更新工程量、估价及工作进度的数据。

该模块业务流程如图 6-56 所示。

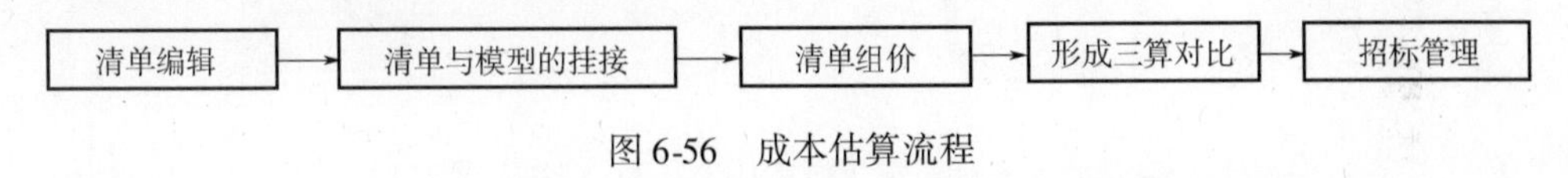

图 6-56　成本估算流程

本项目中，iTWO 软件的系统估算模块的应用点主要体现在以下几点：

①控制成本。通过 iTWO 的成本估算模块，通过导入企业定额编制施工成本，这样的施工成本真实反映了企业在施工中发生的人、材、机、管，反映企业的施工功效，使企业更好地控制成本。

但是，这里控制成本的前提是，需要基于公司自己的企业定额来编制成本。iTWO 软件可以根据以前项目的历史数据，建立企业自己的定额库，这样，为后续项目控制成本提供了坚实的依据。

②三算对比。利用该模块，我们在实际使用中可以很直观地形成三算对比：中标合同单价、成本控制单价、责任成本，使我们可以直观地看出盈亏。

③分包管理。利用成本估算模块，首先创建子目分配生成分包任务，选择要分包的清单项并导出清单发给分包单位，再由分包单位进行报价，报价返回后我们要进行数据分析，也就是报价对比，确定我们要选择的分包单位。

同时，iTWO 还提供了电子投标功能，支持投标者和供应商管理。iTWO 的电子投标使用了标准格式，提供一个免费的 e-Bid 软件（电子报价工具）来查阅询价和提交投标者的价格。当收到来自分包单位的价格资料时，iTWO 的分包评估功能会比较价格并根据本项目的特点自定义显示结果。这样，大大提高了分包管理的整体工作效率和质量。

④设计变更管理。利用成本估算模块，我们在实际项目中发现还可以对设计变更作很好的管理，可以把清单和设计变更单做成超链接，在单击清单时会直接看到设计变更，很好地

了解到是什么原因作的变更，变更内容是什么，省去了我们在想查看时再去档案室翻查资料的时间，提高了我们的工作效率。

（5）五维数字化建造

RIB iTWO 五维数字化建造技术，在三维设计模型上，加入施工进度和成本，让项目管理全过程更精准、更透明、更灵活、更高效。

iTWO 为不同的项目管理软件如 MS Project 和 Primavera 等提供双向集成，这样我们可以把用 MS Project，排定的进度计划直接导入订 WO 软件中。在工程量清单和估价的基础上，iTWO 能够自动计算工期和计划活动所需的预算，从而可完成 5D 模拟，识别影响工程的潜在风险（见图 6-57）。

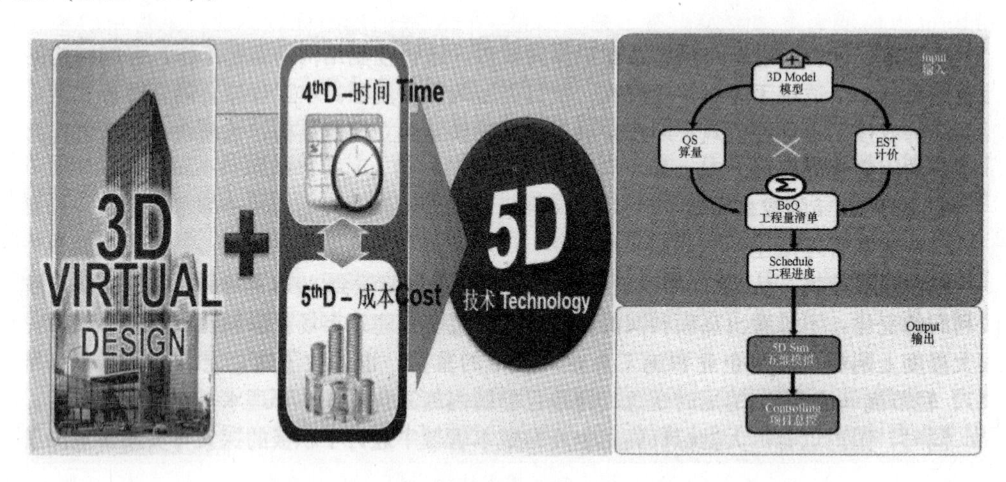

图 6-57 五维数字化建造技术及 5D 模拟示意图

本项目在 iTWO 软件中，将每一层级的计价子目/工程量清单子目与施工活动子目灵活地建立多对多、一对多、多对一的映射关系。这就满足了不同的合同需求，既可将计价按照进度计划的安排产生映射关系，也可将进度计划按照计价的需求完成映射关系。对应的成本与收入也会随着映射关系关联到施工组织模块中。这样，我们在考核项目进度时，不仅可以如传统方式那样得到相关的报表分析、文字说明，还可以利用三维模型实现可视化的成本管控与进度管理。

在项目前期，我们基于不同的施工计划方案建立不同的五维模拟，通过比较分析获得优化方案，节省了在工程施工中的花费。

（6）项目总控

在本项目中，通过 iTWO 控制中心，可随时随地利用苹果系统和安卓系统的平板设备管理建设项目，并且可以深入查阅到详细、具体的项目细节。同时，利用仪表盘让所有相关的项目参与方能快速及时地查阅相关项目报告，促进项目团队作出更快速的决策和更好的运用实时信息。

iTWO 总控流程配置如图 6-58 所示。

在算量、计价和进度与模型匹配工作完成后，进行控制结构的编制工作。控制结构的编制需要有一个适用于企业管理模式、项目类型的管理流程。本工程按合同管理方式建立控制结构或按工程管理模式，即按楼层、按系统模型建立控制结构，该模块确定后可作为本企业

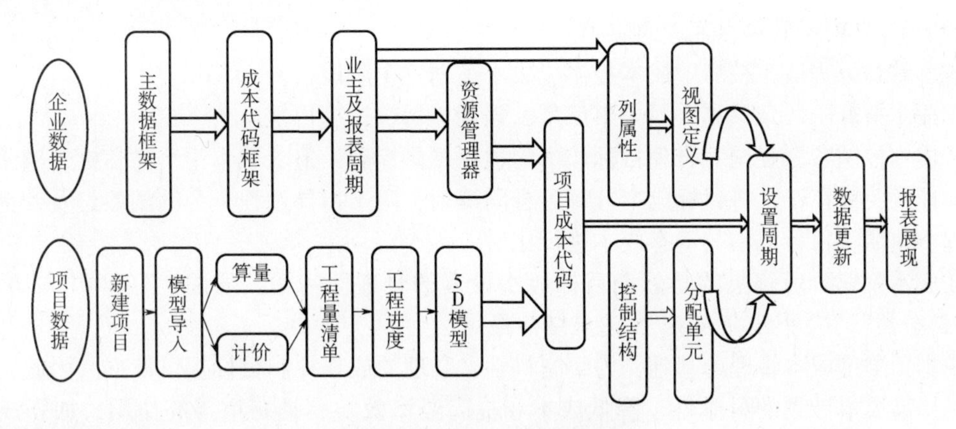

图 6-58 iTWO 总控流程配置

的固定管理模板。

6. 基于 BIM 的成本管理

(1) 成本管理概述

纵观建筑市场，从利润点阶段利润的变化，不难看出高额利润由高走低的过程。建筑市场获取超额利润的时代，在很大程度上削弱了建筑企业和施工企业对成本的重视，也催生了建企老总“重开源（营销）、轻节流（成本）”的短时观念，导致目前国内施工企业成本管理水平整体相对落后。

同时，国内也有一大批标杆施工企业在成本管理中进行了积极的探索与实践，走出了一条创新之路，并形成了我国施工企业成本管理的典型阶段——由传统的成本管理方式转变到成本管控。

在实现大成本管理理念下的成本精细化管控。从关注“算得清，算得准”转变到成本的“可知，可控”。

成本策划依靠最新技术的支撑，得以逐步实现从 2010 年开始形成的，基于 BIM 技术支持的精细化管理 5D 成本管理，实现成本管理的精细化与可视化。

(2) 基于 BIM 的造价解决思路

在 BIM 中造价模型有两种模式，第一种是扩展 BIM 维度，附加造价功能模块，在 BIM 建模软件上直接出造价，BIM 与造价相互关联，模型变，造价随之而变。但是这种方法与我国现行的计价规则有很大的差异，也就是我们上面所提到的计算规则的问题，这就不能把工程量精确计算出来，误差很大。第二种是造价模块与 BIM 模型分离，把 BIM 中的项目信息抽取出来导入造价软件中或与造价软件建立数据链接。

以前，国内算量软件的操作模式是：先建模，再定义构件属性，之后是套定额，然后计算，最后得到工程量数据。而当前基于 BIM 理论，应该把建模与算量软件分开。早在 1975 年，被誉为“BIM 之父”的 Chuck Eastman 教授就提出未来不是一款软件能解决所有问题的。首先，建模软件的专业化是任何算量软件不能比拟的，能精确表达虚拟项目尺寸，各个构件之间有逻辑关系，能充分表达现实当中的工程项目。其次，在一个 BIM 软件中扩展维度算量，对于这种情况数据量是非常大的，对于软件的运行以及硬件的要求非常高。

本项目采用的 iTWO 软件采用第二种造价模式，即造价模块与 BIM 模型分离，这种模式代表了未来造价技术的发展方向，与 BIM 5D 概念是一脉相承的。

（3）基于 BIM 的成本管理的应用

成本管理分为成本核算、成本控制、成本策划三个阶段：

①成本核算阶段重核算，属于事后型，强调算得快，算得准。

②成本控制阶段强调对合理目标成本的过程严格控制，追求成本不突破目标，属于事中型，落地的关键在于，将目标成本分解为合同策划，用于指导过程中合同的签订及变更，并在过程中定期将目标成本与动态成本进行比对。

③成本策划阶段解决的是前期目标成本设置的合理性问题，强调“好钢用在刀刃上”“用好每分钱”“花小钱办大事”，追求结构最优。

成本预测是成本管理的基础，为编制科学、合理的成本控制目标提供依据。因此，成本预测对提高成本计划的科学性、降低成本和提高经济效益，具有重要的作用。加强成本控制，首先要抓成本预测。成本预测的内容主要是使用科学的方法，结合中标价，根据各项目的施工条件、机械设备、人员素质等对项目的成本目标进行预测。

成本策划到目标实现，过程的动态掌握，使得成本管理可知、可控和可视。由知道“该花多少钱”到“花了多少钱”全过程全貌信息的掌控，真正实现从“不忘本”到“知本家”的转化和升级。

本案例利用基于 BIM 技术的造价控制是工程造价管理领域的新思维、新概念、新方法，从管理一个点扩展到一个大型“矩阵”，为造价控制提供全面的解决方案和技术支持。算量模块完成各专业工程量的计算和统计分析。计价模块作为造价管理平台，更多的日常造价管理活动将在此平台上展开，实现对海量工程材料价格信息的收集和积累，完成工程造价数据的采集、汇总、整理和分析。通过建立项目全过程的造价管理及项目成本控制，通过项目积累，在基于模型的成本数据库中沉淀经验数据，进行成本测算。

在设计阶段，快速进行成本估算，形成目标成本并作为项目控制的基线，根据含量指标进行限额设计。

在招标采购环节，材料价格库则是现场材料价格认定的重要依据。

在施工阶段，基于 BIM 技术支持的精细化管理、5D 成本管理，可以实现成本管理的精细化与可视化。

实现基于 BIM 的工程造价，iTWO 软件中，可以得出六组工程量和四组单价（见表 6-1）。

表 6-1　六组工程量和四组单价

工程量	序号	单价
清单工程量	A	综合单价
图纸净量	B	定额价
优化工程量	C	目标成本价
实际工程量	D	分包单价
进度款申请工程量		
分包工程量		

在六组工程量和四组单价基础上，可以得出 15 种成本数据分析（见表 6-2）。

表 6-2　15 种成本数据分析

数据分析单元	组合公式
投标报价	1×A
投标初始成本	1×B
核算总预算	2×A
核算初始成本	2×B
公司对项目的目标成本	2×C
预计结算最低价	3×A
公司自身可接受最低价	3×B
项目部可接受最低目标成本（对公司）	3×C
项目部分包目标成本	3×D
应收进度款	4×A
公司应分配项目部进度款	4×C
已消耗成本	4×D
进度款申请额	5×A
项目部自身目标成本	6×C
分包应收款	6×D

本案例中，成本管理具体的应用点如下：

①实现模型与造价信息之间的双项“数据流”，使得 BIM 模型能够附加从计价模块中返回的详细造价信息。

②得到详细的造价信息后，与进度信息结合，随着形象进度的动态展示，可以实时生成 5D 模拟，进行成本与进度的动态评估与分析。

③应用采集器完成成本数据采集，将工程实际过程中采用的数据与计划数据进行直观的对比分析。

④自动绘出：BCWS、ACWP、BCWP 曲线。

⑤计算费用偏差 CV 和进度偏差 SV。

⑥生成评估和分析需要的报告。

⑦为施工现场和传播管控提供直观可视的解决方案。

⑧为工程量和进度提供直观的数据统计功能。

工程的计量工作在全过程造价控制中，不仅工作量大而且计算难度大，要在项目全周期不断地统计、拆分、组合和分类汇总各时间段和施工段工程量数据更是困难，造价工程师专业性是无法取代的，所以工料测量师和造价工程师不会消失，但是会随着 BIM 技术的成熟提高工作效率，并且使造价工程师的专业丰富度更高、更广。其次，造价 BIM 模型的完善和成熟度责任主体依然在于造价咨询机构，需要对设计 BIM 模型进行完善和修正。

案例十　国外 BIM 施工应用

1. BIM 应用于悉尼“布莱街一号”（见图 6-59）

人们常用“罗马是怎样建成的”来想象建成伟大城邦的复杂和艰辛过程，也因此，“全球最佳摩天大楼”是如何通过科学严密的管理建成的，就成了值得仔细研究的经验。依靠当今日趋成熟的国际化交流平台，以及 BIM 先驱者标准院的技术经验引进，更多的专业人士可以透过了解 BIM 技术在号称“全球最佳摩天大楼”的悉尼“布莱街一号”项目上的应用，来领略信息化如何为六星级大楼增添魅力。BIM 在整个项目中，尤其在可持续发展、协调合作和设施管理三大方面发挥作用，使得这个拥有庞杂的系统和设施，以及超高的节能环保标准的超级大楼得以实现。

图 6-59 悉尼“布莱街一号”

2. BIM 应用于美国萨维尔大学（见图 6-60）

美国萨维尔大学霍夫学院项目也是近年来 BIM 技术在校园建筑运维阶段应用较为成功的案例，项目很好地体现了设计 - 施工 - 运维一体化管理思想。通过 BIM 一体化技术管理，萨维尔大学获得较高收益，项目成功避免了超过 12 个月的人工数据采集，空间信息管理能力提升 40%，省去原先需人力手工录入和保存的超过 3 万条数据信息，业主方对项目管理效果表示高度认可与满意。

图 6-60 美国萨维尔大学

3. BIM 应用于英国高铁枢纽（见图 6-61）

英国高铁二号线（HS2）铁路伯明翰三角型交通枢纽的设计工作非常复杂。HS2 是一条连接伦敦、曼彻斯特、伯明翰和利兹的高速铁路，可容纳更多座位，将城际行程缩短一半。Ineco 作为全球运输工程咨询领域的领导企业中标此次 HS2 工程，采用 BIM 软件——Bentley 软件在极具挑战的六个月内构建地形模型，打造最优轨道线形设计，紧密联系分布各地的设计团队实现高效协作，并生成此重要项目所需的文档。运用 BIM 技术可以轻松地将三维模型应用于所涉及的所有不同的技术领域，可以在修建工程时考虑环境因素，并确保其他来源的数据也可以轻松处理。

图6-61　英国高铁枢纽

4. BIM应用于日本邮政大厦（见图6-62）

日本东京的新摩天大楼——日本邮政大厦，地下共3层，地上38层。建筑面积21.2万m^2。模型根据设计院提供的初步设计图及业主要求进行三维图的深化设计，优化原始平面设计，BIM模型直接出图。BIM技术的参与减少了隐藏于图纸内的管线冲突，有利于建立机电模型构件的施工标准，同时提高施工图面与数量表的一致性，有效管控现场工作组每日工作进度。BIM平台在保证信息通畅的同时，对数据安全的保证也是传统方式所无法比拟的，采用数据权限管理的模式，各参与方提取数据、图纸、资料等变得快捷安全，为项目的安全建设提供了良好的管理平台。

图6-62　日本邮政大厦

5. BIM应用于新加坡某医院（见图6-63）

此医院位于新加坡句容市，建筑面积23.7万m^2，是三面朝向，高16层并设有1100个床位的大型综合医疗护理机构，造价6000亿新加坡元（5.24亿美元）。大楼的设计特点是扇形楼面，楼面布局将保证医院的每个病人，无论住在哪种类型的病房，其床位前都有自己的，“面向花园”的“专属”窗户，这也是该楼设计的最独特之处。为此，GS采用了最先进的3D扫描技术，以确保施工过程中该独特造型结构框架的精度。尽管项目应用了BIM，但工期仍然不幸地出现了些许拖延，原因是缺乏技术熟练的施工人员以及施工材料供给问题。该项目也说明，即便使用了BIM，如果项目团队中没有足够的具备相关技能的工作人员，按时完工仍然可能出现问题。

图 6-63　新加坡某医院

6. BIM 应用于奥地利博物馆地下扩建（见图 6-64）

Liaunig 博物馆像是一根放置在奥地利南部 Carinthian 风景区的银色雪茄，也像是一个嵌入这处山坡上突兀又巨大的雕塑。建筑 90% 的部分，也就是珍藏着实业家 Herbert Liaunig 私人艺术藏品的建筑体，都位于地下。建筑师说："通过这个项目，ArchiCAD 再次让我们相信，它是理想的设计高层建筑的工具。" BIM 软件再次应用于建筑设计，有了 BIM，建筑师建的就是个房子，而不是工程图，并且完美地展现出一个规划阶段进入下一个规划阶段的无缝的、几乎无感的过渡。

图 6-64　奥地利博物馆

案例十一　某总部大楼建设项目 BIM 及 IPD 综合应用（国外）

1. 概况

某总部大楼项目南某公司自建，采用 IPD 项目管理模式，以 LEED 白金认证为设计目标。为达到绿色环保的要求，此项目团队制定了如下任务目标：水和能源的有效使用，生活用水用电量减小 30%，回收无毒的建筑材料，施工废料的循环使用，工作区域全景 100% 自然采光。

此项目创造性地结合 BIM 技术实现 IPD 项目交付。IPD 是一种先进的协议形式，由业主、设计方、建造方共同制定，调动所有人的积极性以确保项目成果，包括设计质量、施工质量、进度表格、预算在内。IPD 协议使业主、设计师、施工人员的高度协作完成优质工程成为可能。

2. BIM 应用内容

IPD 协议使项目团队认识到 BIM 工具的巨大潜力，在 IPD 协议框架下，协作团队能克服传统工作流程中所遇到的困境，他们使用最有效的工具并且能从项目整体考虑问题，如图 6-65所示。

图 6-65　协作团队

（1）建筑信息模型可视化优势

传统的设计表现手法包括平面图、剖面图、立面图，结合 BIM 技术以后，包括三维视图和实时漫游等，设计团队能够传递复杂的想法，并更好地把这些想法交给业主查看，获得决策许可后让建造者实施。

①三维可视化视角能体现室内装修细节，在项目还没开始的时候，就能让业主理解这种独特设计的意图，以及结合业主的建议来优化设计方案，如图 6-66 所示。

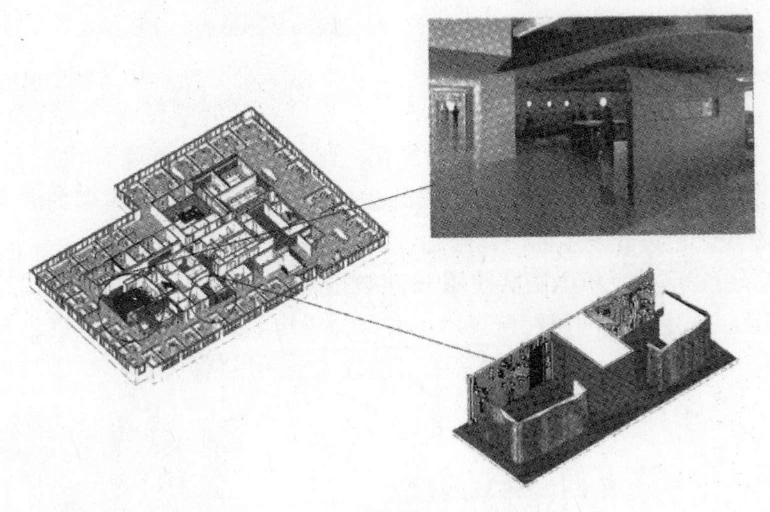

图 6-66　三维视图和实时漫游（一）

②直接由 BIM 模型数据生成的实时漫游，能够让业主获得对建筑的视觉化体验，以便让他们觉得此项目值得额外的投资。先前的建筑平面图并不能很直观地传递这种特殊的空间感，虽然设计师向业主解释了所有内容，直到项目团队展示了实时漫游的“飞行”效果后，业主才决定对某项设计采取改动的措施，如图 6-67 所示。

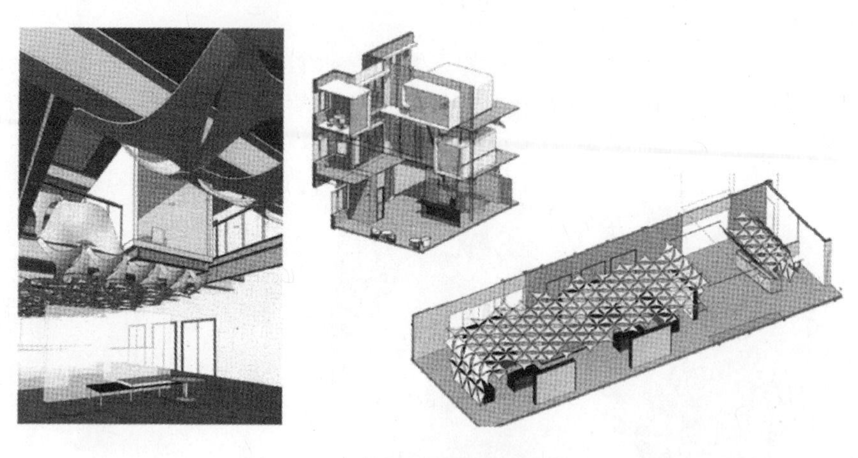

图 6-67　三维视图和实时漫游（二）

③三维可视化在施工现场的应用：三维视图不仅能用于方案设计和与业主交流，而且也能够用来在施工现场展示，施工人员能够在工程开始的时候就看到要建成的样子，降低了读图难度，如图 6-68 所示。

图 6-68　三维视图在施工现场的应用

④建筑信息模型之模拟分析：为满足 LEED 白金认证，结合 BIM 工具，从 BIM 模型数据中提取可用信息，导入日照分析和能耗模拟等软件，为设计团队在短时间内交付设计成果提供有力支持，同时这种图像化的描述也让迭代设计更容易被接受，如图 6-69 ~ 图 6-71 所示。

⑤三维激光扫描：在项目开始的时候，使用三维激光扫描记录场地信息，包括那些不会被传统“记录文件”记下的细节。激光扫描的成果可作为 BIM 场地模型的参照，能事先发现施工隐患，避免之后可能发生的协调问题，如图 6-72 所示。

⑥机电专业 BIM 应用：机电团队使用 BIM 数据来检核管网尺寸并且与建筑师协调空间问题。例如，图 6-73 中主管网用红色表示，有最低噪声要求的管网用黄色表示，开放式的工作空间的管网用橘色表示，有噪声最高要求的会议空间用紫色表示。

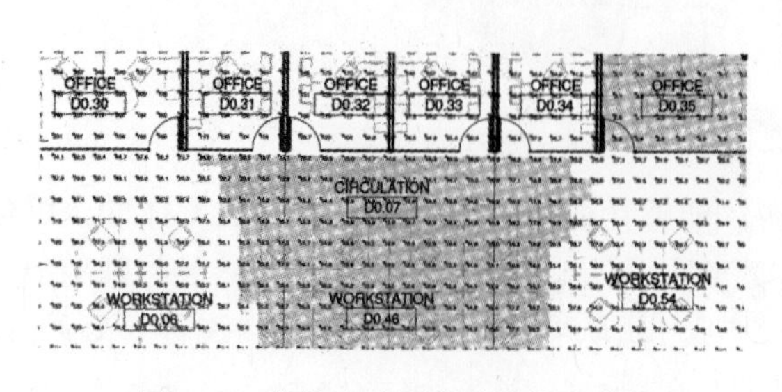

图 6-69　传统方式下的建筑物理分析

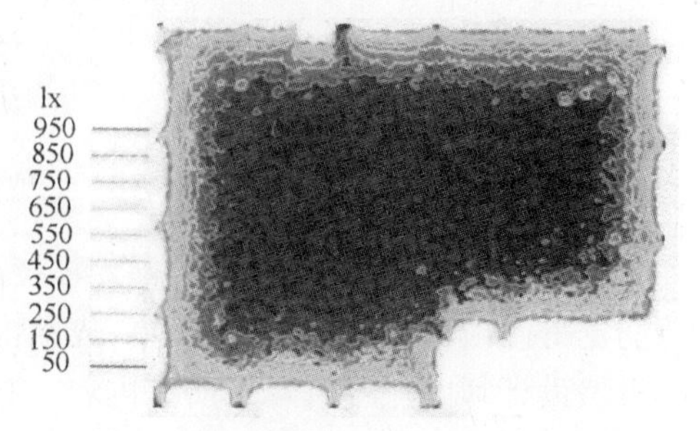

图 6-70　结合 BIM 技术的照度模拟

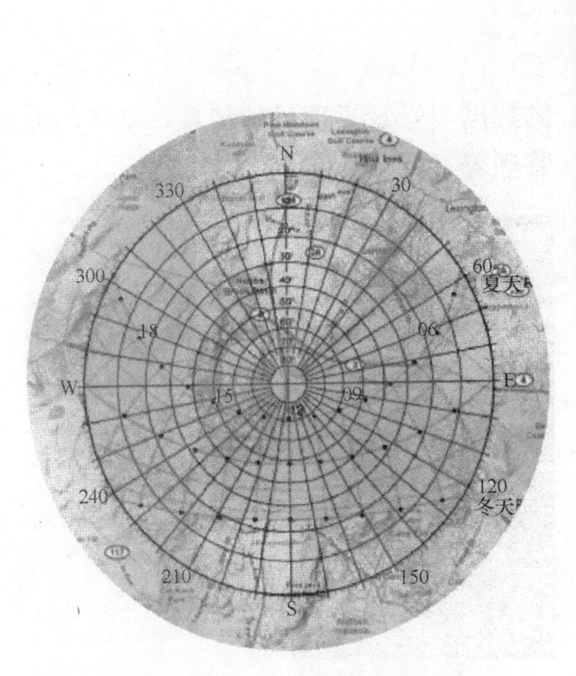

图 6-71　结合 BIM 技术的日照分析

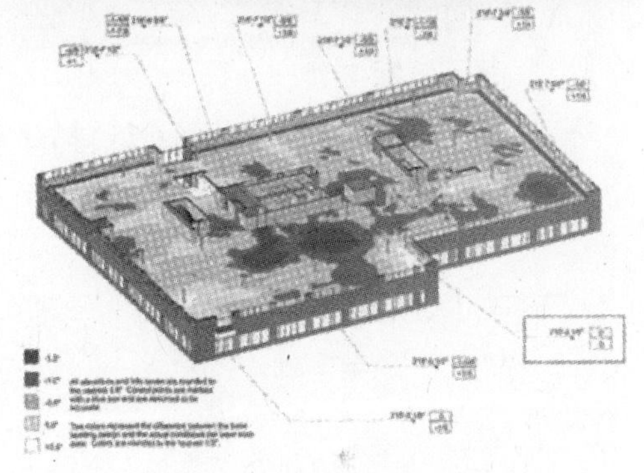

图 6-72　三维激光扫描场地

⑦施工单位利用 BIM 数据来测试、归档、传递施工进度和序列信息，如图 6-74 所示。

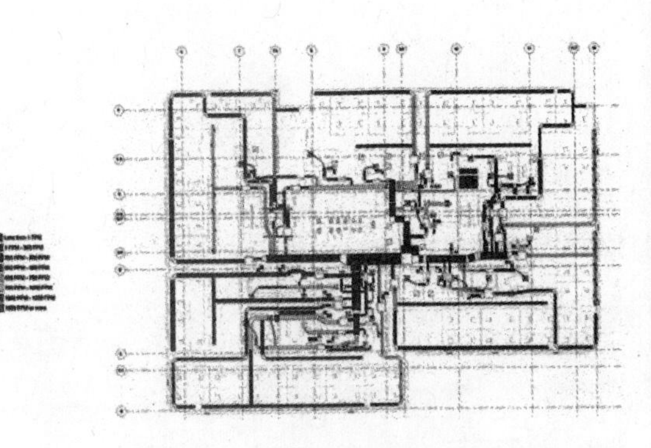

图 6-73　机电专业 BIM 应用

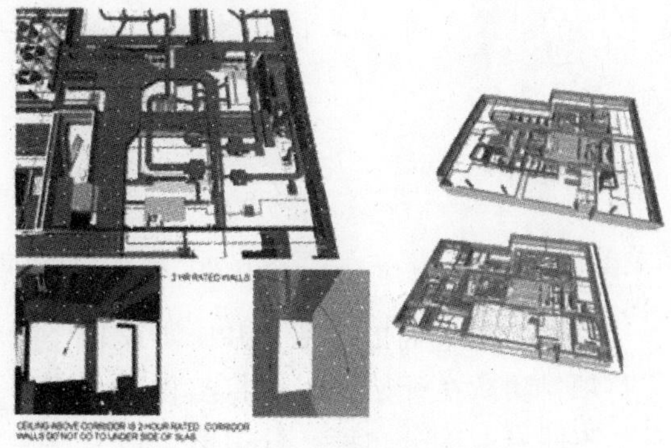

图 6-74　结合 BIM 技术的施工模拟

（2）建筑信息模型与文档管理

传统的纸质文档，比如设计图纸和规范等，被可共享的数据模型所代替。在设计师和施工人员的共同维护下，可共享的数据库记录了项目的信息，从项目起始的概念设计到预算、协调、记录疑义、施工设备管理等，如图 6-75 所示。

制定 BIM 数据组织架构：在项目开始的时候，项目团队一起制订了 BIM 实施方案，记录了 BIM 数据的需求，设定了 BIM 数据组织规则，确保 BIM 数据能在项目全生命周期持续有用，如图 6-76 所示。

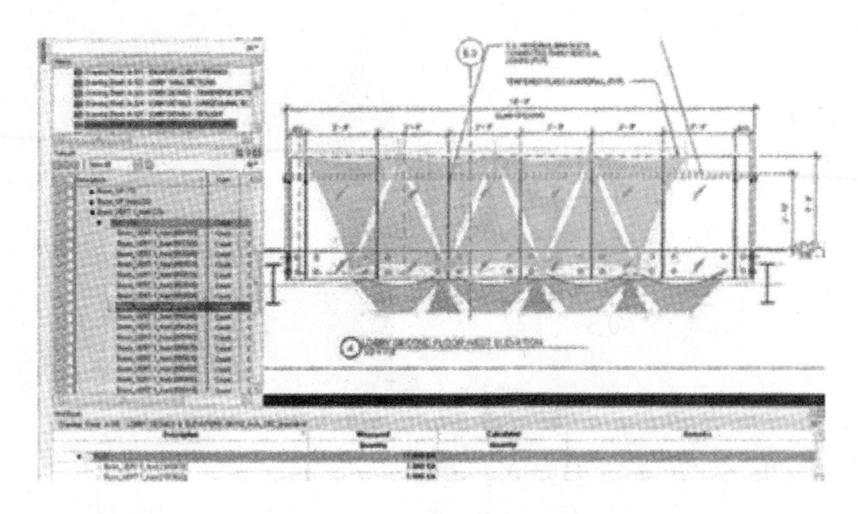

图 6-75 结合 BIM 技术储存的文档

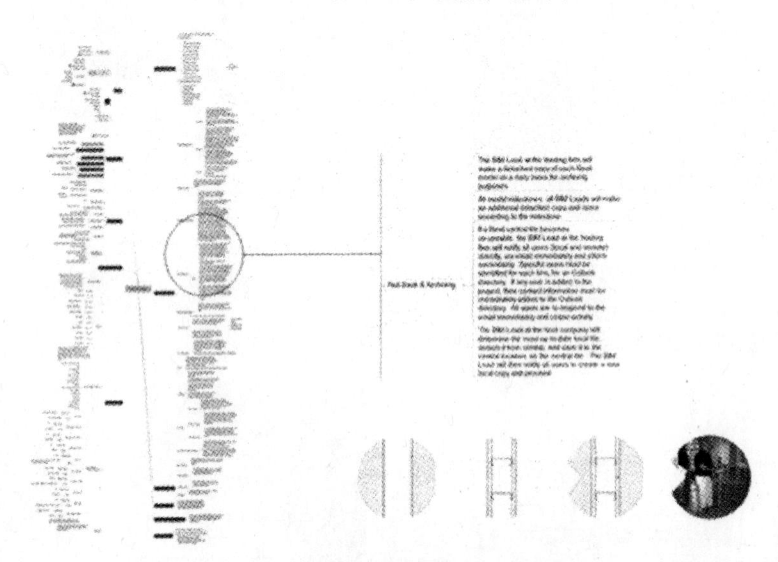

图 6-76 项目团队协同制定 BIM 数据组织架构

处理与分包商的关系：IPD 协议允许项目团队在开始的时候将工程下分给不同专业的分包商，分包商凭借其专业经验为整个项目提供价值。设计师和施工人员在同一个 BIM 模型下协作，协作的方式既可以是现场开会也可以是基于网络的视频会议，如图 6-77 所示。

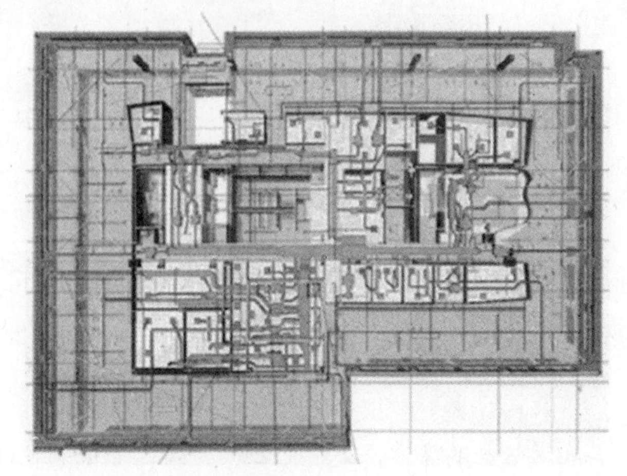

图 6-77 结合 BIM 技术与分包商的协作

BIM 数据库提供了可持续的量化成本检查和质量等级确认，如图 6-78 所示。经过充分协同管理下的 BIM 模型，具有可参照的施工精度，比如在放置机电设备的时候，可以基于顶棚相对高度放样，而不必拘泥于楼层标高，如图 6-79 所示。借助 BIM 模型数据的优势，项目团队优化拼装预制构件的安装过程，如图 6-80 所示。

（3）建筑信息模型的实施应用

传统的建造过程把困难都留给施工方，施工单位必须首先弄清图纸，确认无误后才能施工，现在借助预先建立好的 BIM 模型，优化工序、排除图纸错误等，为精细化施工提升建造品质打下基础，如图 6-81 所示。

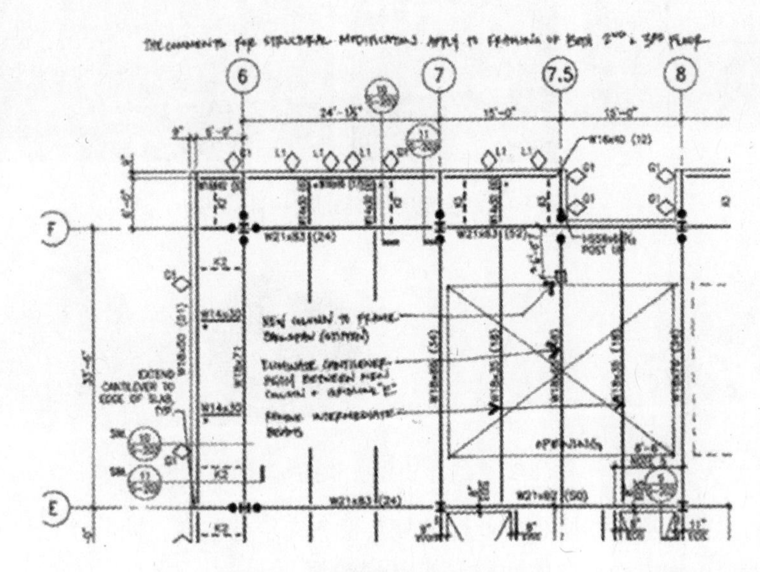

图 6-78　结合 BIM 技术的成本检查

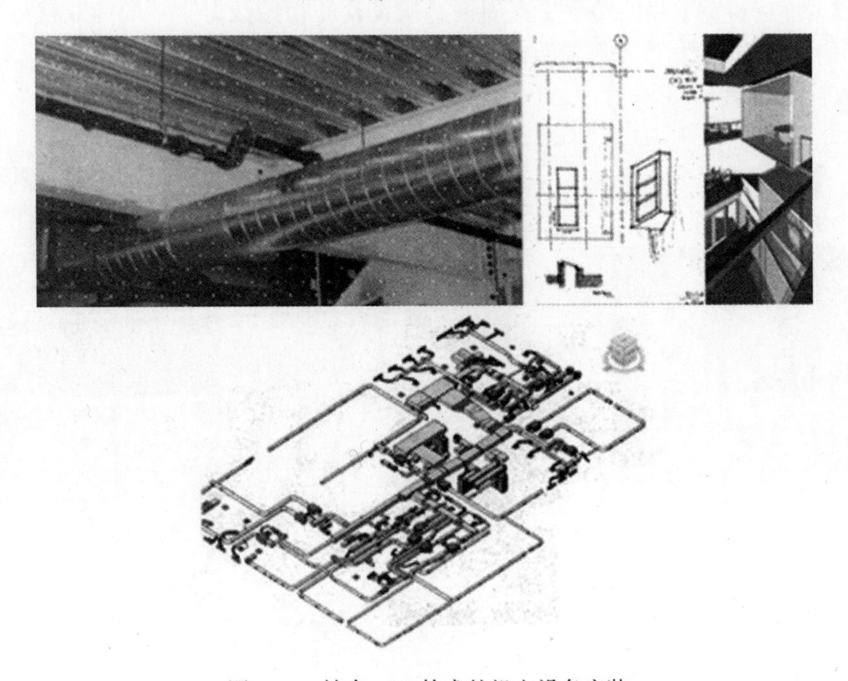

图 6-79　结合 BIM 技术的机电设备安装

图 6-80 结合 BIM 技术的预制件优化

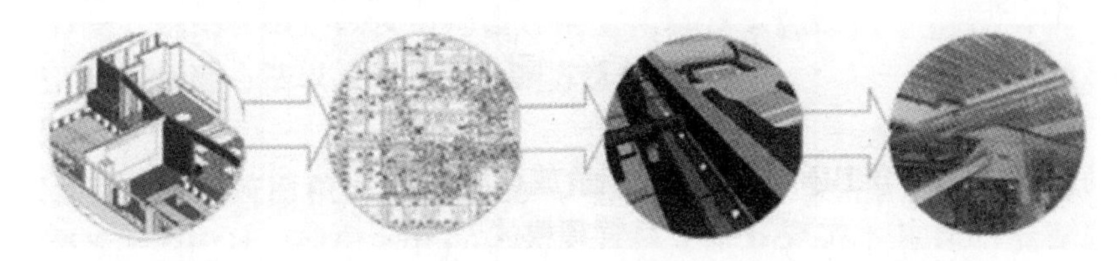

图 6-81 结合 BIM 技术的施工优化

与分包商的关系：项目团队把专业性的复杂任务交给分包商，同专业分包商协同考虑预算、材料供应、施工能力等方面的问题，如图 6-82 所示。

BIM 数据库应贯穿项目的整个生命周期，从设计的初始数据，不同专业持续协同交流，到利用 BIM 模型数据交付成果，直至运营维护阶段。施工人员基于 BIM 数据，使用数字全站仪施工放样，如图 6-83 所示。

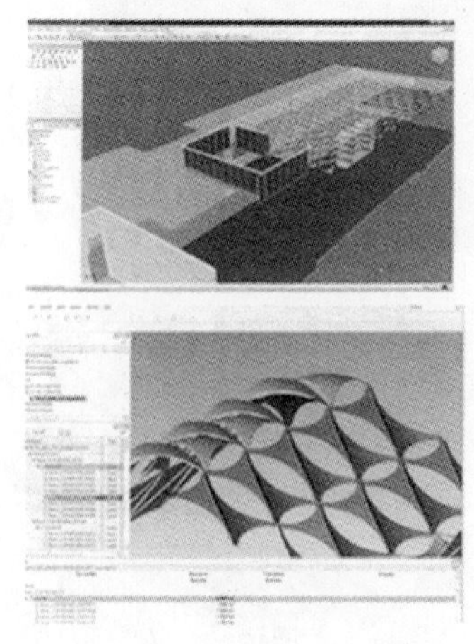

图 6-82 结合 BIM 技术的分包协同

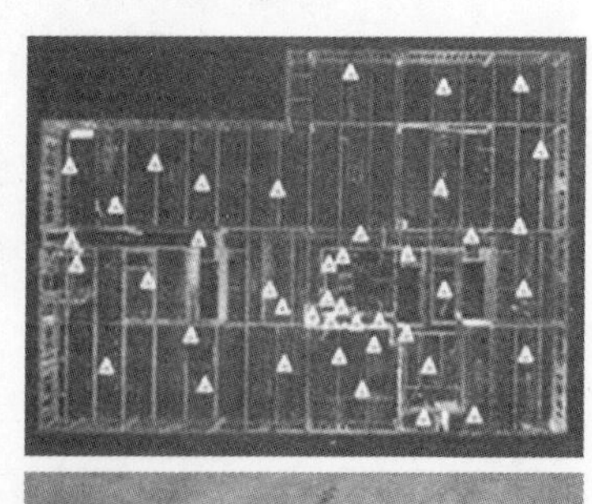

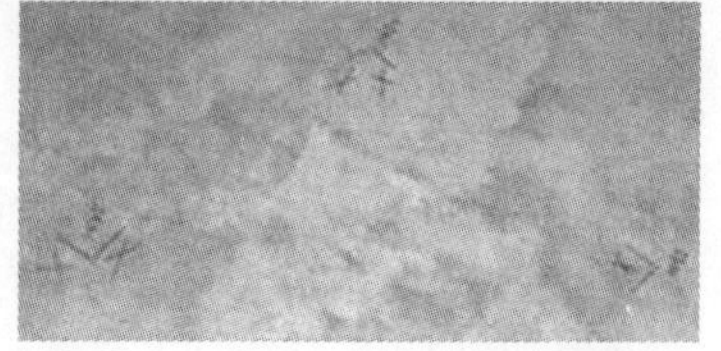

图 6-83 使用 BIM 数据现场放样

参 考 文 献

[1] 清华大学 BIM 课题组．设计企业 BIM 实施标准指南［M］．北京：中国建筑工业出版社，2013.
[2] BIM 工程技术人员专业技能培训用书编委会．BIM 设计施工综合技能与实务［M］．北京：中国建筑工业出版社，2016.
[3] 刘占省，赵雪锋．BIM 技术与施工项目管理［M］．北京：中国电力出版社，2015.
[4] 李建平，等．现代项目进度管理［M］．北京：机械工业出版社，2008.
[5] 葛文兰，等．BIM 第二维度——项目不同参与方的 BIM 应用［M］．北京：中国建筑工业出版社，2011.
[6] 丁烈云，等．BIM 应用施工［M］．上海：同济大学出版社，2016.
[7] 桑培东，等．BIM 在设计施工一体化中的应用［J］．施工技术，2012，41（16）：25-26.
[8] 周文波，等．BIM 技术在预制装配式住宅中的应用研究［J］．施工技术，2012，41（377）：72-74.
[9] 王珺．BIM 理念及 BIM 软件在建设项目中的应用研究［D］．成都：西南交通大学，2011.